U0829021

编译委员会

主　任：吴国增

副主任：王　桥　李京荣

委　员（以姓氏笔画排序）

付　卓　李　营　刘思含　刘慧明　张　芳

张　峰　吴　迪　吴艳婷　屈　冉　侯　鹏

赵少华　洪运富　殷守敬　翟　俊

2008年美国国家生态系统状况报告

土地、水和生物资源

〔美〕H.J.海因茨三世科学、经济与环境中心　著
(THE H.JOHN HEINZ Ⅲ CENTER FOR SCIENCE,
ECONOMICS AND THE ENVIRONMENT)

环境保护部卫星环境应用中心　译

中国环境出版社·北京

著作权合同登记：图字 01-2012-7308 号
图书在版编目（CIP）数据

2008 年美国国家生态系统状况报告：土地、水和生物资源/美国 H.J.海因茨三世科学、经济与环境中心著，环境保护部卫星环境应用中心译. —北京：中国环境出版社，2013.11
ISBN 978-7-5111-1529-4

Ⅰ. ①2… Ⅱ. ①美…②环… Ⅲ. ①土地资源—生态系—调查报告—中国—2008②水资源—生态系—调查报告—中国—2008③生物资源—生态系—调查报告—中国—2008 Ⅳ. ①F323.211②TV213.4③Q-92

中国版本图书馆 CIP 数据核字（2013）第 176740 号

Copyright © 2008 by The H. John Heinz III Center for Science, Economics, and the Environment
Published by arrangement with Island Press

出 版 人　王新程
责任编辑　付江平　刘　杨
责任校对　扣志红
装帧设计　李向东

出版发行　中国环境出版社
（100062　北京市东城区广渠门内大街 16 号）
网　　址：http://www.cesp.com.cn
电子邮箱：bjgl@cesp.com.cn
联系电话：010-67112765（编辑管理部）
010-67112738（管理图书出版中心）
发行热线：010-67125803，010-67113405（传真）
印　　刷　北京中科印刷有限公司
经　　销　各地新华书店
版　　次　2013 年 12 月第 1 版
印　　次　2013 年 12 月第 1 次印刷
开　　本　889×1194　1/16
印　　张　26
字　　数　620 千字
定　　价　180.00 元

【版权所有。未经许可请勿翻印、转载，违者必究】
如有缺页、破损、倒装等印装质量问题，请寄回本社更换

译　序

良好的生态环境是人和社会持续发展的根本基础。我们都愿意也希望生活在清新的空气、洁净的水、绿色的植被所围绕的生活环境中；同时也清醒地看到资源约束趋紧、环境污染严重、生态系统退化的严峻形势。党的十八大明确提出：须树立尊重自然、顺应自然、保护自然的生态文明理念，把生态文明建设放在突出地位，融入经济建设、政治建设、文化建设、社会建设各方面和全过程，努力建设美丽中国，实现中华民族永续发展。

现实的需求和美好的目标，需要我们站在维护国家生态安全和推进生态文明建设的高度，在生态环境保护中发展，在发展中保护生态环境，积极探索环保新路。为了进一步发挥生态环境保护优化经济发展、促进经济转型的积极作用，需开展生态环境调查与评估，加强生态保护和监管，增强生态产品生产能力，构建科学合理生态安全格局，实现可持续发展目标。为此，环境保护部联合中国科学院启动了“全国生态环境十年变化（2000—2010 年）遥感调查与评估”项目。

如今，非常高兴地见到《2008 年美国国家生态系统状况报告》译著，看到美国已形成定期开展生态系统调查的机制，每 5 年编制国家海岸与海洋、农田、森林、淡水、草地与林地、城市和郊区景观等生态系统的现状和变化报告。更重要的是建立稳定的国家生态系统调查核心指标体系，并不断更新和丰富，为社会公众和环境管理提供信息支持。其中的许多理念和做法值得我们借鉴。

在此，希望“生态十年”项目在实施过程中多学习和参考国内外的成果和经验，将此项工作发展完善成为例行的生态环境调查与评估制度，服务于今后的国家生态环境保护规划、生态红线划定和生态环境保护监管等。也非常希望我们一起努力，更加自觉地珍爱自然，更加积极地保护生态，促进生态空间山清水秀，给子孙后代留下天蓝、地绿、水净的美好家园，共同走向社会主义生态文明新时代。

2013 年 12 月

英文版序

本书所述《2008年美国国家生态系统状况报告》（以下简称本报告）是海因茨中心继《2002年美国国家生态系统状况报告》（State of the Nation's Ecosystems Report）之后发表的第二版关于美国生态系统现状和变化情况的创新系列定期报告。本报告由来自商业、环境组织、研究所和联邦、州、地方政府等150多名专家编写而成。与2002年发表的第一版报告相同，由集体合作完成，且采用更高的技术标准。本报告对原报告约2/3的指标进行了数据更新，并提供修订后指标及新建立指标的最新数据。

本报告宗旨仍保持不变：提供对国家生态资源现状观点，本报告承袭了《2002年美国国家生态系统状况报告》多方协同合作的编制模式，并在技术水平上达到更高标准，决策者和公众要求基于公平、公正的信息来制定与环境密切相关的决策。美国国家生态系统状况报告第二版明确阐明作者需以科学负责、无任何政治偏见的立场提供广泛的、综合的生态系统状况信息，并通过不断发展以进一步完善和优化本报告。

对本报告以及地区、州和地方级相似指标的报告的需求愈加迫切。在过去几十年中，国家面临的问题越发错综复杂，国家在努力克服这些问题和削弱改变气候变化带来的影响的过程中，对相关的、科学的和客观的信息需求日剧增长。这些信息对于了解问题发生的范围、发现的问题是否严重以及判断社会响应措施是否达到预期目标等至关重要。在步入21世纪之际，本报告旨在帮助国家形成获取上述信息的能力，对国家生态资源状况进行分析评价，所提出的观点不受特定地理边界的限制，涉及面更为广泛而非聚焦于特定环境问题和污染物，同时不与任何政策议题相结合。

本报告作为国家生态系统系列报告的第二版，秉持科学负责、无政治偏倚的立场来提供生态系统状况信息并描绘广阔综合的生态环境蓝图，并进行持续完善和改进。

前 言

生态环境是人类生存和经济社会可持续发展的基础。定期开展国家生态环境调查与评估，可以系统地掌握生态环境状况及其变化特征，提高我国生态环境监管水平，促进产业结构优化和经济增长方式转变，推进生态文明建设。原国家环保总局 2000 年组织开展第一次全国生态环境调查，全面、系统地获取 2000 年全国生态环境状况的第一手资料，为我国生态环境保护和国民经济建设提供重要支撑，产生重大而深远的影响。

2000—2010 年，是经济社会快速发展的十年，是特大自然灾害频发的十年，是历史上生态环境承受人类干扰和气候变化双重胁迫强度最大的十年，同时也是国家生态保护与建设投入最大的十年。在多种因素综合作用下，我国生态环境发生了重大变化，并呈现出新的特征。同时，"十二五""十三五"是我国全面建设小康社会关键时期，新时期中如何处理好环境保护与发展的关系，已经成为影响全局的关键性因素。

为更好地满足国家发展的战略需求，探索在新形势下的中国环保新道路，由国务院批准，经财政部同意，环境保护部、中国科学院联合开展"全国生态环境十年变化（2000—2010 年）遥感调查与评估"工作，主要任务是全面摸清我国生态环境状况，掌握过去十年生态环境变化趋势和存在的生态环境问题，系统总结十年期间的生态环境保护工作成效和经验。在此基础上，今后定期开展这一基础性、国情性、战略性的生态环境调查与评估工作，持续稳定地为环境管理和决策提供信息服务。

欧美发达国家已形成定期开展全国生态环境调查与评估的制度，积累了丰富的经验，形成较完整和稳定的指标体系，这对我国生态环境调查与评估工作具有重要的借鉴作用。我们通过翻译海因茨中心出版的《2008 年美国国家生态系统状况报告》，介绍美国生态调查的目标、指标和方法。本书共 8 章，第 1 章介绍该报告调查背景、宗旨、设计原则、数据更新和指标调整情况及遇到的问题；第 2 章介绍国家尺度生态系统调查核心指标；第 3 章至第 8 章分别介绍国家海岸与海洋、农田、森林、淡水、草地与灌木林地、城市和郊区景观调查指标以及动态变化情况。期望此译著的出版，能为我国生态调查提供有价值的参考，对国内的读者在相关工作上有所帮助。

感谢中国科学院生态环境研究中心欧阳志云研究员、中国科学院地理科学与资源研究所刘纪远研究员等专家对本书出版给予的帮助。感谢德克萨斯大学奥斯汀分校王凯、闫彬彦，美国威斯康星大学王平，中国科学院植物学研究所刘长城、刘玉国，北京师范大学周秋文，中国矿业大学杨柳、朱明文、赵天旸、汪祖茂、吴忠诚、刘宁、吴秋燕，中国标准化研究院白雪，《中国国家地理》杂志社种瑞娟，青海省环境保护厅许莎莎，中国科学院寒区旱区环境与工程研究所张莹，中国科学院国家科学图书馆吴秀平等参与翻译，他们的不懈努力，使本书最终能以最佳面貌呈现给读者。

衷心感谢中国环境出版社的热情支持和编辑们的辛勤工作。

由于翻译时间有限，如有错漏之处敬请读者谅解，并热忱欢迎提出宝贵意见！

译　者

2013 年 12 月

“美国国家生态系统状况”项目参与者（2002—2008年）①

设计委员会

设计委员会为“美国国家生态系统状况”项目提供战略指导，并参与该项目的决策。委员会工作内容包括针对项目活动做出决策，并对项目进行监测和监督，以评估项目活动是否符合该项目的战略方向。

威廉·C·克拉克，主席，哈佛大学（William C Clark，Chair，Harvard University）

安·M·巴拉布什卡，美国农业部林务局（Ann M. Bartuska，USDA Forest Service）

罗西娜·比尔鲍姆，密歇根大学（Rosina Bierbaum，University of Michigan）

布拉德利·坎贝尔，新泽西州环境保护局（Bradley Campbell，New Jersey Department of Environmental Protection）

诺曼·L·克里斯滕森，杜克大学（Norman L. Christensen，Duke University）

克雷格·考克斯，水土保持学会（Craig Cox. Soil and Water Conservation Society）

史蒂夫·多尔蒂，先锋良种国际公司（Steve Daugherty，Pioneer Hi-Bred International，Inc.）

约翰·H·邓尼根，（美国）国家海洋和大气管理局（John H. Dunnigan，National Oceanic and Atmospheric Administration）

保罗·吉尔曼，美国国家环境保护局（Paul Gilman，U.S. Environmental Protection Agency）

拉里·F·格林，萨克拉门托城市空气质量管理区（Larry F. Greene，Sacramento Metropolitan Air Quality Management District）

查尔斯·G·格罗特，德克萨斯大学奥斯汀分校（Charles G. Groat，University of Texas at Austin）

西奥多·海因茨，白宫环境质量委员会（Theodore Heintz，White House Council on Environmental Quality）

迈克尔·赫氏菲尔德，世界海洋保护组织（Michael Hirshfield，Oceana）

萨拉·施赖纳·肯德尔，惠好公司（Sara Schreiner Kendall，Weyerhaeuser Corporation）

约翰·L·诺特，诺伊塞特公司（John L. Knott，The Noisette Company）

约翰·科斯迪亚克，国家野生动物联合会（John Kostyack，National Wildlife Federation）

P·帕特里克·莱希，美国地质研究所（前美国地质调查局）（P. Patrick Leahy，American Geological Institute （formerly U.S. Geological Survey））

丽贝卡·蓝特，（美国）国家海洋和大气管理局（Rebecca Lent，National Oceanic and Atmospheric Administration）

阿尔文·卢西尔，（美国）国家大气和河流治理委员会（Al Lucier，National Council for Air and Stream

① 许多其他人员也对《2002年美国国家生态系统状况报告》作出了重要的贡献，但是此处并未一一列出。
如需查看“美国国家生态系统状况”项目（1997—2002年）的参与者名单，请查阅《2002年美国国家生态系统状况报告》，或登录 http://www.heinzctr.org/ecosystems/2002report/intro/participants_sr_adv.shtml.

Improvement，Inc.）

苏珊娜·尤迪塞洛·马特利，独立海洋保护作家（Suzanne Iudicello Martley，Independent Marine Conservation Writer）

史蒂文·穆拉夫斯基，（美国）国家海洋和大气管理局（Steven Murawski，National Oceanic and Atmospheric Administration）

马克·D·迈尔斯，美国地质调查局（Mark D. Myers，U.S. Geological Survey）

戈登·奥里恩斯，华盛顿大学（Gordon Orians，University of Washington）

唐·帕里什，美国农场联合会（Don Parrish，American Farm Bureau Federation）

邓肯·派顿，蒙大拿州立大学（Duncan Patten，Montana State University）

彼得·W·普罗伊斯，美国国家环境保护局（Peter W. Prcuss，U.S. Environmental Protect ion Agency）

伦道夫·S·普赖斯，纽约联合爱迪生电力公司（Randolph S. Price，Consolidated Edison C ompany of New York，Inc.）

林恩·斯卡利特，美国内政部（Lynn Scarlett，U.S. Department of the Interior）

布鲁斯·斯坦，公益自然组织（Bruce Stein，NatureServe）

马克·斯托莱，通用电气（Mark Stoler，General Electric）

格瑞格·温椎，先锋良种国际公司（Creg Wandrey，Pioneer Hi-Bred International，Inc.）

巴德·沃德，莫里斯 A.沃德公司（Bud Ward，Morris A. Ward，Inc.）

道格拉斯·P·惠勒，霍金·豪森公司（Douglas P. Wheeler，Hogan and Hartson，LLP）

约翰·A·威恩斯，雷斯岬观鸟站保育学会（前为大自然保护协会）[John A. Wiens，PRBO Conservation Science （formerly The Nature Conservancy）]

特丽·杨，环境保护基金会（Terry Young，Environmental Defense Fund）

合作机构

理查·古尔丁，美国农业部林务局（Rich Guldin，USDA Forest Service）

劳拉·尼尔森，美国国家环境保护局（Laura Nielsen，U.S. Environmental Protection Agency）

丹尼斯·肖，美国国家环境保护局（Denice Shaw，U.S. Environmental Protection Agency）

设计委员会-附属委员会

指标优化委员会

戈登·奥里恩斯，主席，华盛顿大学（Gordon Orians，Chair，University of Washington）

苏珊娜·尤迪塞洛·马特利，副主席，独立海洋保护作家（Suzanne Iudicello Martley，Vice Chair，Independent Marine Conservation Writer）

G·托马斯·班克罗夫特，（美国）国家奥杜邦协会（前为野生资源保护协会）[G. Thomas Bancroft，National Audubon Society （formerly The Wilderness Society）]

安·M·巴拉布什卡，美国农业部林务局（Ann M. Bartuska，USDA Toresi Service）

斯科特·代尔，宝洁（Scott Dyer，Procter Gamble）

理查·古尔丁，美国农业部林务局（Richard Guldin，USDA Forest Service）

詹姆斯·A·小拉戈，威斯康星大学（James A. Lagro，Jr.，University of Wisconsin）

丽贝卡·蓝特，（美国）国家海洋和大气管理局（Rebecca Lent，National Oceanic and Atmospheric Administration）

克雷格·勒尔，美国国家大气与河流治理委员会（Craig Loehle，National Council for Air and Stream Improvement，Inc.）

盖尔·马拉德，美国地质调查局（Gail Mallard，

U.S.Geological Survey）

托马斯·C·马龙，美国马里兰大学海洋与环境科学中心（Thomas C. Malone，Ocean U.S. and University of Maryland Center for Environmental Science）

邓肯·派顿，蒙大拿州立大学（Duncan Patten，Montana State University）

特丽·杨，环境保护基金会（Terry Young，Environmental Defense Fund）

战略营销委员会

约翰·L·诺特，主席，诺伊塞特公司（John L. Knott，Chair，The Noisette Company）

克雷格·考克斯，水土保持学会（Craig Cox，Soil and Water Conservation Society）

丹尼尔·S·福格尔，维克森林大学（Daniel S. Fogel，Wake Forest University）

苏珊娜·尤迪塞洛·马特利，独立海洋保护作家（Suzanne Iudicello Martley，Independent Marine Conservation Writer）

劳拉·尼尔森，美国国家环境保护局（Laura Nielsen，U.S. Environmental Protection Agency）

伦道夫·S·普赖斯，纽约联合爱迪生电力公司（Randolph S. Price，Consolidated Edison Company of New York，Inc.）

巴德·沃德，莫里斯 A.沃德公司（Bud Ward，Morris A. Ward，Inc.）

工作组

工作组负责对各选定的生态主题，评估数据可获取性，并且编制报告内容的指标进行修改。

空气质量工作组（Air Quality Working Group）

拉里·F·格林，主席，萨克拉门托都会空气质量管理区（Larry F. Greene，Chair，Sacramento Metropolitan Air Quality Management District）

威廉·L. 查米迪斯，环境保护基金会（William L. Chameides，Environmental Defense Fund）

珍妮特·E·克卢特，福特汽车公司（Jeanette E. Clute，Ford Motor Company）

马克·科恩，美国（美国）国家海洋和大气管理局（Mark Cohen，National Oceanic and Atmospheric Administration）

肯尼思·A·科尔伯恩，共生战略有限责任公司（Kenneth A. Colburn，Symbiotic Strategies，LLC）

查尔斯·T·小斯科尔，锡拉丘兹大学（Charles T. Driscoll，Jr.Syracuse University）

乔伊斯·E·埃普斯，宾夕法尼亚州环境保护部门（Joyce E. Epps，Pennsylvania Department of Environmental Protection）

霍华德·J·费尔德曼，美国石油学会（Howard J. Feldman，American Petroleum Institute）

查尔斯·H·古德曼，南方公司（Charles H. Goodman，Southern Company）

蒂莫西·G·亨特，美国林业与纸业协会（Timothy G. Hunt，American Forest and Paper Association）

玛莎·基廷，清洁空气任务小组（Martha Keating，Clean Air Task Force）

安·瑞（候补），美国国家环境保护局[Anne Rea（Alternate），U.S. Environmental Protection Agency]

约翰·特罗扬诺夫斯基（候补），福特汽车公司[John Trajnowski（Alternate），Ford Motor Company]

兰德尔·G·韦特，美国国家环境保护局（Randall G. Waite，U.S. Environmental Protection Agency）

生物群落工作组

帕特里克·科默，公益自然组织（Patrick Comer，Nature Serve）

柯蒂斯·H·弗拉瑟，美国农业部林务局（Curtis H. Flather，USDA Forest Service）

罗伯特·戈尔茨坦，电力研究所（Robert Goldstein，Electric Power Research Institute）

根戈·雷利克，美国国家环境保护局（Root Corelick，U.S. Environmental Protection Agency）

丹尼斯·格罗斯曼，公益自然组织前顾问（Dennis Grossman，Consultant，formerly with Nature Serve）

查尔斯·P·霍金斯，犹他州州立大学（Charles P.

Hawkins，Utah State University）

布赖恩·J·克诺汉，森林资本合作伙伴有限公司（Rrian J. Kernohan，Forest Capital Partners，LLC）

克雷格·勒尔，美国国家大气与河流治理委员会（Craig Loehle，National Council for Air and Stream Improvement，Inc.）

埃伦·娜塔珊，旧金山公共设施委员会（Ellen Natesan，San Francisco Public Utilities Commission）

德博拉·内尔，佛蒙特大学（Deborah Neher，University of Vermont）

戈登·奥里恩斯，华盛顿大学（Gordon Orians，University of Washington）

邓肯·派顿，蒙大拿州立大学（Duncan Patten，Montana State University）

泰勒·里基茨，世界野生动物基金会（Taylor Ricketts，World Wildlife Fund）

迈克尔·罗森茨维格，亚利桑那大学（Michael Rosenzweig，Univcrsiiv of Arizona）

约翰·斯托达德，美国国家环境保护局（John Stoddard，U.S. Environmental Protection Agency）

特丽·杨，环境保护基金会（Terry Young，Environmental Defense Fund）

海岸格局工作组

苏珊·贝尔，南佛罗里达大学（Susan Bell，University of South Florida）

廷迪·奥加尔迪，海洋之声（Tundi Agardy，Sound Seas）

吉米·约翰斯顿，美国地质调查局（退休）[Jimmy Johnston，U.S. Geological Survey（retired）]

理查德·莱思罗普，罗格斯大学（Richard L athrop，Rutgers University）

托马斯·米内洛，（美国）国家海洋和大气管理局（Thomas Minello，National Oceanic and Atmospheric Administration）

杰拉尔德·涅米，明尼苏达州德卢斯大学（Gerald Niemi，University of Minnesota Duluth）

查尔斯·西门斯坦德，华盛顿大学（Charles Simenstad，University of Washington）

德鲁·塔利，圣弗朗西斯科湾河口保护区研究联盟与加州戴维斯大学（Drew Talley，San Francisco Bay National Estuarine Research Reserve and University of California，Davis）

罗马·扎亚茨，纽黑文大学（Roman Zajac，University of New Haven）

生态系统服务工作组

吉尔·贝伦，美国科罗拉多州立大学与美国地质调查局（Jill Baron，U.S. Colorado State University and the U.S. Geological Survey）

威廉·C·克拉克，哈佛大学（William C Clark，Harvard University）

克里斯托弗·菲尔德，华盛顿卡内基研究所与哈佛大学（Christopher Field，Carnegie Institution of Washington and Stanford University）

杰弗里·希尔，哥伦比亚大学商学院（Geoffrey Heal，Columbia Business School）

卡罗林·考斯凯，哈佛大学（Carolyn Kousky，Harvard University）

杰瑞·米里洛，海洋生物实验室（Jerry Melillo，The Marine Biological Laboratory）

罗伯特·奈曼，华盛顿大学（Robert Naiman，University of Washington）

戈登·奥里恩斯，华盛顿大学（Gordon Orians，University of Washington）

玛格丽特·A·帕默，马里兰大学（Margaret A. Palmer，University of Maryland）

亚历山大·S·P·普法夫，哥伦比亚大学（Alexander S. P. Pfaff，Columbia University）

史蒂芬·W·莱宁，蒙大拿州立大学（Steven W. Running，University of Montana）

奥斯瓦尔多·F·萨拉，布朗大学（Osvaldo E. Sala，Brown University）

乔斯·沙鲁克汗，大学城（墨西哥）[Jose Sarukhan，Ciudad Universitaria （Mexico）]

乔治·M·伍德维尔，伍兹霍尔研究中心（George

M. Woodwell，Woods Hole Research Center）

非本地物种工作组

安·M·巴拉布什卡，美国农业部林务局（Ann M. Bartuska，USDA Forest Service）

杰罗姆·比蒂，美国农业部林务局（Jerome Beatty，USDA Forest Service）

费丝·坎贝尔，大自然保护协会（Faith Campbell，The Nature Conservancy）

加布里埃拉·查瓦里亚，野生动物保护者（Gabriela Chavarria，Defenders of Wildlife）

克里斯·迪奥尼吉，国家入侵物种委员会（Chris Dionigi，National Invasive Species Council）

帕姆·富勒，美国地质调查局（Pam Fuller，U.S. Geological Survey）

尼尔罗伊·F·杰克森，孟山都公司（退休）[Nelroy E. Jackson，Monsanto （retired）]

费里·克勒夫，国际信息联合公司（前为公益自然组织）[Terri Killeffer，Information International Associates，Inc. （formerly NatureServe）]

理查德·N·麦克，华盛顿州立大学（Richard N. Mack，Washington State University）

加里·C·马特洛克，（美国）国家海洋和大气管理局（Gary C. Matlock，National Oceanic and Atmospheric Administration）

萨拉·赖卡德，华盛顿州立大学（Sarah Reichard，University of Washington）

彼得·M·赖斯，蒙大拿大学（Peter M. Rice，University of Montana）

格雷戈里·鲁伊斯，史密森环境研究中心（Gregory Ruiz，Smithsonian Environmental Research Center）

托马斯·斯托格仁，美国地质调查局（Thomas Stohlgren，U.S. Geological Survey）

大卫·托马斯，伊利诺伊州自然历史调查局（David Thomas，Illinois Natural History Survey）

景观格局工作组

诺曼·克里斯滕森，主席，杜克大学（Norman Christensen，Chair，Duke University）

G·托马斯·班克罗夫特，（美国）国家奥杜邦协会（前为野生资源保护协会）[G. Thomas Bancroft，National Audubon Society （formerly The Wilderness Society）]

苏珊·S·贝尔，南佛罗里达大学（Susan S. Bell，University of South Florida）

里克·布朗，野生动植物保护者（Rick Brown，Defenders of Wildlife）

克里斯·弗里塞尔，太平洋河流理事会（Chris Frissell，Pacific Rivers Council）

雪伦·海恩斯（已故），国际纸业（Sharon Haines （deceased），International Paper ）

丹·希格蒂，大卫·埃文斯与联营公司（Dan Heagerty，David Evans and Associates）

K·布鲁斯·琼斯，美国地质调查局（K. Bruce Jones，U.S. Geological Survey）

A·J·乔丹，霍尔德曼农场管理服务有限公司（A.J.Jordan，Halderman Farm Management Service，Inc.）

约翰·库普弗，南卡罗来纳大学（John Kupfer，University of South Carolina）

詹姆斯·A·小拉戈，威斯康星大学麦迪逊分校（James A. LaGro. Jr.，University） of Wisconsin-Madison）

库尔特·瑞特斯，美国农业部林务局（Kurt Riitters，USDA Forest Service）

加里·J·罗洛夫，密歇根州立大学（前为博伊西卡斯卡特公司）（Gary J. Roloff，Michigan State University [formerly with Boise Cascade Corporation）]

埃德·小汤普森，美国农田信托（Ed Thompson，Jr.，American Farmland Trust）

合作机构

约翰·格罗斯，（美国）国家公园管理局（John Gross，National Park Service）

河流工作组（Stream Flows Working Group）

科林·艾普斯，大自然保护协会（Colin Apse，The Nature Conservancy）

里奥·埃塞尔，布朗与考德威尔环境工程公司（Leo Eisel，Brown and Caldwell）

格伦·霍奇金，美国地质调查局（Glenn Hodgkins，U.S. Geological Survey）

哈利·林斯，美国地质调查局（Harry Lins，U.S. Geological Survey）

邓肯·派顿，蒙大拿州立大学（Duncan Patten，Montana State University）

N·勒罗伊·波夫，美国科罗拉多州立大学（N. LeRoy Poff，U.S. Colorado State University）

理查德·伯德，塔夫茨大学（Richard Vogel，Tufts University）

大卫·沃洛克，美国地质调查局（David Wolock，U.S. Geological Survey）

外部评审

《2008 年美国国家生态系统状况报告》的外部评审来自学术界、环境非营利组织、联邦和州政府机构以及行业人士。

肖恩·安德森，加利福尼亚大学海峡群岛（Sean Anderson，California State University Channel Islands）

马丁·艾坡，科学协会主席委员会（Martin Apple，Council of Scientific Society Presidents）

詹妮弗·贝内特，环境保护基金会（Jennifer Bennett，Environmental Defense Fund）

理查德·比尔德赛，美国农业部林务局（Richard Birdsey，USDA Forest Service）

史蒂文·布拉德伯里，美国国家环境保护局（Steven Bradbury，Environmental Protection Agency）

史蒂夫·卡朋特，威斯康星大学麦迪逊分校（Steve Carpenter，University of Wisconsin -Madison）

弗吉尼亚·戴尔，橡树岭国家实验室（Virginia Dale，Oak Ridge National Laboratory）

希尔达·迪亚兹-索尔特罗，美国农业部（Hilda Diaz-Soltero，U.S. Department of Agriculture）

詹妮·多维尔，先锋良种国际有限公司（Jenny Dowil，Pioneer Hi-Bred International，Inc.）

保罗·H·唐恩，美国农业部林务局（Paul H. Dunn，USDA Forest Service）

马乔里·恩斯特，（美国）国家海洋和大气管理局(Marjorie Ernst，National Oceanic and Atmospheric Administration）

理查德·福尔曼，哈佛大学（Richard Forman，Harvard University）

苏珊·J·弗兰克尔，美国农业部林务局（Susan J. Frankel，USDA Forest Service）

杰伦·格里森，Tetra Tech 公司（Jeroen Gerritsen，Tetra Tech）

科琳·哈尼，美国国家环境保护局（Colleen Haney，Environmental Protection Agency）

苏珊·哈兹尔廷，美国地质调查局（Susan Haseltine，U.S. Geological Survey）

杰里·L·哈特菲尔德，美国农业部（Jerry L. Hatfield，U.S.Department of Agriculture）

查尔斯·A·赫恩尼克，马萨诸塞州沿海区域管理办公室（Charles A. Hernick，Massachusetts Office of Coastal Zone Management）

莎拉·霍比，明尼苏达大学（Sarah Hobbie，University of Minnesota）

西蒙·胡克，（美国）国家航空和航天管理局（Simon Hook，NASA）

罗伯特·M·休斯，俄勒冈州立大学和环境保护局（Robert M. Hughes，Oregon State University and Environmental Protection Agency）

查尔斯·哈钦森，亚利桑那州立大学（Charles Hutchinson，Arizona State University）

克里斯·詹姆斯，康涅狄格州环境保护局（Chris James，Connecticut Department of Environmental Protection）

詹姆斯·卡尔，华盛顿大学（James Karr，University of Washington）

约翰·克尔提斯，北美生物群计划（BONAP）

[John Kartesz，Biota of North American Program（BONAP）]

琼·肯尼，美国地质调查局（Joan Kenny，U.S. Geological Survey）

米米·拉姆，英属哥伦比亚大学（Mimi Lam，University of British Colombia）

贡纳·劳恩施泰因，（美国）国家海洋和大气管理局（Gunnar Lauenstein，National Oceanic and Atmospheric Administration）

诺曼·勒布朗，美国净水协会（Norman LeBlanc，National Association of Clean Water Agencies）

史蒂文·罗亨茨，南密西西比大学（Steven Lohrenz，University of Southern Mississippi）

菲利普·路内伯斯，佛罗里达大学（Philip Lounibos，University of Florida）

萨拉·洛弗尔，佛蒙特大学（Sarah Lovell，University of Vermont）

梅格·洛曼，新佛罗里达学院（Meg　Lowman，New College of Florida）

蒂莫西·梅尔，环境保护基金会（Timothy Male，Environmental Defense Fund）

金伯利·米勒，美国地质调查局（Kimberli Miller，U.S. Geological Survey）

杰弗里·莫瑞瑟特，（美国）国家航空和航天管理局戈达德太空飞行中心（Jeffrey Morisette，NASA Goddard Space Flight Center）

弗兰克·尼尔，美国国家环境保护局（Frank Neil，U.S. Environmental Protection Agency）

杰拉尔德·C·纳尔逊，伊利诺伊大学（Gerald C. Nelson，University of Illinois）

李·诺弗利特，美国农业部（Lee Norfleet，U.S. Department of Agriculture）

玛丽莲·巴雷特·奥利里，路易斯安那州立大学（Marilyn Barrett O'Leary，Louisiana State University）

韦恩·帕吉特，美国农业部林务局（Wayne Padgett，USDA Forest Service）

查尔斯·佩里，美国农业部林务局（Charles Perry，USDA Forest Service）

戴维·皮门特尔，康奈尔大学（David Pimentel，Cornell University）

蒂格·普里查德，威斯康星州自然资源部（Teague Prichard, Wisconsin Department of Natural Resources）

威廉·帕克特，美国农业部（William Puckett, U.S. Department of Agriculture）

戴尔·考特罗奇，（美国）国家航空和航天管理局（Dale Quattrochi NASA）

乔恩·兰森，（美国）国家航空和航天管理局（Jon Ranson，NASA）

杰米·K·雷瑟，生态系统研究所（Jamie. K LReaser，Institute of Ecosystem Studies）

杰克·赖斯，加拿大渔业和海洋（Jake Rice，Fisheries and Oceans Canada）

拉里·莱利，亚利桑那州渔猎部（Larry Rilcy, The State of Arizona Game and Fish Department）

保罗·L·林戈尔德，美国国家环境保护局（Paul L. Ringold，U.S. Environmental Protection Agency）

盖伊·罗伯逊，美国农业部林务局（Guy Robertson，USDA Forest Service）

维克·鲁迪斯，美国农业部林务局（Vic Rudis，USDA Forest Service）

维基·桑迪福德，美国国家环境保护局（Vicki Sandiford，U.S. Environmental Protection Agency）

丹尼尔·L· 史老佛，亚利桑那州渔猎部（Duane L. Shroufe, Arizona Game and Fishing Department）

丹尼尔·辛贝洛夫，田纳西大学（Daniel Simberloff, University of Tennessee）

布瑞尔·史密斯，美国农业部林务局（Brad Smith，USDA Forest Service）

伊桑·T·史密斯，水资源可持续利用圆桌会议（Ethan T. Smith Sustainable Water Resources Roundtable）

乔纳森·史密斯，美国地质调查局（Jonathan Smith，U.S. Geological Survey）

威廉·斯特凡诺夫，（美国）国家航空和航天管理局（William Stefanov，NASA）

黛玻·斯威克哈默，明尼苏达大学（Deb Swackhamer，University of Minnesota）

迈克尔·汤普森，艾奥瓦州立大学（Michael Thompson，lowa State University）

鲍里斯·特卡次，美国农业部林务局（Borys Tkacz，USDA Forest Service）

阿诺·特鲁韦，马里兰大学（Arnaud Irouve，University of Maryland）

伍迪·特纳，（美国）国家航空和航天管理局（Woody Turner，NASA）

保罗·昂格尔，美国农业部（退休）[Paul Unger，U.S. Department of Agriculture （retired）]

戴维·范·福尔希斯，（美国）国家海洋和大气管理局（Dave Whitall, National Oceanic and Atmospheric Administration）

詹妮弗·福尔默，巴斯公司（Jennifer Vollmer, BASF Corporation）

兰迪·韦斯特布鲁克斯，美国地质调查局（Randy Westbrooks, U.S. Geological Survey）

戴夫·怀特霍，（美国）国家海洋和大气管理局（Dave Whitall, National Oceanic and Atmospheric Administration）

罗伯特·韦德漫，阿肯色大学（Robert Wiedenmann，University of Arkansas）

迪安·威尔金森，（美国）国家入侵型外来物种委员会（Dean Wilkinson，National invasive Species Council）

克里斯·伍德尔，美国农业部林务局（Chris Woodall，USDA Forest Service）

生态系统联络小组

生态系统联络小组由参加了《2002 年美国国家生态系统状况报告》项目第一期（2002 年以前）的成员构成。2002—2008 年，他们持续跟进项目的进展，并对项目提出建议，思路和意见，尤其是针对生态系统指标。

海岸和海洋

沃尔特·博因顿，马里兰大学环境科学中心（Walter Boynton University of Maryland Center for Env ironmental Science）

詹姆斯·克罗恩，美国地质调查局（James Cloern，U.S. Geological Survey）

罗伯特·贝里，俄勒冈州土地保护和开发部（Robert Bailey，Oregon Department of Land Conservation and Development）

布罗克·伯恩斯坦，独立顾问（Brock Bernstein，Independent Consultant）

戴维·J·德特勒，（美国）国家海洋和大气管理局（David J. Detlor, National Oceanic and Atmospheric Administration）

威廉·S·费舍尔，美国国家环境保护局（William S. Fisher，U.S. Environmental Protection Agency）

吉姆·古德，俄勒冈州立大学（Jim Good，Oregon State University）

罗伯特·豪沃思，康奈尔大学（Robert Howarth，Cornell University）

戴尔·基弗，美国南加州大学（Dale Kiefer，University of Southern California）

帕特里克·奥布莱恩，雪佛龙能源技术公司（Patrick O'Brien，Chevron Energy Technology Company）

约翰·C·奥格登，佛罗里达海洋研究所（John C. Ogden, Florida Institute of Oceanography）

安德鲁·罗伯逊，哥伦比亚大学地球研究所（Andrew Robertson，The Earth Institute of Columbia University）

琳达·希恩，加利福尼亚州海岸保护者联盟（Linda Sheehan California Coastkeeper Alliance）

J·凯文·萨默斯，美国国家环境保护局（J. Kevin Summers, U.S. Environmental Protection Agency）

迈克·韦伯，资源遗产基金会（Mike Weber，Resources Legacy Foundation）

史蒂夫·韦斯伯格，南加州海岸水域研究项目（Steve Weisberg，Southern California Coastal Water

Research Program）

农田

弗兰克·凯西，野生动物保护者（Frank Casey，Defenders of Wildlife）

杰里·L·哈特菲尔德，美国农业部（Jerry L.Hatfield，U.S. Department of Agriculture）

拉尔夫·海姆利希，农业保护经济咨询公司（Ralph Heimlich，Agricultural Conservation Economics）

詹姆斯·A·小拉戈，威斯康星大学（James A. LaGro. Jr.，University of Wisconsin）

达里尔·隆德，美国农业部（Daryl Lund，U.S. Department of Agriculture）

德博拉·内尔，佛蒙特大学（Deborah Neher，University of Vermont）

托马斯· E·尼克森，孟山都公司（Thomas E. Nickson. Monsanto Company）

史蒂芬·佩克，杨百翰大学（Steven Peck，Brigham Young University）

B. A. 斯图尔特，西德州农工大学（B. A. Stewart，West Texas A&M University）

丹尼斯·蒂尔尼，先正达作物保护公司（Dennis Tierney，Syngenta Crop Protection，Inc.）

保罗·W·昂格尔，美国农业部（Paul W. Unger，U.S. Department of Agriculture）

威廉· G·威尔伯，美国地质调查局（William G. Wilber，U.S. Geological Survey）

淡水

罗宾·阿贝尔，世界野生动物基金会（Robin Abell，World Wildlife Fund）

芭芭拉·贝德福德，康奈尔大学（Barbara Bedford，C ornell University）

保罗·伯特伦，美国国家环境保护局（Paul Bertram，U.S. Environmental Protection Agency）

帕特里克·贝瑞索尼克，明尼苏达大学（Patrick Brezonik，University of Minnesota）

斯科特·代尔，宝洁公司（Scott Dyer，Procter and Gamble，Inc.）

利奥·M·艾泽尔，布朗和考德威尔环境工程公司（Leo M. Eisel，Brown and Caldwell）

奥托·古滕森，美国国家环境保护局（Otto Gutenson，U.S. Environmental Protection Agency）

帕特里克·哈文斯，陶氏益农公司（Patrick Havens，Dow AgroSciences LLC）

乔纳森·希金斯，大自然保护协会（Jonathan Higgins，The Nature Conservancy）

戴夫·莱纳特，莱纳特咨询服务公司（Dave Lenat，Lenat Consulting Services）

盖尔·马拉德，美国地质调查局（Gail Mallard，U.S.Geological Survey）

丹尼尔·马科维茨，马尔科姆比尔尼公司（Daniel Markowitz，Malcolm Pirnie，Inc.）

拉里·马斯特，公益自然组织（退休）[Larry Master，NarureServe（retired）]

朱迪·L·迈耶，佐治亚大学（Judy L. Meyer，University of Georgia）

罗伯特·朴子，淡水研究所（退休）[Robert Putz，Freshwater Institute （retired）]

查尔斯·斯普纳，美国国家环境保护局（Charles Spooner，U.S. Environmental Protection Agency）

拉尔夫·斯塔尔，杜邦公司（Ralph Stahl，DuPont Corporation）

拉尔夫·蒂纳，美国鱼类及野生动物管理局（Ralph Tiner，U.S. Fish and Wildlife Service）

比尔·威伦，美国鱼类及野生动物管理局（Bill Wilen，U.S. Fish and Wildlife Service）

特丽·杨，环境保护基金会（Terry Young，Environmental Defense Fund）

草原-灌木林地

卡尔·博克，美国科罗拉多大学博尔德分校（Carl Bock，University ol Cailorado at Boulder）

简·博克，美国科罗拉多大学博尔德分校（Jane Bock，University of Colorado at Boulder）

鲍勃·巴德，怀俄明州的野生动物和自然资源信

托（Bob Budd，Wyoming Wildlife and Natural Resource Trust）

莱恩·卡朋特，野生动物管理研究所（Len Carpenter，The Wildlife Management Institute）

艾莉森·希尔，美国农业部林务局（Alison Hill，USDA Forest Service）

理查德·梅伯里，土地管理局（Richard Mayberry，Bureau of Land Management）

约翰·麦克莱恩，资源咨询有限公司（John McLain，Resource Concepts，Inc）

比尔·米勒，Malpai 边境组织（Bill Miller，Malpai Borderlands Group）

约翰·E·米切尔，美国农业部林务局（John E. Mitchell，USDA Forest Service）

雷切尔·缪尔，美国地质调查局（Rachel Muir，U.S. Geological Survey）

詹姆斯·T·奥罗克，查德隆州立学院（James T. O'Rourke，Chadron State College）

J·迈克尔·斯科特，美国地质调查局（J. Michael Scott，U.S. Geological Survey）

迈克尔·L·斯科特，美国地质调查局（Michael L. Scott，U.S. Geological Survey）

蒂莫西·西斯泰德，科罗拉多大学（Timothy Seastedt，University of Colorado）

格雷格·西蒙兹，Open Range 顾问公司（Gregg Simonds，Open Range Consulting）

菲利普·L·西姆斯，美国农业部（Phillip L . Sims，U.S. Department of Agriculture）

托马斯·J·斯多格伦，美国地质调查局与科罗拉多州立大学（Thomas J. Stohlgren，U.S. Geological Survey and Colorado State University）

约翰·田中，牧场管理学会（John Tanaka，Society for Range Management）

史蒂文·C·托比特，国家野生动物联合会（Steven C. Torbit，National Wildlife Federation）

约翰娜·沃尔德，自然资源保护委员会（Johanna Wald，Natural Resources Defense Council）

尼尔·韦斯特，犹他州立大学（Neil West，Utah State University）

乔治·伍尔特勒，自由撰稿人/摄影师/生态学家（George Wuerthner，Freelance Writer/ Photographer/ Ecologist）

城市-郊区

威廉·阿尔弗森，菲尔德博物馆（William Alverson，Field Museum）

罗杰·班纳曼，威斯康星州自然资源部（Roger Bannerman，Wisconsin Department of Natural Resources）

玛格丽特·M·卡雷罗，路易斯维尔大学（Margaret M. Carreiro，Universiiv of Louisville）

卡伦·格洛特费尔蒂，海因茨中心资助者（Caren Glotfelty，The Heinz Endowments）

理查德·哈默施拉格，美国地质调查局（Richard Hammerschlag，U.S. Geological Survey）

乔治·R·赫斯，北卡罗莱纳州州立大学（George R. Hess，North Carolina State University）

大卫·赫尔斯，俄勒冈大学（David Hulse，University Oregon）

迈克尔·W·莱门斯，野生动物保护协会（Michael W. Klemens，Wildlife Conservation Society）

迈克尔·珀露基维茨，城市土地协会（Michael Pawlukiewicz，The Urban Land Institute）

理查德·珀亚特，美国农业部林务局（Richard Pouyat，USDA Forest Service）

皮特·桑德洛克，桑德洛克咨询服务（Pete Sandrock，Sandrock Consulting Services）

杰夫·特瑞恩斯，俄勒冈州进步委员会（退休）[Jeff Tryens，Oregon Progress Board （retired）]

萨拉·维克曼，野生动物保护者（Sara Vickerman，Defenders of Wildlife）

吴建国，亚利桑那州立大学与内蒙古大学（Jianguo Wu，Arizona State University and Inner Mongolia University）

韦恩 • 齐佩雷尔，美国农业部林务局（Wayne Zipperer，USDA Forest Service）

专题研讨会

专题研讨会是将各个工作组召集在一起，探讨如何设计和优化各项指标。

碳储量指标研讨会

2006 年 2 月 28 日，

February 28，2006

琳达·S·希思，美国农业部林务局（Linda S. Heath，USDA Forest Service）

理查德·霍顿，伍兹霍尔研究中心（Richard Houghton，Woods Hole Research Center）

卡里·卡斯特，碳项目服务（Gary Kaster，Carbon Projects Services）

斯蒂芬·奥格尔，科罗拉多州立大学（Stephen Ogle，Colorado State University）

R·尼尔·桑普森，桑普森集团（R. Neil Sampson，The Sampson Croup）

戈登·史密斯，生态林业有限责任公司（Gordon Smith，Ecofor LLC）

埃里克·森德奎斯特，美国地质调查局（Eric Sundquist，U.S. Geological Survey）

梅里特·图雷茨基，密歇根州立大学（Merritt Turetsky，Michigan State University）

有害藻类事件指标研讨会

2005 年 5 月 5 日

May 5，2005

唐纳德·斯卡维亚，主席，密歇根州立大学（Donald Seavia，Chair，University ol Michigan）

唐纳德·安德森，伍兹霍尔海洋研究所（Donald Anderson，Woods Hole Oceanographic Institution）

韦恩·W·卡迈克尔，莱特州立大学（Wayne W. Carmichael，Wright State University）

科威·多奇，（美国）国家海洋和大气管理局（Quay Dortch，National Oceanic and Atmospheric Administration）

乔安妮·杰利特，杰利特生物技术咨询公司（Joanne Jellett，Jellett Biotek Consulting）

格雷格·W·朗格卢瓦，加利福尼亚卫生部（Gregg W. Langlois，California Department of Health Services）

杰克·伦塞尔，伦塞尔水产科学顾问协会（Jack Rensel，Rensel Associates Aquatic Science Consultants）

帕特里克·罗斯，拯救海牛俱乐部（Patrick Rose，Save the Manatee Cluh）

凯文·塞尔纳，切萨皮克研究协会有限责任公司（Kevin Sellner，Chesapeake Research Consortium，Inc.）

西奥多·司美达，罗德岛大学（Theodore Smayda，University of Rhode Island）

维拉·特瑞勒，国家海洋与大气管理局（Vera Trainer，National Oceanic and Atmospheric Administration）

海岸区景观格局指标研讨会

2004 年 9 月 2 日至 3 日

September 2-3，2004

苏珊·贝尔，主席，南佛罗里达大学（Susan Bell，Chair，University of South Florida）

弗吉尼亚·伯克特，美国地质调查局（Virginia Burkett，U.S. Geological Survey）

约书亚·柯林斯，旧金山河口研究所（Joshua Collins，San Francisco Estuary Institute）

约翰·狄克逊，加州海岸委员会（John Dixon，California Coastal Commission）

莱斯利·尤因，加州海岸委员会（Lesley Ewing，California Coastal Commission）

里基·格罗贝尔·邓斯莫尔，美国地质调查局（Rikki Grober-Dunsmore，U.S. Geological Survey）

吉米·约翰斯顿，美国地质调查局（退休）[Jimmy Johnston，U.S. Geological Survey（retired）]

理查德·莱思罗普，罗格斯大学（Richard Lathrop，Rutgers University）

托马斯·米内洛，（美国）国家海洋与大气管理局（Thomas Minello，National Oceanic and

Atmospheric Administration）

杰拉尔德·尼米，明尼苏达州德卢斯大学（Gerald Niemi，University of Minnesota Duluth）

查尔斯·罗曼，国家公园管理局与罗德岛大学（Charles Roman，National Park Service and University of Rhode Island）

查尔斯·西门斯坦特，华盛顿大学（Charles Simenstad，University o f Washington）

罗伯特·斯图尔特，美国地质调查局（退休）[Rohert Stewart，U.S. Geological Survey（retired）]

德鲁·塔利，旧金山湾国家河口研究储备和加州大学戴维斯分校（Drew Talley，San Francisco Bay National Estuarine Research Reserve and University of California Davis）

罗马·扎亚茨，纽黑文大学（Roman Zajac，University of New Haven）

乔·泽德勒，威斯康星大学麦迪逊分校（Joy Zedler，University of Wisconsin-Madison）

海岸区景观格局指标研讨会（2）

2006 年 5 月 5 日至 6 日

May 15-16，2006

苏珊·贝尔，主席，南佛罗里达大学（Susan Bell，Chair，University of South Florida）

廷迪·奥加尔迪，海洋之声（Tundi Agardy，Sound Seas）

威廉·S·费舍尔，美国国家环境保护局（William S. Fisher，U.S. Environmental Protection Agency）

吉米·约翰斯顿，美国地质调查局（退休）[Jimmy Johnston，U.S. Geological Survey（retired）]

理查德·莱思罗普，罗格斯大学（Richard Lathrop，Rutgers University）

托马斯·米内洛，（美国）国家海洋和大气管理局（Thomas Minello，National Oceanic and Atmospheric Administration）

马特·尼科尔森，美国国家环境保护局（Matt Nicholson，U.S. En vironmental Protection Agency）

杰拉尔德·涅米，明尼苏达州德卢斯大学（Gerald Niemi. University of Minnesota Duluth）

查尔斯·西门斯坦德，华盛顿大学（Charles Simenstad，University of Washington）

埃里克·斯坦，南加州海岸水域研究项目（Eric Stein，Southern California Coastal Water Research Project）

丹尼尔·O·苏曼，迈阿密大学（Daniel O. Suman. University of Miami）

德鲁·塔利，圣弗朗西斯科湾国家河口保护研究与加州戴维斯大学（Drew Talley，San Francisco Bay National Estuarine Research Reserve and University of California Davis）

罗马·扎亚茨，纽黑文大学（Roman Zajac，University of New Haven）

非本地物种指标研讨会（4）

I. 植被覆盖指标研讨会

2004 年 11 月 6 日

November 16，2004

拉尔斯·W·J·安德森，美国农业部与加州大学戴维斯分校（Lars W.J. Anderson，U.S. Department of Agriculture and University of California Davis）

安德鲁·格雷，美国农业部林务局（Andrew Gray，USDA Forest Service）

德鲁·克尔，金郡毒草控制项目（Drew Kerr，King County Noxious Weed Control Program）

理查德·N·麦克，华盛顿州立大学（Richard N. Mack，Washington State University）

贝丝·舒尔茨，美国农业部林务局（Beth Schulz，USDA Forest Service）

格雷格·司柏列阿斯，美国伊利诺伊大学厄巴纳-香槟分校（Greg Spyreas，University of Illinois at Urbana-Champaign）

萨拉赖克德，华盛顿州立大学（Sarah Reichard，University of Washington）

II. 非本地物种指标专项研讨会：动物病原体

2004 年 10 月 13 日

乔什·戴恩，美国地质调查局（Josh Dein, U.S. Geological Survey）

西尔维·亚伦，自然资源保护委员会（Sylvia Fallon，Natural Resources Defense Council）

克雷斯·S·麦克劳克林，全国野生动物健康中心（Crace S. McLaughlin，National Wildlife Health Center）

斯科特·米勒，史密森国立自然历史博物馆（Scott Miller，Smithsonian Institution National Museum of Natural History）

马克·明顿，史密森环境研究中心（Marc Minton，Smithsonian Environmental Research Center）

格雷格·鲁伊斯，史密森环境研究中心（Greg Ruiz，Smithsonian Environmental Research Center）

卢·斯里奥，美国地质调查局（退休）[Lou Sileo，U.S. Geological Survey （retired）]

III. 非本地无脊椎动物指标研讨会

2004 年 12 月 16 日

吉姆·卡尔顿，威廉姆斯学院海事研究项目（Jim Carlton，The Maritime Studies Program of Williams College）

瓦莱丽·艾维勒，加州大学戴维斯分校（Valerie Eviner，University of California Davis）

彼得·格罗夫曼，卡里生态系统研究所（Peter Groffman，Cary Institute of Ecosystem Studies）

安德鲁·利布霍尔德，美国农业部林务局（Andrew Liebhold，USDA Forest Service）

加里·洛维特，卡里生态系统研究所（Gary Lovett，Cary Institute of Ecosystem Studies）

安东尼·里恰尔迪，麦基尔大学（Anthony Ricciardi，McGill University）

大卫·斯特雷耶，卡里生态系统研究所（David Strayer，Cary Institute of Ecosystem Studies）

卡塔琳·斯洛韦茨，约翰斯·霍普金斯大学（Katalin Szlavecz，Johns Hopkins University）

克莱门特·托克纳，瑞士联邦环境科学与技术研究所（EAWAG）（Klement Tockner，Swiss Federal Institute for Environmental Science and Technology （EAWAG））

IV. 非本地脊椎动物指标研讨会

2004 年 12 月 9 日

理查德·恩格曼，美国农业部（Richard Engeman，U.S. Department of Agriculture）

默西迪丝·S·佛斯特，美国地质调查局/国家自然历史博物馆（Mercedes S. Foster，U.S. Geological Survey / National Museum of Natural History）

帕姆·富勒，美国地质调查局（Pam Fuller，U.S. Geological Survey）

拉里·马斯特，公益自然组织（退休）[Larry Master，NatureServe（retired）]

罗伊·麦克迪尔米德，美国地质调查局/国家自然历史博物馆（Roy McDiarmid, U.S. Geological Survey/ National Museum of Natural History）

查尔斯·尼尔伦，美国国家科学基金会（Charles Nilon，National Science Foundation）

植物生长指数指标研讨会

2006 年 8 月 22 日

大卫·斯科尔，主席，密歇根州立大学（David Skole，Chair. Michigan State University）

克雷格·道奇，美国农业部（Craig Daughtry，U.S. Department of Agriculture）

保罗·多雷斯瓦米，美国农业部（Paul Doraiswamy，U.S. Department of Agriculture）

斯科特·格茨，伍兹霍尔研究中心（Scott Goetz，Woods Hole Research Center）

阿尔弗雷多·韦特，亚利桑那大学（Alfredo Huete, University of Arizona）

坎加·麦能尼，波士顿大学（Ranga Myneni，Boston University）

卡马·能曼尼，（美国）国家航空和航天管理局埃姆斯研究中心（Rama Nemani, NASA Ames Research Center）

史蒂夫·普林斯，马里兰大学帕克分校（Steve Prince，University of Maryland at College Park）

史蒂文·W·莱宁，蒙大拿大学（Steve W. Running，Umversity of Montana）

杰伊·萨梅克，密歇根州立大学（Jay Samek，Michigan State University）

约翰·汤森，弗吉尼亚州自然遗产项目（前为马里兰大学帕克分校）[John Townsend，Virginia Natural Heritage Program（formerly University of Maryland at College Park）]

河流研讨会（3）

河流流量变化国家核心指标研讨会

2005 年 7 月 26 日

科林·艾普斯，大自然保护协会（Colin Apse，The Nature Conservancy）

利奥·艾泽尔，布朗与考德威尔环境工程公司（Leo Eisel，Brown and Caldwell）

格伦·霍奇金，美国地质调查局（Glenn Hodgkins，U.S. Geological Survey）

哈利·林斯，美国地质调查局（Harry Lins，U.S. Geological Survey）

邓肯·派顿，蒙大拿州立大学（Duncan Patten，Montana State University）

勒罗伊·波夫，美国科罗拉多州立大学（LeRoy Poff，Colorado State University）

肯·波特，美国威斯康星大学（Ken Potter，Uinversity of Wisconsin）

理查德·伯德，塔夫茨大学（Richard Vogel，Tufts University）

第二次河流流量变化国家核心指标研讨会

2005 年 11 月 29 日

利奥·艾泽尔，布朗与考德威尔环境工程公司（Leo Eisel，Brown and Caldwell）

格伦·霍奇金，美国地质调查局（Glenn Hodgkins，U.S. Geological Survey）

X·杰伊·建，美国地质调查局（X. Jay Jian，U.S. Geological Survey）

哈利·林斯，美国地质调查局（Harry Lins，U.S. Geological Survey）

邓肯·派顿，蒙大拿州立大学（Duncan Patten，Montana State University）

勒罗伊·波夫，美国科罗拉多州立大学（LeRoy Poff，Colorado State University）

理查德·伯德，塔夫茨大学（Richard Vogel，Tufts University）

大卫·沃洛克，美国地质调查局 （David Wolock，U.S. Geological Survey）

特丽·杨，环境保护基金会（Terry Young，Environmental Defense Fund）

第三次河流流量变化国家核心指标研讨会

2006 年 4 月 7 日

科林·艾普斯，大自然保护协会（Colin Apse，The Nature Conservancy）

利奥·艾泽尔，布朗与考德威尔环境工程公司（Leo Eisel，Brown and Caldwell）

格伦·霍奇金，美国地质调查局（Glenn Hodgkins，U.S. Geological Survey）

哈利·林斯，美国地质调查局（Harry Lins，U.S. Geological Survey）

邓肯·派顿，蒙大拿州立大学（Duncan Patten，Montana State University）

勒罗伊·波夫，美国科罗拉多州立大学（LeRoy·Poff，Colorado State University）

理查德·伯德，塔夫茨大学（Richard Vogel，Tufts University）

大卫·沃洛克，美国地质调查局(David Wolock，U.S. Geological Survey）

海因茨中心项目工作人员

罗宾·奥马利，项目主任（Rohin O'Malley，Program Director）

肯特·凯文德·巴雷斯，项目副主任（Kent Cavender-Bares, Deputy Project Director）

安妮·S·马什，助理研究员（Anne S. Marsh，Research Associate）

克里斯廷·内格拉，助理研究员（Chhristine Negra，Research Associate）

乔纳森·马德斯利，助理研究员（Jonathan Mawdsley，Research Associate）

大卫·伯纳德，助理研究员（David Bernard，Research Associate）

邦尼·基勒，助理研究员（Bonnie Keeler，Research Associate）

卡洛琳·克里默·思维多，研究助理（Caroline Cremer Sweedo, Research Assistant）

克莱尔·海斯，行政助理（Claire Hayes，Executive Assistant）

前期项目的工作人员

劳拉·梅尔森，助理研究员（Laura Meyerson，Research Associate）

伊恩·卡罗尔，研究助理（Ian Carroll，Research Assisiani）

霍利·阿莉莎·麦考密克，助理研究员（Holly Alyssa MacCormick, Research Assistant）

艾丽塞特·里韦拉，助理研究员（Elissette Rivera，Research Assistant）

罗伯特·弗里德曼，副会长（Rohert Friedman，Vice President）

珍妮特·阿斯普登，编辑（Jeannette Aspden，Editor）

凯特·温，助理研究员（Kate Wing，Research Assistant）

希瑟·布劳，助理研究员（Heather Blough，Research Assistant）

海因茨中心工作人员

托马斯·E·洛夫乔伊，会长 （Thomas E. Lovejoy，President）

大卫·伯纳德，助理研究员，环境报告项目（David Bernard，Research Associate Environmental Reporting Program）

卡伦·博勒，办公室负责人/会议策划人（Karen Boler，Receptionist and Office Manager /Meeting Planner）

肯特·凯文德·巴雷斯，项目副主任，环境报告项目（Kent Cavender-Bar es，Deputy Project Director，Environmental Reporting Program）

罗伯特·W·科雷尔，项目总监，全球变化项目（Robert W. Corell，Program Director，Global Change Program）

阿丽亚娜·德·布雷蒙，助理研究员，全球变化项目（Ariane de Bremond，Research Associate，Global Change Program）

克莱尔·海斯，行政助理，环境报告项目（Claire Hayes，Executive Assistant，Environmental Reporting Program）

安妮·E·胡玛尔，发展总监，公司秘书（Anne E. Hummer，Development Director，Corporate Secretary）

邦尼·基勒，助理研究员，环境报告项目（Bonnie Keeler，Research Associate，Environmental Reporting Program）

安妮·S·马什，助理研究员，环境报告项目（Anne S. Marsh，Research Associat，Environmental Reporting Program）

乔纳森·马德斯利，助理研究员，环境报告项目（Jonathan Mawdsley，Research Associate，Environmental Reporting Program）

克里斯廷·内格拉，助理研究员，环境报告项目（Christine Negra，Research Associate，Environmental Reporting Program）

丹尼斯·欧吉玛，资深学者，全球变化项目（Dennis Ojima，Senior Scholar in Residence，Global Change Program）

罗宾·奥马利，项目总监，环境报告项目（Rohin O'Malley，Program Director，Environmental Reporting Program）

迪奥·塞克，主任会计师（Dior Seek，Senior Accountant）

马蒂·斯皮策，资深研究员（Marty Spitzer, Senior Fellow）

卡洛琳·克里默·思维多，助理研究员，环境报告项目（Caroline Cremer Sweedo，Research Assistant，

Environmental Reporting Program）

卡门·R·桑戴克，行政助理，会长办公室（Carmen R. Thorndike，Executive Assistant，President's Office）

克里斯托弗·A·G·蒂卢，项目总监，沿海、海洋和水道可持续发展项目（Christophe A. G. Tulou，Program Director，Sustainable Coasts，Oceans，and Waterways Program）

斯达卡·凡戴恩，交流和研发部（Stacia VanDyne，Communications and Development Manager）

特然里斯·瓦茨，人事行政助理，全球变化项目（Tranice Watts，Research and Administrative Assistant，Global Change Program）

海因茨中心董事会

丽塔·R·科尔韦尔，主席高级顾问，名誉主席。美国佳能生命科学公司，特聘教授，马里兰大学帕克分校（Rita R. Colwell，*Chair* Senior Advisor and Chairman Emeritus，Canon U.S. Life Sciences，Inc.，and Distinguished Professor，University of Maryland at College Park）

特里萨·海因茨，副主席，海因茨家族慈善基金会（Teresa Heinz，Vice Chair，Chairman，Heinz Family Philanthropies）

斯坦利·拜耳，名誉主席，Saltchuk 资源有限公司（Stanley Barer Chairman Emeritus，SaltC huk Resources，Inc.）

梅林达·布林肯，慈善家（Melinda Blinken Philanthropist）

舍伍德·贝勒特，雅高集团（Sherwood Boehlert The Accord Croup）

艾莉森·M·拜尔斯，医务主任，纽约西安普敦海滩家政服务中心（Alison M. Byers

Clinical Director，Family Counseling Services of Westhampton Beach，New York）

伯纳德·J·大卫，董事，Zallinger/大卫基金会（Bernard J. David Director，Zallinger/ I David Foundation）

马克·戈伦伯格，合伙人，哈默温-布雷德投资合伙人公司（Mark Gorenberg Partner I Hummer Winblad Venture Partners）

安德烈·海因茨，环境顾问（Andre Heinz/ Environmental Consultant）

托马斯·E·洛夫乔伊，会长，海因茨中心（Thomas E. Lovejoy President，The Heinz Center）

雪莉·M·马尔科姆，教育和人力资源计划董事和负责人，美国科学进步协会（Shirley M. Malcom Head，Directorate for E ducation and Human Resources Programs，American Association for the Advancement of Science）

弗雷德·C·梅森，卡特彼勒有限公司产品规划部经理，董事与卡特彼勒有限公司卢森堡分公司总经理 （Fred C. Mason Director，Product Source Planning，Caterpillar，Inc.，and Managing Director，Caterpillar Luxembourg）

杰里·M·梅利洛，公司主管，生态环境中心，海洋生物实验室（Jerry M. Melillo Co-Director，The Ecosystems Center，Marine Biological L aboratory）

约翰·彼得森·迈尔斯，首席执行长官与首席科学家，环境健康服务（John Peterson Myers，CEO and Chief Scientist，Environmental Health Services）

大卫·J·莱夫肯，主任，时代公司可持续发展部（David J. Refkin，Director，Sustainable Development，Time Inc.）

霍华德·赖斯，主席及行政总裁，新英格兰水族馆（Howard Ris，President and Chief，Executive Officer，The New England Aquarium）

拉里·J·施魏格尔，主席及行政总裁，国家野生动物联合会（Larry J. Schweiger，President and Chief Executive Officer，National Wildlife Federation）

沃伦·M·华盛顿，资深科学家和气候变化研究组的负责人，国家大气研究中心（Warren M. Washington，Senior Scientist and Head of Climate Change Research Section，National Center for Atmospheric Research）

致谢

本项目的持续开展有赖于许多合作者一直以来的大力支持。在此，我们感谢在过去 20 年里通过各种不同方式作出贡献的众多组织机构以及数百名成员，对委员会成员、研讨会与会者、评审人员以及顾问和合作伙伴，深表谢意，毫无疑问，没有你们，就没有本报告问世。

我们衷心感谢资助这项工作的相关企业、基金会、联邦资助者和项目资助者。

众多机构和人员为我们提供数据，在委员会中任职，审查材料，或提供其他支持，慷慨地贡献他们的资源和时间。参与本项目的人员名单和提供数据的机构名称详见前文。与此同时，也特别感谢美国地质调查局、美国农业部林务局以及公益自然组织大力支持本项目，并提供了大量数据，是非常重要的合作伙伴。生态系统指标评价工作与非本地物种和景观格局工作组以及相关研讨会与会人员的不懈努力密不可分，诸位的劳动成果将在本报告及其后续版本中得以体现。我们也要感谢工作组和研讨会成员，感谢为修改或建立空气质量、生物群落状况、碳储量、生态系统服务、有害藻类事件、植物生长指数和河流等新指标作出不懈努力的相关人员。这项工作非常不易，我们对大家的专业知识、独到见解和开放态度深表感激。

特别感谢珍妮特·阿斯普登和伊冯·巴斯为本报告提供的编辑服务，你们细致的工作把读者带入了一个引人入胜、环环相扣的故事中，我们对此表示感谢。

我们也感谢亚宁/克里夫设计公司（Janin/Cliff Design）的辛西娅·克里夫（Cynthia Cliff）和詹姆斯·达勒姆（James Durham）的无尽耐心和专业态度，他们的表现远远超出了我们的预期。

我们也感谢格雷格·诺伊谢弗（Greg Neuschafer）对海军研究局办公室（ONR）项目干事提供的无限帮助，以及在过去十多年中，对海军研究局办公室（ONR）提供的行政支持。

我们还要感谢海因茨中心（Heinz Center）的同事们，以不同方式支持着我们的工作。

同时，我们要特别感谢为《2002 年美国国家生态系统状况》和《2008 年美国国家生态系统状况》作出杰出贡献的两位教授。哈佛大学肯尼迪政府学院（Harvard's Kennedy School of Government）的比尔·克拉克（Bill Clark）教授从本项目伊始（1997 年），就担任设计委员会主席，虽然本报告发表后他已卸任，但是我们仍然会非常想念他，他为本项目贡献了大量资料，成为推动我们走向正轨的主要力量（特别在遇上强大阻力时），引领着多元而执著的委员会不断前进，我们会永远想念您。

肯特·凯文德·巴雷斯（Kent Cavender-Bares），担任海因茨中心（Heinz Center）项目副主任，作为稳重而有见地的同事、合作者及主要资助者，以及有创意的思想家，带领我们以最佳方式来实现项目目标。虽然致谢中充满了"项目没有……就不可能"的话语，但是对于他而言，这一点千真万确——得益于他的不懈努力，以及他的科学理解能力、逻辑能力、毅力、编写能力、审查和编辑能力，本书最终得以出版。我们对他深表感谢。

最后，还要感谢海因茨中心董事会成员在过去的十多年里对本项目的认可和支持。

目　录

第1章　2008年美国国家生态系统状况报告：信息事宜[*]

“环境”“户外”“自然”“生态系统”，不同的人对其所处的周边环境可能有不同称谓，但对其所发生变化都同样给予密切关注。实际上，环境状况的变化和趋势预测已经成为地方和国家新闻关注的焦点，大部分报刊聚焦此类事件，特别是那些轰动性的或令人担忧的事件，如新型入侵物种、新禁渔法令、新水域污染物或气候变暖所带来的变化。同时，媒体也日愈聚焦社会中那些关于如何最有效地解决环境问题而展开的激烈辩论，其中涉及各种棘手的问题，例如如何分配有限的供水、管理鱼类和野生动物资源、调控郊区与乡村发展、保护森林和农田等。

这些争论的结果对国家生态系统状况、人们生活及经济发展都有着至关重要的影响。外来物种虽然给土地所有者、农民、大农场经营者等造成数十亿美元的损失，但也可能会为其他行业带来利润。当关闭沙滩或因汞超标而限制鱼类消费时，社区会蒙受损失。然而，加强污水或工业排放的管制会增加城市和工业的运营成本，突出强调供水不足的问题会限制社会发展和经济增长，或威胁到水生物种。促进林业、渔业和农业社区的发展通常又会以牺牲环境为代价。

《2008年美国国家生态系统状况报告》的重要性在于使美国公民能够获取土地、水资源和生物资源方面高质量的、客观的、科学的信息。与《2002 年美国国家生态系统状况报告》一样，本报告由海因茨中心与数百位商业、学术机构、环境组织以及联邦、国家和地方政府共同合作完成。

《2008年美国国家生态系统状况报告》的宗旨在于阐明美国面临的主要环境问题，以便讨论、辩论有效的决策。土地利用方式等决策以及气候变化情况，会对今后几十年的国家生态系统带来重大变化，因此，此类信息至关重要。如果拥有最新、高质量，以及科学可靠的信息，公众和决策者就能够专注于寻求最有效的方法，平衡社会中不同目标，而不是仅仅就所面临的问题展开争论。决策者需要真实可靠的信息，来辨识“紧急”“滋生”和“可控”的环境问题，以便在新问题出现和失控之前未雨绸缪，并跟踪所采取的解决方案中所作的社会投资是否达到预期效果。

* 译者：张峰、刘思含。

高质量信息需求

环境如何变化？人们面临的问题是有所好转还是在继续恶化？出现了哪些新挑战？政府或私人项目是否有效地应对这些挑战？对于这些基本问题，公众需要及时知晓最新的可靠答案，人们希望信息丰富的当今社会能够提供这些答案。海因茨中心及其合作者十年来致力于获取和维护国家生态系统变化和发展趋势方面的详细信息，然而在这个过程中，也发现国家在收集和提供环境信息方面的能力仍然薄弱。

很多基本问题目前仍无法回答。本报告以国家环境监测和企业报告获取的数据为基础，但这种方式无法满足解决当前存在的问题、疑虑和支持决策的需求。环境信息或不透明，或过于技术化，或不具备地域间可比性，甚至缺失的情况仍普遍存在。

商家已经认识到信息的价值，并斥巨资收集信息以便于进行资产管理。从国家角度，我们也同样意识到行业信息的可贵，已经建立了国家经济数据系统，提供及时、方便获取的通货膨胀、失业和国民生产总值等指标数据。同样，我们需要掌握环境变化信息，否则，管理大量丰富珍贵的自然资源，就如同开着一辆前后挡风玻璃都模糊不清的车辆一样毫无方向可循。

公众、政府和企业均日渐受到跨国界环境问题的影响。濒危物种、水污染和空气污染问题已广泛影响到多个国家，入侵物种跨越边界蔓延，国内和全球商业活动影响着对森林和农产品的需求。显而易见，在寻求跨界问题解决方案时，采用孤立且分散的信息收集手段将导致方案缺乏协调能力，无法满足国家尺度的应用需求。海因茨中心项目的经验证明，在研究环境问题的综合解决方案时，建立综合性信息收集能力是首要前提条件。

当前的环境监测系统逐步发展，通常都是针对特定的管理需求或环境问题而建立。本报告即采用这些监测系统所提供的优质且客观数据。

然而，我们已经明确，在未来工作中仍然要大力改进报告信息量和数据一致性，才能满足美国公众和决策层管理国家生态资源的需求。海因茨中心另一部著作《环境信息：未来蓝图》（*Environmental Information*：*Road Map to the Future*）提到了解决此类迫切需求的建议。

建立生态系统状况和利用情况的国家级报告

自 1997 年起，在联邦机构、基金会和企业的支持下，海因茨中心在土地利用、水资源和生物资源范畴选取关键指标，描述了国家生态系统状况的重要变化趋势。该新项目最初在 1997 年由白宫科学和技术政策办事处发起，后得到改善环境质量委员会的支持。

针对辨识国家海岸和海洋、淡水、森林、农田、草地、灌木林地、城市和郊区分别应从哪些方面进行长期监测和积累数据，我们对参与项目的各界人士进行咨询，以更好地选择指标描述生态系统的状况和变化趋势。选择不同领域人士参与是为了确保报告能够全面反映各类生态系统中引起美国社会重点关注的方面，并使报告的语气和语言保持客观中立。项目设计原则请参见专栏 1.1，报告发展历史请参见附录 A。

专栏 1.1 设计原则

制定《美国国家生态系统状况报告》采用了 5 个主要设计原则：

- **关注状况和趋势**。描述国家土地、水源和生物资源主要特征，而非寻求造成问题（或察觉到的问题）的原因或解决方案。因此，报告记录最终结果——生态系统的状况和提供的商品和服务。
- **与时事相关**。面向当前信息以及决策者和提议者，能够为其所用。因此对指标进行了合理设计，描述注重简练、概括性和战略性，而非详尽。
- **指标体系客观中立**。为政策制定提供信息，但不在相关文件中署名，尽量避免政治偏倚，不使用“煽动性”或“敏感性”词语，保持客观。在对生态系统特征得出结论的过程，严格遵循报告的科学性，避免利益驱动的选择。
- **只报告覆盖全国并符合国家高质量标准的、长期的数据**。报告以最新科学知识为基础并经过严格的评审。
- **定期更新并且吸取经验**。报告采用动态更新机制，而非规定完成时间。为了给用户提供最新数据，并改善国家监测和报告的基础系统，应该进行定期和持续更新。如果现有数据未符合质量和覆盖要求，则相关指标应留白，并对造成留白的数据缺失进行解释。

《2008 年美国国家生态系统状况报告》是多方合作完成的第二版报告，旨在为普通公众提供能够反映当前生态环境变化趋势的真实、可靠、科学的指标。

生态系统报告

“生态系统”一词是生物及其生存环境的统称。生态系统除本身具有的内在价值外，也为人类和其他生物生存提供支撑，包括提供维系生命的产品，例如农作物、木材、鱼类和饮用水。生态系统还提供文化、社会和娱乐服务功能，如美丽的风景、游泳场和旅行、垂钓或观赏鸟类的场所等。最近，人们也开始意识到生态系统的其他服务价值，例如拦截洪水、稳定海岸线、土壤净化、农作物和树木的授粉和汇碳等。

生态系统动态且复杂，不同生态系统的大小、数量和物种类型、获取的太阳能量以及在食物链和物理环境中使用和传送营养物质和能量的方式都各不相同。同时，生态系统又相互联系——种子、动物、营养物质、沉积物、水和其他物质和能量的持续移动使得一个生态系统的变化会影响到其他生态系统。所有生态系统一方面受到地理位置（例如区域气候和地质状况）的影响，另一方面火灾或飓风等自然干扰以及人类活动的改变同样也会对它们产生影响。

本报告将以全国主要生态系统类型（海岸和海洋、农田、淡水、草地和灌木林地以及城市和郊区）的一些关键特征为研究对象，重点描述其现状和近几十年的发展变化趋势。本报告旨在帮助读者回顾国家尺度生态系统总体状况和变化趋势，并分别对上述主要生态系统类型进行了分析。

指标章节将提供单项指标，概述和表格供读者参照。此外，后续小节表格对表述生态系统特征的指标进行了总结，共包括四种类型指标，其中包括针对特定主题的指标组合（如非本地物种、污染物），以便读者了解各类型生态系统的特征。指标描述和概述则突出强调生态系统内部和外部生态学特征之间的联系。

本报告目的是描述而非评估，所以不评价变化的正面或负面效应，也不识别或推断产生变化的具体原因（专栏 1.2）。评估过程虽然也是理解环境变化并作出适当响应的关键因素，但是容易受到价值取向的影响，或对尚无定论的科学问题作出推测性结论。正如劳工统计局在报告失业率变化情况时并不对趋势好坏及其起因做过多评论，我们采用类似的做法，希望为以后研究和讨论提供可靠的事实基础。

专栏 1.2　驱动因素和生态系统状况

本报告重点不在于具体分析生态系统“驱动因素”或“压力”（也不描述具体政策或措施），而是更注重各种人类活动、自然因素与政策共同作用于生态系统造成的结果。正如医生检查“生命体征”一样，当出现非常规结果时，或者要附加测试，或者立即采取措施，决策者通过本报告可以了解生态系统总体状况，随后决定是采取措施还是进一步收集数据。

单项指标可能会受到多种变化或动力驱动因素的影响。例如，国家水域氮含量指标受到以下驱动因素的潜在影响（氮元素是重要的植物养分，但如过量则会引起水质问题），包括城市化、使径流和污水中氮含量增加的家畜及轮作措施、使陆地和水中氮沉降增加的化石燃料燃烧、能够吸收径流中的氮且有“生物滤池”之称的湿地和河岸植被减少等。

单个驱动因素也可能影响多种生态系统特征，继而影响多项指标。例如，气候变化能够从多方面改变生态系统，媒体和科学文献也曾报道过此类变化的例子。由于气候对生态系统的特征至关重要，气候变化可能影响多项指标，本报告也包含了多个此类例子。海面温度升高、降水规律改变、风暴强度增强等物理变化是预测气候变化的关键因素。气候是针对不同区域而非在全国性尺度预测。引起生物变化的还包括沿海水域中藻类繁殖更加活跃、有害藻华更加频繁、氧气耗尽区域扩大以及休闲水质下降等。在陆地和淡水资源中，温度升高会助长非本地物种入侵及水生疾病、加速或引起本地物种的衰减、降低城市空气质量。所属区域格局不同，耕地和森林受到的影响不同。

2008 年美国国家生态系统状况

《2008 年美国国家生态系统状况报告》在《2002 年美国国家生态系统状况报告》（www.heinzcenter. org/ecosystems）基础上，进行了诸多改善和扩展。其中重要一点，是两卷报告使用了同样的指标，其目的是为关键变化趋势提供一致的报告。与 2002 年报告相比，本报告中新增加了 6 项关键指标，修改并调整了 57 项指标。这些增加和修改符合本报告持续提供一系列一致且完善的指标的初衷（参见附录 B）。

《2008 年美国国家生态系统状况报告》编排方式与《2002 年美国国家生态系统状况报告》相同，整体描述了国家重要生态系统四大特征以及六大主要生态系统类型（海岸与海洋、农田、森林、淡水、草地和灌木林地、城市和郊区景观，参见专栏 1.3 和图 1.1）。第 2 章从全国尺度介绍国家主体生态系统变化趋势（国家核心指标），第 3～8 章对国家海岸与海洋、农田、森林、淡水、草地和灌木林地、城市和郊区景观状况进行综合描述。总计介绍 108 个指标。本报告后还附有 4 个附录和扩展技术说明，对各章节内容进行补充，并对设计过程中所采用的详细信息、指标调整情况、关键数据缺口和国家主要监测项目进行描述。

专栏 1.3　2008 年美国国家生态系统状况报告

本报告全面但不详尽，仅提供“总体”描述。通过描述一定数量的关键生态学特征来分析美国生态系统大尺度格局、现状和趋势，而非关注每一个监测信息的细节。我们通过对具体、明确和可监测的指标变量进行报告来揭示关键特征。涉及的监测指标包括生态系统组分、生态学过程和生态系统产品与服务等方面。

生态学特征（和指标）四大范畴是：

- 生态系统分布与格局。生态系统面积以及景观格局，例如湿地面积、耕地与附近房屋距离，城市和郊区不透水面的扩张。
- 化学与物理特征。必要的生态系统组成成分，如氧气、碳和养分；生态系统中的污染物；关键物理因素，如侵蚀和水流——由各大河流流入国家沿海水域的氮超过相关的污染物检测标准及耕地土壤侵蚀。
- 生物组分。动植物的生活栖息地状况和这些系统的生产力，例如一个地区非本地物种比例、高灭绝风险物种比例以及动植物群落状况。
- 产品与服务。人类从自然世界取得的产品，如食物、纤维、水、娱乐，也包括较难量化的效益，即“自然生态系统服务”，如植物授粉和洪水滞留。

表格列出了本报告中 108 项指标，各项指标按照生态系统类型及其特征排列。

图 1.1　《2008 年美国国家生态系统状况报告》概念组成

从过去到现在，生态系统受自然和人类因素影响，其状况随时间变化而变化。本报告通过一组关键特征和特定指标，来描述国家生态系统的总体结构、所包含的组分以及产品和服务。

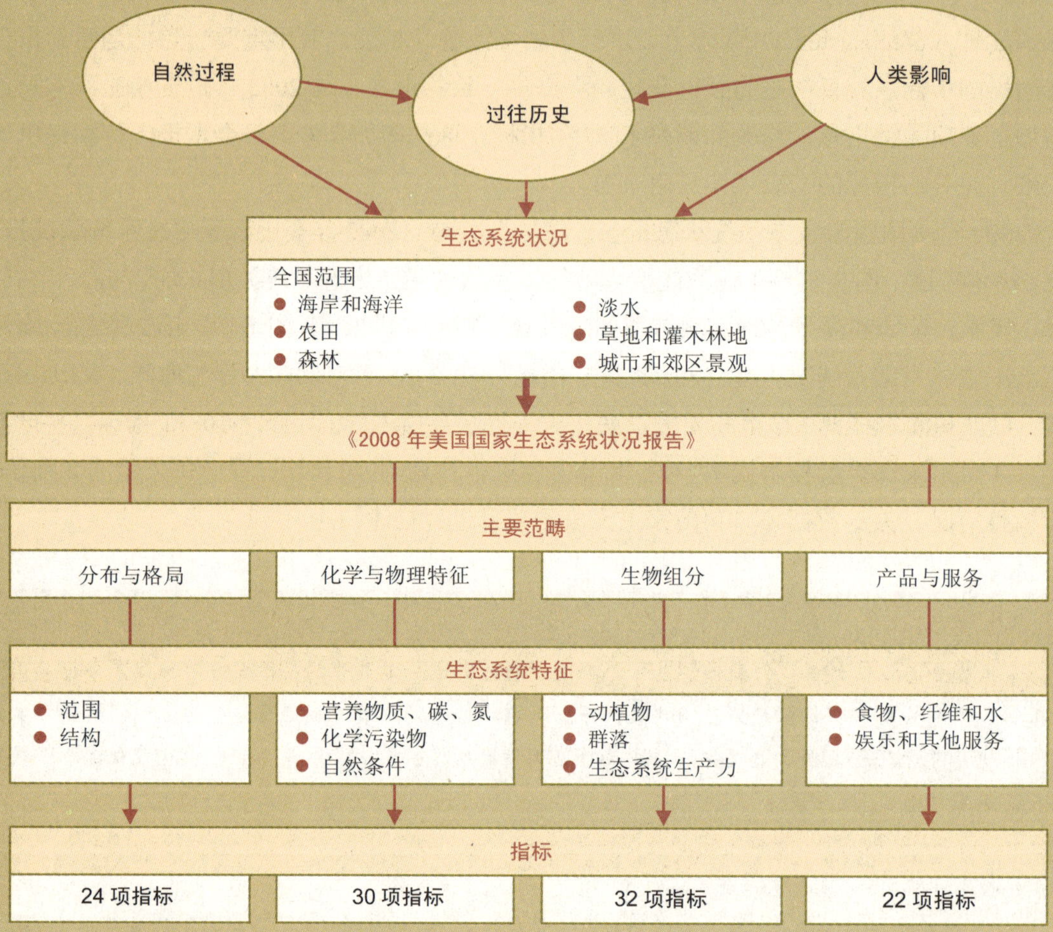

《2008 年美国国家生态系统状况报告》中延续的一大重要特色是强调了国家数据缺失的关键指标。《2002 年美国国家生态系统状况报告》首先指出了这些“数据缺口”，海因茨中心曾在 2006 年发布一份单独的报告《填补缺口：国家生态系统状况报告的迫切数据需求和面临的关键管理挑战》，建议优先考虑环境监测投资。此外，美国审计总署（Government Accountability Office）2005 年的一份报告《环境信息：支持环境指标的联邦项目》（GAO-05-376）强调指出：如不全力支持现有项目则可能造成信息损失。

《2008 年美国国家生态系统状况报告》提供

- **最新数据**。本报告更新了 68 项指标的最新数据并且报告了 41 项指标的多年变化趋势（2002 年有 31 项）。
- **最新改进指标**。本报告的 108 项指标中，对超过一半的指标进行了重新设计和调整，采用最新收集数据或分析方法，并在适当尺度上提供相关信息。此外，新增加的几项指标涵盖了 2002 年报告中未充分描述的主题特征（景观格局、非本地物种、碳储量、生态系统中的空气污染以及变化的河川径流）。
- **增强信息表达**。本报告增加了更多地图，改进后的汇总表格使读者一目了然地看到生态系统的变化趋势和数据覆盖信息，此外本报告还附加了说明文本和技术说明。

发展中的合作关系

实施国家生态系统状况项目 10 年来，有关许多其他重要指标的调查和评估工作也同期进行。海因茨中心将这些项目视为是补充而非竞争，用以服务于相似而不同的需求。例如，千年生态系统评估就是一个全球范围的包括规划和政策建议等内容的项目。美国国家环境保护局（USEPA）正在准备第二份《环境报告》（ROE—参见 www.epa.gov/roe）。鉴于第一份《环境报告》与《2002 年美国国家生态系统状况报告》有诸多相似，第二份报告将重点关注美国国家环境保护局（USEPA）法律和政策目标，与战略规划过程密切相关。此外，在多部门的合作努力下还召开了一些“可持续资源圆桌会议”，其中最早的源于蒙特利尔温带和寒温带森林保护及可持续管理及指标进程，美国是该国际组织的重要成员。这些圆桌会议围绕森林（http：//www. sustainableforests.net/）、牧场（http：//sustaina blerangelands. warnercnr. colostate.edu/）、淡水（http：//acwi.gov/swrr/）、矿物质（http：//www.unr. edu/mines/smr/）等主题展开，通常涉及指标发展情况以及报告工作的关键环节，也涉及《2008 年美国国家生态系统状况报告》的部分主题。这些项目的基本方法有诸多相似之处，期待相互间能够持续合作，并在现有基础上进行完善、改进和协同。

延伸工作

1997 年，很多人都质疑是否能够有效整合如此多的商业、科学以及零散的数据资源，从而全面精确地描述美国生态系统变化的总体状况。10 年的工作以及《2008 年美国国家生态系统状况报告》的发布平息了这一争论。

《2008 年美国国家生态系统状况报告》向持续、科学、客观地报告生态系统状况这一长远目标迈出重要的一步。其宗旨是为国家生态系统的变化提供合理的解释，公开有关环境问题的政策对话。报告谨慎对待社会各阶层的价值观，为公众提供科学可信的环境信息。本报告内容综合性强，而非只考虑片面，为不同地区不同项目之间的相互比较提供框架。此报告自 2002 年起连续不断地进行修订，但尽力保持其一致性。

尽管目前取得了一定成果，仍有很多问题待解决：

- 获取更多关键指标的监测数据；
- 保证指标科学先进性和面向政策需求；
- 将国家指标同各州、地方政府、部落以及联邦机构的指标统一；
- 提高公共机构的工作能力，使其能在未来 20 年持续进行定期监测和评估。

虽然现有的项目实施质量较高，并且在过去 20 年中不断进步，但是国家环境监测和报告基础设施仍然分布零散，不成系统。（海因茨中心在上文提到的《环境信息：未来蓝图》中对此问题提出了一系列建议措施。）

诸如建立联邦州际高速公路体系和形成国家经济指标报告能力等国家基础设施和系统建设，都需要数十年的耐心和坚持，以及长远的规划。美国公众、企业和政府目前所面临的环境问题也将长期存在，加上气候变化、土地利用以及政策决策等因素影响，在未来 50～100 年，国家生态系统将以空前的速度改变。为成功应对环境挑战，我们必须及时掌握可信、公正、科学、严谨的国家生态系统状况及其变化趋势信息。这些信息将作为我们辨识环境现状和未来变化的一个窗口，而《2008 年美国国家生态系统状况报告》正是其中之一。

指标概览

表 1.1、表 1.2 是《2008 年美国国家生态系统状况报告》的总体概述，包括了报告中所有指标，并分别列出了用于描述各类生态系统类型和特征的指标，同时指出了自《2002 年美国国家生态系统状况报告》后新增加和修改的指标。

表 1.1 指标一览

	国家核心指标	海岸和海洋	农田
分布与格局			
分布	•生态系统分布*	•海岸生物生境 •海岸线类型	•总耕地* •农田景观*
格局	• “自然景观”格局†	•海岸格局✝	•耕地与住宅的接近性† •农田景观中的自然地块†
化学与物理特征			
营养物质，碳和氮	•氮素的迁移* •碳储量✝	•缺氧区域*	•农田河流和地下水中的硝酸盐* •农田河流中的磷* •土壤有机质*
化学污染物	•化学污染物*	•海底沉积物中的污染*	•农田河流和地下水中的杀虫剂*
自然条件	•河流流量变化✝	•海岸侵蚀 •海洋表面温度*	•潜在土壤侵蚀 •土壤盐度 •河流生境质量
生物组分			
植物和动物	•濒临灭绝的本地物种* •定殖的非本地物种	•濒临灭绝的本地海洋物种 •主要河口区域定殖的非本地物种* •海洋生物异常死亡	•农田地区动物物种状况 •农田景观中定殖的非本地植被†
群落	•本地物种组成*	•有害藻类事件* •底栖动物状况	•土壤生物状况
生态系统生产力	•植物生长指数*	•叶绿素浓度*	
产品与服务			
食物，纤维和水	•食物和纤维的生产及水的供应	•经济鱼类和贝类的商业捕获量 •重要经济鱼群的状况* •鱼类和贝类中的部分污染物	•主要农作物产量 •农业投入和产出* •农产品的货币价值
休闲娱乐和其他服务	•户外休闲娱乐活动 •自然生态系统服务*	•休闲娱乐用水水质	•农田休闲娱乐活动

*自《2002 年美国国家生态系统状况报告》以后修改的指标（保留原始度量因子）。

†自《2002 年美国国家生态系统状况报告》以后重新设计的指标。

✝自《2002 年美国国家生态系统状况报告》以后新增的指标。

表 1.2　指标一览

森林	淡水	草地和灌木林地	城市和郊区景观
•森林面积和所有权* •森林类型* •森林管理类型*	•淡水生态系统分布* •变更的淡水生态系统	•草地和灌木林地面积* •草地和灌木林地土地利用	•城市和郊区景观的面积和构成* •不透水下垫面总面积
•森林景观格局†	•河流连通性†	•草地和灌木林地景观格局†	•河岸植被 •低人口密度郊区和农村地区居住密度的变更† •城市和郊区景观中的“自然”土地†
•森林河流中的硝酸盐* •碳储量*	•湖泊，水库和大型河流中的磷*	•草地和灌木林地地下水中的硝酸盐 •碳储量	•城市和郊区河流的硝酸盐* •城市和郊区河流的磷*
	•淡水酸度†		•城市和郊区的空气质量* •化学污染物*
	•水体透明度 •河流生境质量†	•草地和灌木林地河流枯水期的数量和持续时间* •浅层地下水埋深	•城市热岛
•濒临灭绝的本地森林物种* •森林中定殖的非本地植被	•濒临灭绝的本地淡水物种* •定殖的非本地淡水物种* •动物死亡和畸形	•濒临灭绝的本地草地和灌木物种* •草地和灌木林地中定殖的非本地植被* •入侵和非入侵鸟类的种群趋势	•物种状况 •破坏性物种
•林龄* •森林干扰：火灾，虫害和病灾* •火灾频率 •面积急剧减少的森林群落类型	•淡水动物群落的状况* •濒临灭绝的淡水植物群落*	•火灾频率 •河岸带状况	•城市和郊区河流的动物群落状况
•木材采伐* •木材生长和采伐*	•淡水利用 •地下水水位 •人类水传播疾病的暴发	•牛群放牧	
•森林休闲娱乐活动	•淡水休闲娱乐活动	•草地和灌木林地休闲娱乐活动	•人均可利用公共开放空间 •自然生态系统服务*

*自《2002 年美国国家生态系统状况报告》以后修改的指标（保留原始度量因子）。

†自《2002 年美国国家生态系统状况报告》以后重新设计的指标。

†自《2002 年美国国家生态系统状况报告》以后新增的指标。

第2章 国家生态系统：核心指标

第2章　国家生态系统：核心指标*

美国生态系统分布广阔且类型多样，其范围从阿拉斯加到佛罗里达，从夏威夷到佐治亚的海群岛。包括北极苔原、热带雨林、沙漠、草原、农田、草地、森林、海岸带、湿地、城市、乡镇与农村以及其他类型生态系统。生态系统除了其自身价值外，还具有提供产品和服务的功能，既包括提供农产品、木材、饮用水和户外休闲娱乐场所等这些有形的产品与服务，也包括难以量化却具有重要作用的水质净化、洪水控制等无形的服务功能。

国家核心指标

分布与格局

- 生态系统分布
- “自然”景观格局

化学与物理特征

- 氮素的迁移
- 碳储量
- 化学污染物
- 河流流量变化

生物组分

- 濒临灭绝的本地物种
- 定殖的非本地物种
- 本地物种组成
- 植物生长指数

产品与服务

- 食物和纤维的产生及水的供应
- 户外休闲娱乐活动
- 自然生态系统服务

本章选取国家核心指标，从整体上描述国家生态系统的状况及其利用情况，即海岸和海洋、农田、森林、淡水、草地和灌木林地以及城市和郊区景观。这13项指标反映了整个生态系统状况最重要的方面，在后面6个章节中还会补充其他指标，并对生态系统尺度进行描述。这些指标特别强调了影响生态系统功能的关键因子及其相互影响情况，阐明生态系统提供重要社会效益的能力。这些指标可以让我们能够从国家层面分析数据，有助于进行土地利用和环境管理决策，为联邦机构的纲领性和政治性决策提供依据。本地和区域尺度数据在不同区域间往往缺乏可比性，国家指标通过建立一个统一的框架，使不同来源的监测指标趋向一致。

以下将会介绍国家核心指标和特定生态系统章节（第3～8章）中的一些相关指标。这些指标被分别归为第1章中描述生态系统状况的四大类，即国家生态系统的分布及其景观格局、化学与物理特征、物种和生物群落状况以及人类从生态系统中获得的利益（产品与服务）。我们主要提供当前可以获得和需要了解的信息，不包括所需数据监测项目和分析方法尚未准备就绪的指标（本报告所使用的区域定义请参见附录D）。

---

* 译者：张峰、翟俊。

分布与格局

生态系统最基本的两大特征：一是它的面积大小（分布）；二是它是由连续、均一土地覆被类型组成，还是混杂着其他生态系统斑块或土地利用类型（格局）。

国家生态系统分布数据可以显示出局部观察不到的变化，如森林和农田面积是增加还是减少。由于生态系统会发生转换，因而景观水平上的生态系统格局和分布也常常发生改变，例如从前的森林和草地可能转为郊区，或者弃耕地重新演变为森林。

生态系统分布与格局改变对生态过程及其提供的产品和服务的数量及质量都有影响。郊区发展将改变生境质量，进而改变生态系统能够供养的种群数量和种类，如许多鸣禽需要生活在大片未被破坏的、远离人们居住的森林里，而鸽子和欧椋鸟能够在都市环境中生存。

生态系统不是孤立的个体，它们不断地进行着物质交换，如径流中的沉积物、能量（以人类和动物的食物形式输出）和跨界物种。生态系统面积和构成的变化对水质、土壤稳定性、景色和土地利用决策都有深远影响。例如，将森林变为郊区开发用地可以提供精美的住宅并促进当地经济发展、提高计税基数，但同时也会减少野生动物栖息地和林木资源储备、减少娱乐机会、加剧养分流失和增加其他污染物进入本地河流和水井的可能性。

生态系统分布与格局指标日益受到美国公众的关注。例如，当前可用耕地和森林数量备受关注，原因在于耕地能够提供生物燃料的原料，而森林的植物和土壤可以存储碳，从而减缓气候变化。郊区开发政策常常会引起争议，一种观点将其看做为美国中产阶级提供住房的手段或是“发展”，另一种观点认为此举威胁着当地景观和原有的生态价值。生态系统分布与格局指标将为争论双方提供相关数据，帮助其做出明智的决策。

报告数据分析

- 美国本土 48 个州范围内各景观分布情况：
  - 在海湾和大西洋海岸分布有 500 万英亩[①]沿海湿地；
  - 4 亿英亩农田；
  - 6.21 亿英亩森林；
  - 9 600 万英亩淡水湿地；
  - 600 万英亩淡水池塘；
  - 6.94 亿英亩草地和灌木林地；
  - 4 500 万英亩城市和郊区景观。
- 过去五十年中，沿海和淡水湿地面积有所减少，而池塘面积有所增加。开发用地面积（指城市和郊区景观）显著增加。
- 20 世纪 50 年代以来，全国森林和农田面积没有发生显著变化，但近二十来年农田面积显著下降。
  - 北部地区的森林面积增加，南部和太平洋海岸地区的森林面积减少。

① 1 英亩（acre）=4 046.86 m^2。

- ⊙ 1982年以后，全国农田面积下降。密苏里河流域和苏里斯河—红河雷尼河/北密西西比河流域两个重要的流域，农田面积保持相对稳定。
- 在美国本土48个州中，23%的土地覆盖是“核心自然”土地（被至少240英亩的其他“自然”土地环绕的地块）。“自然”土地覆盖类型包括森林、草地、灌木林地、湿地、湖泊以及海洋水体。
  - ⊙ 在落基山脉地区“核心自然”地块比例最高，而且，其面积大于等于1 000平方英里[①]“核心自然”地块所占的比例也是最高。
  - ⊙ 在中西部地区，“核心自然”地块比例最低；中西部和东北/中大西洋地区的大地块“核心自然”土地的面积比例最低。

全国尺度报告数据缺口：

- 太平洋海岸湿地面积；
- 整个沿海的海草、沉水植物、贝类和珊瑚礁面积；
- 湖泊面积；
- “自然”土地覆盖（森林、草地、灌木林地和湿地），与农田和开发土地之间的转换趋势；
- 重要生态系统亚类的面积变化，如湿地，以及珍稀群落类型的变化，如沼泽湿地草原和西部海湾海岸平原榉树——玉兰森林。

除了本章中所述的两个分布与格局指标外，另有22个指标重点在生态系统尺度描述分布与格局（参见表1.1、表1.2指标一览）。

化学与物理特征

化学与物理特征指标反映生态系统的重要营养成分，危害人类健康、影响动植物生长的污染物，影响生态系统运行的物理特征，以及人类从中的获益。其中国家核心指标描述氮素的迁移、碳储量、化学污染物含量以及河流径流的变化。

化学与物理特征指标可以回答一些关键问题，这些问题涉及影响生态系统运转的潜在因素：基本元素和化合物是否可以获取？是否过量？如果化学与物理特征改变，该地区的哪一物种可能会受到影响？这些结论对于渔民、海岸管理人员，以及追踪河流中氮含量的环保倡导者很重要，且与开发沿海水域的低氧区或无氧区（“死区”）紧密相关。粮食安全问题日渐紧迫，这些指标可以提供美国农田生态系统的潜在产量和肥力变化趋势的信息。对于倡导减少大气中二氧化碳和甲烷浓度的人们，只要数据充分，便可使用这些指标来追踪美国森林、草原、农田中的碳含量（如土壤有机质，活立木等）。这些指标目前也被用于分析和说明化学污染格局。

---

① 1平方英里（$mile^2$）≈2.59 km^2。

氮

氮元素是动植物的重要营养元素，它极易从一个景观类型或生态系统类型转移到另一个景观类型或生态系统类型，如果氮含量过量，将改变生态系统的组分和功能。如果过量的氮从土壤流失或扩散到空气中，则会改变森林组分、酸化湖泊、污染地下水井，并引发沿海海域藻类滋生。

碳

与氮元素相同，碳元素也是生命必不可少的元素。当碳元素呈有机物形态时，它是高产生态系统的关键元素。当碳被存储在生态库中时（如土壤和植物材料），会少排放到大气中的二氧化碳和甲烷，减缓温室效应。无论碳存在于农业土壤、草原牧草、林木、木制品、湿地、海洋，还是沉积物中，都是减缓未来气候变化的重要因素。

化学污染物

现代社会生产出农药、肥料等大量有用的化合物，然而它们中很多却最终成为空气、水、河流、海岸沉积物、土壤以及人类和动物组织中的污染物。这些化学污染物，以及天然产生的金属和营养物的含量增高，都会影响生态系统的功能，影响生态系统提供的产品与服务质量。污染物会影响食物、饮用水、游泳用水，甚至破坏生活土地的安全性。这些指标能够反映污染的程度，以及它们对人类健康和水生生物的潜在影响，并进一步说明一些化合物在生态系统之间转移的能力。

水

水与碳元素和氮元素相同，也是生态系统的重要组成部分。水存在与否、水量，以及可用时间的长短都可以改变生态系统的物理特性（如侵蚀），并显著影响生活在该地区的物种，包括人类。流域土地利用会影响河流的径流总量和变化率，而后者又反过来影响着人类利用水能发电，以及城市和工业供水。

数据分析

氮

- 土地和空气中的氮能够转移到淡水，在所监测的一半以上的土地中，氮转移的速度大于 600 磅①/（英里^2·a）。
- 美国三大河流水系——密西西比河、哥伦比亚河和萨斯奎哈纳河每年总共向沿海水域排放约 100 万 t 氮，其中密西西比河排出氮的比例超过 90%。自 20 世纪 50 年代以来，密西西比河排出硝酸盐增加 1 倍，自 1983 年以来，密西西比河排出硝酸盐量没有明显增加或下降趋势，萨斯奎哈纳河或哥伦比亚河自 20 世纪 70 年代中期以来没有明显增加或下降的趋势。

① 1 磅（lb）=0.453 592kg。

- ⊙ 农田河流中的硝酸盐浓度比森林河流中的硝酸盐浓度高，也比城市和郊区等区域的河流硝酸盐浓度高（参见第 4 章、第 5 章、第 8 章）。
- ⊙ 检测出部分农田中河流和地下水的硝酸盐浓度高于联邦饮用水的硝酸盐浓度标准（10 mg/L）（共收集约 20%的地下水井和 13%的河流的样品）。
- ⊙ 自 1985 年以来，降水中氮沉降略有增加[4～6 磅/（英亩 · a）的监测点比例从 27%增加至 31%。

碳

- 最近几十年，国家森林（不包括土壤）、农田、私人草地和灌木林地（不包括根和地上植物）的碳储量增加。森林（不包括土壤）的碳储量最高——每年约 1.5 亿 t（1995—2005 年），而农田土壤中的碳储量每年增加 1 650 万 t（1990—1999 年），私人草地—灌木林地土壤每年增加约 160 万 t（1990—1999 年）。
  - ⊙ 在美国本土 48 个州中，北方地区林木的碳储量最多，西部山区林木的碳储量最少（参见第 5 章）。
- 大气中二氧化碳含量相对前工业化时期增加了 36%；而大气中甲烷含量相对前工业化时期增加了 160%。

化学污染物

- 监测范围内，约 75%的地下水井、几乎所有河流和河床泥沙、约 80%的河口泥沙、约 80%的淡水鱼以及几乎所有海鱼至少检测出有一种污染物。
- 监测范围内，在一半或以上的溪水、河流泥沙、河口泥沙和淡水鱼组织样本中，至少有一种污染物浓度高于水生生物保护标准浓度。
  - ⊙ 约 57%的农田河流，至少有一种杀虫剂浓度超过水生生物保护标准浓度。约 16%农田河流，至少有一种杀虫剂浓度超过了人体健康保护标准浓度。
  - ⊙ 约 83%的城市和郊区河流，污染物的含量超过水生生物保护标准浓度；7%城市和郊区河流，污染物含量超过人体健康保护标准浓度。
- 监测范围内，在 1/3 的地下水井、1/3 的海鱼样本以及 20%的河流中，有一种或多种污染物浓度超过人体健康保护标准浓度。
- 2005 年，在 4%的美国大陆，生长季内臭氧浓度高于 0.06%的日间累积时间超过 30 多个小时。
  - ⊙ 2005 年，30%的城市和郊区监测站发现有 4 天以上臭氧浓度高，61%的城市和郊区监测站发现至少有 1 天臭氧浓度高。
- 全国城市中有 28%站点监测到的细颗粒物浓度大于或等于 15 μg/m^3（相当于 EPA 国家年度标准）。

河流

- 自 20 世纪 60 年代初以来，多数河流径流量变化幅度降低，即径流量较高的时间减少，径流量较低的时间增加（以上情况均与 1941—1960 年基准期进行对比）。
  - ⊙ 自 1963 年以来，有断流期的草地—灌木林地河流百分比有所下降，而断流期明显短于 1941—1960 年基准期的河流比例有所增加。

全国尺度报告数据缺口

- 沿海水域的大气氮沉降；
- 森林土壤、公共草地和灌木林地土壤、草地和灌木林地生物、湿地（包括泥炭地）、水生系统中的水和泥沙、城市和郊区中的碳储量；

- 动植物组织（除鱼以外）中的污染物含量；
- 淡水鱼中超过人类健康保护标准的污染物数量；
- 海水鱼中超过水生生物保护标准的污染物数量；
- 城市、郊区空气中的细颗粒物含量。

除了本章所描述化学与物理特征的指标外，另有其他 27 个指标主要讨论了生态系统尺度的化学与物理特征（参见表 1-1、表 1-2 指标一览）。

生物组分

分布与格局指标能够使我们了解生态系统的大小和形状信息，而生物组分指标可以提供微观尺度上的信息，它主要描述生态系统中的有机体。每个生态系统都有许多植物和动物群落，例如，在干旱草原或原始森林里，某些植物和动物群落生活在泉水附近，这些群落均由许多种类植物、动物和微生物组成。这些有生命的组分与其物理和化学环境相互作用，影响生态系统的整体结构以及关键生态过程，例如养分循环过程，加剧或减缓自然灾害（火灾、洪水和虫害）的干扰。为了能够在多个尺度上描述生物组分信息，具体指标侧重于体现植物、动物、群落和生态系统生产力（在大尺度上衡量生物活性的指标，反映生态系统聚集和利用太阳能的能力）。

生物组分指标有助于我们更深入理解重要的政策实施。外来物种已引起全国关注，掌握这个问题的影响范围以及控制措施实施效果对于政策制定者和管理人员非常重要。同样，最近的气候变化预测表明，许多适宜本地物种和群落的生境也将发生重大变化。濒临灭绝物种与群落组成指标可以帮助我们全面地了解物种和群落适应这些变化的能力。

濒临灭绝的本地物种和定殖的非本地物种

由于所有物种对生态系统的结构和功能都有影响，所以单个物种的存在或灭绝具有重要的生态意义。本地物种的灭绝不仅改变生物群落组成，还会影响生态系统功能以及应对压力的能力（例如，珊瑚和红杉赋予其所在生态系统独有的特性，而一些微生物能从空气或土壤中吸收营养元素，并提供给其他物种）。一方面，入侵的非本地物种成为本地物种的天敌或寄生虫，而且可能携带疾病，并与本地物种争夺食物或栖息地，从而迫使本地物种改变栖息地；另一方面，入侵的非本地物种可以提供生态系统服务，例如保持水土或成为草食动物的食物来源。

本地物种组成

该指标将有生命的群落看做一个整体，将区域的本地物种组分与相似的“受干扰最轻”区域的组分进行比较，找出物种灭绝或物种入侵的位置和范围。干扰常常会导致生态系统发生改变，并可能失去生态恢复力——生态恢复力是指受到干扰或压力后，群落回到初始状态的能力。

植物生长指数

光合作用是指植物利用太阳光能，将空气和水中的二氧化碳和养分变成植物有机物的过程，光合作用是所有生命存活的基础。因此，植物生长变化会导致生态系统功能发生显著变化，增加或降低产品（例如木材和粮食作物）的产量，并可能改变生长在该区域的物种数量和类型。

数据分析

- 1/3 的本地动、植物物种（不包括海洋物种）面临灭绝的危险。在濒临灭绝的本地脊椎动物物种中，28%的物种数量有所减少，23%的物种数量保持不变，1%的物种数量增多。剩下濒临灭绝的脊椎动物物种（48%）的数量变化趋势不明确。
  - ⊙ 本地淡水动物中，濒临灭绝的物种所占百分比（37%）高于森林（19%）、草地和灌木林地（18%）中濒临灭绝的本地动物所占百分比。在这 3 种生态系统中，绝大多数濒临灭绝的脊椎动物物种数量变化趋势不明显，维持不变，或有所下降，只有不到 3%的物种数量呈增长趋势。
- 1982—2003 年，美国大部分地区的植被生长指数变化很小。总的来说，植被生长指数增高的耕地和草地面积比例略有增加，而森林和灌木林地没有明显的增加或下降趋势。
  - ⊙ 太平洋西北部、南加州和北大西洋地区的沿海海域（距离海岸线 200 英里①）的叶绿素浓度有所增加。而夏威夷海域的叶绿素浓度下降（沿海海域的叶绿素浓度是海洋初级生产力的指标；参见叶绿素浓度，第 3 章）。

全国尺度报告数据缺口

- 本地海洋动植物物种的状况和数量变化趋势；
- 濒临灭绝的本地无脊椎动物和植物的数量变化趋势；
- 新增的定殖的非本地物种数量随时间变化情况；
- 具有不同数量定殖的非本地物种的面积；
- 具有不同比例定殖的非本地物种的面积；
- 淡水、河口和公海水域的植物生长指数。

待建立指标

- 本地物种组成。

除本章所述的生物组分外，另有其他 28 个指标重点在生态系统尺度描述生物组分（参见表 1.1、表 1.2 指标一览）。

① 1 英里（mile）≈1.609km。

产品与服务

人类社会可以从自然生态系统中获取巨大利益。有些商品（如鱼、木材和其他林业产品、农作物、牲畜和水）容易量化，它们作为一个有价值的生态系统组分直接被人类利用。而有些不容易量化的服务价值也很高，例如娱乐（如观鸟或者远足），以及无形价值（如欣赏美景或

精神恢复）；同样难以量化的利益还包括防洪、土壤恢复以及原始生态系统水质净化等服务功能。国家核心指标需反映上述和其他生态系统产品与服务的变化。但是，这里并非采用美元来估算这些服务的价值，而是侧重于服务的实际变化，换算成货币价值的任务交由他人完成。由于美国生态系统的整体状况会影响系统提供的产品与服务，因此，本节指标与分布与格局、化学与物理特征、生物组分等指标密切相关。

这 3 个国家核心指标描述了美国生态系统的如下功能：生产食物和纤维，供给淡水，提供户外休闲娱乐活动场所以及提供自然生态系统服务。虽然这些指标并未说明当前产品与服务可供消耗多久，但是仍可作为一种重要的评价标准。与生态系统尺度指标相结合，这些国家核心指标能反映出：国家实施生态系统管理，使其提供有益产品与服务的能力。

食物和纤维的生产及淡水的供应

美国主要依赖国内资源来满足社会对食物、纤维和淡水的需求。美国通过砍伐森林木材来建造家园；建造农场和大型农业加工厂来获取水果和蔬菜；在草地和灌木林地上放牧来获取肉类；耕种农田来获取粮食；从河流、湖泊和含水层提取水资源，以供人们饮用、灌溉农作物，经营工厂和水电站。资源开发利用程度的变化不仅影响经济发展，还会影响人类健康。美国不仅立法来保护商品可持续供给（例如，颁布了《麦格纳森史蒂文森渔业保育及管理法》与《农

业法》），而且还实施了众多联邦、州、地区和国家的各级政府项目和私人项目。随着美国人口的增长，人们从生态系统中获取产品的需求也必然会增长。虽然使用新型技术和管理方法会提高生产力，但是气候改变和土地利用决策等所导致的生态状况恶化会降低生产力。

户外休闲娱乐活动

随着国家公园和游乐场所的普及，越来越多的美国公民喜欢户外休闲活动。生态系统提供了多种娱乐场所，供人们参加各式娱乐活动——包括落基山漂流、佛罗里达州深海捕鱼、骑自行车穿越中西部平原，缅因州的树林打猎、阿拉斯加狗拉雪橇游和夏威夷冲浪。户外休闲娱乐的国家核心指标综合考虑了生态系统提供的享乐、健康和教育等服务和功能。

自然生态系统服务

生态系统提供的其他服务不太为人所知，但也同样重要。这些服务包括净化空气和水，调节气候，控制洪水、侵蚀和虫害，授粉，传播种子，恢复土壤肥力。自然生态系统服务的改变不仅影响环境条件，还会影响生态系统持续提供更多有形产品与服务的能力。目前，科学界正在努力解决如何在区域内量化此类服务的分布和价值，进而对生态系统服务变化状况进行监测和评估，该指标反映出生态系统的可持续性。

数据分析

- 全国范围的农产品产量，森林产品供给量以及淡水供应量都有所增加。但是，只有农产品的产量增长率超过了人口增长率。
  - 自 1950 年以来 5 种主要农作物（小麦、大豆、玉米、棉花、干草）的单位面积产量有所增加，仅玉米产量就增加了近 4 倍。
  - 与 1948 年相比，当今从事农产品生产的劳动力减少，能源、土地的使用也减少。然而，单位产量的农药使用量却越来越多。
  - 尽管北部和南部地区的木材采伐量增加，但是其采伐量仍低于木材的生长量。
- 自 1978 年以来，全国范围内的海洋渔业收成没有明显的上升或下降趋势；但是，太平洋海岸的收成有所增加（因为阿拉斯加美军船队规模的扩大），而大西洋中部东北部和东南亚地区有所下降。
- 16 岁以上的美国人每年参与户外休闲娱乐活动的次数达 580 亿次，几乎占森林娱乐活动总次数的一半（45%）。散步是最流行的项目（每年 230 亿次），其次是自然景色观赏（每年 150 亿次）以及所有其他陆地活动（每年 150 亿次）。美国人每年参与水上娱乐活动的次数约为 50 亿次。

全国尺度报告数据缺口

跑步与慢跑的参与情况；

淡水和海水休闲娱乐活动的参与情况；

16 岁以下居民参与休闲娱乐活动的情况。

待建立指标

自然生态系统服务。

除本章所描述的产品与服务外，另有其他 19 个指标在生态系统尺度中讨论产品与服务（参见表 1.1 指标一览）。

国家核心指标的现状以及发展趋势总结如表 2.1 所示，并在本章余下部分进行详细阐述。表 2.1 指标一览列出了各类型生态系统的具体指标，并说明了与国家核心指标之间的联系。分布地区以及本章用到的相关定义见附录 D。

表 2.1　指标一览

指标	最新数据反映了什么	数值如何随时间变化
分布与格局		
生态系统分布，第27页	海岸和海洋：大西洋和墨西哥湾沿岸分布有460 万英亩湿地（2004 年数据）	自 20 世纪 50 年代中期开始，大西洋和墨西哥湾沿岸的湿地面积有所下降
	海岸和海洋：缺少太平洋海岸的湿地面积数据以及沿海所有地区的海草/沉水植物、贝类和珊瑚礁分布数据	
	农田：4 亿英亩的农田（占美国本土的 48 个州面积的 23%）（2003 年数据）	自 1949 年以来，耕地面积一直没有明显上升或下降趋势
	森林：美国本土 48 个州有 6.21 亿英亩(36%)；7.42 亿英亩，包括阿拉斯加（2006 年数据）	自 20 世纪 50 年代以来，全国森林面积一直没有明显的上升或下降趋势
	淡水：9600 万英亩的湿地（不包括池塘；占美国本土 48 个州的 6%）（2004 年数据）	自 1955 年以来，湿地面积有所下降
	淡水：620 万英亩的池塘（2004 年数据）	自 1955 年以来，池塘面积有所增加
	淡水：缺少有关湖泊面积的数据进行全国性报告	
	草地和灌木林地：近 7 亿英亩（占美国本土 48 个州的 40%）（2001 年数据）	缺乏有关草地、灌木林地面积变化的国家报告数据
	城市和郊区：4 500 万英亩（占美国本土 48 个州的 2.6%）（2001 年数据）	自 1945 年以来，开发用地面积有所增加（2002 年人口普查局的数据）
	缺少全国“自然土地、耕地、开发用地之间类型转换的土地面积数据”	
	缺少“重要亚类生态系统面积变化”数据	
“自然”景观格局，第32 页	在美国本土 48 个州中，23%的土地为“核心自然”景观格局（自然土地被 240 英亩的其他“自然”土地所包围）	缺少“‘自然’土地周围土地类型的组成变化”数据进行全国性报告
化学与物理特征		
氮素的迁移，第 35 页	密西西比河流域 向河流输入氮元素最多，占到美国本土 48 个州陆地面积的 40%以上	? 2001—2005 年提供较低氮素的土地面积[≤600 磅氮/（英里^2·a）]比 1996—2000 年的面积大
	密西西比河、哥伦比亚河和萨斯奎哈纳河共向沿海水域排放约 100 万 t 的氮（以硝酸盐形式），绝大多数来自密西西比河（2002 年数据）	自 1955 年以来，密西西比河排放的氮素数量（以硝酸盐形式）有所增加
		自 1983 年以来，密西西比河（以硝酸盐形式）的氮素排放量波动较大，除了 1993 年以外，其他年份的排放量都高于 1983 年
		自 20 世纪 70 年代中期以来，哥伦比亚河和萨斯奎哈纳河的氮素排放量（以硝酸盐的形式）没有明显变化
	缺少全国沿海水域的氮沉降数据	

续表

指标	最新数据反映了什么	数值如何随时间变化
化学与物理特征		
碳储量，第 38 页	森林：1995—2005 年，森林（不包括土壤）每年吸收近 1.5 亿 t 的碳，森林获得碳数量（62%）大约是森林排放碳数量（32%）的 2 倍（1995—2005 年数据）	缺少有关森林碳储量变化或每单位土地面积碳储量变化（1995—2005 年）的数据进行全国性报告
	缺少有关“森林土壤中的碳储量”数据进行全国性报告	
	农田：20 世纪 90 年代期间，农田土壤每年平均吸收 1 650 多万 t 碳，几乎一半的农田（45%）吸收土壤碳，13%的农田排放土壤碳，42%的农田碳储量变化不大（1990—1999 年数据）	农田土壤在 20 世纪 90 年代每年储存的碳量比 20 世纪 80 年代储存的碳量多 500 多万 t；20 世纪 90 年代吸收土壤碳的耕地（45%）比在 20 世纪 80 年代吸收土壤碳的耕地（35%）多；20 世纪 90 年代排放土壤碳的耕地（13%）比 20 世纪 80 年代排放土壤碳的耕地（9%）多
	草地和灌木林地：20 世纪 90 年代，私人草地和灌木林地土壤每年吸收 160 万 t 的碳，9%的私人草地和灌木林地在吸收土壤碳，6%在排放土壤碳，85%变化不大（1990—1999 年数据）	私人土地的草地灌木林地土壤在 20 世纪 90 年代每年存储的碳量比 20 世纪 80 年代每年存储的碳量多 160 万 t
	草地和灌木林地：缺少“公共草地和灌木林地土壤中的碳储量”数据以及所有“草地/灌木林地的地上或地下的生物量”数据进行全国性报告	
	淡水：缺少“淡水生态系统中的碳储量”数据进行全国性报告	
	海岸和海洋：缺少“海水和沉积物中碳储量”数据进行全国性报告	
	城市和郊区景观：缺少“城市和郊区碳储量”数据进行全国性报告	
	大气：与工业化前的平均浓度相比，大气中的二氧化碳增加了 36%以上（2006 年指数值为 1.36），甲烷增加了 160%以上（2005 年指数值为 2.61）	自 1950 年以来，二氧化碳和甲烷浓度分别增加了约 20%和 55%
化学污染物，第 43 页	水，沉积物和鱼类：在测试样本中，74%地下水井中（1993—2001 年数据）；99%的河流中，97%的河流泥沙中，82%的淡水鱼中（1992—2001 年数据）；78%的河口沉积物中以及所有海水鱼中（1998—2002 年数据），至少检测到一种污染物	缺少“水，沉积物和鱼中检测到的污染物变化”数据进行全国性报告
	缺少“植物和动物组织中（除鱼以外）的污染物”数据进行全国性报告	
	无法获得决定咸水鱼中污染物的数量是否超过水生生物保护标准的标准值	
	测试样本中，在 54%的河流中、94%的河床泥沙中、77%的淡水鱼中（1992—2001 年数据）；59%河口沉积物（1998—2002 年数据）中，至少有一种污染物超过水生生物保护标准值	缺少关于“污染物的变化超过标准保护水和沉积物中的水生生物，以及鱼类标准值”的数据
	无法确定水生生物污染物数量是否超过人类健康保护标准的标准值	

续表

指标	最新数据反映了什么	数值如何随时间变化
化学与物理特征		
化学污染物（续）	在测试的33%的地下水井中（1993—2001数据）；20%的河流中（1992—2001数据）；33%的咸水鱼中（1998—2002数据），至少有一种污染物超过了人类健康保护的标准值	缺少“水、沉积物和鱼中的污染物变化超过保护人类健康标准值”数据进行全国性报告
	室外空气：美国本土48个州中有34%区域的臭氧指数（SUM06）值均低于10（相对较低的总曝光）；在美国，有4%的区域的指数值高于30（比较高的总曝光）（2005年数据）	自1994年以来，地面臭氧指数值始终无显著的变化
	28%的城区监测点的细颗粒物浓度为15 μg/m^{3}或更高（2005年数据）	自2000年以来，细颗粒物浓度超过20 μg/m^{3}的监测点比例从2.9%下降到0.3%
	缺少城乡结合区域细颗粒物浓度监测数据进行全国性报告	
河流流量的变化，第48页	以1941—1960年为基准期，高径流量下降的河流比例比高径流量增加的河流比例大（2002—2006年数据）	自1961—1965年以来，高径流量低于（<30%）基准期的河流比例有所增加
	以1941—1960年为基准期，低径流量增加的河流比例比低径流量下降的河流比例大（2002—2006年数据）	自1961—1965年以来，低径流量高于（>30%）基准期的河流比例有所增加
	以1940—1960年为基准期，径流量变动下降的河流比例比径流量变动增加的河流比例大（2002—2006年数据）	自1961—1965年以来，径流量变动低于（<30%）基准期的河流比例有所增加
		自1961—1965年以来，径流量变动高于（>30%）基准期的河流比例有所减少
生物组分		
濒临灭绝的本地物种，第52页	大约1/3的陆地和淡水植物和动物物种濒临灭绝（2006年数据）	缺少“濒临灭绝的物种数量变化”数据进行全国性报告
	28%濒临灭绝的本地脊椎动物物种数量在下降，23%的物种数量保持稳定，1%的物种数量在增加（2006年数据）	缺乏“濒临灭绝的脊椎动物种群变化趋势”数据进行全国性报告
	缺少“濒临灭绝的本地无脊椎动物与濒临灭绝的本地植物种群变化趋势”数据进行全国性报告	
	缺少“本地海洋植物和动物物种的种群状况和变化趋势”数据进行全国性报告	
定殖的非本地物种，第55页	缺少“定殖非本地物种的数量”随时间变化，“有不同数量的定殖非本地物种数量的区域面积”，“定殖非本地物种占全部物种不同比例的区域面积”相关数据进行全国性报告	
本地物种组成，第57页	指标待建立	

续表

指标	最新数据反映了什么	数值如何随时间变化
生物组分（续）		
植物生长指数，第58页	对各类型生态系统而言，大部分地区指数值与长期平均水平相似（2003年数据）	自1982年以来，高于平均植物生长指数值的草地面积有所增加
		自1982年以来，高于平均植物生长指数值的农田面积有所增加
		自1982年以来，高于或低于长期平均植物生长指数值的灌木林地面积没有呈现显著的变化趋势
		自1982年以来，高于或低于长期平均植物生长指数值的森林面积没有呈现显著的变化趋势
	缺少关于“淡水水域，河口和公海水域中植物生长指数值”数据	
产品与服务		
食物和纤维的生产以及水的供应，第61页	自1996年以来，在全国范围内，森林产品产量，淡水供水量和海洋鱼类产量始终落后于美国人口增长步伐，只有农产品的生产速度超过美国人口的增长速度	自1950年以来，农业产量有所增加
		自1978年以来，海鱼产量没有呈现明显增加或减少的趋势
		自1952年以来，森林产品产量有所增加
		自1960年以来，淡水供应量有所增加
户外休闲娱乐活动，第64页	美国成年人每年参与户外休闲娱乐活动的次数为580亿次（2003—2005年数据）	? 自1994—1995年以来，户外休闲娱乐活动的总参与次数不断增加，然而，仍需要多个年份的数据，以确定这种增加是否显著
	缺少全国“跑步和慢跑”数据，未对“淡水和海水活动”数据加以区分，缺少“青年人参与休闲娱乐活动”的数据	
自然生态系统服务，第66页	指标待建立	

= 显著减少；= 显著增加；=趋势不明确*；?=数据不足，难以进行趋势分析。

*由于数据的数值变化太大或太小，没有呈现单一趋势。

生态系统分布

不同类型生态系统面积的重要性

在全国范围内某种生态系统类型的分布，如森林或农田，既描述了景观的整体基本特征，也反映了生态系统提供的产品与服务。生态系统类型间的转换导致了其分布的改变，例如从草地转换为森林或从森林转换为农田。生态系统类型的分布可能会随着气候、土地利用类型或自然演替模式的改变而改变。该指标并未反映生态系统的组成和生境质量（参见“自然”景观格局，第 2 章）。除了其本身价值外，生态系统分布也可用于评估生态系统的其他特征，例如采取不同管理措施的森林面积比例。

指标含义

- 六大生态系统类型（海岸和海洋、农田、森林、淡水、草地和灌木林地、城市和郊区）六种生态系统类型面积；对农田生态系统，这里统计耕地面积。
- 当数据充分时，陆地面积由三大类型构成包括“自然”土地（森林，草地和灌木林地，湿地）、农田和开发用地。
- 重要亚类生态系统面积变化，如湿地；在数据充分条件下，稀有群落类型的面积变化，如沼泽湿地草原和西海湾沿海平原榉木，白玉兰森林。

生态系统分布

分类指标数据：森林、农田、草地和灌木林地、城市和郊区景观、淡水湿地和池塘，以及东海岸和墨西哥湾海岸的湿地植被

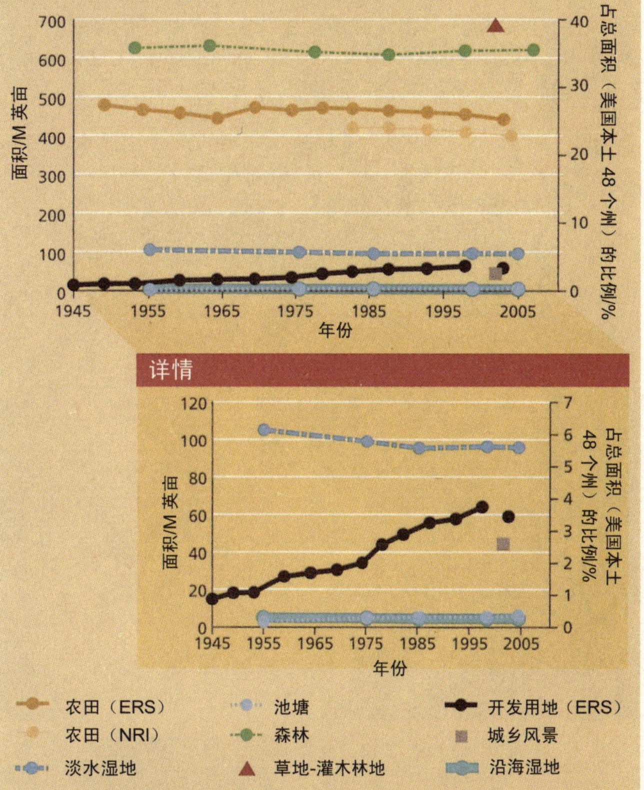

数据来源：美国农业部林务局（森林），美国农业部经济研究局（农田，开发用地），多精度土地特征（MRLC）联盟和美国环境系统研究所（用于分析城市郊区景观的道路图）；由美国环境保护局和美国农业部林务局（草地和灌木林地，城市和郊区景观），美国鱼类及野生动物管理局——国家湿地调查（淡水湿地和池塘）进行分析。

覆盖范围：美国本土 48 个州。

注释：数据来源广泛，这些地区面积总和不等于美国陆地总面积。

美国土地覆盖与海洋深度

① 1 英尺（ft）=0.304 8 m。

数据分析

海岸和海洋

- 自 20 世纪 50 年代中期以来，大西洋和墨西哥湾沿岸的植被湿地面积下降了约 9%。2004 年，沿海湿地面积约为 460 万英亩。

> **生态系统分布**
>
> **数据缺口**
>
> - 太平洋海岸带湿地面积以及海草/沉水植物，贝类和珊瑚礁面积
> - 湖泊面积
> - 几大土地类型相互转换的面积（“自然”土地，农田与开发用地）
> - 稀有亚类生态系统面积

农田

- 耕地面积自 1982 年以来出现波动，呈现下降的趋势。美国农业部两大部门[国家资源调查（NRI）与经济研究局（ERS）]在评估农田分布现状时使用了不同方法。国家资源调查（NRI）估算农田面积约 4 亿英亩，约占美国本土 48 个州陆地面积 23%（2003 年数据），该结果与本报告的农田数据一致（参见总耕地，第 4 章）。

森林

- 自 1953 年以来，森林总面积未发生改变。2006 年，美国本土 48 个州森林覆盖率 36%（约 6.21 亿英亩）。如包括阿拉斯加森林，森林总面积增加至约 7.5 亿英亩（参见森林面积及所有权，第 5 章）。

淡水

- 自 1955 年以来，淡水湿地面积减少 9%。2004 年，美国本土 48 个州中，湿地面积为 9 600 英亩（不包括池塘），约占陆地总面积的 6%。
- 自 1955 年以来，池塘面积（无论是人工建造还是自然形成）稳步增加，2004 年达到 620 万英亩，比 1998 年增加约 75 万英亩。

草地和灌木林地

- 2001 年，草地和灌木林地占美国本土 48 个州陆地面积的 40%（近 7 亿英亩）。注：牧场面积不统计在草地和灌木林地内，而是被统计在耕地面积中。

城市和郊区景观

- 2001 年，使用卫星数据对开发用地（“城市和郊区”）进行估算，面积约为 4 500 万英亩，占美国本土 48 个州面积的 2.6%。
- 普查基础上，ERS 采用了一种简单而新颖的定义，其报告显示“被开发”的土地面积从 1945 年的 1 500 万英亩增加到了 2002 年的 6 000 万英亩。由于开发用地普查采用的土地覆盖分类体系发生变化，ERS 无法对开发用地的变化趋势进行连续分析。相关信息可参见第 8 章的城市和郊区景观的面积及组成。

定义

- 生态系统是有机体及其生存物理环境相互依存的组合体。生态系统可能是池塘或更小的区域，也可能是很广阔的区域，如缅因州海湾。本报告依据主要的植被或物理化学特征，将国家陆地和水域分为 6 大生态系统类型（海岸和海洋、农田、森林、淡水、草地和灌木林地、城市和郊区）。
- 海岸和海洋包括美国专属经济区（EEZ）中的所有水域，向海岸线外延伸 200 英里（面积超过 300 万平方英里）。指标侧重于沿海湿地、珊瑚礁、贝类和海草床覆盖的区域。地图上显示海洋深度，以区别深海和浅海水域，只有版图或国际法发生变化时，美国专属经济区（EEZ）区域才会改变。
- 农田指标用耕地总面积表示，此处耕地包括草场以及纳入土地休耕计划的土地（这些土地只是暂时休耕）。在本报告的其他章节，我们对“农田景观”的描述除包括耕地外，也包括交叉分布的邻近森林、草地和灌木林地，湿地和开发用地（参见第 4 章）。
- 森林是指面积大于 1 英亩，且植被覆盖率超过 10%的土地。
- 淡水生态系统包括湿地、池塘、湖泊、水库、溪流和河流（淡水生态系统分布中报告小型、中型和大型河流和河流的长度，参见第 6 章）。其他生态系统也有湿地分布，其面积也往往算做森林、草地和灌木林地、农田、城市和郊区面积的一部分。
- 草地和灌木林地包括从东南沿海草地到阿拉斯加苔原的土地。由于西部地区历史上为牧区，因此通常将其称为牧场。
- 城市和郊区景观在本报告中定义为卫星图像中能够识别到的大面积开发用地。如果某一块地的周围包含了至少 60%的开发用地，那么这块地可视为城郊景观。由于该定义以实际的土地覆被为基础，而不是以间接的土地开发面积估算和人口密度为基础，所以卫星观测到的城市和郊区景观定义更适合本报告，可作为城市和郊区指标的基础数据（参见第 8 章的城市和郊区景观的面积及组成）。由于缺乏多个时间点的土地面积数据，所以将 ERS 所估计的“已开发”面积也包括在内，这些“已开发”面积根据人口普查局所定义的“城区面积”确定。

指标数据

目前已有许多地区的珊瑚礁和海草及其他“沉水植被”相关数据，但是并没有对这些数据进行整合，无法进行全国尺度评估。沿海植被湿地的数据仅限于东部（缅因州到佛罗里达州）和墨西哥湾沿岸（参见第 3 章的海岸生物生境）缺乏全国范围湖泊面积的数据。

缺少数据评估耕地、自然土地和开发用地的转换情况。两个时间点（1992 年和 2001 年）的土地覆盖图目前无法进行对比。

进行变化趋势的时间序列分析需保证数据具有可比性，报告珍稀群落面积的必要数据有望能在近期获取（见技术说明）。

指标缺陷

目前，这一指标仅报告土地覆盖，并没有报告土地利用情况。因此，指标无法区分土地利用类型之间的区别，例如，“天然”草原与常年放牧的牧场之间的区别，或树龄参差不齐的森林与农场或种植园之间的区别。土地利用是理解生态功能的关键因素，获得更多的土地利用类型信息将加深我们对生态系统分布的理解。例如，人工林可以用来生产木纤维，却会破坏“天然”森林的多样性；森林指标尽管只有少量土地利用数据，但却可以提供关于森林生态功能方面的信息（参见濒临灭绝的本地森林物种、面积显著减少的森林群落类型，第 5 章）。

本报告中“城市和郊区景观”的定义适用于以主要进行生态系统评价的报告，但是可能不适用于其他情况。尽管乡村的房屋、建筑和道路所占比例相对较小，但是受房屋、建筑和道路开发直接影响的土地却相当多。在本指标中，“开发”用地不包括边远农村地区（通常被称为“远郊”）。本报告中其他指标描述了“城市和郊区景观”之外的开发用地（参见低密度郊区和乡村地区的住房密度变化，第 8 章）。

数据解析

欧洲人定居之前，美国本土 48 个州的面积几乎由森林、草地和灌木林地生态系统组成。湿地作为上述生态系统的重要组分，其面积是现存面积两倍以上（由于数据有限，阿拉斯加的大块土地面积目前不包含在地图和文字中）。

人们已经将亿万英亩开发土地用于农业、居住和其他用途，形成了新型的生态系统——派生农田和城市和郊区景观。当今，土地使用方式仍然在不断转换，这将影响生态系统分布的发展趋势以及生态系统类型间的转换面积。

并非所有的土地类型转换都不可逆，也并非所有的土地转换都是可逆的。新英格兰地区的弃耕土地经常恢复至森林植被的状态，但因侵蚀或土地肥力耗损而导致的土壤退化，可能需要几百年才能回到初始状态，甚至最终演化为完全不同的地表覆盖类型。

该指标还描述稀有生态系统类型，因为这些生态系统的损失可能会减少稀有物种的栖息地面积，使珍稀物种面临更大的灭绝风险。

“自然”景观格局

“自然”景观格局的重要性

“自然”地块景观特征

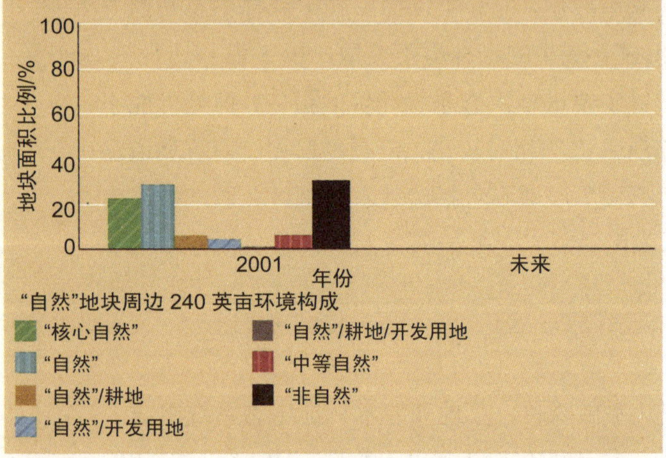

“自然”地块景观特征环境构成，按照区域划分（2001）

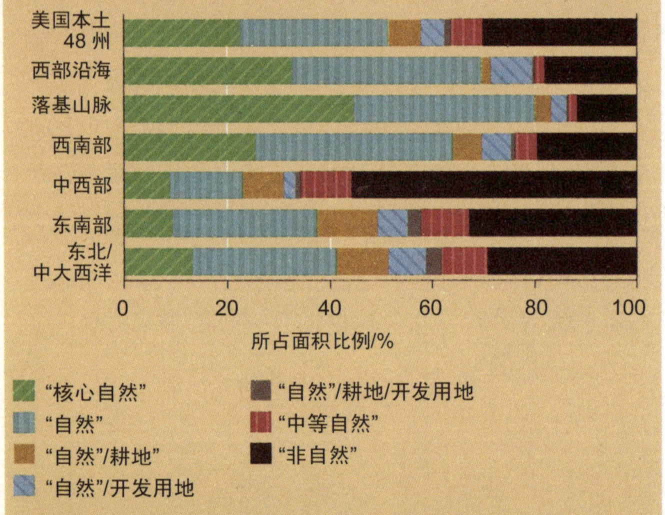

数据来源：多精度土地特征联盟（MRLC）和环境系统研究所（ESRI）（道路图）；由美国农业部林务局和美国国家环境保护局进行数据分析。

覆盖范围：美国本土 48 个州。

技术细节：将道路图（仅限铺设道路）与全国陆地覆盖数据（NLCD）叠合。采用面积为 240 英亩的分析窗口对每个“自然”土地覆盖像素点进行分析。对分析窗口内所有像素点的土地覆盖类型组成比例进行报告，本项指标所使用的区域图见附录 D。

生态系统格局变化会对生态系统功能产生多方面的影响。一些物种只能生存在地域宽广、未受到破坏且远离人迹的栖息地；而有的物种则能够很容易适应周围环境的变化。包括修建道路在内的开发活动或某一区域或流域的农业经营活动，通常与河流等水体内营养物质、污染物质、淤泥的增加以及物理变化密不可分。景观格局的改变可能对其周围环境的营养物质和自然特征产生影响，如温度上升使“自然”土地与开发用地边界处的土壤变得更加干燥。此外，自然景观也具有供人欣赏的美感特质，如怪石嶙峋的山崖、有河流穿行其间的草地，或点缀着星星点点林地的农场。

指标含义

将“自然”土地（森林、草地、灌木林地、湿地、湖泊和海岸；定义见第 2 章）按照其周围环境的构成划分为不同类别。根据卫星影像提供的土地覆盖图，将其分为 80 亿个约 1/4 英亩大小的方形小块（或像素点）。具体这项指标报告：

- 每一个“自然”地块周边 240 英亩范围内的土地构成。采用以下 3 种土地覆盖类型的相对比例来表示：“自然”土地、耕地或开发用地。
- 由“核心自然”像素土地（周边 100% 为“自然”土地）构成地块的大小和丰富程度。

数据分析

根据 2011 年美国本土 48 个州的土地覆盖数据：

- 按照其周围环境（见定义）的构成情况划分，23%面积属于“核心自然”土地。西部地区“核心自然”土地所占比例较高；总体上来看，“核心自然”土地所占比例在落基山脉的 45%至中西部地区的 9%之间不等。
- 30%面积属于由耕地和（或）开发用地结合的“自然”景观格局。该类型在区域格局上与“核心自然”地块相似。
- 大约 7%的面积为“自然”耕地景观格局，其中包含一些耕地和少量开发用地。这种景观格局在东部和中西部地区分布比较明显，占 8%～12%，而西海岸地区所占比例则不足 2%。
- 5%的面积为“自然”开发用地景观格局。对于大多数区域，5%～8%的土地面积为这种格局。落基山脉以及中西部地区仅有 2%～3%为这种格局。
- 极少部分的面积（大约 1%）为“自然”耕地开发用地的景观格局。
- 约 1/3“核心自然”地块大小为 10～100 平方英里；11%的“核心自然”地块大小大于等于 1 000 平方英里。
- 落基山脉中面积超过 1 000 平方英里的“核心自然”地块所占比例最高（16%）；而面积小于 100 平方英里的地块所占比例则最低（大约 50%）。
- 面积小于 100 平方英里的“核心自然”地块在东北部地区/中大西洋地区所占比例最大（80%），该区域内没有面积超过 1 000 平方英里的地块分布。

“核心自然”地块

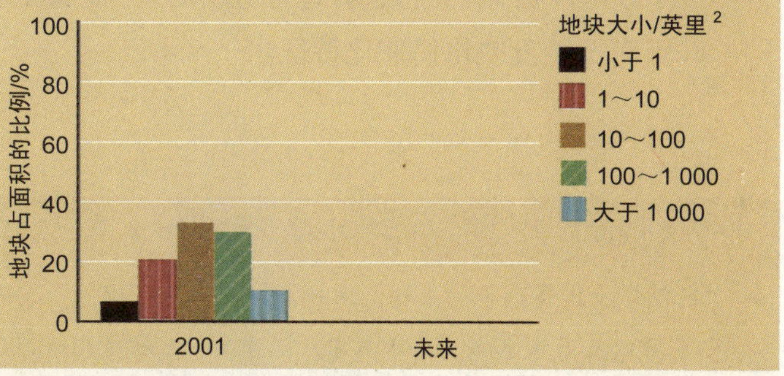

“核心自然”地块，按区域划分（2001）

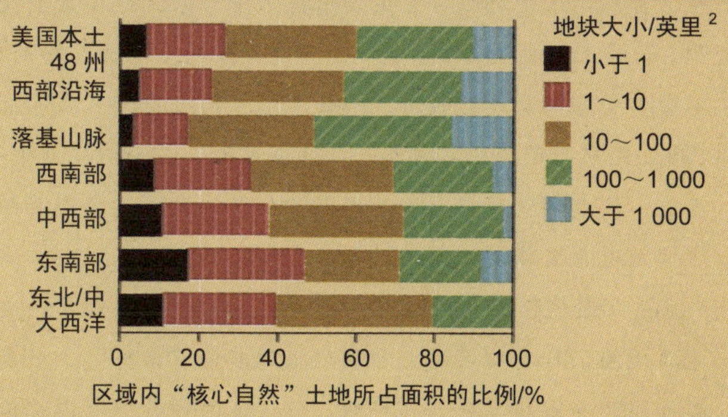

数据来源：多精度土地特征联盟（MRLC）和环境系统研究所（ESRI）（道路图）；美国农业部林务局和美国国家环境保护局分析。

覆盖范围：美国本土 48 个州。

技术细节：见上述信息；此外，将周边为 100%“自然”土地覆盖的像素聚合为地块，其尺寸标示在图中。

注释：由于技术限制，需要将地块按照州的边界“分割”，也就是说这些数据代表地块的最小面积。目前这种限制将对数据产生的影响尚不明确。

指标缺陷

本报告格局分析是基于土地覆盖面积，而不是土地利用面积。正如前述生态系统分布指标所述，不能区分天然森林和集约管理林场，也不能区分天然牧场和重度放牧牧场。如果土地利用类型面积数据更加完整，该项指标及其他指标信息将在未来得到改善。此外，由于这里仅显示了单一时间点的数据（进行分析时，不能将1992年的土地覆盖数据与最新的数据进行对比），因而不能反映格局变化特征。

数据解析

定义

- **“自然”土地覆盖**包括森林、草地、灌木林地、湿地、其他淡水水域以及沿海水域。总体而言，“自然”土地是指未经过系统经营的土地。然而，“自然”类别中可能夹杂人工因素，因为“自然”土地的划分主要是依据卫星影像土地覆盖类型的面积，而非土地利用面积。例如，只要森林的土地覆盖格局相似，不管其管理机制是否相同，都被认为是相同的“自然”土地。
- **“核心自然”**是指由“自然”土地覆盖的一些小地块（小于1/4英亩）构成的景观格局，其周围240英亩区域完全由其他“自然”土地覆盖构成。
- **“自然”景观格局**由“自然”土地覆盖的小地块构成，这些小地块周围240英亩区域由80%以上的其他“自然”土地覆盖构成并同时兼有耕地和开发用地，但上述两种类型所占比例均不超过10%。
- **“自然”耕地**是由“自然”土地覆盖的小地块构成的景观格局，这些小地块周围240英亩区域由80%以上的其他“自然”土地覆盖组成，另外包括10%以上的耕地和不足10%的开发用地。
- **“自然”开发用地**是由“自然”土地覆盖的小地块构成的景观格局，这些小地块周围240英亩区域由80%以上的其他“自然”土地覆盖构成，另外包括10%以上的开发用地和不足10%的耕地。
- **“自然”耕地-开发用地**是由“自然”景观土地覆盖的小地块构成的景观格局，这些小地块周围240英亩区域由60%以上的其他“自然”土地覆盖构成，另外包括10%以上的开发用地和10%以上的耕地。
- **“中等自然”**是由“自然”景观土地覆盖的小地块构成的景观格局，这些小地块周围240英亩区域由60%以上的其他“自然”土地覆盖构成，剩余区域则由开发用地和/或耕地构成。
- **“非自然”**是指由土地覆盖为耕地或开发用地的小地块构成，其周边土地构成不作评价。

在美国本土48个州中，68%的土地面积属于“自然”土地。这一指标描述了“自然”土地中的周围环境景观组成。由于各个区域面积各不相同，同样的景观格局类型在不同区域内有相似的类型组成比例，但所代表面积却相差甚远，因此应结合土地覆盖分布数据对景观格局进行评价。

本报告还包含与海岸区域相关的指标（参见第3章）。

氮素的迁移

氮素向沿海水域迁移的危害性

氮是一种重要的植物养分，也是生命必不可少的元素。地球大气中的氮元素含量丰富，但是气体形态的氮无法被大多数生物利用。为了使植物和其他有机物质利用氮元素，必须将氮气“固定”，或转化为植物可以利用的“活性”形态，如硝酸盐。氮元素通过自然过程固定在生态系统中并累积，例如苜蓿和大豆等固氮植物的生长。然而，向生态系统中释放的活性氮数量却因人类活动大大增加。人类将大气中的氮转化为肥料，这是人为使氮元素进入生态系统的最主要途径。矿物燃料的燃烧也会产生额外的活性氮。上述方式产生的活性氮最终会进入河流。河流向沿海水域输入过量的氮元素可能形成水域低氧环境，从而威胁鱼类和野生动物的生存并破坏沿海水域的水质。

由主要流域进入溪流/河流内的氮元素总量

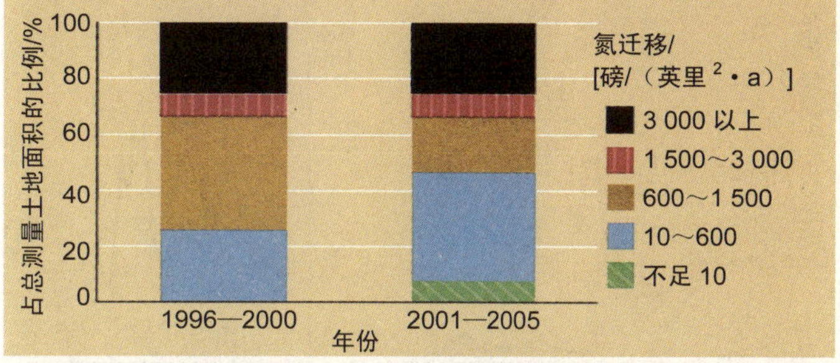

由主要流域进入溪流/河流内的氮元素总量（2001—2005 年）

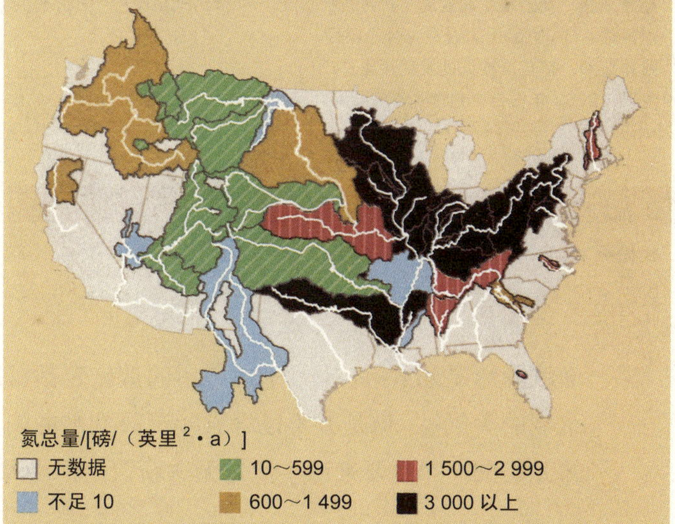

数据来源：美国地质调查局国家河流水质统计网（NASQAN），国家水质评估项目（NAWQA）以及联邦合作项目。

覆盖范围：美国本土 48 个州主要流域。

技术细节：向河流内迁移的氮元素按照流域面积进行平均，并按磅/英里^{2}表示。

指标含义

- 针对主要流域，该指标报告通过排放、流失和其他方式进入河流中的氮总量。
- 针对一些大型河流，该指标报告进入沿海水域的硝酸盐总量（硝酸盐通常是氮元素最普遍的存在形式，水生植物和藻类可以直接利用其中的氮元素）。
- 当相关数据完备时，该指标能够描述大气中的氮元素在沿海水域中的沉降。

数据分析

- 河流中氮元素的排放源大多集中在密西西比河流域，占美国本土 48 个州总陆地面积的 40%。

- 监测范围内 21%土地面积上，1996—2000 年每年由单位面积土地进入河流的氮元素总量高于 600 磅；2001—2005 年该数据低于 600 磅。要确定其是否呈下降趋势，还是仅为年份波动尚需要更多年份的数据。

由美国主要流域进入河流内的硝酸盐总量

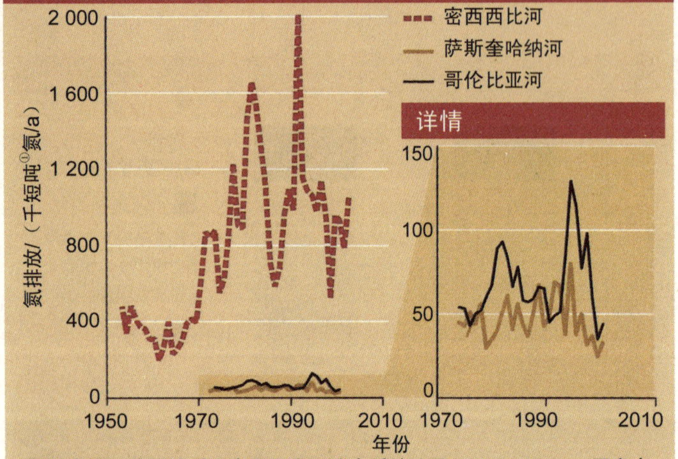

数据来源：美国地质调查局国家河流水质统计网（NASQAN），国家水质评估（NAWQA）以及联邦合作项目。

覆盖范围：可获取数据的主要河流。

注释：2002 年报告中包含圣劳伦斯河，但此后终止了对该河的监测。

① 1 短吨=907.185 kg

氮素的迁移

数据缺口

缺乏氮元素通过大气沉降进入沿海水域的数据。

- 密西西比河、萨斯奎哈纳河以及哥伦比亚河在 2002 年以硝酸盐形式向沿海水域排放的氮元素总量高达 100 万 t；其中密西西比河流域占总排放量的比例高于 90%。
- 1955—2004 年，密西西比河流域排放的氮元素总量翻了一番。尽管其他年份的数据显示排放量可能大幅下滑，自 1983 年以来，氮元素的排放未显现明显的变化趋势。
- 自 20 世纪 70 年代中期开始记录以来，从萨斯奎哈纳河以及哥伦比亚河流域排放到沿海水域的硝酸盐尚未显现明显上升或下降趋势。

全国尺度报告数据缺口

编制完整的沿海水域氮负荷图需要涵盖所有来源的氮元素，包括从大气向陆地和水面沉降的氮元素。本报告中所展示的数据包括沉降在陆地以及淡水系统中，并且随后进入沿海水域的大气氮，但是并不包含直接沉降到水面的大气氮。直接大气沉降可能是沿海水域系统内氮元素的一个重要来源，但是无法获取全国沿海水域大气沉降氮元素的数据。

数据解析

从陆地进入河道并最终进入海洋的氮元素会刺激沿海水域内植物生长。藻类过度生长可能导致沿海水域内出现缺氧区域（缺氧是指氧含量非常低的环境条件，在这种条件下大多数鱼类和海洋生物均不能存活）。有关沿海水域缺氧情况更详细的信息见“缺氧区域”。

人类活动增加了陆地河流中进入沿海水域的氮元素总量。人类在肥料生产过程中“固化”非活性的氮气。排污系统（污水处理厂的排放和在暴雨时与泄洪管道相连接的系统产生的“溢出”现象）和工业排放直接将氮元素排放至河流中，如富含氮元素的防腐剂。间接性或非点源性的氮元素来源包括耕地和草地施肥，排污系统失效以及存放动物性杂肥的设施故障导致的氮元素流失。河流所在流域内降雨量超过正常水平的年份可能导致排入该河流的氮元素超标，并最终进入沿海水域。

大气沉降也是生态系统内氮元素的重要来源。引擎废气排放和其他燃烧来源增加空气中活性氮元素，导致烟雾形成并增加地表臭氧含量。农田中的氮元素还会以氨和氮氧化物形式进入大气，空气中的氮元素转换并以氨气的形式沉积下来，或者与雪、雨水或灰尘相结合，沉降在陆地或直接沉降在沿海水域。

其他指标描述农田（第 4 章）、森林（第 5 章）、草地和灌木林地（第 7 章）以及城市和郊区（第 8 章）的河流或地下水中硝酸盐的浓度。

碳储量

生态系统的碳储量的重要性

所获得或损失的碳，按照生态系统类型和时间分类

分级指标数据：森林（仅限地面上和地面下的生物量，不含土壤），耕地和草地/灌木林地（仅限土壤碳含量，仅限私有土地）

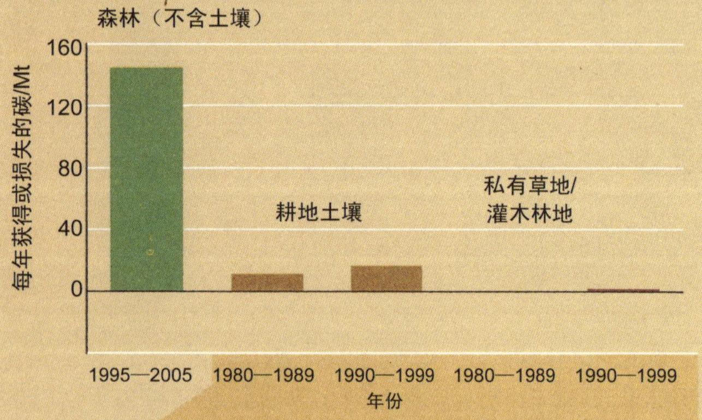

详情

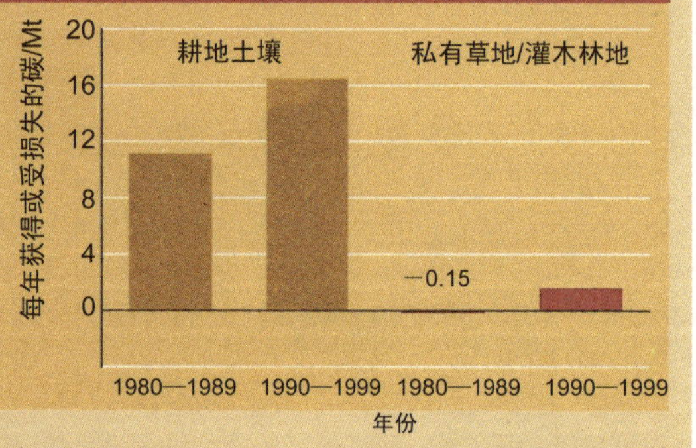

数据来源：自然资源生态实验室（NREL），科罗拉多州立大学；美国农业部林务局（U.S. Forest Service）。

覆盖范围：美国本土 48 个州（所有数据）；仅限耕地和草地-灌木林地（表层 8 英寸①；NREL 数据）；地上森林碳总量，活体或死亡的树木（美国农业部林务局）。详情见技术说明。

① 1 英寸=2.54cm；1 t=1.10 美吨。

陆地和水生生态系统内的碳储量影响这些生态系统的生产能力，并且影响它们提供各种服务功能，如土壤肥力、储存水分以及抵御土壤侵蚀的能力。在大气中二氧化碳和甲烷气体产生温室效应，而储存在植物、土壤、沉积物和海洋中的碳则不会产生温室效应。因此，生态系统的碳储量作为缓解气候变化的重要因素，已成为美国国内和国际交流中的焦点。

指标含义

- 各类型生态系统获得或损失的碳总量随时间变化情况。
- 按照主要生态系统类型划分，单位面积土地或水域所含碳元素（碳密度）的变化。
- 对比主要含碳气体（二氧化碳和甲烷气体）在大气中的浓度与工业化前的平均浓度，分析其最新趋势。

森林

数据分析

- 1995—2005 年，美国森林（不含土壤）中的地上以及地下的生物质每年获得的碳总量约 1.5 亿 t，能够通过地上和地下生物质吸收碳的森林面积（大约 60%）是排放碳的森林面积（大约 30%）的两倍。
- 1995—2005 年，62%的森林每年碳密度增加幅度（包括地上和地下的生物质，不含土壤）超过了 0.04 t/英亩；6%的森林每年吸收碳的总量超过了 0.8t。
- 32%的森林每年的碳损失超过 0.04 t/英亩，3%的森林每年碳损失量超过了 0.8t/英亩。
- 剩余的 6%森林土地的碳密度年际变化幅度非常小（不足 0.04 t/英亩）。

指标缺陷

目前尚缺少全国森林土壤相关数据。估算森林土壤中的碳储量仍然面临挑战，因为不同土壤类型（尤其是土壤质地和排水性能）的碳储量不同，即使在同一土壤类型（地域性）内部也存在差别，甚至土壤深度的不同也会导致碳储量不同。监测土壤碳储量的不确定性加大了研究者估算森林碳含量变化趋势的难度。土壤作为碳的动态存储介质，能存储大量碳，当树木被砍伐或受到其他形式的破坏，如遭到野火或昆虫的破坏时，土壤中的碳会直接扩散到大气中。温度变化和降雨等气候变化也会影响土壤中的碳含量。

本报告中森林数据不包括木制产品（如构造物和家具）中储存的碳，也不包括与木制品的运输和加工、燃烧生物废弃物等相关的碳排放。由于尚未针对阿拉斯加和夏威夷开展该指标监测，本报告中也不包括上述区域碳储量估算。

碳密度随时间变化

分级指标数据：森林（仅限地面上和地面下的生物量，不含土壤），耕地和草地/灌木林地（仅限土壤碳含量，仅限私有土地）

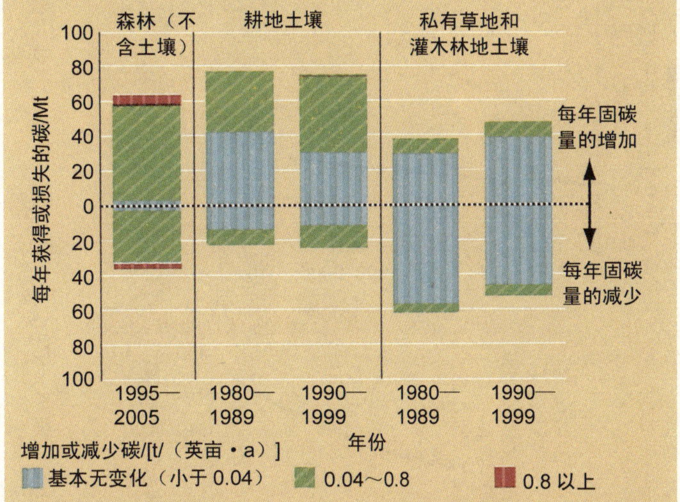

数据来源：自然资源生态实验室（NREL），科罗拉多州立大学；美国林务局（U.S. Forest Service）。

覆盖范围：美国本土 48 个州（所有数据）；仅限耕地和草地/灌木林地（表层 8 英寸；NREL 数据）；地上森林碳总量，活体或死亡的树木（美国农业部林务局）。详情见技术说明。

农田

农田相关数据分析

- 总的来说，20 世纪 80 年代全国耕地土壤每年吸收 1 110 万 t 碳，20 世纪 90 年代每年吸收碳的总量为 1 650 万 t。耕地同时具有碳汇和碳源功能，吸收碳的耕地在 80 年代占 35%，90 年代占 45%，释放碳的耕地在 80 年代为 9%，90 年代为 13%，其他耕地的碳储量变化微乎其微。
- 20 世纪 80 年代，35%的耕地中土壤碳密度增量为 0.04 t/（英亩・a），90 年代 45%的耕地土壤碳密度增量为 0.04 t/（英亩・a）。判断这种变化是否具有长期趋势特征还需要更多年份的数据。
- 20 世纪 80 年代 9%的耕地每年损失土壤碳含量超过 0.04 t/英亩，这一比例在 90 年代为 13%。

指标缺陷

上述数据仅限于私有耕地和数量相对少的公有耕地。该项指标的构成中并不包含每年收割的地表植物，而土壤碳含量估算过程中，确实考虑了通过实施减少或消除每年翻耕（浅耕或免耕）或其他土壤保持措施使植物残体返回土壤的因素。本报告中数据仅限于表层 8 英寸的土壤，不包括底层土壤。

草地和灌木林地

数据分析

总的来说，全国私有草地和灌木林地在 20 世纪 80 年代每年损失 15 万 t 碳，而在 90 年代吸收碳的数量则达到每年 160 万 t。一些私有草地和灌木林地能够吸收碳（80 年代和 90 年代为 9%），另一些则排放碳（80 年代为 5%，90 年代为 6%）。

在 20 世纪 80 年代和 90 年代，大约 9%的私有草地和灌木林地土壤每年每英亩碳储量不少于 0.04 t；大约 85%的私有草地和灌木林地在这一时期的碳密度变化微乎其微。

20 世纪 80 年代私有草地和灌木林地中碳密度降低高于 0.04 t/（英亩 • a）的比例为 5%，而 90 年代这一比例为 6%。

指标缺陷

这一指标涉及私有草地和灌木林地，占美国本土 48 个州内草地和灌木林地总面积的 60%。因此，本报告中所显示的估算值不能完全反映全国草地和灌木林地的碳储量情况。此外，报告中所述碳储量估算仅限于地表 8 英寸深度的土壤，不包括底层土壤。未来估算还应包括地上和地下植物物质；一些估算表明约有 5%～30%的草地和灌木林地碳储量存在于活体植物中。

大气中二氧化碳和甲烷的浓度

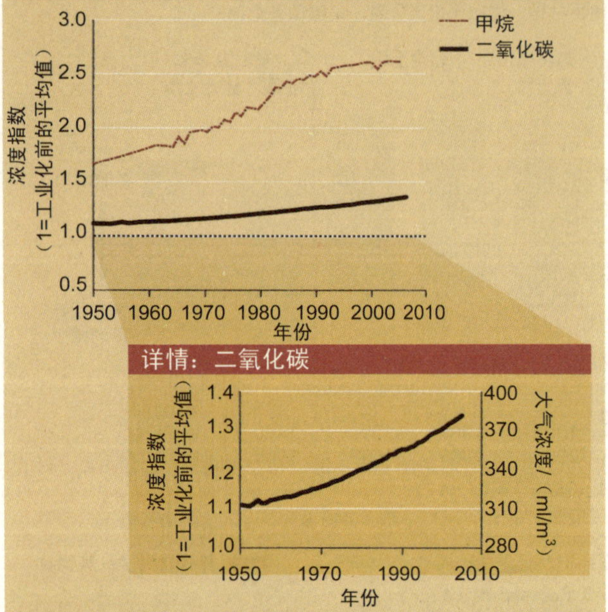

数据来源：政府间气候变化专家组近期报告中所引用的各种来源详情见技术说明。

覆盖范围：全球。

技术细节：浓度系数值反映了最近 10 年内的每年测量值，除以长期工业化前（公元 1000—1750 年）所得到的平均浓度.

碳储量

数据缺口

下列区域的碳存储总量数据不足：

- 森林土壤；
- 公共草地和灌木林地的土壤；
- 所有草地和灌木林地的地上或地下生物量；
- 湿地（包括泥炭地）；
- 水系统内的水和沉积物；
- 城市和郊区地区。

大气碳储量数据分析

- 2006 年，全球大气中二氧化碳浓度（381 ml/m^3）较工业化前的平均浓度（公元 1000—1750 年二氧化碳浓度在 274～284 ml/m^3）高出 36%（数值为 1.36）。自 20 世纪 50 年代以来，二氧化碳浓度已增加了 20%（见插图），而 20 世纪 50 年代二氧化碳的浓度较工业化前高出 11%。

- 2005年，全球大气中甲烷浓度（1 805 ml/m^3）较工业化前的平均浓度（公元1000—1750年浓度为644～723 ml/m^3）高出160%，指数值为2.61。自20世纪50年代以来，甲烷浓度已经增加了55%，而20世纪50年代甲烷的浓度较工业化前高出66%。

指标缺陷

当数据完备时，该指标将反映美国生态系统碳源和碳汇总量以及分布。目前，由于存在数据差异，不能充分反映碳的“净”损益。目前并未搜集全国范围内的各种类型森林土壤、公共草地和灌木林地、湿地，以及海洋水域、沉积物、淡水水域或城市和郊区区域内的碳含量数据。有关湿地和泥炭地的数据对于本指标非常重要，因为它们都是不完全腐烂的植物物质富集地。湿地和泥炭地含有丰富的固化碳，多分布于对系统快速变化敏感的区域，具有存储或释放大量碳的潜力。

数据解析

碳是所有有机体必不可少的组成部分，地面（在植物、活体或已经死亡的树木以及有机残骸中）、地下（在土壤有机物质、腐烂的植物材料以及根内）、淡水和海洋中（溶解的碳、有机体内、粒子内，以及沉积物内）碳元素的储量十分丰富。碳在生态系统中通过光合作用积聚，并支撑许多基础生态功能，如提供土壤肥料，水、食物和纤维产品以及作为动物的食物和栖息地。如果土壤中含碳量丰富，农业生产则需要较少的灌溉和施肥，且能抑制水分流失，保护水质和地下水补给。

碳主要是以二氧化碳和甲烷的形式被释放到大气中，这些气体在大气中可以吸收太阳能。虽然甲烷在大气中的浓度非常低，但其吸热能力是二氧化碳的20倍，因而已经成为影响气候变化的关键因素。

这些气体大部分在生物有机质和生态群落进化早期时具有更低的含量水平。据报道，虽然在生态系统层面上的响应可能非常复杂，但过高的二氧化碳浓度水平已经导致海水酸化和海洋贝壳溶解，并且可能导致一些植物的光合作用率提高。陆地和水生生态系统中存储碳可以降低大气中的碳含量，并且有助于消化和吸收当前和过去的工业和其他碳排放。2005年，美国住宅、商业、工业和燃油使用所产生的碳排放为16.24亿t。

不同类型生态系统各自有其特定的碳存储方式，例如，与草地不同，森林可通过地面生物体储存大量的碳。在同类型生态系统内部，碳含量水平也存在显著差异，例如，耕地土壤的碳含量可能随气候、土壤类型以及经营活动的不同而存在显著差异。从长期来看，生态系统的碳密度随着土地利用情况、温度和湿度条件以及生态系统的破坏（如野火或害虫爆发）而变化。各主要类型生态系统中的碳储量可能随着生态系统总面积的变化而不同。例如，单个湿地的碳密度可能随着植物残体在其低氧沉积物内的积聚而增加，但是如果湿地区域转化为其他类型的生态系统，如耕地或城市和郊区，则可能导致全国湿地中所储存的碳总量降低。

1995—2005年，森林（地上和地下植物物质内）碳含量的升高可能源于对现有林地经营活动的加强，或是源于在之前砍伐的森林区域重新植树，最近几年美国森林面积并未发生显著变化（第 5 章）。耕地土壤有机碳含量的升高可能是由于改变耕作方式造成，如实行免耕（保护性免耕）以保持和增加土壤有机质，或采用夏季休耕（改变轮作次序）的方式控制病虫害。

化学污染物

生态系统中化学污染物的重要性

合成化学品、重金属（当其含量高于自然背景值时）、生态系统中的其他污染物质，可能严重危害人类、野生动物和植物。

地下水、河流和沉积物

指标含义

- 检测到主要类型污染物的频率。
- 污染物水平超过保护水生生物或人类健康标准值的频率。

指标数据分析

地下水

- 所检测的地下水井中有大约 3/4 检测出 1 种或多种污染物；20%的水井检测出 5 种或以上污染物。
- 大约 1/3 的水井内所含污染物超过了保护人类健康的标准值。

河流

- 事实上，所有检测的河流中均存在 1 种或多种污染物；在 77%的河流中，污染物达到 5 种或更多。
- 大约 1/2 的河流中含有 1 种或多种污染物超过保护水生生物标准值，1/5 的河流含有至少 1 种污染物质超过人类健康标准值。

河床沉积物

- 几乎所有被测的河床沉积物中含有 1 种以上的污染物；80%河床沉淀物中污染物达到 5 种或更多。
- 所有检测点中，94%含有 1 种或多种污染物浓度超过保护水生生物

检测到污染物：地下水、河流和沉积物

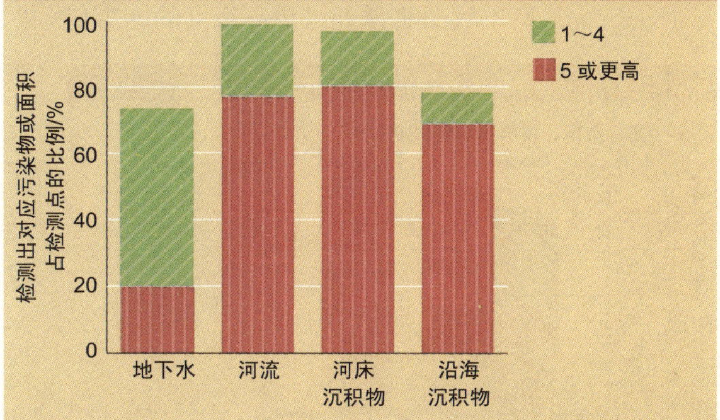

检测到至少一项污染物超出标准值
地下水、河流和沉积物

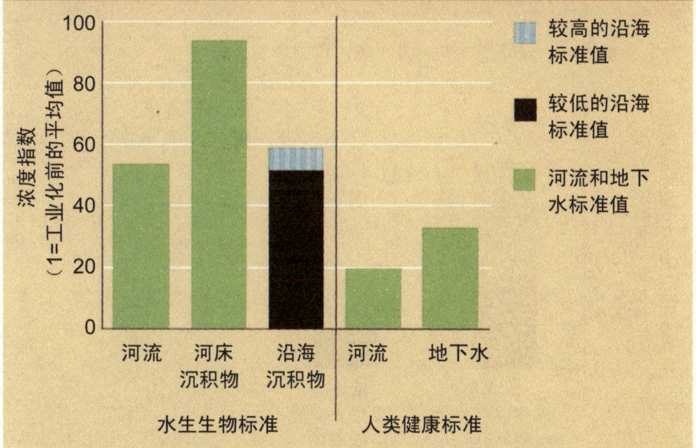

数据来源：美国国家环境保护局国家水质评估项目（NAWQA，美国国家环境保护局（U.S EPA），国家海岸评估项目（NCA）。

覆盖范围：51 个主要河流流域和全国 54 个主要水域（NAWQA 数据）；沿海各州（仅限阿拉斯加和南-中部地区），以及波多黎各（NAWQA 数据）。

技术细节：在 186 个河流监测点对 85 种污染物进行取样（1992—2001 年）；在 957 个河流监测点对 104 种污染物进行取样（1992—2001 年）；在 2 282 个地下水井监测点对 194 种污染物进行取样（1993—2002 年），表示为占取样点的百分比。上图不包括自然产生的化合物（硝酸盐、氨、金属和放射性核素）的检测。下面的图不包含未明确相关标准值的污染物。详情见 NAWQA 和 NCA 项目描述。

注释：在《2002 年美国国家生态系统状况报告》中，报告了更早期的数据，但是由于监测点数量和标准值设定不同，这些数据无法与本报告中所示数据进行对比。

标准值。

海岸沉积物

- 被检测河口沉积物中有大约 80%检测出 1 种或多种污染物。
- 河口沉积物中大约 1/2 含有 1 种或多种污染物超过水下水生生物标准值，另有 7%中含有的污染物质超过更高级别的标准值。

污染物检测：动物和植物组织

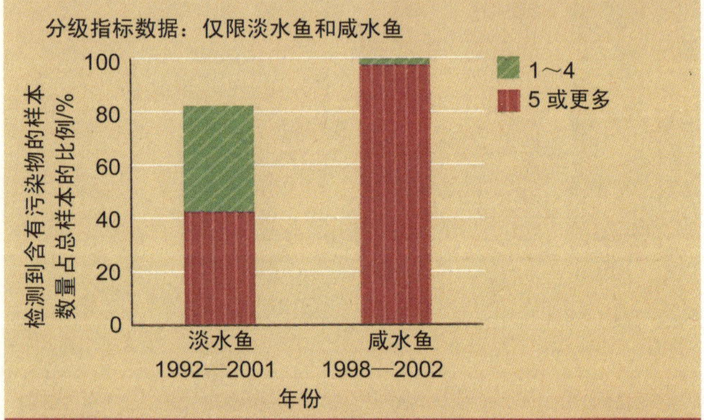

检测到至少一项污染超过标准值
动物和植物组织

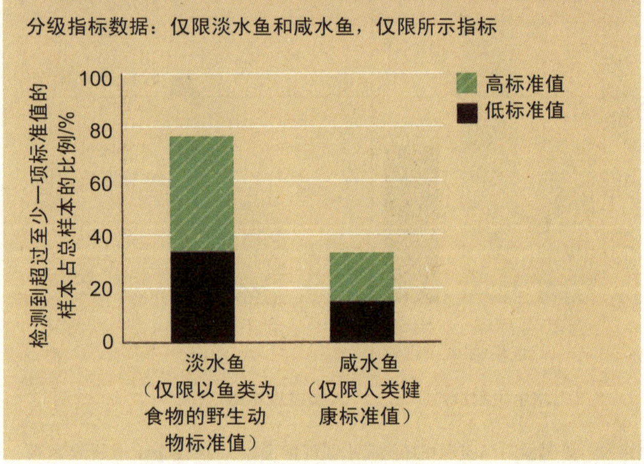

指标缺陷

上述污染物（“分析物”）中还有很多种缺少明确的标准值。26%的河流分析物，49%的河流沉积物分析物以及 26%的沿海沉积物尚未设定水生生物标准值。13%的河流分析物以及 24%的地下水分析物尚未设定人类健康标准值。这些污染物质对人类生殖系统、神经系统以及免疫系统尤其是敏感人群造成的潜在影响尚不确定。目前对污染物的混合以及季节性浓度升高所带来的影响的认识非常有限，因此进行污染物检测的频率非常重要。已收集的水体和沉积物数据仅仅是一个时间段内的数据，不能反映化合污染物的时间变化和趋势。

植物和动物组织

指标含义

- 检测到主要类型污染物的频率；
- 污染物超出为了保护以鱼类作为食物的野生动物或人类健康所设定的标准值的频率，以及最频繁超过这一标准值的污染物类型。

指标数据分析

淡水鱼

- 所测试的鱼类中大约 80%被检测出 1 种或多种污染物；40%所含污染物达到 5 种或更多。
- 所测试的鱼类中 1/3 含有 1 种或多种污染物超过野生动物低标准值，另有 43%超过高标准值。
- 所测试的化学品中，26%具有明确野生生物标准值（未检测汞），超出上述标准水平频率最高的污染物包括 PCB 和 DDT。

咸水鱼

- 几乎所有测试的咸水鱼含有至少 5 种污染物质达到可检测水平。
- 所测试的鱼类中大约 15%含有 1 种污染物质或多种超过人类健康标准值，另有 18%超过了高标准值。
- 在已经确定人类健康标准值的 68 种参测化学品中，DDT、PCB、PAH 以及汞的总含量超过上述标准频率最高。

指标缺陷

除鱼类外目前尚没有全国范围的其他植物或动物污染物质检测项目。7%的淡水鱼分析物尚无水生生物标准（咸水鱼无水生生物标准值）。16%的咸水鱼分析物尚无人类健康标准（淡水鱼无人类健康标准值）。因此，本报告中所述数据不能完整地描述污染物对水生生物和人类健康所产生的潜在威胁。由于存在方法和统计范围的差异，未包括五大湖区有关鱼类的数据。监测区域的数据显示，参加测试的所有鱼类均含有 5 种或以上污染物，大多数捕鱼器具中 PCB 含量超过了保护食用鱼产品人群健康的标准值。所有鱼类中 PCB 的浓度均超过了保护食用鱼类的野生动物的标准值。

超过至少一项标准值的特定污染物：动物和植物组织

分级指标数据：仅限淡水鱼和咸水鱼，仅限所示的指标

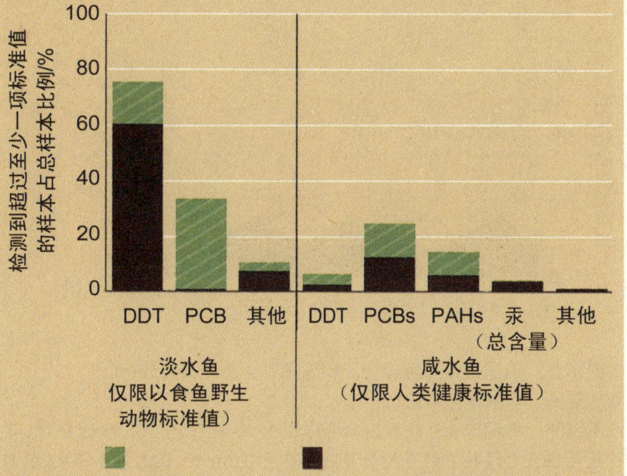

数据来源：美国国家环境保护局国家水质评估项目（NAWQA，美国国家环境保护局），国家海岸评估项目（NCA）。

覆盖范围：51 个主要河流流域和全国 54 个主要水域（NAWQA 数据）；沿海各州（仅限阿拉斯加和南-中部地区），以及波多黎各（NCA 数据）。

技术细节：在 700 个河流监测点对 28 种污染物进行取样（1992—2001 年）；在 1 277 个河口区域监测点对淡水鱼和咸水鱼中的 81 种污染物进行取样（1998—2002 年）；下面的两张图不包含未列出相关标准值的污染物。详情见 NAWQA 和 NCA 项目的描述。

注释：在《2002 年美国国家生态系统状况报告》中，报告了 1990—1997 年的数据，但是由于监测点数量和标准值设定不同，这些数据无法与本报告中所示数据进行对比。

化学污染物——植物和动物组织

数据缺口

- 不能反映除鱼类以外的其他植物和动物组织内的污染物，或鱼体内汞和其他金属的污染物；
- 缺少用于确定咸水鱼体内超过水生生物标准的污染物或淡水鱼体内超过人类健康标准的污染物数量的标准阈值。

室外空气

指标含义

- 地面臭氧浓度超过典型背景浓度的频率；
- 室外空气中细颗粒物总量。

指标数据分析

地面臭氧

- 1994—2005 年，地面臭氧暴露指数没有明显地上升或下降趋势。
- 1994 年后的大多数年份，美国本土 48 个州 30%的区域内，该指数值低于 10（总暴露量相对较低）；美国仅有超过 10%区域的该指数值达到 30 或更高（总暴露量相对较高）。

地面臭氧

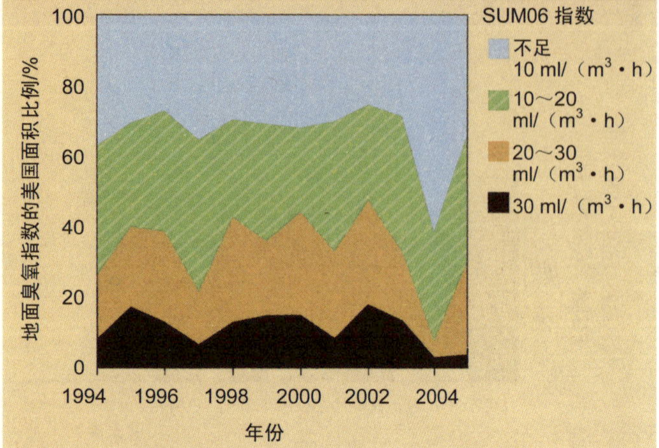

数据来源：美国国家环境保护局和美国农业部林务局分析。

覆盖范围：美国本土 48 个州。

技术细节：所示指标在技术说明中称为 12 小时 SUM06，统计 6 月、7 月和 8 月白天时段每小时平均臭氧浓度高于 0.6ml/m^3 的总量。SUM06 是年累积值，单位为 ml/（m^3・h）。

室外空气中细颗粒物浓度

分级数据：城区细颗粒物浓度

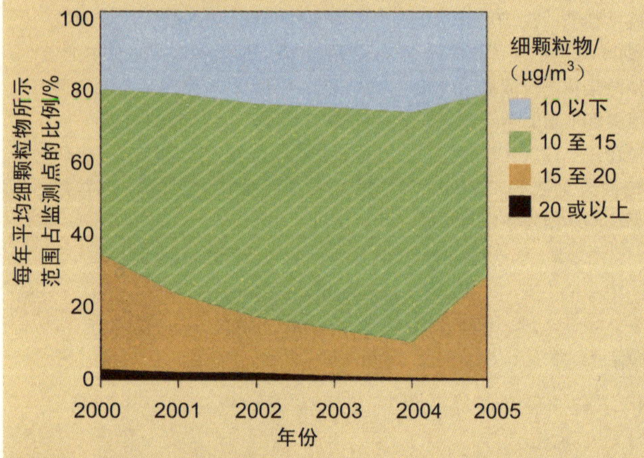

数据来源：美国国家环境保护局。

覆盖范围：美国本土 48 个州。

技术细节：$PM_{2.5}$ 数据，用于描述空气中颗径为 2.5μm 或更小的粒子或水滴；每平方英寸中大约含有 25 000 μm。

注释，这些数据可与细颗粒物相关的国家空气质量标准进行对比，含量为 15 μg/m^3，确定一个监测点是否达标需要更加深入的分析。

化学污染物——室外空气

数据缺口

城市和农村细颗粒物浓度综合分析不足，难以反映污染情况。

细颗粒物

- 2005 年，28%的监测点所监测到的细颗粒物浓度达到或高于 15μg/m^3，该浓度已经超过了年度国家空气质量标准。
- 2000—2005 年，细颗粒物浓度达到或高于 20 μg/m^3 的监测点所占比例大幅下降（由 2.9%降至 0.3%）；其他浓度范围的监测点数量未发现明显变化。

指标数据分析

本报告中所述数据仅代表城区的细颗粒物浓度，并未包括农村区域内的细颗粒物数据。

数据解析

人类、动物和植物接触河流、沉积物、地下水以及空气中的污染物质可能会对人类的健康和生态系统运行产生影响。通过吸收或消化，植物和动物将这些污染物质贮存在组织内，可能对其本身和以该植物或动物为食物的生物体造成危害。环境中的污染物有多种来源，包括车辆、消费品、发电企业、农业以及工业。

很多自然产生的化学品，如金属和氮化合物，是所有生物体的基本营养物质。然而，通常情况下，人类活动的干预使这些自然产生的化学品浓度上升，就会引发一系列的生态和人类健康问题。人类为了特定的生产目的为其他化学品提供了宿主。在大多数情况下，我们对这些化学品对生态系统和人类所产生的潜在影响知之甚少。此外，很多的合成化学品，如 PCB，即使停止使用后仍然会长期存在于环境中。本项指标中所涉及的污染物是联邦机构规定监测的污染物，未来可能会不断拓展监测范围并增加污染物类型。

描述污染物质在环境中所产生的影响非常复杂。通过水、沉积物以及活体组织内发现的污染物含量，人们认识到这些化合物已普遍存在于自然环境中。然而，化合污染物的存在并不一定意味着其影响程度已经足够引发各种问题。将化合污染物质与标准值进行对比有助于评估其危害性，尽管这并不是真正的风险评估，真正的风险评估应包含更多其他因素，如针对特定浓度水平，人类或其他生物体接触污染物质的时间存在差异，水生动物大多数或全部时间生活在水中，因而对某些特定的污染物更敏感。

植物短期或长期暴露在臭氧含量水平过高的环境中，叶子会遭到破坏，植物协迫反应以及光合作用率会被降低，这些影响因植物种类的不同而各异。细颗粒物浓度的上升使能见度降低并且影响人类[以及野生动物（据推测）]健康。细颗粒物沉降可能破坏叶子表面并降低光线的传输，进而影响植物的光合作用。细颗粒物沉降在土壤上可能改变土壤的生物活性以及 pH 值，进而影响营养物质的循环。

河流流量变化

河流流量变化的重要性

河流丰水期和枯水期的水量——以及河流水量的时间变化——对于了解栖息在近水和沿河区域的动植物来说具有重大意义。例如，低流量说明河流分布区域最小，因而在那里常年栖息的鱼类数量也最少。高流量有利于形成河道，清除河道内的淤泥和瓦砾，并影响栖息在河流和冲积平原上的物种。径流量变化通过改变流入海洋的水体盐分和微咸水分布，也会对河口和沿岸产生影响。有些植物在生命周期的不同阶段，其生存和繁衍也需要一定的水流量和体积保障，径流量变化规律也会对它们产生影响。

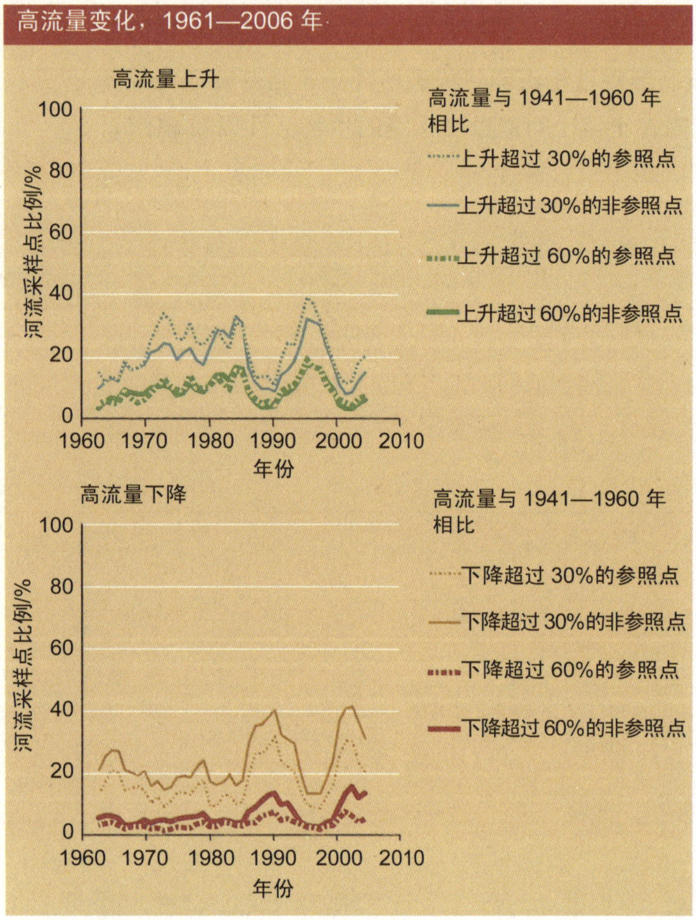

指标含义

- 与 1941—1960 年基准期相比，不同程度高低流量变化的河流采样点所占百分比；
- 与 1941—1960 年基准期相比，不同程度流量波动性的河流采样点所占比例；

流量变化监测点有“参照点”——“参照点”是指在监测期内（从 1941 年开始），土地利用情况无明显变化且未受到大坝和河流改道工程明显影响的地点，“非参照点”——“非参照点”是指已经历或尚未经历此类变化的地点。为了让读者能够将气候或其他自然因素（如生物群落的年龄结构）与可能的人为因素影响产生的流量变化区分开来，我们记录了这两种类型监测点的流量变化情况。

数据分析

高流量

- 与 1941—1960 年基准期相比，全国高流量上升和下降的河流数量基本相同。但从 1961—1965 年开始，高流量下降的河流比例显著增加，且非参照河流的下降情况比参照河流更加严重。
- 2002—2006 年，美国东北部某些沿岸区域出现高流量水体积增加的河流的比例高于国内其他区域（见地图）。
- 参照和非参照河流数据中具有相似的同比变化特征。

高流量变化，2002—2006 年

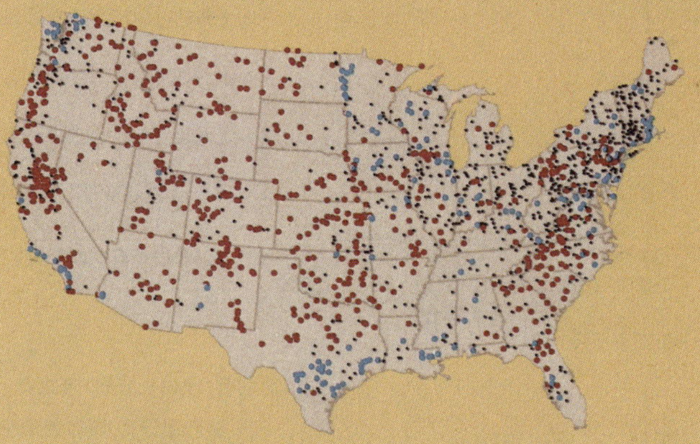

数据来源：美国地质调查局。
覆盖范围：美国本土 48 个州。
技术细节：与该地点 1940—1961 年的流量参数相比较，每一年份的数值取自 5 年数值的中值；因此图中的 2004 年的数据实际上代表 2002—2006 年这 5 年的中值数据。地图涵盖了参照地点和非参照地点的河流。上升或下降低于 30%的变化均不属于实质性变化。

低流量

- 自 20 世纪 60 年代末起，与基准期相比，低流量上升的河流增多，下降的减少。
- 低流量上升超过 30%、60%和 600%（与基准期相比）的河流比例从 1961—1965 年时段开始增加。
- 2002—2006 年，与基准期相比，低流量上升超过 30%的河流比例是低流量下降超过 30%的河流比例的两倍；美国东北部和中西部各州的低流量上升情况更为显著。
- 与非参照河流相比，参照河流出现低流量大幅度下降的情况更少。
- 参照和非参照河流数据中具有相似的同比变化特征。

低流量变化，1961—2006 年

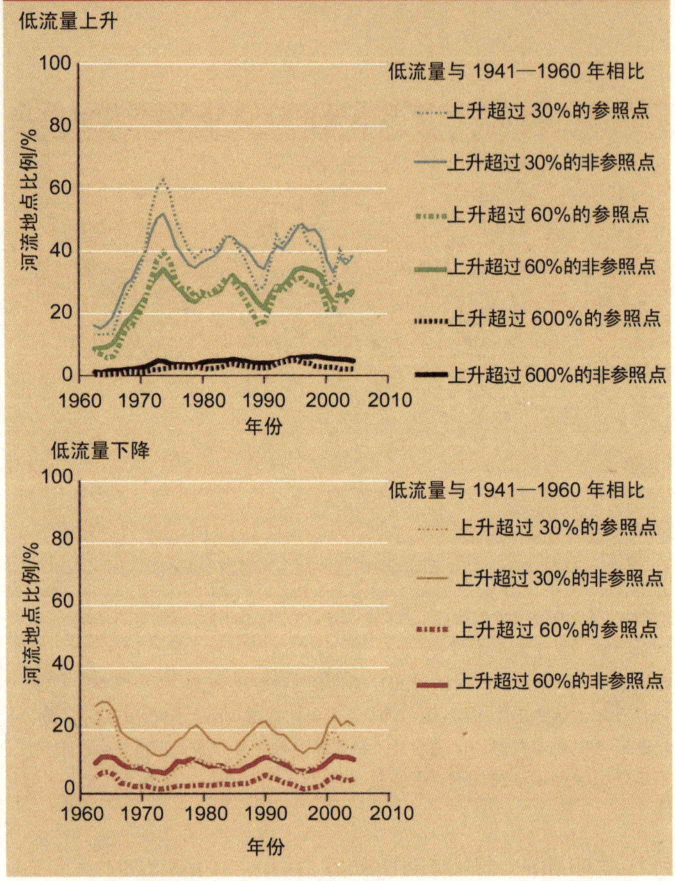

低流量变化，2002—2006 年

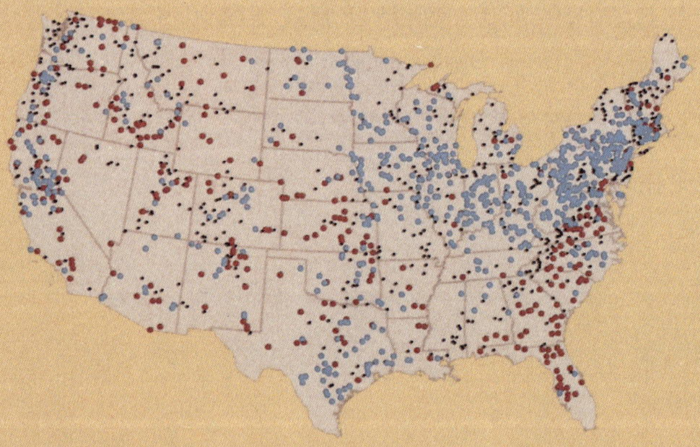

· 上升＞30%　　· 无变化　　· 下降＞30%

数据来源：美国地质调查局。
覆盖范围：美国本土 48 个州。
技术细节：与该地点 1940—1961 年的流量参数相比，每一年份的数值取自 5 年数值的中值；因此上图中的 2004 年的数据实际上就是 2002—2006 年这 5 年的数据中值。地图中涵盖了参照地点和非参照地点的河流。上升或下降低于 30%的变化均不属于实质性变化。

流量变化

- 自 20 世纪 60 年代末起，与 1941—1960 年的基准期相比，河流流量波动性下降的情况增多，上升的情况减少。
- 自 20 世纪 60 年代早期起，与 1941—1960 年的基准期相比，出现流量波动性下降的河流比例上升；同一时期内出现流量波动性上升的河流比例下降。
- 最近时段 2002—2006 年，流量波动性的上升和下降均不存在明确的地域特征（见地图）。
- 与基准期相比，非参照河流波动性下降超过 30%的情况比参照河流更为显著。
- 参照和非参照河流数据具有相似的同比变化特征。

指标数据分析

对降雪明显的流域来说，积雪融化的时间和速度对河流流量有直接影响。比如，如果积雪融化的时间出现季节性提前，那么积雪融化的进程会变得十分缓慢，河流流量总体波动性就会下降，所以可以运用该指标确定高流量的出现时间。但在研究地区性自然现象（如融化的积雪和飓风现象）时，仍需高流量的时间数据。

数据解析

气候在改变高流量和低流量以及流量波动性方面具有关键性的作用。其影响通常可以在参照河流和非参照河流相似的同比变化中看出，比如 20 世纪 90 年代的高流量和低流量变化。

因为水坝在上游水库存储大量水并定期向下游释放，所以会影响河流的流速和流量变化情况。因为水域开发以及农业活动会将河流中的水分流或抽取出来用于饮用、灌溉或工业用途，甚至会从相邻蓄水层中抽走地下水，所以会改变河流流量。地表覆盖同样会对河流产生影响，但其主要是影响河流沉淀物的数量（而非储存在土壤里，被植物吸收或蒸发）以及水汇入河流的速度。在某些情况下，铺设路面以及建设大坝等活动之间的相互作用也可能会抵消单一活动对河流流量所产生的影响。

流量波动性的变化，1961—2006 年

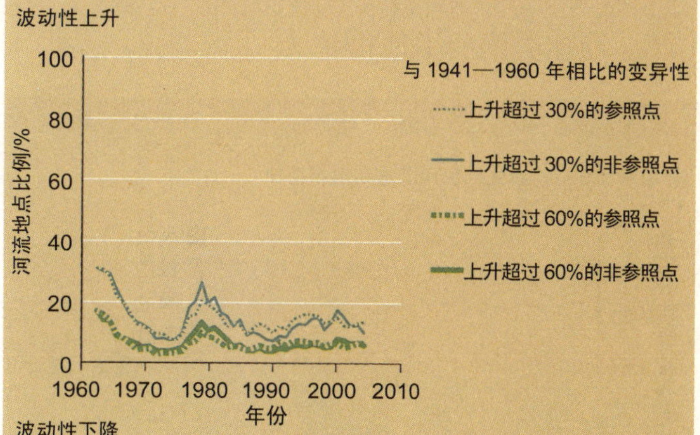

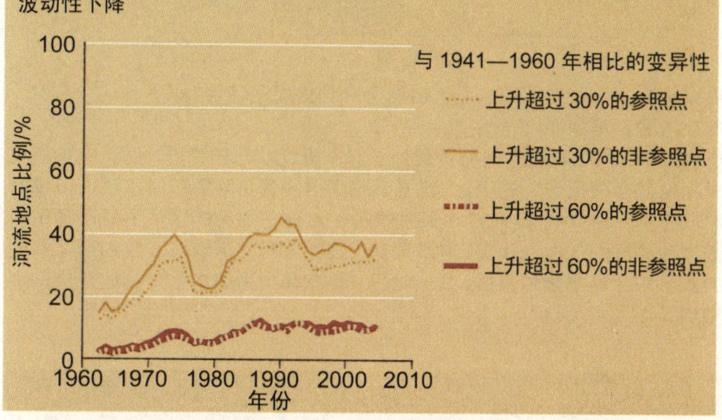

流量波动性的变化，2002—2006 年

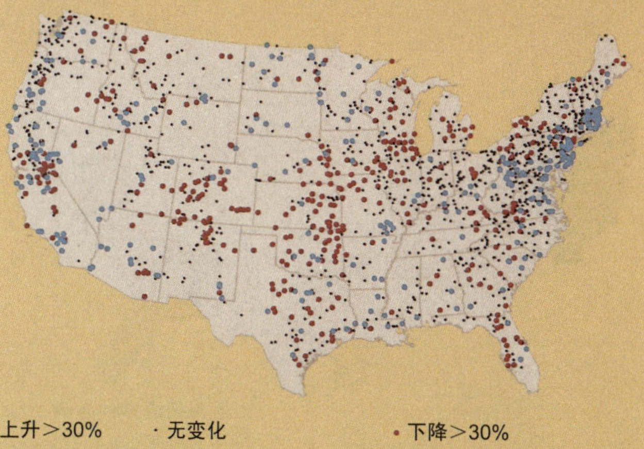

数据来源：美国地质调查局。
覆盖范围：美国本土 48 个州。
技术细节：与该地点 1940—1961 年的流量参数相比，每一年份的数值取自 5 年数值的中值；图中的 2004 年的数据实际上就是 2002—2006 年这 5 年的数据中值。地图中涵盖了参照地点和非参照地点的河流。上升或下降低于 30%的均不属于实质性变化。这里所定义的流量波动性是指一年内由流量中值所划分出的高流量与低流量。

濒临灭绝的本地物种

濒临灭绝的本地物种，按风险类别划分（2006年）

分级指标数据：原生陆生和淡水动植物物种

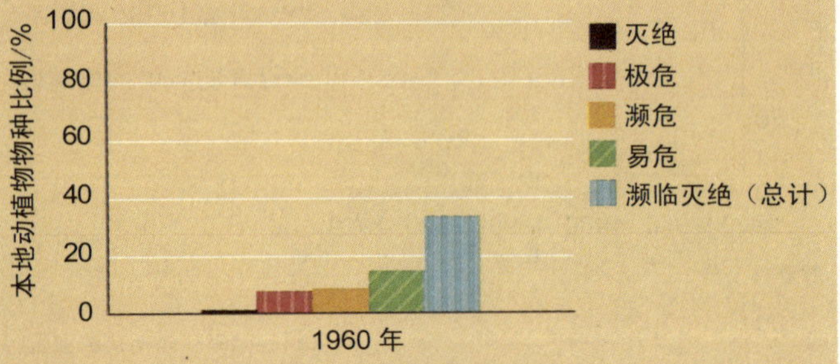

数据来源：公益自然组织及其自然遗产网络成员项目。
覆盖范围：美国50个州。
技术细节：从相对安全的物种到处于濒临灭绝状态的物种，每类物种的风险程度都存在相当大的变化。数据涵盖了很多著名陆生和淡水原生植物群和动物群，总计约22 600个原生物种。对这些物种的评估主要是基于对个体和种群的数量和状况、种群趋势、物种分布的区域以及我们所了解到的威胁来源等因素的分析。任何情况，都存在大量因素会对总体评价产生影响。

频临灭绝的本地物种，按所在州划分（2006年）

分级指标数据：本地陆生和淡水动植物物种

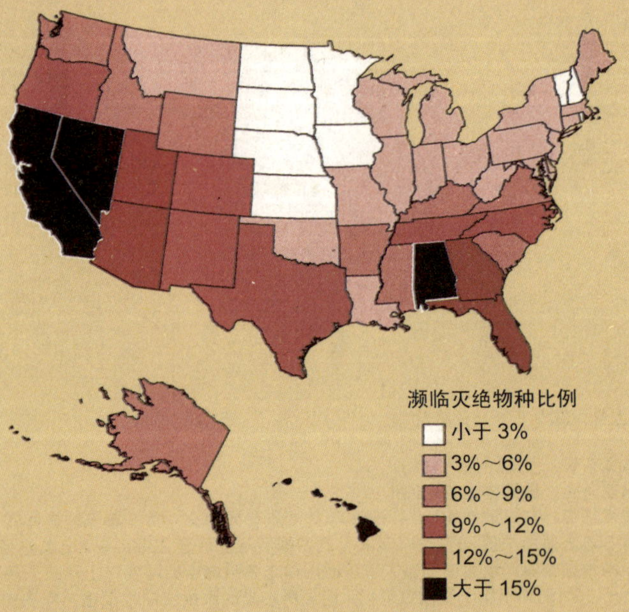

数据来源：公益自然组织及其自然遗产网络成员项目。
覆盖范围：美国50个州。
注释：暂无关于以下物种的州数据，天蚕、皇家飞蛾和蚱蜢。该类别被归入上方的图标中，但未包含在本地图中。

本地物种的重要性

本地物种的重要性体现在很多方面：它们能够提供各种产品，包括食物、纤维和基因物质，这些都具有医药、工业和农业实用价值；它们是生态系统的关键要素，能够提供有价值的产品与服务；很多人利用它们养生或美容。

指标含义

- 22 600种以上本地植物、哺乳动物、鸟类、爬行类动物、昆虫、淡水和溯河性鱼类的相对灭绝风险——划分为三大类别：易危、濒危和极危；
- 已灭绝本地物种的比例；
- 濒临灭绝的本地物种的种群变化趋势。

数据分析

- 2006年美国约有17%的本地动植物物种被划分为“濒危”或“极危”，另外约有2%的本地动植物物种可能已经灭绝——密集搜索时也没有发现它们的踪迹。包括“脆弱”物种在内，约有1/3的本地植物和动物物种面临灭绝风险。
- 夏威夷的濒临灭绝本地动植物物种比例明显高于其他各州（81%），其次是加利福尼亚州（29%）、内华达州（16%）和阿拉巴马州（15%）；中西部和大西洋东北/中部的比例最低。

- 2006 年在已探明种群趋势的濒临灭绝本地脊椎动物物种中，种群数量下降的物种比例（28%）大于种群数量稳定（23%）或增加（1%）的物种比例。

全国尺度报告数据缺口

虽然 2002 年报告也含有描述该指标状况的数据，但这里不对濒危风险级别的变化进行分析，原因是大多数物种濒危风险级别的变化主要是源于数据的更新和完善，而非种群真实的状态改变。2002 年报告，有 21 个物种已经恶化到足以将它们重新归类到濒危风险级别更高的类别，然而只有两个物种好转到可重新归类到濒危更低的风险级别。

找出导致物种状况恶化的主要原因，如天然稀有、疾病、过度捕杀或适宜栖息地的人为改变等，是今后工作重点和关键信息。濒临灭绝的无脊椎动物和植物的种群趋势数据很难采集，因为绝大多数物种的数据都很难获取，已有数据也只能反映这些物种的总体情况。

濒临灭绝的本地物种的种群趋势

分级指标数据：本地陆生和淡水脊椎动物物种

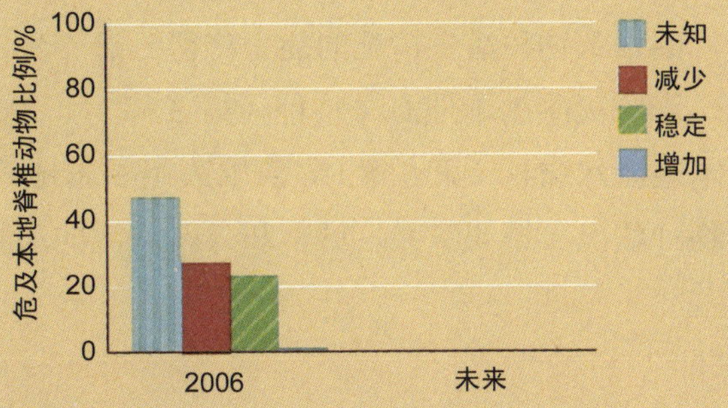

数据来源：公益自然组织及其自然遗产网络成员项目。

覆盖范围：美国 50 个州。

技术细节：有关种群短期变化，尤其是 10 年内或 3 代内变化的种群趋势数据，取较长者，最长为 100 年。

数据缺口

全国尺度报告数据缺口：

- 本地海生动植物物种名录及种群趋势；
- 本地濒临灭绝无脊椎动物物种和濒临灭绝原生植物物种的种群趋势。

定义

- “极危”物种通常生存在 5 个或 5 个以内地区，数量增大幅度减少，或显示出其他灭绝风险的迹象。
- “濒危”物种通常生存在 20 或 20 个以内地区，数量增大幅度减少，或面临其他灭绝风险因素。
- “易危”物种通常生存于 80 个以内地区，可能近期遭受了大范围的数量减少或显示出其他中度灭绝风险迹象。
- 其余的植物和动物物种被视为“安全”或“明显安全”。

美国海岸水域的濒临灭绝的物种数据尚未采集到。已经获取一些海生物种数据，但仅限于少量物种（参见濒临灭绝的本地海洋物种，第 3 章）。

讨论

近期的一项调查表明，美国境内至少生活着 200 000 个动植物物种，但对其中绝大多数种群来说，我们所了解到的物种状态和分布信息都十分有限。美国境内尚未命名的动植物物种数量可能是以上述数字的 2～3 倍，而且生物物种的种类甚至更多，对大多数此类物种的状态和分布情况尚需深入研究和了解。该指标对超过 22 600 个动植物物种的现状进行了总结，直观反映了美国动植物物种的生存状况。

物种面临风险级别的提高可能是历史上或近期种群衰落的结果，或者物种本身就属于天然稀缺物种；生物学家甚至在缺少近期数量减少或现有威胁来源等相关资料的情况下，就常常将非常稀有的物种归为濒临灭绝的物种。有关种群趋势的数据，通过分析大部分物种的长期保护情况，能够有效地补充风险级别数据。未来如果能对更多物种的种群数量变化和趋势进行报告，则跟踪物种演变情况的能力将得到进一步加强。

濒临灭绝的本地海洋物种（第 3 章）、濒临灭绝的本地森林物种（第 5 章）、濒临灭绝的本地淡水物种（第 6 章）、濒临灭绝的本地草地和灌木林地物种（第 7 章）以及农田地区动物物种状况（第 4 章）、城市和郊区河流的动物群落状况（第 8 章）同见于本指标。

定殖的非本地物种

定殖的非本地物种的重要性

非本地物种可能会成为本地物种的捕食者或寄生虫，它们会引发疾病、争夺食物或栖息地，并且改变基本的栖息环境。它们同样可能会威胁到人类的健康和经济的发展。非本地物种也能带来益处，如加固侵蚀坡面的土壤、为食草动物提供饲料、为人类提供食物、形成屏障防止野火蔓延等。定殖的非本地物种能在没有人类干预的情况下生存并繁衍生息。非本地物种也称做“非本土物种”“外来物种”或“引进物种”。那些侵略性扩散的物种称为“入侵物种”。

> **定殖的非本地物种**
>
> **数据缺口**
>
> 国内缺失的数据主要是有关全国性报告数据缺口：
>
> - 长期以来逐渐入侵的定殖物种的数量；
> - 具有不同数量的定殖非本地物种的区域面积；
> - 具有不同定殖非本地物种比例的区域面积，这里指定殖非本地物种占总物种的百分比。

指标含义

针对各类生态系统类型内的植物、动物和动植物病原体：

- 按 20 年为步长统计，新增的定殖非本地物种数量。
- 具有不同数量的定殖非本地物种的区域面积（注意，对于固定时间段，只有当一个物种在这个时间段内生存并繁殖，才能将该物种包括在内。那些之前已经定殖的但之后不再定殖的，不计算在内）。
- 具有不同定殖非本地物种比例的区域面积，这里指定殖非本地物种占全体物种的百分比。

指标数据缺口

有关随时间逐渐定殖的新增非本地物种数量的数据，在全国范围内都很难获取。并且，除鱼类之外（参见定殖的非本地淡水物种，第 6 章），目前尚未得到有关定殖的非本地物种数量的数据。目前非本地物种的国家级标准数据采集工作也很有限。因此，尽管已有很多国家级、州级或地区级的非本地物种的数据集，但其监测和采集方法（包括比例尺）差别很大，使得数据难以汇总。

非本地物种是否已在某个特定区域定殖的信息本身并不能反映该物种对生态系统功能产生的影响。在理想情况下，这一指标应反映非本地物种对各种类型生态系统产生的实际影响。例如受到害虫和病原体危害的森林面积（参见森林干扰：火灾、害虫和病害，第 5 章；需要注意的是，目前还不能将这些数据划分为本地和非本地害虫）。可以采用“影响”程度分级指标来描述非本地植被的分布情况。非本地植被的分布情况比单一的非本地物种数量或比例更能说明问题，但也需要与其他指标结合，例如被非本地植物所替代的本地植物的数量。为使指标设计将更为合理，有必要将非本地物种产生的影响程度纳入该指标，并进行持续的调查和监测，以获取数据，反映全国范围生态系统内定殖并蔓延的非本地物种的数量和类型。

如能获取数据，该指标将会记录有关非本地动植物病原体状况。反映生活在农田、草地和灌木林地的牲畜、生活在国内淡水和海洋生态系统中的鱼类以及在受引进非本地物种影响严重地带生活的野生动物所受到的动物病原体影响的情况。

本地物种组成

本地物种组成的重要性

本地物种的数量、丰度和类型可以反映生物群落的状况。单一物种就能帮助我们确定一个群落的结构、生物量和生态功能。

本地物种组成
指标待改进。

指标含义

指标将把该区域内已观测到的物种组成与相对来说未受到干扰、管理和自然改变影响的区域的预期物种组成进行对比。该指标可能会报告动物和植物观测数量与预期数量的比率，并且集中关注本地物种（非本地物种，见“定殖的非本地物种”部分内容）。为了提供有关群落状况的更多详细信息，该指标将分别对树木、灌木、草本植物物种和数据详尽的动物类群进行报告。

全国尺度报告数据缺口

在建立该指标的过程中，海因茨中心得到了超过12位专家的帮助，该指标重点关注了生物群落状况，但没有编制图表。在正式提出该指标之前，需要对有可能的候选指标度量方法进行进一步验证。基于目前已有数据，已经能够对某些种群的现有物种组成和预期物种组成进行对比，例如底栖淡水生物；然而，对国内绝大多数植物和动物种群，仍未获取到数据。此外，使用植物和动物数据进行计算和评估的方法还需要充分验证。

植物生长指数

植物生长指数的重要性

植物通过获取太阳能量，将二氧化碳，以及水和营养素，转化为植物组分，这一过程称为光合作用，几乎控制并供养着地球上所有的生物。如本指标所报告的大范围区域内植物吸收能量总量的变化，可能会严重影响生态系统的功能，包括提高或降低农作物或木材等产品的收益率，改变碳含量并引起地区内物种数量和类型的变化。

植物生长指数上升或下降的生态系统面积

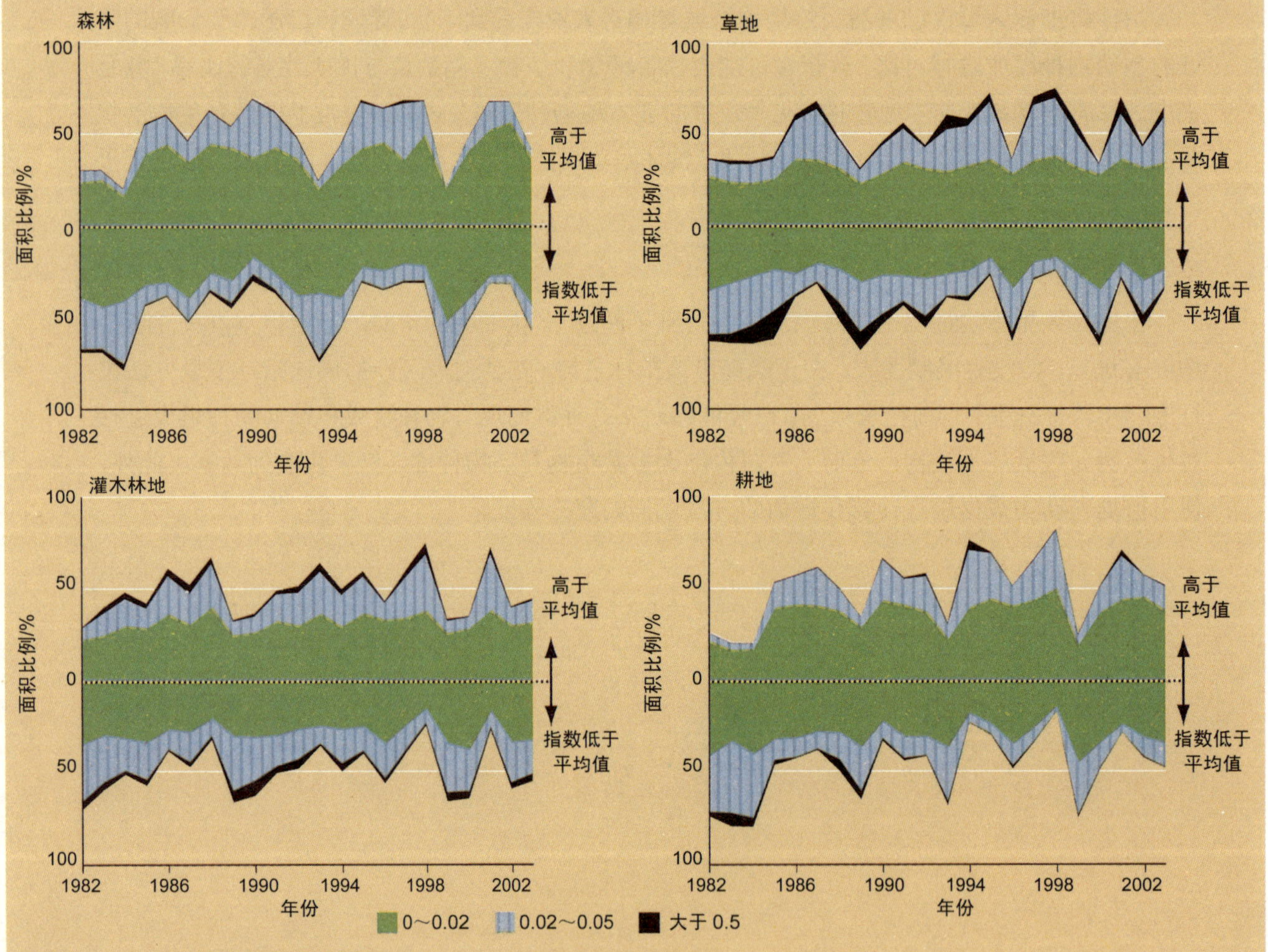

指标与 1982—2003 年平均水平相对比

数据来源：NASA（由 NASA 陆地观测和预测系统（TOPS）/Ames 研究中心分析）。
覆盖范围：美国本土 48 个州。
技术细节：任一年指标值是由 1982—2003 年的平均值减去该年的值。像素分辨率为 5 平方英里。

指标含义

- 对于某些生态系统类型，预估植物生长每年呈现上升或下降的区域面积比例，可以利用卫星数据计算相关指数。
- 将相同生态系统类型合并后，该植物生长指数是否呈现某种总体趋势（1982—2003 年）。

植物生长指数趋势，1982—2003 年

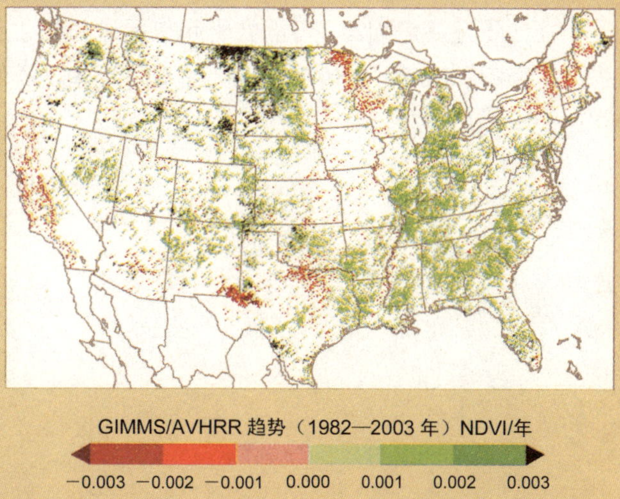

数据来源：NASA[由 NASA 陆地观测和预测系统（TOPS）/Ames 研究中心分析]。

覆盖范围：美国本土 48 个州。

技术细节：分析 1982—2003 年的数据是为了确定指标值是上升还是下降。绿色值表示 5 平方英里像素在该时期内指标值上升，红色值表示下降。白色部分表示这些地区没有出现显著地上升或下降趋势。

数据差异

国内主要缺乏关于淡水、河口和开阔海域水体内的植物生长指数数据。

数据分析

- 1982—2003 年，植被生长指数上升的草地和耕地面积比例出现轻微但很重要的增长。而在 1982—2003 年，森林和灌木林地的植被生长指数水平分级指标不同的面积没有显示出明显地上升或下降趋势。
- 对每个生态系统类型，总有一些年份，其给定指标数值的面积比例有明显增加和减少。
- 不同生态系统都会出现类似的短期变化；举例来说，1999 年所有类型生态系统中低指标值的分布面积更大。
- 1982—2003 年，东南部呈现指标值上升的趋势，而其他区域如加利福尼亚州和东北部的部分州，出现了下降的趋势（见地图）。

全国尺度报告数据缺口

在开阔海域内的植物生长数据不足，无法进行国家级报告（参见相关指标：叶绿素浓度，第 3 章）。缺少包括五大湖区有关河口和淡水的数据。

数据解析

植物吸收的光能是估算光合速率的关键要素，通过估计植物吸收的光能，可以估算出植物的生长潜力。描述实际上有多少植物正在生长，如净初级生产力（NPP），更多的为直接估计值，但要对 NPP 的估算模型进行持续验证，还需要更多野外监测数据。

因此，尽管我们不能直接估算出植物生长的长期变化幅度，但是从数据中还是能够看出，对于国内某些区域和某些生态系统类型，无论其指标是上升或还是下降，都呈现出一定的趋势。

这种宏观发展趋势很有可能与生态系统提供各种产品与服务，以及支撑许多其他物种生存的能力有关。

气候因子变化（包括温度、降水时间和降水量）以及诸如地面臭氧、大气氮沉降和二氧化碳含量升高等因素，可能会引起或促进植物生长发生变化。土地利用的变化也会对植物生长产生影响，管理方式的变化，例如不同农作物或树木物种的耕种栽培或肥料的使用，也会导致植物生长的变化。

食物和纤维的生产以及水的供应

生态系统生产的食物和纤维的数量以及河流、地下水的水资源供应的重要性

美国生态系统提供的产品能满足美国对食物、纤维和水的需求。生态系统状况自身发生了潜在变化，国内资源供给和需求的变化，或者人类从生态系统中获取产品的方式变化等都可能改变产品的总量。

指标含义

该指标反映食物和纤维的生产以及淡水的供应情况。指标以 1980 年为标准年计算，1.0 以上的数值表示生产或供应数量较 1980 年更高；1.0 以下的数值表示生产或供应数量较 1980 年更低。

食物和纤维的生产以及水的供应：美国

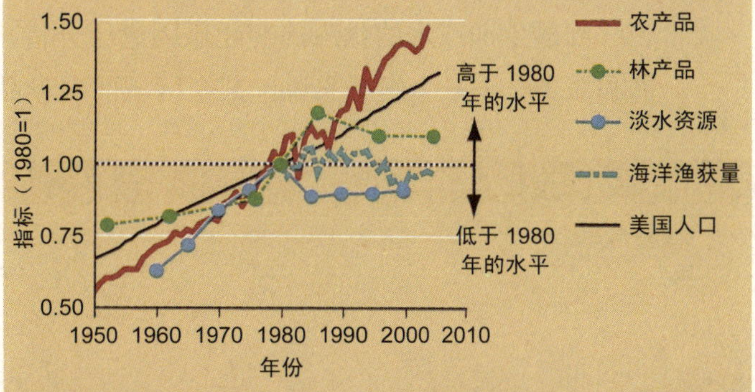

数据来源：NASA 经济研究服务中心，美国农业部林务局，美国地质调查局，国家海洋渔业服务局，美国人口普查局。

覆盖范围：美国 50 个州。

技术细节：农产品包括草地和灌木林地中生长的牲畜。1980 年之前的海洋渔获量不包括外国海洋渔获量，所以没有对此进行报告。更多详细信息，见海岸及海洋（第 3 章），有关的经济鱼类和贝类海鲜渔获量指标。

数据分析

- 从全国范围来看，仅农产品生产的增长率超过人口增长率。
  - ⊙ 从 1978 年开始，数据显示海洋渔获量没有明显的趋势特征，海洋渔获量较 1980 年下降 3%（根据 2005 年的数据）。
  - ⊙ 从 1952—2005 年，林产品收获量增长 40%。
  - ⊙ 从 1960 年开始，淡水总供应量呈现增长，1980 年代中期略有下降。
- 在地区尺度来看，食物和纤维的生产以及水的供应与全国模式相一致，其中也有一些明显的例外情况。
  - ⊙ 1960—2000 年，东南部、中西部和西南部地区的水供应量出现增长。大西洋东北/中部，太平洋海岸和落基山地区从 1960 年开始，水供应量没有出现明显的上升或下降。除中西部以外的所有地区，地区的人口增长量都超过水供应量的增长量。
  - ⊙ 从 1970 年末期，太平洋海岸的海洋渔获量出现增长（主要是由于在阿拉斯加州的美国舰队扩增——见海岸和海洋中的有关渔获量指标，第 3 章），大西洋东北/中部和东南部出现下降。

指标缺陷

该指标没有反映产品与服务是否可持续获取。本报告中的其他指标用于描述生态系统持续生产食物和纤维的能力——可持续资源生产，这也是评估资源可持续性的初步工作（木材生长和采伐，第 5 章；重要经济鱼群的状况，第 3 章）。最后，本报告没有对监测到的食物和纤维的生产或水的供应的变化原因进行分析，也没有说明某种产品的增加如何影响其他商品和服务——举个例子来说，某个区域的农产品数量增长可能会造成淡水需求量的增长。

食物和纤维的生产以及水的供应：地区分析

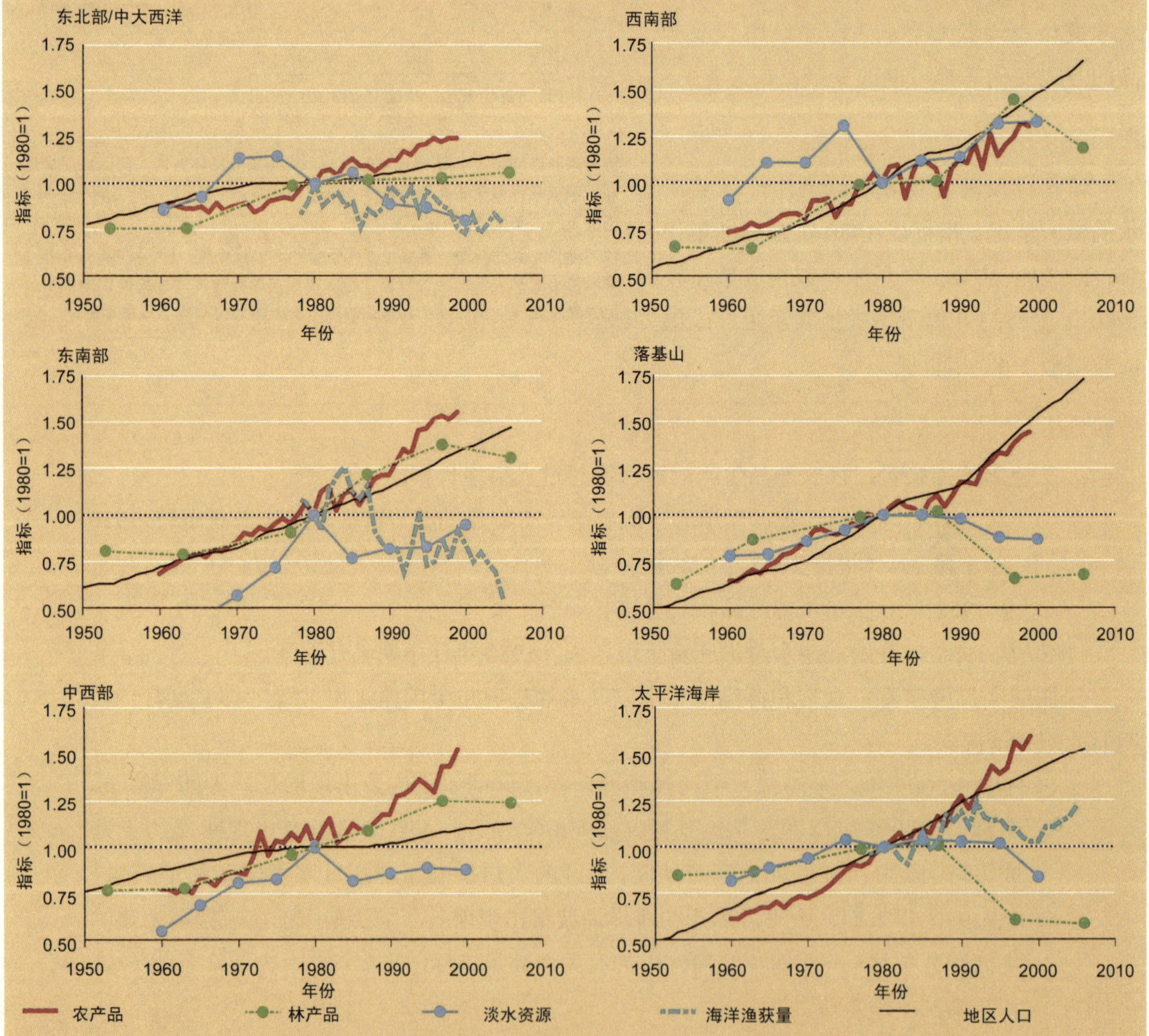

数据来源：NASA 经济研究服务中心，美国农业部林务局，美国地质调查局，国家海洋渔业服务局，美国人口普查局。
覆盖范围：美国 50 个州。
技术细节：农产品包括草地和灌木林地中生长的牲畜。
注释：东南部地区 1960 年和 1965 年的淡水资源数值在上方的图中未显示，1960 年的指标值是 0.3，1965 年的指标值是 0.44。

数据解析

该指标报告不同年份食物和纤维生产量以及供应的水量。例如，从 1950 年以来，农产品产量最高的年份是 2004 年，比 1980 年高出约 47%。该指标还将不同区域内不同产品生产的增长率或下降率随时间变化情况进行了对比。以农产品为例，过去时间段内所有区域的农产品都呈现稳定的增长，而其他资源的产量在不同时间和区域内所呈现出的变化则更大。此外，该指标还对比了产品产量和人口增长的趋势：只有农产品的增长超过了人口增长。

该指标只针对生态系统提供的有形商品（其他无形的服务，目前还无法量化——见自然生态系统服务，第 2 章）。

户外休闲娱乐活动

追踪参与户外娱乐活动的重要性

参与户外休闲娱乐活动

分级指标数据：活动类型

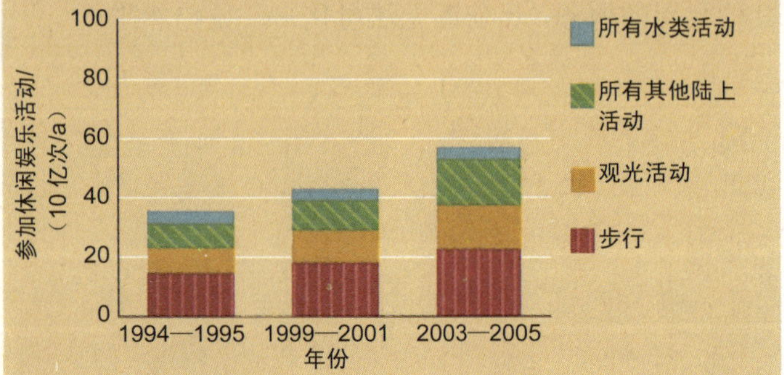

数据来源：美国农业部林务局。
覆盖范围：美国 50 个州。
注释：对于“其他陆上活动”一项，还没有所有时间段（见下图）的自行车活动参与数据。
技术细节：注意，这些数据并不考虑某些特定户外活动的时间量；当然，它们测算的是一天 24 小时内个人投入的不同活动的数量。因此，该数据没有对同一天内的若干项活动进行区分，也没有对某一年份的不同日期进行区分。

其他陆上活动的分类情况

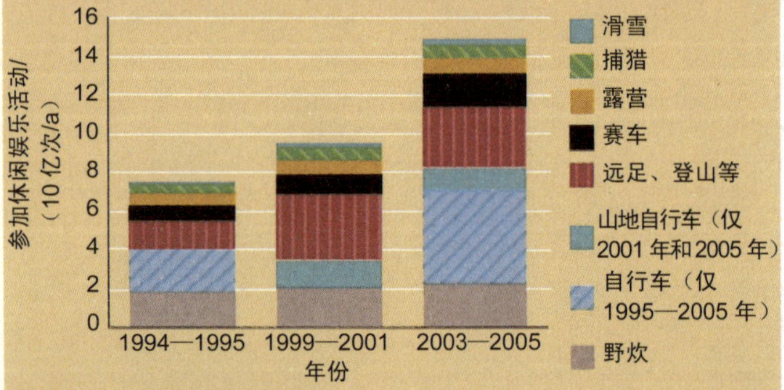

数据来源：美国农业部林务局。
覆盖范围：美国 50 个州。
注释：本节各图的纵坐标值不同。

每年都会有上百万的美国人参加户外休闲娱乐活动。参加户外休闲娱乐活动能够带来相关的经济价值、健康价值和教育价值。休闲娱乐是生态系统提供我们的一种服务功能，正如它还以同样的方式供给我们食物、纤维和水资源等产品一样。

指标含义

美国成年人每年平均参加各种各样户外休闲娱乐活动的次数。如果数据充分，还能对孩子的休闲娱乐活动进行报告。

数据分析

- 2003—2005 年，美国成年人参加的户外活动每年达 5 800 万次。
- 最受欢迎的户外活动是散步，其次是观光活动（观光旅游、观鸟和观赏野生动物）。
- 陆上活动中参加频率最高的是：自行车、远足和野炊。
- 美国成年人每年参加水类活动略低于 50 亿次，游泳和钓鱼的受欢迎程度相当。
- 总的来说，数据显示参加户休闲外娱乐活动共有 3 个增长期，还需要更多的时间点数据，才能确定所观测到的增长在数据统计上是否具有明显趋势。

指标缺陷

近期为跟踪该指标中报告的户外活动而开展了一些调查，但只是针对年龄在 16 岁以上人群，因此无法代表美国全体国民参与的整体情况。未来美国农业部林务局国家娱乐调查将开展专门的青年调查活动。美国鱼类及野生动物管理局近期的调查显示，参加钓鱼、捕猎及相关野生动物户外活动的青年的招募和参与情况出现了明显的下降。

数据解析

人们从生态系统中获得诸多利益；有些利益难以进行量化，例如参加户外活动带来快乐、释放压力、改善心血管健康。

该指标报告基于美国农业部林务局为追踪各种户外活动的参加情况而开展的全国性电话调查活动的结果。这些调查给出了居民参加各类活动的次数——而非参加活动时间的长短——所以进行了一个小时的步行活动与一整天都坐在海边，在计算时被认为是等同的（如前文注明，参加多日活动的每一天都作为一项单独活动计算）。因此，尽管表面看来人们参加某些活动（如散步）更频繁，但不一定表示他们花在这些活动上的时间比别的活动更多。

水上活动分类

分级指标数据：活动类型

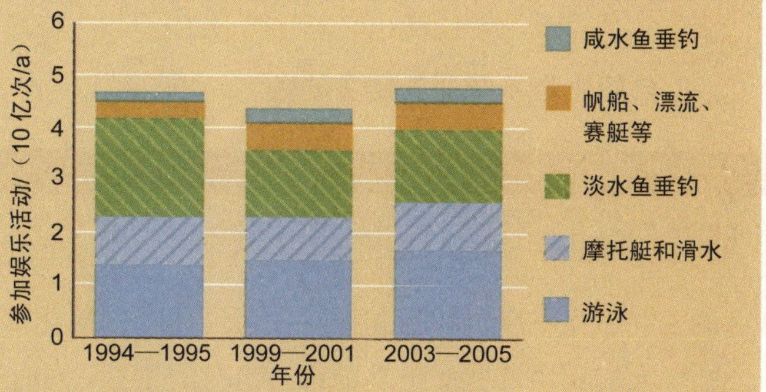

数据来源：美国农业部林务局。
覆盖范围：美国 50 个州。
注释：本节各图的纵坐标值不同。

户外休闲娱乐活动

数据缺口

国内缺失的数据主要是有关：

- 跑步和慢跑；
- 淡水和咸水活动的区分；
- 16 岁以下的居民参加娱乐活动。

自然生态系统服务

自然生态系统服务的重要性

自然生态系统服务
指标待完善。

除了从生态系统中获取的常见商品（如木材、农作物和药物）以外，生态系统所提供的其他服务也带来诸多效益。包括水和空气净化、废物排除和循环、通过储存二氧化碳调解气候、土壤肥力恢复以及各种动植物维护，人们利用这些服务功能维持自身的生存，同时也享受它们本身的价值。自然生态系统本身能够降低洪水的危害程度，促进农作物和天然植被的授粉，帮助种子传播，控制农作物害虫，还能保护海岸和山坡免受侵蚀。

指标含义

自然生态系统提供的主要服务——针对森林、草地和灌木林地，淡水，以及海岸和海洋生态系统。

指标数据缺口

可以直接对生态系统提供的商品或产品（如鱼、木制品和食品）进行量化，并为它们赋予相应的货币价值（在食物和纤维的生产以及水的供应一节里对关键生态系统产品进行了描述，第 2 章）。有些活动，例如娱乐活动，同样也可以进行简单量化（见国家、农田、森林、淡水、草地和灌木林地休闲娱乐活动指标）。

自然生态系统提供的服务中有很多是无形的，难以量化。因此，合理量化和评估这些服务所采用的尺度也不尽相同。举个例子来说，农作物授粉可以按土地大小进行量化，但森林流域的水质净化就应该按照整个水域进行量化。我们很难采用单一的标准化方法来综合计算多种多样的生态系统服务。其实，成功的综合指标可能最需要的是计算各种活动的相对贡献。由于管理决策通常需要在各种服务之间以及同一种活动现在与将来所提供的服务之间进行权衡，因此应该综合考虑各种因素，例如，将森林转变为农业用地，这样做虽然可以提高食品产量，但很有可能会减少生物多样性，并影响水质净化和气候调节等诸多自然生态系统所提供的其他服务。

在过去的 5 年时间里，我们在改进生态系统服务评估方法方面取得了明显进展，这也将继续成为生态学家和生态经济学家积极研究的重要领域。举个例子来说，千年生态系统评估（www.maweb.org）将生态系统服务分成了四大类型：储备型、调节型、文化型和支持型。虽然全国尺度监测主要生态系统服务的整体技术框架还没有建立，但该方法具备可行性，尤其是在能够对相关参数在全国范围进行统一监测和比较以后。

讨论

对于生态系统所提供的服务，通常是直到生态系统的转变或丧失使其无法再提供服务时，我们才会意识到问题的严重性。举个例子来说，湿地和平原在降低洪峰方面发挥着至关重要的作用，但我们通常都不会意识到这一点，直到下游地区洪水泛滥引起上游水量增大和盈满，我们才会意识到平时的忽视。又比如，树木和灌丛丛生的山坡，一旦发生山体滑坡，树木就会失去其生长条件。美国历史上曾发生过一次特大环境、社会和经济灾害——沙尘暴，其发生的原因就是由于大面积的草地被转化成了农业用地，从而导致自然草地生态系统服务功能丧失。

土地同样可以从农业用地恢复为自然土地（城市用地恢复的较为少见）。例如，随着新英格兰地区人口和经济状况的变化，针对占用了森林生态系统的农田实施土地休耕计划（该计划的目的就是要将环境敏感性较强的农田恢复为森林）也说明了这些土地所提供的生态系统服务比其农业产值更具有价值。

本章描述主要生态系统类型中各类生态系统服务的变化。例如，森林面积的变化很有可能会引起木材供应以及水质净化等服务功能的变化。当自然生态系统转变为农田、城市和郊区用地，或者当湿地被填埋时，生态系统所提供的很多服务功能便丧失了，或者转变成了与之不同的服务。追踪生态系统分布的变化是描述生态系统服务变化的第一步，除了生态系统分布的变化，生态系统的自然状况变化——除直接转化为其他土地利用类型外——也会改变系统提供服务的数量和类型。

第 3 章　海岸和海洋状况与利用指标

第 3 章　海岸和海洋状况与利用指标*

美国海滨延绵分布着沙滩、岩岬以及河口，它们与不断涨落的潮水相互作用，美国的海岸和海洋生态系统即从这里开始，延伸至广阔的海洋。美国海岸线从北极一直延伸到热带，包括缅因州基岩海岸、佛罗里达州红树林沼泽、阿拉斯加州冰川峡湾、夏威夷州黑熔岩峭壁、切萨皮克湾布满海草的海床以及加利福尼亚州鹅卵石海滩。在海床、珊瑚礁和无垠的海洋中，有无数的鱼类、贝类及海鸟海洋哺乳动物繁衍生息。陆地、海洋及大气之间以及淡水与海水之间剧烈且持续不断地相互作用塑造了这片广阔地带。陆地、大气和洋盆中部分物质和能量汇集到沿岸的海水和河水中，改变这里的生态环境。本章重点评估海岸和海洋生态系统自身的状况和功能，而非系统外部的输入源。

美国的生产生活很大程度上依赖于海岸和海洋生态系统所提供的产品与服务。一半以上的美国人生活在距离海岸 50 英里以内的区域，海岸带也承载着全国大部分经济和娱乐活动：数以百万的人络绎不绝地来到海边游泳、冲浪、日光浴、钓鱼和休闲；全国很多地区海岸房地产开发，海景房、商业和工业用地的需求不断增长；渔船队、旅游船以及往返世界各国的货轮不断穿梭于全国港口地带。此外，国家也依赖海岸和海洋生态系统提供的其他产品与服务，例如为陆地抵挡暴风雨及海浪，处理、稀释和过滤来源于陆地的营养物和污染物，为重要的经济鱼类、贝类、鹤类、鲸鱼等众多物种提供栖息地等。

海岸和海洋条件变化会改变该生态系统提供的产品与服务功能。目前大量政策、项目以及公共和私人投资相互抗衡，以促进或防止这种改变。该区域海岸带的居民通过建造防波堤和海堤，恢复海滩或采用城市规划措施（将能够抵卸规定等级暴风雨的要求纳入区域内建筑物的建筑标准），来应对风浪和暴风雨等自然灾害的侵袭；合理分配竞争产业占用的海洋资源，使政府、第三产业和渔业等都分配到一定的配额；出台大规模的监管和投资项目，进行水体污染防治，控制破坏水质的营养物质和化学物质排放，保护近海生物群落。

本章及表 3.1 所选内容涵盖第 1 章所列关于生态系统状况及功能的 4 个范畴，总结海岸和海洋生态环境最新数据和发展趋势。各指标涉及不同尺度海岸和海洋生态系统的临界阈值和组成，阐述影响其服务功能生态过程，也涉及生物组成及人类从中获得的利益。

* 译者：刘思含、张芳。

分布与格局

本节主要介绍影响海岸分布与格局的关键指标。海岸线特征不仅描述海岸栖息地自然状况，也能反映其为人类提供服务的能力。尽管海岸线特征不断受自然因素影响，但目前最快、最广泛的变化却均由人类活动引起，如填埋湿地用于商业开发、疏浚码头、修建河堤和海堤等。2005年“卡特里娜”和“丽塔”飓风曾造成巨大的经济损失，是美国史上最严重的、伤亡人数最多的自然灾害。这次灾难也使得美国近海环境状况的不断恶化，成为焦点，特别是海岸军事防御活动，人类开发活动，具备缓冲暴风雨功能的湿地和沙滩的萎缩，海岸侵蚀和沉降等方面引起的综合效应（参见下节“化学与物理特征”）。人类活动和自然演变因素同时影响着许多物种赖以生存和繁殖的海岸栖息地。从经济和生态角度来看，最重要的海岸栖息地是由生物体所组成（如海草地、褐藻海床，红树林以及其他植被湿地）或由生物体自行构建而成（如珊瑚礁和贝类海床）。3/4经济鱼类和贝类的关键生活期均依赖于这些重要栖息地。影响美国沿海陆地和水域分布格局的决策往往受到多个法规条例约束，包括区域土地利用和分区规划；加利福尼亚州等州颁布的州立海岸带资源获取和利用管理法规、规程；联邦政府基于相关法案的管理措施，从《清洁水法》的湿地项目到航海安全项目；《濒临灭绝物种法》《候鸟条约》等及国际公约义务。

本章数据分析

- 从20世纪50年代中期到2004年，大西洋海岸和墨西哥湾海岸植被湿地面积下降了9%。
- 就面积组成来看，美国海岸线地图上比例最大的为植被湿地（43%），其他包括海滩、陡峭或多岩石海岸以及沙质或泥质滩涂；人工表面和开发用地约占6%。

全国性报告数据缺口

- 太平洋海岸沿线及夏威夷州和阿拉斯加州海岸湿地的减少面积。
- 海草、贝类河床或珊瑚礁面积。

待建立的指标

- 海岸区域格局。

化学与物理特征

通常情况下，水质由水中溶解的化学物质浓度（如营养物、杀虫剂和其他污染物）来度量（参见国家生态系统：核心指标，氮素的迁移、化学污染物，第2章）。营养物质通过河流、污水管道出口、大气沉降以及深海洋流上涌等方式进入近海水域。化学污染物可通过人类活动直接进入沿海水域，也可通过河流或者大气沉降作用进入海洋。本节主要描述营养物和化学物质影响海洋生态系统的两个重要方面：沿海水域氧气耗竭及海洋和河口沉积物污染。

植物生长所需营养物质（主要为氮和磷）过多会加速刺激海藻生长和分解，从而消耗河口和海水中溶解氧。氧气耗竭区域（含氧量低的区域）会直接导致鱼类和其他动物死亡，破坏物种栖息地（如海草和大型褐藻海床），也会扰乱动物迁徙模式。每年夏天北墨西哥湾都会出现全国最大的氧气耗竭区，导致大量不可迁移物种（如蚌和龙虾）和部分来不及逃离的可迁移物种窒息而死。美国一个大型渔场损失生存在数千平方英里内的鱼类、虾类以及大部分其他可迁移的海洋物种。杀虫剂、重金属以及有机污染物等能够在海洋沉积物中积聚，并被食物链底层的生物吸收，如此，这些化学物质随着生物放大作用将以更高浓度存在于鱼类和其他更大动物体内。

海岸侵蚀情况和海水温度变化是影响海岸和海洋生态系统服务的两个物理指标。侵蚀会直接破坏海岸特性和结构，使海滩面积减少，使其娱乐价值降低，还会导致陆地易受到暴风雨破坏。海水温度上升及冰盖融化所致的海平面上升会加重这种效应。海水温度变化还会影响海洋生物分布，使珊瑚礁褪色，改变海藻过度生长频率及其影响程度。地表水体升温也会加剧飓风的频率和等级。

减少沿海水域中营养物和化学污染物的排放量是各级政府部门的主要政策目标。由于大部分淡水最终会流入海岸，沿海水域水质因此都直接或间接受到全国的水质规章制度、相关项目和政策的影响。这些政策规章不仅包括限制氮等营养物排放的法规，还包括有关农业技术措施、能源和资源利用甚至土地利用变化方面的政策。此外，美国每年用于治理海岸侵蚀的开支多达数亿美元，这一数字还随着海平面上升而不断增加。

本章数据分析

- 在过去 22 年（1985—2007 年）的盛夏期间，墨西哥湾氧气耗竭区域面积从 3 800 平方英里增加到 7 900 平方英里，增幅在 1 倍以上；但切萨皮克湾河口区域氧气耗竭面积并无明显变化，1985—2006 年，该地区只有 10%～25%的区域会在盛夏季节出现氧气耗竭状况。
- 1998—2002 年，美国大约一半河口区域底部沉积物，含有 1 种或多种污染物，这些污染物含量超过“可能或极有可能对水生生物产生不利影响”这一标准。
- 1995—2006 年，墨西哥湾、阿拉斯加湾和南大西洋海面温度显著上升。

全国性报告数据缺口

- 实施侵蚀控制和治理措施的美国海岸线比例；海岸侵蚀和海岸淤积范围。

生物组分

沿海水域孕育地球上最多样的动植物群落，小到藻类、线虫类等微生物，大到鲸类。本节指标阐明了本地海洋生物和海洋生产力的现状和整体发展趋势，非本地物种入侵以及影响沿海水域中生物群落的其他因素。本地海洋生物数量变化能够反映海洋生态系统理化特征的改变及栖息地范围与格局的变化。非本地物种，包括本地物种天敌和寄生虫等，可能会带来疾病，破坏生态系统平衡，与本地物种争夺食物或栖息地，改变重要栖息地，其数量也可能会随着生态系统变化而大幅改变。主要海洋物种的死亡率（死亡数量）、有害藻类事件（如在大西洋中部海岸费氏藻类过度滋生、佛罗里达州海岸“赤潮”、加利福尼亚州海岸有毒假菱形藻蔓延），以及底栖动物群落状况变化或海藻总产量（通过监测叶绿素含量水平）也能反映海洋生态系统状况。例如，适量海藻产量（即较高的叶绿素含量）可以供较多鱼类生存，但海藻过度滋长则会恶化水质，导致氧气耗竭。但这些指标变化一般受多种因素影响，很难确定直接原因。

海洋生物为人类提供丰富的产品和服务，如鱼等海产品以及捕鱼和赏鲸等娱乐活动。主要海洋物种灭绝会导致重要物种栖息地（如褐藻海床和珊瑚礁）发生改变。有害藻类水华现象会影响海滨休闲活动和贝类产品销售。海岸生产力变化可通过叶绿素含量水平测定，它随着海岸食物链和沿岸营养物的变化而产生微弱变化。此外，某些非本地物种还会影响滨岸休闲娱乐活动，破坏引水装置和其他基础设施，如五大湖畔局部地区泛滥的斑马贝壳，它们细小且锋利的外壳给当地居民生活带来极大不便。

联邦政府采取大量措施来管理海洋物种，如通过限制捕鱼时间和数量来保证珍贵经济物种的可持续渔获，通过实施《濒临灭绝物种法》和《海洋哺乳动物保护法》防止物种灭绝等。同时，联邦法规、多个国家级组织机构以及国家级、州级的投资项目也持续致力于控制非本地物种。海洋哺乳物种灭绝、富营养化、动物群落数量减少等现象一旦发生，通常会引起公众的广泛关注，并促使监管措施和清理行动力度得以加强。

数据分析

- 1990—2006 年，鲸、海豚、鼠海豚、海豹、海狮、海獭和海牛等物种年异常死亡数量变化明显，从最初的零增加到数百例。
- 波多黎各、中大西洋和墨西哥湾有 1/3 以上河口区域的海底群落被归类为“退化群落”。在北大西洋、南大西洋和太平洋海岸区域，接近 10%河口区域被归类为“退化群落”（1999—2002 年）。
- 1997—2006 年，西北太平洋、南加利福尼亚州和北大西洋区域叶绿素含量均有所上升，但夏威夷州区域有所下降，其他沿海区域无明显变化。

全国性报告数据缺口

- 濒临灭绝的本地海洋物种。
- 海龟、海鸟、鱼类和贝类的异常死亡数量。
- 全国领海、夏威夷州和阿拉斯加州海岸中底栖动物群落状况。

相关指标待建立

- 有害藻类水华现象。
- 主要河口区域非本地物种。

产品与服务

从社会和经济角度来说，海岸和海洋的两个重要用途是渔猎和娱乐。鱼类捕捞数量是衡量渔业食品供应和其他商业用途价值的直接指标。得到渔业当前和未来价值的其他重要指标，包括重要经济鱼类数量变化趋势及鱼类食用安全状况——即鱼内含有的化学物质浓度是否超出可供人类食用的阈值。沿海水域受污染频率和程度是评估海岸娱乐功能的指标，同时也关系到公众健康。在受污染的水中游泳会引发一系列疾病，轻则喉咙疼痛和腹泻，重则引发危及生命的脑膜炎和脑炎。此外，海滩关闭也会影响旅游业及海景房的价格。

通常国家渔业管理和治理极易引发争议。联邦水域渔业实行区域性管理，各州联邦地区委员会分别管理各自水域的渔业，同时监督制定渔业管理政策。通常各州会为鱼类污染制定标准。但有关沿海浴场水域的污染监管和海滩关闭决策都是由地方独立实施，各地标准不一。

数据分析

- 1950—2005年，美国水域鱼类和贝类捕捞总量大约增长了90%。但从1978年开始，除阿拉斯加州渔获量增加外，其他地区渔获量均有所下降。
- 根据已有数据，在过去20年内，除阿拉斯加州和太平洋沿海水域外，其他所有区域重要经济鱼类资源均有所增长。
- 自20世纪80年代末起，含高PCB质量浓度（>400 mg/L）或含高DDT质量浓度（>90 mg/L）的贻贝和牡蛎的沿海分布点比例均有所下降。

全国性报告数据缺口

- 全美约80%鱼类资源的数量变化趋势。
- 美国水域中鱼类所含DDT、PCBs和汞浓度。
- 由水污染引起的细菌指标超标致使海滩关闭的频率及受其影响的海滩范围。

表3.1总结所有海岸和海洋指标状况和变化趋势，本章即阐述下述各指标具体内容。每项指标的对应页面都包含相关统计表、指标定义与意义，以及对现有数据和缺失数据的描述。

表 3.1　海岸和海洋指标状况和变化趋势

	指标最新数据反映了什么	数值如何随时间变化
分布与格局		
海岸生物生境，第 79 页	大西洋和墨西哥湾沿岸地区湿地植被面积为 460 万英亩（2004 年数据）	自 20 世纪 50 年代起，大西洋和墨西哥湾沿岸地区湿地植被面积下降了 9%
	太平洋海岸、夏威夷州或阿斯拉加州海岸沿线湿地植被面积数据不足，无法提供全国性报告，全国范围海草/沉水植被、贝类海床和珊瑚礁面积的数据不足	
海岸线类型，第 81 页	美国海岸线组成包括：43%湿地植被、21%海滩、13%沙质和泥质滩涂、17%陡峭或多岩石海岸以及 6%军事防御海岸（2006 年数据）	缺乏关于不同海岸类型长度随时间变化的数据
海岸格局，第 83 页	指标待建立	
化学与物理特征		
缺氧区域，第 84 页	切萨皮克湾 13%面积和墨西哥湾近 8 000 平方英里区域，在盛夏时期会出现溶解氧耗竭（2006 年和 2007 年数据）	自 1985 年起，墨西哥湾氧耗竭区域面积有所增加
		自 1985 年起，切萨皮克湾氧耗竭区域面积无明显特征变化趋势
	缺乏关于切萨皮克湾和墨西哥湾以外沿海和河口水域中氧耗竭状况数据，无法提供全国性报告	
海底沉积物的污染，第 86 页	河口区域一半以上沉积物样本含有的一种或多种污染物浓度高于较低标准，浓度高于较高标准的占 7%（1998—2002 年数据）	缺乏关于河口沉积物中污染物随时间变化的数据
	缺乏关于距海岸 25 英里以内海域的海底沉积物中污染物数据，无法提供全国性报告	
海岸侵蚀，第 87 页	缺乏美国海岸线已经或计划进行侵蚀治理，以及正被侵蚀、淤积或处于稳定状态的比例数据，无法提供全国性报告	
海洋表面温度，第 88 页	2006 年，9 个研究区中有 6 个区海面温度（SST）指数高于长期平均值	自 1985 年起，阿拉斯加湾，墨西哥湾和南大西洋海面温度均有所上升
		自 1985 年起，北大西洋和中大西洋、白令海、太平洋西北部、南加利福尼亚州和夏威夷州海面温度变化均无明显趋势特征
生物组分		
濒临灭绝的本地海洋物种，第 90 页	缺乏处于不同濒临灭绝风险级别的本地海洋物种组成比例，以及这些濒临灭绝物种数量变化趋势的数据	
主要河口区域定殖的非本地物种，第 91 页	指标待建立	
海洋生物异常死亡，第 92 页	2006 年有 131 只鲸、海豚和鼠海豚及 81 只海豹、海狮和海獭异常死亡	自 1990 年起，异常死亡的海洋生物数量波动较大
	缺乏全国范围异常死亡的海龟、海鸟、鱼类和贝类数据，无法提供全国性报告	

续表

	指标最新数据反映了什么		数值如何随时间变化
指标最新数据数值随时间的变化			
有害藻类事件，第 93 页	指标待建立		
底栖动物状况，第 94 页	30%～90%河口区域底部的动物群落未退化；5%～45%河口区域底部动物群落已退化（1999—2002 年数据）	?	1990—1997 年和 1999—2002 年，墨西哥湾海域底部已退化动物群落的面积从 23%增加至 44%，南大西洋从 17%降低 4%，中大西洋从 23%增至 36%
	缺乏美国海洋底栖动物群落的状况以及阿拉斯加州和夏威夷州的河口区域底栖动物群落状况数据，无法提供全国性报告		
叶绿素浓度，第 96 页	2006 年，除夏威夷州和墨西哥湾以外，其他所有区域叶绿素浓度均超过 10 年平均值	↗	自 1997 年以来，太平洋西北部、南加利福尼亚州和北大西洋区叶绿素浓度均有所增长
		↘	自 1997 年以来，夏威夷州叶绿素浓度有所下降
		→	自 1997 年以来，白令海、阿拉斯加湾、大西洋中南部或墨西哥湾叶绿素浓度变化无明显趋势
	河口区域叶绿素浓度数据不完整，无法提供全国性报告		

产品和服务			
鱼类和贝类的商业渔获量，第 98 页	2005 年，全美水域鱼类和贝类捕获量共 460 万 t	↗	自 1978 年以来，阿拉斯加州鱼类和贝类渔获量（含国外捕获数量）有所增加
		↘	自 1978 年以来，大西洋、墨西哥湾、大平洋西海岸和夏威夷群岛地区鱼类和贝类捕获量有所下降
重要经济鱼群的状况，第 100 页	已知鱼类资源储备情况：约 16%鱼类资源储备量趋于下降，约 35%趋于上升（1996—2005 年数据）	↗	自 20 世纪 80 年代中期以来，除阿拉斯加州和太平洋海岸，其他区域内储备数量上升的鱼类所占比例均有所提高
	缺乏未知鱼类资源数量变化趋势的数据		
鱼类和贝类中的部分污染物，第 102 页	抽样检查的美国沿海水域中，约有一半水域中贻贝和牡蛎所含汞量超过 0.10 mg/kg，约 60%水域中贝类含有的 DDT 量至少为 10 μg/kg，22%水域中贝类含有的 PCB 量超过 200 μg/kg（2003—2004 年数据）	↘	自 1987—1988 年以来，贻贝和牡蛎中含有较高 PCB 量（>400 μg/kg）、汞量（>0.05 mg/kg）和含 DDT 量（>90 μg/kg）的水域比例有所下降
	缺乏全国范围鱼类所含污染物的数据		
休闲娱乐用水水质，第 104 页	缺乏全国范围内受不同程度的肠球菌影响的海滩比例数据		

↘= 显著减少；↗= 显著增加；→=趋势不明显*；?=数据不足，难以进行趋势分析。

*由于数据数值波动太大或变化太小，没有呈现单一趋势。

海岸生物生境

（珊瑚礁、湿地植被、海草以及贝类海床）

海岸生境的重要性

海岸生境由生物体如海草、红树林和海岸湿地或如珊瑚礁或贝类海床组成，是生物生产力最强盛的生态系统。这些生境的丧失会导致海岸物种减少甚至灭绝。海岸生境对许多物种至关重要，例如蟹、鱼和海鸟以及这些动物所食的较小动物。如果这些生境面积减少，依赖这些生境生存的有机体数量就会减少甚至消失。湿地植被还有助于减轻暴风雨和海岸侵蚀、过滤氮和磷等植物营养物。如果缺少湿地植被的过滤，这些营养物就会流入沿海水域。

海岸生物生境面积

大西洋和墨西哥湾沿岸植被湿地

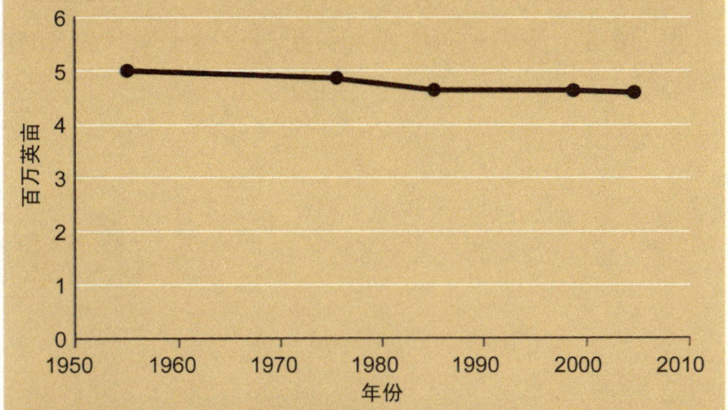

数据来源：美国鱼类及野生动物管理局。

注释：数据不包括美属维尔京群岛和波多黎各。

数据缺口

太平洋海岸、夏威夷州和阿拉斯加州

- 湿地植被。

全国范围：

- 海草/沉水植被；
- 贝类海床；
- 珊瑚礁。

指标含义

- 湿地植被面积。
- 海草/沉水植被、贝类河床及珊瑚礁面积。

数据分析

20 世纪 50 年代至 2004 年，大西洋和墨西哥湾沿岸消失的湿地植被超过 40 万英亩，减少率约为 9%。

数据缺失的原因

尽管已获取许多区域多年珊瑚礁、海草以及其他沉水植被的相关数据，但这些数据还未被整理，无法进行全国范围内评估。尽管国家海洋和大气管理局相关部门正在绘制、评估、跟踪和监测美国所有珊瑚礁生态系统，但目前仍缺少大部分国家海岸栖息地数据。目前已有贝类河床面积数据，但由于监测系统覆盖区域变动，使得贝类河床变化的面积难以确定。植被湿地数据目前仅覆盖缅因州到佛罗里达州的大西洋沿岸和墨西哥湾沿岸。

数据解析

海岸生境是海岸食物链的关键组成部分，有的生境（如贝类河床）即使栖息地内的生物死亡之后仍然继续存在。生境还能减缓风和海浪的侵蚀破坏，保护内陆区域。据估计，目前海岸湿地面积不及原有面积的一半。研究人员认为，从长期来看，海岸湿地变化最显著的区域是加利福尼亚州（尚无该区域近期的数据）和大西洋沿岸人口密集区域。海岸湿地很容易受到暴风雨破坏——美国地质勘测报告显示，在 2005 年飓风季节（包括“卡特丽娜”和“丽塔”）有 14 万英亩沿海陆地被破坏，其中大部分是湿地。这些损失可能只代表瞬时损失，需要在以后做进一步的数据收集和分析，以确定飓风带来的综合影响效应。

海岸线类型

海岸线类型构成的重要性

美国海岸线类型的结构比例，包括海滩、泥潭、湿地、陡崖以及为了控制侵蚀的人工物等，决定了人类和其他生物利用海岸生境的方式及其生态功能。

指标含义

该指标描述不同类型海岸占总海岸线长度的百分比。描述对象包括海滨区域、河口区域、海湾以及受潮汐影响的河流区域等，海岸类型包括沙质、基岩质或黏土陡壁、泥质或沙质滩涂、海滩、湿地植被（湿地、红树林和沼泽）以及覆盖隔离壁和石堆的海岸。该指标所对应的海岸线被定义为潮间带，即低潮和高潮间区域。一段海岸线可能包括不止一种类型。例如，某段海岸线可能是泥质滩涂与盐沼相间，或是海滩与石崖共存。

美国海岸线构成

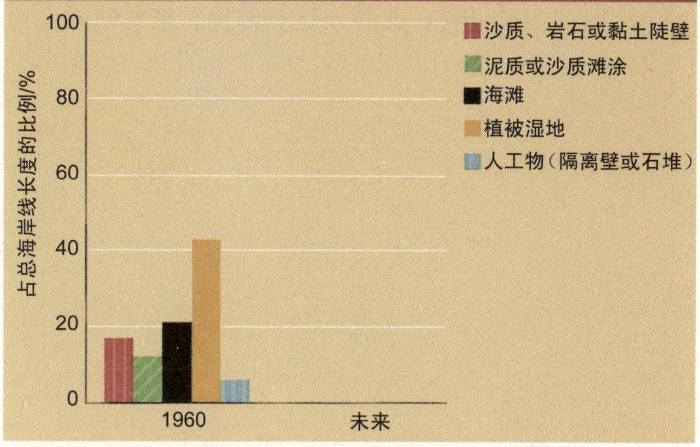

各区域海岸线类型（2006 年）

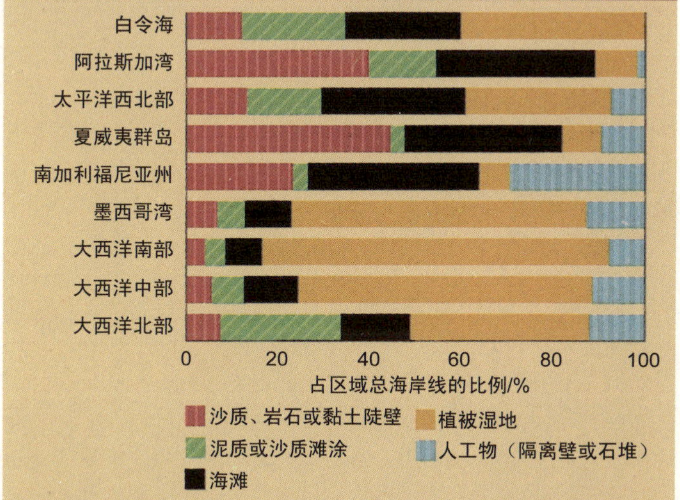

数据来源：国家海洋和大气管理局。

覆盖范围：美国 50 个州、关岛、美属萨摩亚、波罗黎各、美属维尔京群岛（美属萨摩亚和关岛，被包括在夏威夷州、波罗黎各和美属维尔京群岛被包含在南大西洋中进行报告）。本次调查时间为 1984—2006 年。

数据分析

- 在美国海岸线地图中，约 43%属于湿地，21%属于海滩。
- 基岩质海岸及泥质或沙质滩涂总长度大约占美国总海岸线 30%。人工物海岸线长度大约占 6%。
- 在大西洋北部、中部和南部、墨西哥湾和白令海 5 个区域，湿地植被分布最为普遍。在南加利福尼亚州，海滩分布最为普遍，而在夏威夷州和阿拉斯加湾最常见的类型则为陡峭的沙质、岩石或黏土坡地。

数据解析

“人工物”包括码头、突堤、港口、挡土墙、乱石堆、隔离壁和其他用于稳固海岸的框架结构建筑。“人工物”结构可以加固海滩或海岸线，以控制侵蚀，降低暴风雨和海浪引起的财产损失（参见海岸侵蚀，第 3 章）。隔离壁和其他防侵蚀结构可以隔离海岸湿地，使其不受潮汐影响，能够显著地改变当地水文系统。人工物结构还可以防止海岸生物栖息地在海平面上升时向内陆迁移。此外，这些结构只能暂时控制侵蚀，海滩最终还是面临消失的危险。

海岸格局

海岸格局的重要性

海岸格局
指标待建立。

不同类型海岸生境（如湿地和开阔水面）之间的相互作用，以及人类开发活动（如建筑框架和疏浚区状况）对这些栖息地的影响和相互作用，能够反映海岸区域的结构组成格局特征。这些结构组成格局与区域内生态功能状况相关，同时也影响人类从中获取生态系统服务的数量和类型。

指标含义

该指标描述海岸区域“自然”和“非自然”景观分布和相互融合的格局特征。

尚未建立该指标的原因

海岸格局研究属相对创新领域，目前就如何使用单一指标分析海岸格局特征尚无定论。

讨论

海岸格局指标主要目的有两个：一是将具有“非自然”属性（如房屋、隔离壁、拖网带等）的海岸线与“自然”栖息地加以区分（参见国家核心指标“自然”景观格局，第 2 章）。二是测定陆地和海岸栖息地之间和水文连通程度。例如，从陆地进入海洋的河流和沉积物可能会受到如道路或堤道等建筑物阻挡。沼泽和湿地等重要生态栖息地连通性，可用栖息地周长面积比来度量。不过此类数据还需与沼泽面积一起反映格局状况，因为即使沼泽面积减少，周长面积比也可能增加。

将来可能会将同时采用一个格局指标和一个反映海岸开发活动的新指标（即“土地利用”指标——可参见第 4 章和第 8 章），来描述海岸带被保护的面积和范围，以及各种人类活动（如捕捞海底鱼类和贝类的拖网作业）的影响程度。此外，理想的面积指标（参见海岸生物生境，第 3 章）应包括对稀有生境类型和面积的描述（国家核心面积指标将反映稀有生境类型的部分信息——请参见第 2 章）。

该指标无技术说明。

缺氧区域

河口和沿海水域含氧量的重要性

沿海和河口水域中含氧量过低会恶化鱼类、贝类和海洋哺乳动物的生存条件，甚至导致生物死亡。长时间水域低含氧量不仅影响娱乐和经济性的捕鱼活动，还会危害海岸动植物群落。

七月份缺氧区域面积（溶解氧浓度低于 2mg/L）

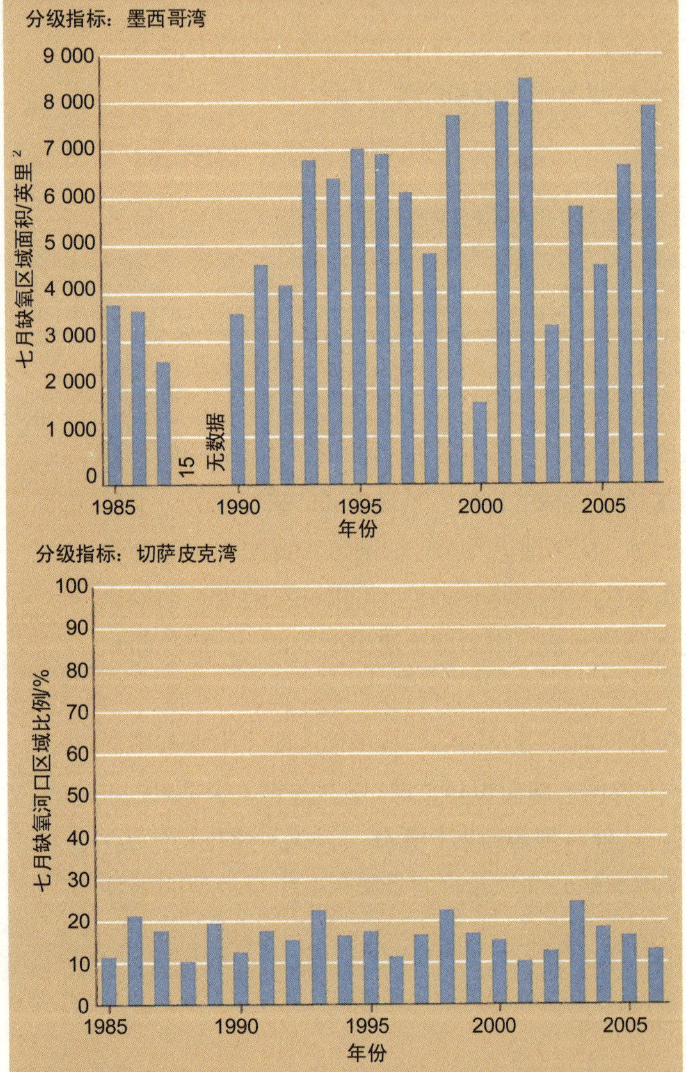

数据来源：N.N. Rabalais 和 R.E.Turner 的墨西哥湾缺氧研究和切萨皮克湾项目。

覆盖范围：墨西哥湾北部和切萨皮克湾。

注释：图中墨西哥湾数据代表的是绝对面积（非面积百分比）。只提供 7 月墨西哥湾和切萨皮克湾数据，该月是缺氧状况最严重的月份。

指标含义

- 美国河口和沿海水域一年中至少有一个月出现含氧量极低或氧耗竭情况（含氧量＜2 mg/L），尽管目前全国范围数据仍不完全，但已有切萨皮克湾和墨西哥湾的数据，这两个水域分别是萨斯奎汉纳河和密西西比河两条主要河流的出口。
- 不同级别含氧量河口海洋水域的面积，包括：氧耗竭（0 mg/L）、含氧量极低（＜2 mg/L）、含氧量低（2～4 mg/L）和含氧量充足（＞4 mg/L）。

数据分析

- 1985—2007 年的 22 年，墨西哥湾每年七月含氧量极低的水域面积从 3 800 平方英里增加到 7 900 平方英里，比原来增加了 1 倍以上。
- 1985—2006 年，切萨皮克湾每年七月有 10%～25%的水域含氧量极低，但其缺氧程度的变化无明显趋势特征。

指标数据缺口

虽然很多国家级项目和研究团队对美国许多河口海岸水域中溶解氧水平进行监测（关于区域溶解氧报告项目的链接请参照本指标的技术说明），但除墨西哥湾北部和切萨皮克湾以外，目前还未获得其他水域的长期持续监测数据。由于溶解氧量随季节、地点、水深的变化非常显著，所以很难收集持续并具有可比性的长期数据。

数据解析

> **缺氧区域面积**
>
> **数据缺口**
>
> 国内缺乏的数据主要有：
>
> - 墨西哥湾和切萨皮克湾以外的缺氧水域；
> - 溶解氧含量耗竭（不含氧）、极低（<2 mg/L）、低（2～4 mg/L）和充足（>4 mg/L）的沿海和河口水域面积。

自然因素可能造成水体含氧量低，但向海岸排放过量营养物质（参见氮素的迁移，第 2 章）也是造成水体长期缺氧的原因之一。营养物质可以刺激海藻和浮游动物生长（参见叶绿素浓度、有害藻类事件，第 3 章），这些海藻和浮游动物死后沉降于深水之中，被细菌分解。这种分解作用是耗氧过程，会降低深水含氧量，危及底栖生物。因为水体的自然分层结构能够阻碍含氧量低的深层水与含氧量高的表层水混合，所以河口和沿海缺氧水域一般分布于深水区域。

与其他物种相比，有些海洋和河口物种能够适应更低的氧含量，但一旦水域中溶解氧浓度低于 2～4 mg/L，就会对很多物种造成不利影响，比如降低物种生存和生长率、降低物种多样性（物种可能逃离含氧量低的水域或者死亡）、导致生境丧失、物种集群死亡（参见海洋生物异常死亡，第 3 章）或引发条纹岩鲈鱼和鲑鱼等迁徙物种生境退化等。

海底沉积物的污染

沉积物中污染物变化的重要性

河口湾底部沉积物的污染

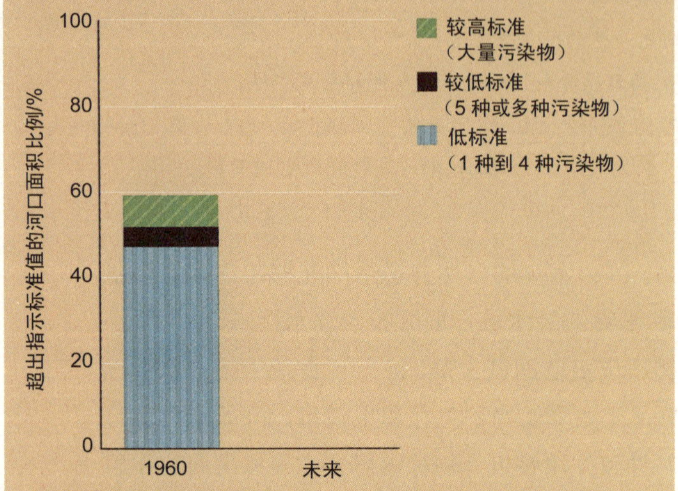

数据来源：美国国家环境保护局国家海岸评估项目（NCA）。
覆盖范围：美国 50 个州及波多黎各（仅包括阿拉斯加州中南部）。
注释：2002 年曾发布 1990—1997 年数据，由于这些数据不包括大西洋北部和太平洋沿岸河口，所以无法与 1998—2002 年数据进行比较。
技术细节：该图表给出 9 种微量金属（包括汞）和 51 种有机化合物（包括 DDT 和 PCBs 总含量）含量超过较低标准（影响低，ERL）和较高标准（影响中等，ERM）的值。如果浓度低于低标准浓度，几乎不会对物种产生任何不利影响；如果浓度高于较低标准浓度，可能对物种产生不利影响；如果浓度高于较高标准浓度，极有可能对物种产生不利影响。

数据缺口

阿拉斯加州中南部以外河口区域。

海底沉积物的污染

数据缺口

数据不足以涵盖全国范围。

河口湾和海洋中的沉积物具有污染物“存储库”的作用，这些污染物通过涌动能再次悬浮，并被海洋生物摄取，进而扩散到整个食物链。

指标含义

河口湾和海底沉积物中污染物超过保护水生生物的健康标准的频率。

数据分析

- 1998—2002 年，在监测的河口湾中，一种或多种河口沉积物污染物浓度含量超过较低标准（“可能”对水生生物“产生不利影响”的标准）的占一半以上；沉积物所含污染物浓度超过较高标准的（产生“极有可能不利影响”的标准）占 7%。

指标数据缺口

目前尚无项目可以提供全国范围内海岸沿线海洋沉积物中污染物数据，阿拉斯加沿岸也只有中南部河口湾水域的相关数据。此外，收集的海岸沉积物污染物中有 26%尚未建立对应的标准。

数据解析

污染的沉积物会导致整个食物链被污染，从而危害水生生物并影响人类健康（请参照“鱼类和贝类中部分污染物”）。工业、化石燃料燃烧、农场、城市和郊区等所排放的污水等终将通过河流、降雨和风流入沿海水域，并聚积在海底沉积物中。污染物流入水体中被小型生物体吸收，当这些小型生物体被其他生物体吞食后，污染物随之向食物链上级转移，使其浓度在动物体内逐渐变高（即生物聚集过程）。另外，在被污染的水域中进行休闲娱乐活动也会影响人类健康。

海岸侵蚀

海岸沿线侵蚀的危害性

海岸侵蚀每年会带来数亿美元损失，其中包括暴风雨和洪水引发的破坏、房产价值损失、侵蚀预防支出以及疏浚沟渠和海港费用。此外，侵蚀还会使生境发生改变甚至消失、重新分配营养物和沉积物并影响海岸娱乐活动等。

> **海岸侵蚀**
>
> **数据缺口**
>
> 国内缺乏的数据有：
>
> - 实施侵蚀治理的海岸线占全美海岸线比例；
> - 没有实施侵蚀治理的海岸线区域中，分别处于被侵蚀、淤积或稳定状态占海岸线比例。

指标含义

- 实施侵蚀控制和治理的海岸线占全美海岸线比例。
- 没有实施侵蚀控制和治理的海岸线区域中，正在被侵蚀、淤积（陆地面积在增加）或处于稳定状态的海岸线所占比例。

指标数据缺口

目前，海岸线稳定性评估的相关项目都是短期或单一目标，评估尺度也非区域或国家级，各地区采用的方法不同，使得数据无法整合起来描述全美海岸线的稳定性。目前应先对大量现有局部数据的覆盖范围、质量和可比性进行评估，并建立全国通用的规范与标准，保证将来收集的数据具有兼容性。

科学家和海岸管理负责人员需要就定义“正在侵蚀”或“正在淤积”采用的阈值达成共识（该数值范围可能为：每年水平淤积或侵蚀 0.5 至几英尺）。此外，海岸沿线侵蚀治理是否有时间限制也存在争议，需要进一步探讨。例如，如果某区域开展了“人工育滩”的治理项目并曾获得泥沙供应，那么 10 年以后，该区域是否仍然划分为正在进行治理的区域？

讨论

设计或选址不合理的开发活动都会导致海岸侵蚀。此外，区域内采取的侵蚀控制措施除了显著影响本区域内自然环境，也可能会加剧其他地区的海岸侵蚀。侵蚀不仅改变海岸物种的生境面积和状况，也会影响鱼类和贝类群落。淤积同样可能会引发不良后果,比如当海湾入口被填满时，就会阻碍沿岸船只航行。许多专家预测，气候变化将导致全球变暖，海平面随之上升，进而在全球范围内加剧海岸侵蚀程度。

控制侵蚀或降低侵蚀影响的方法包括人工育滩、建造隔离壁或建造保护设施（参见海岸线类型，第 3 章）。

海洋表面温度

海洋表面温度的重要性

海水表面温度

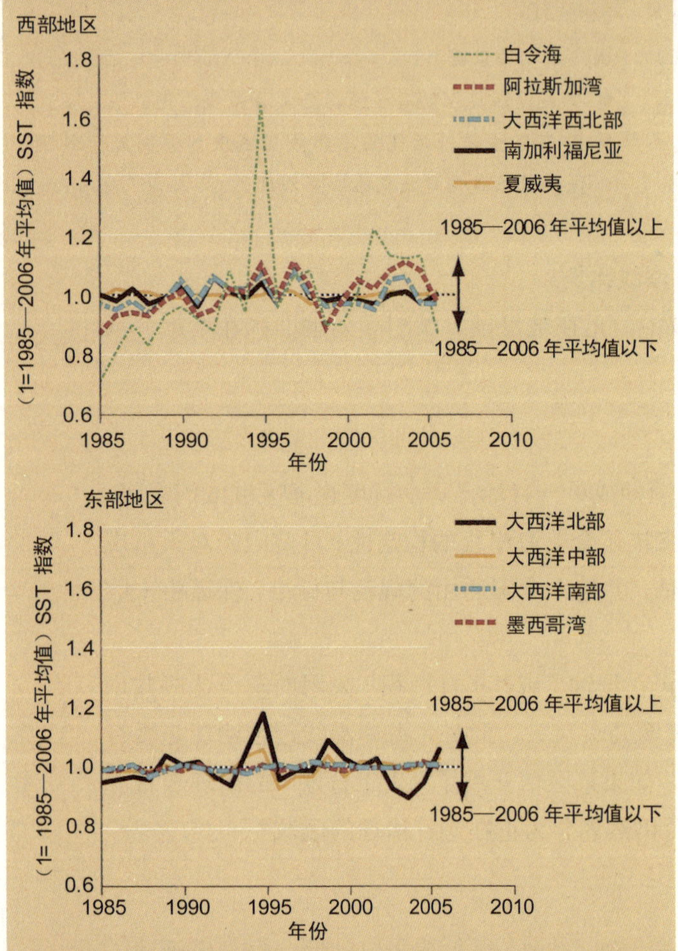

数据来源：国家海洋和大气管理局、国家航空航天局。

覆盖范围：美国专属经济海域（距离海岸内 200 英里）的海洋水体，不包括河口。

技术细节：图中“1.0”的指数值是指该地区当年 SST 高出其 20 年 SST 平均值 10%。某地区 SST 平均值是指该地区最温暖季节平均温度。

水温直接影响生活在该水域的植物物种（海藻、海草、沼泽植物和红树）和动物物种（微生物、较大的爬行动物、鱼、鸟和哺乳动物等）。此外，有观点认为海水表面温度（SST）升高与珊瑚礁退化（漂白）有关，并且会增加有害藻类过度繁殖的频率或范围（参见本章“有害藻类事件”）。全球气候变暖引起的 SST 升高可能导致风暴位置转移及强度增加。SST 变化也可能驱动洋流（如墨西哥洋流）转移，进而改变区域的气候。

指标含义

SST 高于或是低于平均值，通过构建指标可以反映美国专属经济海域（即离海岸 200 英里内的区域）某一年平均温度偏离过去 20 年平均值的程度。

数据分析

- SST 每年都呈现明显变化，但大西洋北部和中部、南加利福尼亚、白令海、太平洋西北部和夏威夷的 SST 变化趋势无明显特征。
- 1985—2006 年，以下 3 个区域 SST 出现明显变化：阿拉斯加湾、墨西哥湾和大西洋南部。

指标缺陷

这里提及的温度预测值指的是海水表面的温度，最近研究显示，深海（至 700 m 深）和海水表面温度的变化趋势一致。由于海洋水量巨大，深海水温细微的变化即可显著影响海洋储存的总热量，因此具备这种一致性具有重要意义。

数据解析

各区域 SST 受不同因素影响。海冰分布和海洋环流的格局变化可能会使 SST 上升或下降。陆地降水格局的变化能够改变径流量，从而影响 SST。1995 年，白令海 SST 的剧烈升高很可能与海冰覆盖面积减少有关。

濒临灭绝的本地海洋物种

本地海洋物种的重要性

> **濒临灭绝的本地海洋物种**
>
> **数据缺口**
>
> 缺少处于不同濒临灭绝风险级别的本地海洋物种所占比例和本地濒临灭绝物种的生物数量变化趋势的数据。

物种重要性表现为以下几个方面：为各种医药、工业和农业生产提供食物、纤维和遗传物质等产品；作为重要资源为生态系统提供有价值的商品和服务；内在价值和观赏价值受到广泛关注。

指标含义

- 本地海洋物种（植物和动物）濒临灭绝的风险级别，该风险被分成易危、濒危、极危和灭绝。
- 主要海域内的本地所有濒临灭绝海洋物种所占比例。
- 本地濒临灭绝海洋物种生物数量的变化趋势（减少、稳定、增加）。

指标数据缺口

目前具有相关生物生存状况和数量变化趋势数据的物种只占少数，缺少大部分经济物种以及《濒临灭绝物种法》和《海洋哺乳动物保护法》中列出的受保护物种相关数据。公益自然组织及其自然遗产网络成员项目（见 www.natureserve.org）曾发布大约 22 600 种美国物种的生存状况（相关信息见“森林”“淡水”“草地和灌木林地”和美国主要濒临灭绝物种指标）。这些项目为描述海洋物种状况提供了一个宝贵框架，但目前各项目建立的数据库仍然包含一小部分海洋物种信息。“海洋生物地理信息系统”的“海图”（http：//seamap.env.duke.edu/）提供了大量具有空间地理坐标的海洋哺乳动物、海鸟和海龟的观察记录，但物种状况的信息仍不全面。

主要河口区域定殖的非本地物种

非本地物种蔓延的危害性

主要河口区域中已扩散的非本地物种

该指标待建立。

非本地物种常会快速蔓延并且占领本地物种的生存空间；它们可能引发疾病，或成为本地物种的捕食者或寄生虫，与本地物种争夺食物或栖息地，并改变生境格局。非本地物种会因旅游和贸易活动不断蔓延，并威胁人类健康（例如非本地疾病和有害藻类）和影响经济发展（例如使贝类产量减少）。非本地物种也被称为“非本土”“非本地”或“引进”物种，较强势的被称为“入侵物种”。

指标含义

美国主要河口中已定殖的非本地物种所占比例（包括植物、脊椎动物、无脊椎动物以及影响本地物种的植物和动物病原体）。已定殖的非本地物种是指存活并继续繁殖的物种。

指标缺口

已定殖的非本地物种百分比虽不等同于其占有栖息地或占用资源的比例，但它确实能体现非本地物种可能对某个河口环境产生的影响。该指标是否能提供充分的信息，是否还需要考虑其他方面因素（例如栖息地分布情况），有待进一步探讨。

该指标暂时没有足够数据反映全国整体状况。理想的各种河口物种数据包括四大类群，即植物、脊椎动物、无脊椎动物和影响本地物种的植物和动物病原体。各类型生态系统中已定殖的非本地物种占所有物种比例的数据也包括在国家核心指标数据中。国家核心指标对植物、脊椎动物、无脊椎动物和病原体格局和分布数据的不足进行了讨论。

非本地物种种群（包括病原体、无脊椎动物和鱼）是生态系统的主要组成部分，但该类数据记录尚不完整，而且无法将已定殖的非本地物种数据（例如公益自然组织提供数据）与栖息地数据进行匹配，因此该指标不具有全国普遍性。

讨论

目前，美国河口区域分布多种非本地物种。一些非本地物种，如中华绒螯蟹、具有侵略性的海鞘，可能是通过国际贸易进入美国河口。另一些物种，如东南海岸的蓑鲉和加利福尼亚的蕨藻海草，可能由于人为活动进入美国河口。庞大而繁忙的港口最可能出现非本地物种，如旧金山湾，该地区非本地物种数量非常庞大，能够确定的非本地物种有 230 多种，占该海湾水生物种比例的 90%。

海洋生物异常死亡

海洋生物异常死亡指标的重要性

海洋生物异常死亡

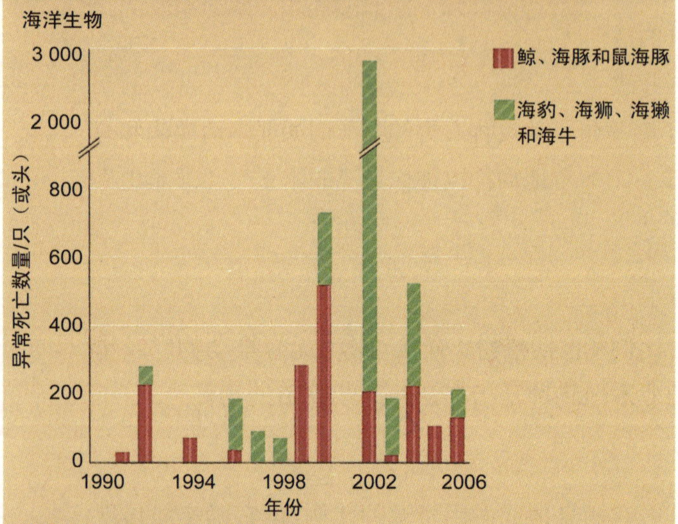

数据来源：国家海洋渔业服务局。
覆盖范围：美国所有水体。

海龟、海鸟、鱼和贝类

数据缺口

数据不足以提供全国性报告。

海洋哺乳动物、鸟类、鱼类和海龟的大量意外死亡会威胁到濒临灭绝海洋物种数量，也反映了海洋生态系统正承受着毒素、污染或天气格局变化的影响。

指标含义

- “异常死亡事件”（UME）中海洋哺乳动物数量分为两组报告：鲸、海豚和鼠、海豚；海豹、海狮、海獭和海牛。
- UME 中涉及海龟数量。
- UME 中涉及海鸟、鱼类或贝类的数量。

指标数据缺口

目前尚无全国范围鱼类和贝类死亡事件的数据；海鸟、鱼类和贝类的 UME 标准待建立。

数据分析

- 报告不同时段内两类海洋哺乳类动物异常死亡数量，数值从零到几百变化，但没有呈现明显趋势特征。
- 2002 年，UME 事件中涉及近 2 800 只海洋哺乳动物，这些死亡事件大部分认为是由传染性疾病或生物毒素（海藻产生的）引起。

数据解析

异常死亡事件由美国国家海洋大气管理局国家海洋渔业服务局进行追踪和分类。确定某事件为 UME 时应考虑多个因素，包括所涉及动物的数量、年龄和性别、事件发生的位置和时间、各类异常的病理现象或行为以及受影响的物种状况（受到威胁、危险、减少）。可能引起异常死亡事件的因素包括传染性疾病、海藻产生的生物毒素（参见本章“有害藻类事件”）、营养不良和天气状况异常。

本指标仅报告异常事件，不包括鱼类正常死亡、人类正常活动或捕鱼引起的死亡。通过这样的定义，本指标主要关注能够影响整个海洋生态系统状况变化的事件。

有害藻类事件

有害藻类的重要性

主要河口区域已蔓延的非本地物种
该指标待建立。

有害藻类可能引起水生有机体大量死亡（参见本章“海洋生物异常死亡”），并危害公众健康，进而提高医疗费用、减少旅游、使海贝床解体、降低海鲜市场价值并增加监控成本，从而造成经济损失。有害藻类能释放毒素，有害藻类事件是指有害藻类物种迅速增长直接危害动物的身体组织（例如堵塞鱼鳃）或引发人类或动物疾病，后者可以通过有害藻类引发的疾病定义。

指标含义

在理想状况下，本指标应包括河口和海岸 200 英里范围水域中低、中和高密度有害藻类事件的数量。

指标数据缺口

现在尚未在全国范围内形成对有害藻类事件进行监督或报告的机制，对划分低、中和高密度也没有统一规定。

讨论

微生海藻，即浮游植物，是几乎所有水生动物（包括商业和娱乐功能的鱼类）的直接或间接性食物源，大部分微生海藻无毒性，大部分藻华所涉及的藻类不会产生对人类或动物有害的毒素；但这种无毒藻类也可能降低海岸水域的氧浓度（参见本章“缺氧区域”）和光线透过率，危害海岸生物和栖息生境。

由于藻类事件暴发多为散发，涉及多类型海藻和毒素，且分布和持续时间也有差异，因而难以全国范围内量化有害藻类的密度。密度最好用一个包含多个要素的综合指数来表示。例如通过鱼类和贝类体内毒素浓度，由有害藻类事件引起的鱼类和海洋哺乳动物的死亡，叶绿素浓度或细胞数量，建立综合指数表征藻类事件。这样的指标还有待在全国范围内建立。此外，最好也包括本章“鱼类和贝类体内的部分污染物”指标中的海藻毒素浓度报告。

有迹象表明，有害藻类事件在美国和全世界范围内可能日益频繁。其原因尚不明确，但人们认为海洋表面温度的变化、营养物质输入、水产养殖活动、压舱水排放以及过度捕捞等是主要原因。

五大湖在很多方面与海洋相似，最好能将五大湖作为单独区域纳入该指标，报告该区域的有害藻类水华事件。

底栖动物状况

河口的群落状况

水底群落状况：“自然”

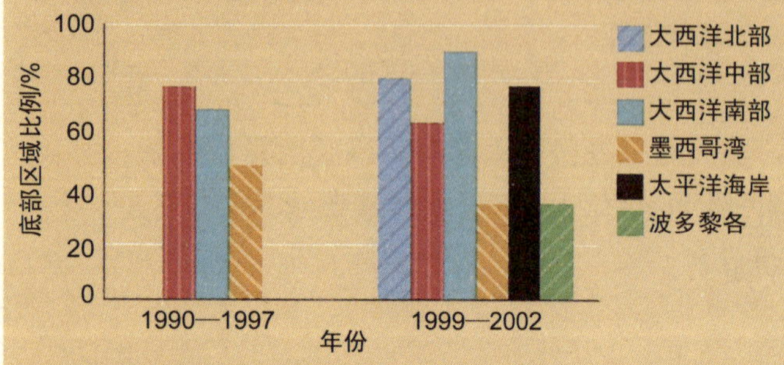

水底群落状况：“中等”

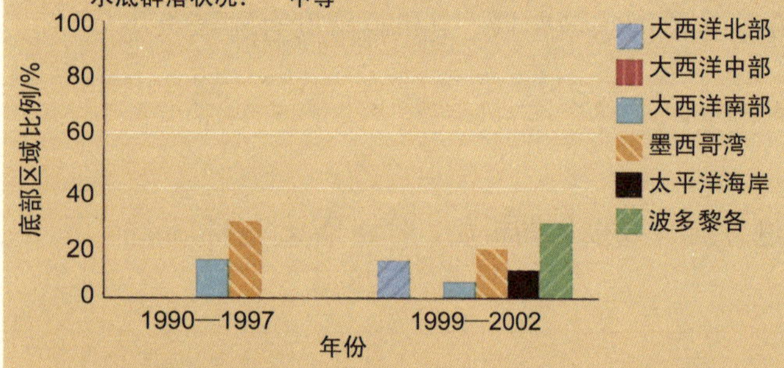

水底群落状况：“退化”

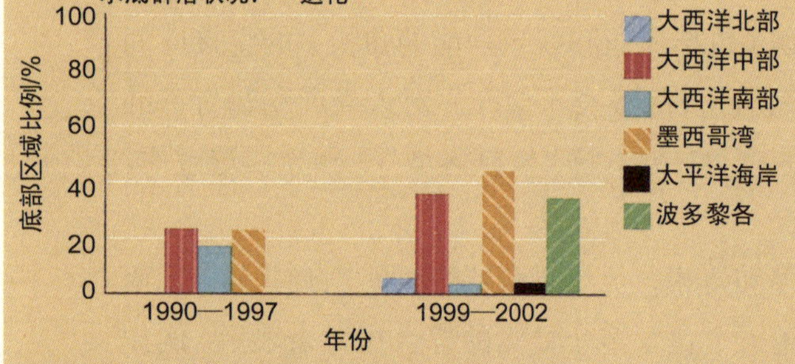

数据来源：美国国家环境保护局国家海岸评估项目。中大西洋地区未使用“中等”进行分类。

技术细节：该指标通过对比某采样地点找到的动物数量和类别跟未受到干扰的类似区域（参考地点）中所预计的动物数量和类别进行计算。每个区域的指数单独计算。

数据缺失

缺少夏威夷和阿拉斯加河口区域的数据。

海洋水域的群落状况

数据缺失

数据不足以提供全国范围离海岸 25 英里内的海洋区域报告。

底栖动物的重要性

水底沉积物中虫子、蛤、蜗牛和虾等动物（“底栖群落”）的状况可反映出污染物和氧气含量水平、栖息地物理变化（例如拖网作业引起的）以及温度或盐度变化情况。底栖生物一方面受水体生产率的影响；另一方面作为食物链的重要环节，支撑着鱼类和无脊椎动物的生存。

指标含义

底栖群落处于“自然”“中等”和“退化”状况的区域面积。

指标数据缺口

目前缺少夏威夷和阿拉斯加。距离海岸线 25 英里以内海洋水域的相关数据。

数据分析

1999—2002 年，大西洋和太平洋海岸 60%～90%的河口区域处于“自然”状态。墨西哥湾和波多黎各约 1/3 河口面积的底栖群落处于“自然”状态。

1999—2002 年，太平洋中部、墨西哥湾和波多黎各 1/3 以上的河口面积的底栖群落处于“退化”状态；其他地区仅有不到 10%的底栖群落河口面积处于“退化”状态。除波多黎各以外的其他地区，底栖群落处于“中等”状态的河口面积少于 20%。太平洋中部地区未出现“中等”状态。

1990—1997 年和 1999—2002 年，墨西哥湾和大西洋中部底栖群落的生存环境恶化，大西洋南部则有所改善，但这些变化是否具有变化趋势特征还是仅为波动，还需更多数据来确定。

定义

"自然"群落：某地发现的底栖动物在物种的数量和类型上与相同区域未受人类干扰时所预期的物种的数量和类型相类似。

"中等"群落：与"自然"群落相比，栖息在水底的物种数量更少、能够容忍污染的物种数量更多，对污染敏感的物种数量更少。

"退化"群落：与"中等"群落相比，在物种数量和类型方面表现出更显著变化。

数据解析

由于污染物会在水底沉淀物中聚积，且在整个水体中底部的缺氧最为严重，因此底栖生物能够很好地反映其群落状况。另外，底栖生物生命周期长，所以它们的状况能够体现各种生存环境长期恶化情况。由于底栖生物几乎不运动，所以它们的状况能够反映采样时的环境状况（参见本章"缺氧区域"和"海底沉积物的污染"）。

叶绿素浓度

叶绿素浓度的重要性

海洋水域

叶绿素指数：西部地区

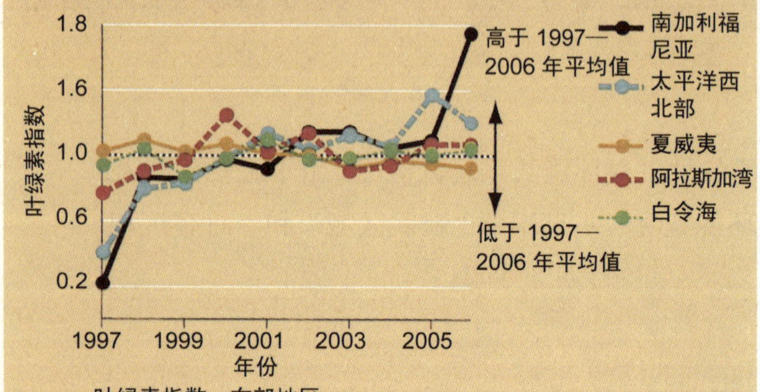

叶绿素指数：东部地区

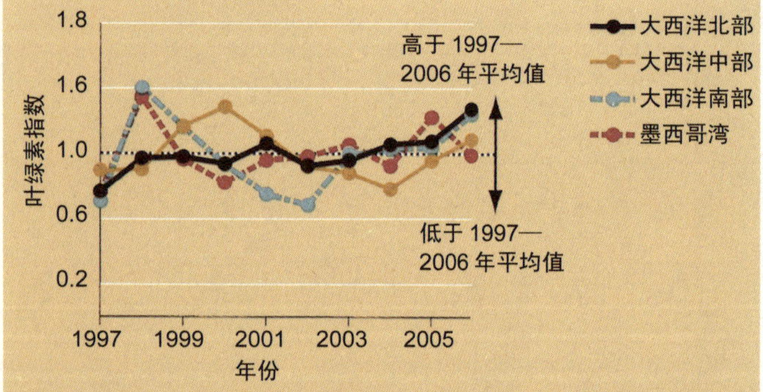

数据来源：国家海洋服务局、国家海洋和大气管理局、国家航空航天管理局。

覆盖范围：所有美国水域、包括阿拉斯加和夏威夷在内的距离海岸线 25 英里范围内。

技术细节：通过使用卫星数据估计叶绿素。图上“1.0”指数值的意思是：该地区叶绿素浓度在当年的平均值比当地的 10 年平均值高 10%。该指标中某一地区的“叶绿素的平均值”是指当地各季节叶绿素浓度的平均值的最大值。

河口

数据缺失

数据不足以提供全国性报告。

叶绿素浓度可用于监测海藻（也叫浮游植物）数量。这些小生物占据海洋中光合作用的大部分，并且是大部分海洋生物的直接或间接食物源。虽然浮游植物（通过叶绿素变化来估计）增加能为更多鱼类提供食物，但浮游植物过度生长往往会导致水质恶化——例如水体透明度下降、产生异味，导致氧耗竭和鱼类死亡（也可能与有害藻类水华有关）。

指标含义

- 叶绿素浓度是高于还是低于平均值。建立即通过指数，描述离海岸 25 英里范围内的水域，某一年内平均叶绿素浓度偏离 10 年平均值的数值。
- 如数据完备，该指标还可反映具有各种不同叶绿素浓度的河口面积的百分比。

数据分析

- 不同区域、不同年份的海洋叶绿素浓度变化剧烈。
- 太平洋西北部、南加利福尼亚和大西洋北部地区叶绿素浓度呈上升趋势（1997—2006 年）。
- 夏威夷叶绿素浓度呈下降趋势（1997—2006 年）。其他地区是否具有增加或下降趋势还需要更多年份的数据才能确定。

指标数据缺口

大部分河口的采样频率和完整程度不够或者详细程度不足，无法通过报告河口地区面积比例对比各个季节的叶绿素浓度。

数据解析

叶绿素浓度随季节变化，这里采用某一年内叶绿素浓度值最高的季节。导致叶绿素浓度变化的因素有很多，例如营养物输入的增加（尤其是氮的增加，参见氮素的迁移，第 2 章）可能会导致海岸水域海藻过度滋生，从而降低溶解氧含量（参见本章“缺氧区域”），滤食性生物（如牡蛎、蛤和贻贝）数量的减少也可能导致叶绿素浓度增加。

鱼类和贝类的商业渔获量

美国海域捕获鱼类和贝类数量的重要性

鱼类和贝类的商业捕捞

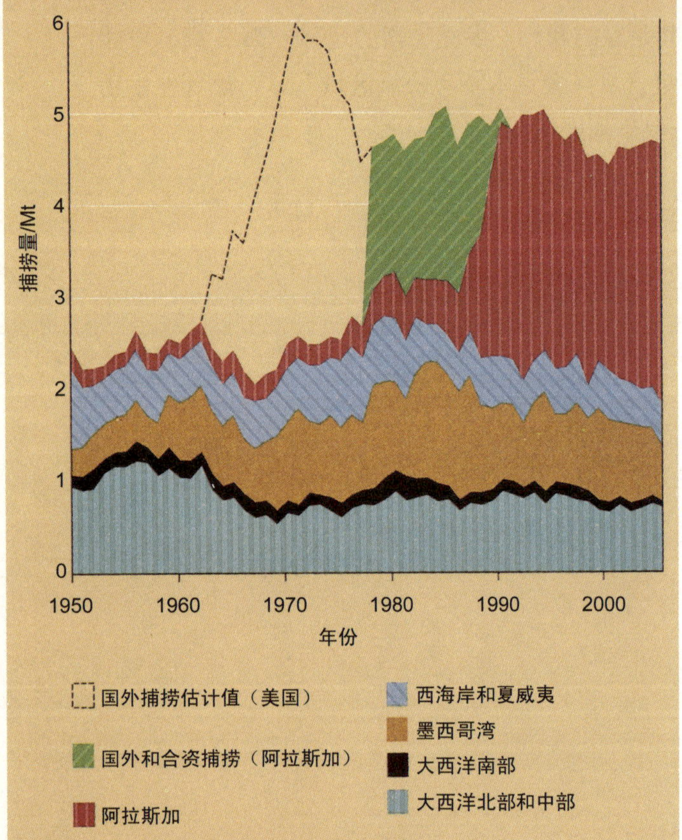

数据来源：国家海洋渔业服务局。
覆盖范围：美国全部水域，包括阿拉斯加和夏威夷。
技术细节：数据包括 5 个区域的捕捞量以及一定的水产养殖产量，这 5 个区域覆盖所有 200 英里专属经济区范围内的水域。

被捕捞用做食物、肉类和油的鱼类和贝类数量，能够衡量海岸和海洋为人类社会提供产品的效益产出。

指标含义

美国水域捕捞的鱼类、贝类和其他产品重量。

数据分析

- 2005 年，美国水域捕捞了 460 万 t 的鱼类和贝类，与 1950 年相比，渔获量增加了近 90%。
- 自 1990 年以来，阿拉斯加水域的商业渔获量占据了美国的大部分份额。
- 阿拉斯加是自 1978 年以来唯一捕捞量增加的区域。西海岸、夏威夷、墨西哥湾以及大西洋北部、中部和南部渔获量在 1978—2005 年有所减少。

数据解析

20 世纪 70 年代末，美国建立了包括距离海岸 200 英里以内的“渔业保护区”，覆盖了成千上万平方英里的水域（这里以前属国际水域，现在称“专属经济区”）。自此，这些水域禁止外国捕捞活动（仅阿拉斯加州分阶段实行，直到 1991 年才完成）。如图虚线所示，专属经济区内外国渔获量为估计值，且在 1963 年以前无数据。

该指标无法反映鱼群的状况（参见本章“重要经济鱼群状况”）。而且，捕捞总数不能反映这期间捕鱼作业是否已经不断地从捕获“已耗尽”或“过度捕捞”的鱼类转向“相对未被捕捞”的鱼类。数据只包括带回码头的鱼类和贝类，并未包括副渔获物（无意间捕获后被扔掉的鱼）。

所有渔获物（2004—2005 年），80%直接用于人类消费，15%用于食品加工、油和其他用途，其余用于作诱饵和饲喂动物。2005 年，所有渔获物中 88%是鱼、11%是贝类、1%是其他物种（包括海胆和虫子）。

重要经济鱼群的状况

经济鱼群的重要性

重要经济鱼群状况

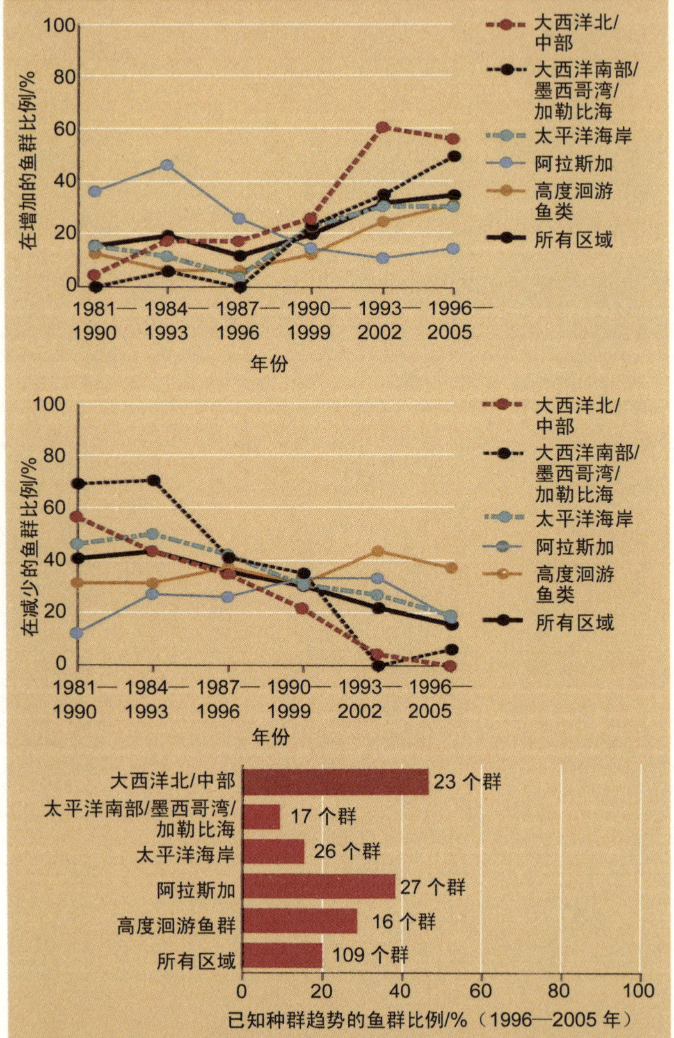

数据来源：美国国家海洋和大气管理局下属国家海洋渔业服务局。

覆盖范围：不包括近海岸鱼群（海岸 3 英里以内的国家水域）。

技术细节：以上两图中仅说明了数量增加或减少至少 25%的鱼群。种群趋势是基于整个鱼群的估计重量或“生物量”推测的。高度洄游鱼类在多个海洋区域栖息，因此对其作单独报告。本数据集未包括近海岸和溯河产卵的物种。太平洋西部经济专属区是一个重要的渔场，但目前还没有太平洋西部水域的相关数据。“高度洄游鱼群”是指生命周期中至少有一段时间栖息在太平洋西部水域的鱼群。

数据缺口

数值变化无明显趋势特征的鱼群。

渔获是海洋生态系统提供的重要效益（参见本章“鱼类和贝类的商业渔获量”）。如果某类鱼群数量减少，便无法无限期地保证该鱼类的捕捞量，如果持续减少，则必须停止对其打捞，否则将影响经济和社会的发展。鱼群减少也是海洋生态系统发生显著变化的信号。

指标含义

本指标描述具有明确变化趋势（规模增加或减少）的重要经济鱼群所占比例。

指标数据分析

- 1996—2005 年，除阿拉斯加鱼群和洄游鱼群之外，变化趋势明确的鱼群中，数量增多的鱼群多于数量减少的鱼群。
- 自 20 世纪 80 年代以来，在变化趋势明确的鱼群中，除阿拉斯加和太平洋海岸以外，其他各区域数量增加的（包括高度洄游性鱼群）所占百分比有增加趋势，除阿拉斯加（不包括高度洄游性鱼群）以外各区域，呈现减少趋势的鱼群的百分比有所降低。
- 阿拉斯加 39%的鱼群和大西洋北/中部区域 47%的鱼群数量变化趋势明确。

数据缺口

大量鱼类种群的数量趋势不明确，各地区情况不同。因此，此处提供的数据无法全面地反映重要经济鱼类种群状况（数据只针对 109 个鱼群，大约占所有经济鱼群 21%，而经济鱼群占据大部分捕鱼总量）。此外，该指标未考虑正在增加或减少鱼群的商业重要性，也未考虑各个区域内不同类型鱼群的数量变化。而且，本指标只说明 20 世纪 80 年代以来变化趋势确定的鱼群，不包括监测开始前数量已经减少的鱼群。

数据解析

鱼类资源支撑商业捕获能力的提升，或正在从“过度捕获”状况中恢复。如在大西洋北部和中部，当地为解决鱼群数量锐减问题，实施了严格的禁捕规定。

鱼类和贝类中的部分污染物

海产品中污染物的重要性

鱼类和贝类中的部分污染物

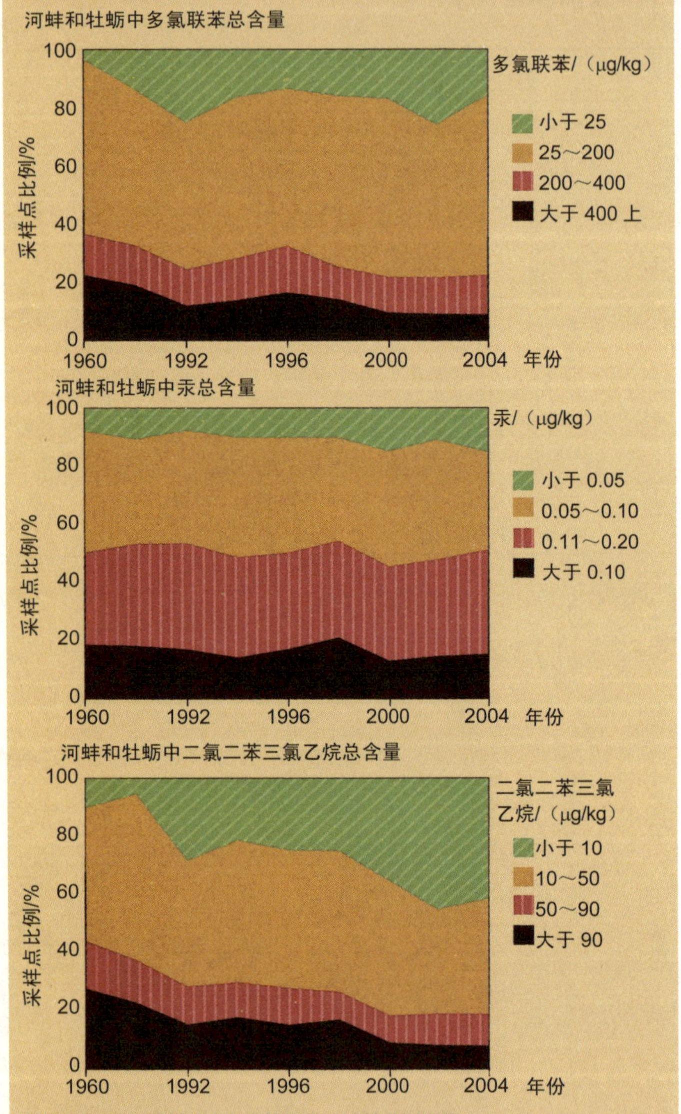

数据来源：国家海洋和大气管理局，河蚌监测项目。

覆盖范围：美国主要沿岸区域，包括五大湖区和波多黎各。

注释：数据代表的是干重含量；数据点表示 2 年周期（1998 年=1997—1998 年）

数据缺口

沿海水域鱼类中的多氯联苯、水银和二氯二苯三氯乙烷。

食用含有过高含量的多氯联苯（PCBs）、汞或二氯二苯三氯乙烷（DDT）的海产品有害人体健康。

指标含义

美国沿海水域采样点中，海产品中含有多氯联苯（PCBs）、汞和二氯二苯三氯乙烷（DDT）的样点所占百分比，海产品包括：

- 河蚌和牡蛎。
- 海水鱼类（食用组织）（可获取相关数据情况下）。

数据分析

- 1987—1988 年，河蚌和牡蛎含有多氯联苯量在 40 μg/kg 以上的采样点数量比例从 23%下降至 9%，25 μg/kg 以下的采样点数量比例从 3%增加至 16%。
- 一半左右采样点中河蚌和牡蛎含有汞量高于 0.10 μg/kg，而含汞量低于 0.05μg/kg 的采样点数量比例从 1987 年的 8%增至 1988 年的 15%。
- 含 50 μg/kg 以上 DDT 河蚌和牡蛎所在的采样点的百分比从 44%下降至 19%，含 10 μg/kg 以下的采样点从 1987 年的 10%增至 1988 年的 41%。

指标缺陷

污染物含量数据是从河蚌和牡蛎的干组织中测出。FDA 制定的海产品污染物标准需测定湿重浓度，因此污染物等级无法直接与已有标准比较。

指标数据缺口

虽然许多国家级和州级监测项目收集了海水鱼类中含有的 PCB、汞和 DDT 含量数据，但是这些项目并没有提供用于报告可食用动物组织所含污染物的国家标准。

数据解析

许多沿海地区已受到 DDT 和 PCB 等合成有毒物质的污染，而汞污染更普遍存在于整个海洋环境中。底栖生物消化吸收并储存这些污染物，被鱼类吞食，鱼类又被大鱼吞食，使大鱼群落中累积的污染物含量不断升高，这一过程即生物聚积。即使美国自 19 世纪 70 年代开始就已经禁止生产、出售和使用 PCB 和 DDT，但是流域沉积物和泥沙（参见本章“海底沉积物的污染”）以及垃圾场和变电站的渗漏等仍是持续的污染源。工业排放、废矿、化石燃料发电过程燃烧和岩石风化等则可能是汞的污染源。

休闲娱乐用水水质

休闲娱乐用水水质的重要性

休闲娱乐用水水质
数据缺口
缺少有关受肠球菌影响的海滩日英里数比例数据，不足以提供全国性报告。

海岸和海洋为成千上万美国居民提供进行休闲娱乐活动的场所，水污染将减少适合休闲娱乐的水域面积并引发疾病。在被污染水域游泳会引发咽喉炎和腹泻等轻微疾病，甚至引发肠胃炎、脑膜炎和脑炎等更加严重甚至危及生命的疾病。

指标含义

本指标将报告受到不同程度肠球菌影响的海滩日英里数比例。肠球菌是一种能够指示人类和动物粪便污染的细菌。一海滩日英里是指一天之内一英里受影响的海滩，100 英里海滩受 1 天影响与 1 英里海滩受 100 天影响相等。

指标数据缺口

尽管目前已有全国范围内海岸休闲娱乐用水水质相关信息，但这些数据是由行政辖区各自采用不同方法和标准编制，因此目前全国尺度报告内容只包含被关闭海滩的总数，而未包括受影响面积和污染等级信息。

近年来，联邦法律不断鼓励推动采用全国统一的方法监测海岸水质，因此将来应该能够搜集到本指标所需的相关数据。此外，本指标还缺少沉积物污染（参见海底沉积物的污染，第 3 章）等水质污染信息。

讨论

休闲娱乐用水质量受多种因素的影响，如污水处理工厂出现故障、暴雨期间合流式污水系统溢出、船只废水排放、排污系统泄漏以及含动物粪便的径流等都能成为水质污染来源。降水径流是海滩水质退化最广人所知的源头，但造成海滩关闭的许多其他污染物的具体来源仍不明确。海滩监测通常由各市县卫生部门负责，但他们通常采取不同方法，甚至许多地区根本没有进行海滩水质监测。本指标将主要采用 EPA 建议的最常用的指示生物体肠球菌，但也有些海滩监测选用其他生物体。

日光浴、冲浪、游泳等海滩活动很受欢迎（参见国家生态系统：核心指标户外休闲娱乐活动，第 2 章），并由此带来了数十亿美元的经济效益，同时提升了海景房的价值。

第 4 章 农田状况与利用指标

第 4 章 农田状况与利用指标*

广阔的农田不仅是美国地表景观的重要组成部分，也是美国乡村文化遗产的一块瑰宝。农田的作物类型因地各异，景观亦千姿百态：中部地区是无边无际的玉米、大豆和小麦田，加利福尼亚中央山谷地区则是平整的生菜和草莓田，俄勒冈州为连绵起伏的葡萄园，西部洛基山区是一望无垠的畜牧场，东北部是风景如画的乳牛场，佛罗里达州和波多黎各则是大片的甘蔗地。

农田不仅能够提供食物、纤维、燃料等重要资源，而且影响乡村社区，农业产值乃至整个美国的经济效益，因此人类对其进行了大量的整改和管理。这些景观经营活动也为野生生物提供了栖息地，提升乡村魅力、丰富其景观多样性，增加日益宝贵的开放空间。

农田生态系统——本报告中的农田生态景观包括用于农作物种植和喂养牲畜的土地（耕地）及其相关的树篱、河流、池塘、湿地、草原、林地，甚至包括房屋和因政府项目不再用于生产的土地。因此，农田景观特征包含本书其他生态系统章节所述特征，包括从森林和草地地块到低密度发展开发的地块等内容。

保持农田肥沃和促进农业经济繁荣一直是美国政治与政策的主要目标。起初，社会的主要目标是在不断变化的经济环境中确保农业产值稳定和国家粮食安全，如今全球趋势也在不断影响美国的农业决策。最近，美国在农业政策制定方面关注了诸如土壤侵蚀、养分流失、杀虫剂、栖息地、城市化、建筑挤占农用地等环境问题以及乡村社区保护等问题。

以下各节和图表从第 1 章所述 4 类指标范畴，对生态系统现状和使用情况进行了描述。并且对农田景观所有最新数据和趋势进行了整理和分析。本报告指标在不同尺度上关注农田生态系统的分维维度和关键组分、影响农田生态系统功能的生态过程、农田景观的生命元素以及人类从系统中获取的收益。

分布与格局

耕地是不可或缺的农业资源，其数量、分布和格局直接影响农业的产品与服务。影响耕地总面积随时间变化的因素包括对特定类型农作物的需求、农业生产效率和土地生产力。耕地的区域性分布及其变化能够反映美国最有价值农作物的耕作以及耕作最易受环境变化影响的区域分布。此外，耕地分布的变化还会影响其他类型生态系统的分布，并与其他和土地价格、农业管理及土地利用变化密切相关的经济和生态指标互相影响。

---

* 译者：侯鹏、殷守敬。

其他自然或开发土地与农田的交叉程度对农作物生产和牲畜养殖有很大影响，如城市扩张和房屋挤占农田。

随着城市扩张迁移进来的居民往往反对喷洒杀虫剂、秸秆焚烧和田地施肥等长期开展的农业活动，而房地产升值和税收的增加也促使农民卖掉优质农田用于房地产开发，这些因素都会降低农田的生产力。与之相反，森林和湿地能够为耕地、牧场提供天然的防风林，也为农作物授粉的昆虫提供栖息地，这类地块交叉能为农民带来收益。

农田与自然地块的交叉程度可能会影响农田景观提供非耕作生态服务的能力。例如，河岸边的剩余密林区不仅能提供野生动物廊道，也能过滤径流中的养分、控制侵蚀以及加强地下水补给。

本章数据分析

- 自 1982 年以来，主要流域耕地面积开始减少，现有面积为 4 亿英亩——约占美国本土 48 个州（除阿拉斯加和夏威夷）总面积的 1/4（2003 年数据）。
- 美国农田景观主要由耕地（占土地面积的 51%）组成。非耕地面积中，森林占 18%、草地和灌木林地占 16%、湿地占 5%、开发用地占 8%、水域占 4%。
- 大西洋东北部和中部地区森林面积比例最大（占 70%）、落基山脉地区草地和灌木林地面积比例最大（占 78%）、太平洋西海岸地区开发用地面积比例最大（占 24%）。
- 农田景观中的自然地块面积介于 0.5～1 000 平方英里。大多数地块介于 1～100 平方英里，约 16%的地块小于 0.5 平方英里。中西部由小型“自然”地块组成的面积比例最大（2001 年数据）。

全国性报告数据缺口

- 耕地与住宅邻近程度。

化学与物理特征

耕地属于受干预很强的系统

植被、土壤和水都由人为管理，通常需要施用肥料和杀虫剂等药品。农田土壤和水的理化性质指标能够反映农田生产潜力的现状和趋势，及其对其他生态系统的影响。土壤有机质是土壤生产力的决定性因素，土壤侵蚀对农场内外均有影响，土壤含盐度（盐堆积）增加会削弱耕地生产力。此外，农田河流中杀虫剂和营养物质浓度等水质指标不仅能够反映耕地中此类物质的排放，也能反映农业耕种活动对河流下游其他生态系统的潜在影响。

为降低病虫害损失获得最大产量，许多耕地中施用了磷肥和氮肥及杀虫剂等化学物质。磷和氮是植物生长的主要养分，一旦使用过量，将刺激河流、湖泊和沿海地区藻类的繁殖（参见缺氧区域，第 3 章；湖泊、水库和大型河流中的磷，第 6 章）。饮用水中以硝酸盐形式存在的氮，一旦过量也会危及人类健康。杀虫剂中的一些化合物在环境中的降解速度很慢，因此即便是在药力失效以后，从耕种土壤渗入河流和地下水中的杀虫剂也会持续影响野生生物和人类的健康。

农田及其周围的环境质量管理需要考虑诸多方面。鼓励农民高效使用肥料和杀虫剂的政策允许农民最大限度地减小径流，保证农田内化学药品投入成本不超过其增加的收益。减少使用化学药品的措施包括有机耕种、使用基因工程农作物和有机质。这些做法可以减少农田化学物质的流失，但也可能引发其他环境问题。法律约束旨在限制化学药品的投入、减少肥料散失，相关的有《清洁水法》和州级调控项目等。同时，管理措施也影响耕作和布设河流缓冲区等个体农场活动。许多机构在农田生态系统管理和保护中扮演重要角色，如监管空气质量和水质的联邦和州政府机构，地方各类土壤和水保护组织以及分支机构。

数据分析

- 农业地区的河流和地下水水井中的硝酸盐浓度高于森林或城市地区。在农田地区取样时发现，约有 20% 地下水水井和 13%河流取样点的硝酸盐浓度超过了联邦饮用水标准（百万分之十）。
- 农田河流与城郊河流中的磷浓度几乎相等，但高于森林河流。85%农田河流取样点的磷浓度大于 0.1 mg/L，该数值是美国国家环保局为防止未直接流入湖泊或蓄水池中的河流中多余藻类的生长而设定的目标值。
- 在监测的农田地区所有河流和超过 60%的地下水井均被检测出含一种或多种杀虫剂。约 57%的河流中所含杀虫剂水平超过了水生生物标准，16%的河流和少于 1%的地下水井中杀虫剂水平超过了人类健康标准。
- 20 世纪 80 年代初开始，最易受风蚀和水蚀的耕地百分比下降了近 1/3。研究发现，美国西部耕地最易受风蚀，东部耕地最易受水蚀。

全国性报告数据缺口

- 耕地土壤中的碳储量和土壤有机质百分比。
- 不同含盐度耕地面积比例组成。
- 生境质量，包括农田河流中沉积物、鱼的栖息地、浅滩和水池状况。

生物组分

除了为人类提供食物、燃料和纤维以外，农田景观还是很多本地和非本地动植物种的栖息地。农田生态系统中生物体的丰富性、多样性及其空间分布会产生经济和生态效益。例如，农田生态系统中的非本地植物物种能够丰富农田内生物多样性，影响粮食产量或改善野生动物生境适宜性。

监测和评价农田生物环境的综合性强。特定区域内的物种组成能够反映该区域转换为农田前的景观类型（森林或草地）以及适应耕地景观的外来和引进物种（包括本地和非本地物种）。带有侵略性或在其他方面不受欢迎的非本地植物物种会导致本地野生动物栖息地环境的恶化。另外，农田景观中的自然地块多为离散式零星分布，这使得监测破坏本地物种生境的入侵性外来物种在非农田地区的覆盖程度难上加难。

最后，土壤生物状况是评价土壤物理干扰

程度的重要指标，但是监测生物群落难度很高，且目前还没有形成全国耕地土壤生物监测系统。

全国性报告数据缺口

- 耕地土壤中的土壤生物群落状况；
- 农田景观中非耕地地区的非本地植被分布。

待建立指标

- 农田动物物种的状况。

产品与服务

开垦耕地并进行长期耕作的主要目的是生产农产品，因此粮食产量、经济利益和生产成本的详细信息（例如投入和产出的平衡）都有助于衡量农田生态系统的服务功能和价值。另外，打猎、钓鱼和观赏野生动物的娱乐休闲活动也可作为农场提供的产品。

美国大力投资于农业管理，具体措施包括规划各类项目，从而保障农产品价格、鼓励出口、开展科学研究和教育或帮助农产品生产经营者。本章指标将对这些项目和政策的实施效果进行评价。不同农作物的相对产量和价值随需求、农业补贴和奖励的变化而变化，而这种波动还将持续。

数据分析

- 全国农业产出稳步增加，从 1948 年起，总产出大约增加了 170%。
- 5 种主要农作物——小麦、玉米、大豆、棉花和干草每英亩的产量自 1950 年开始增加，其中仅玉米产量就增加了 4 倍。
- 从 1948 年，单位产出所需劳动力、能量、耐用品和土地开始减少。其中土地减少最为明显，超过了 70%。
- 相反，单位产出所需杀虫剂和肥料 1948—2004 年有所增加。施肥量增加了 46%，使用杀虫剂投入增加量是肥料增加量的 2 倍。
- 自从 20 世纪 50 年代起，农产品的经济收益开始增加。农民在 2004—2005 年的产品收益比之前 20 年的平均值要出 8%（为 2 390 亿～2 490 亿美元）。

全国性报告数据缺口

- 在农场进行娱乐休闲活动的天数。

表 4.1 对所有农田指标的现状和趋势进行了汇总，并给出了详细描述。本章涉及的地域和相关定义在附录 D 中有详细描述。

表 4.1　农田指标的现状和趋势

	指标最近数据反映了什么	数值是否随时间发生了变化
分布与格局		
总耕地，第 114 页	耕地面积约为 4 亿英亩，大约占美国本土 48 个州土地面积的 1/4（2003 年数据）	耕地面积从 1948 年起开始出现波动（经济研究院数据）
		从 1982 年起，耕地面积开始减少（NRI 和 ERS 数据）
农田景观，第 116 页	全国农田景观主要由耕地组成（占土地面积的 51%），此外，非耕地包括森林（18%）、草地和灌木（16%）、湿地（5%）、开发用地（8%）和水（4%）	缺乏有关农田景观中耕地所占比例变化的数据进行全国性报告
	不同区域农田景观中不同非耕地组分所占的比例变化明显（2001 年数据）	缺乏有关农田景观中非耕地组分所占比例变化的数据进行全国性报告
耕地与住宅的接近性，第 118 页	尚缺乏房屋周围一定距离内耕地所占比例的数据进行全国范围报告	
农田景观中的自然地块，第 119 页	自然地块面积小于 0.5 平方英里的农田景观所占比例 6%；在 1～100 平方英里之间的地块所占比例 60%（2001 年数据）	缺乏有关农田景观中的自然地块面积大小所占比例变化的数据进行全国性报告
化学与物理特征		
农田河流和地下水中的硝酸盐，第 121 页	40%的河流和 42%的地下水井中的硝酸盐浓度低于 2 mg/L；13%的河流和 20%的地下水井中的硝酸盐浓度高于 10 mg/L（1992—2003 年数据）	缺乏有关农田河流和地下水中的硝酸盐浓度所占比例变化的数据进行全国性报告
农田河流中的磷，第 123 页	85%的河流中磷浓度不低于 0.1 mg/L；13%的河流不低于 0.5 mg/L（1992—2001 年数据）	缺乏有关农田河流中磷的浓度所占比例变化的数据进行全国性报告
土壤有机质，第 125 页	缺乏有关耕地土壤中有机质和有机碳含量所占比例的数据进行全国性报告	
农田河流和地下水中的杀虫剂，第 126 页	农田地区受监测的所有河流和超过 60%的地下水井中被检测出一种或多种杀虫剂，约 57%的河流杀虫剂水平超过水生生物标准，16%的河流和少于 1%的地下水井所含杀虫剂水平超过了人类健康标准（1992—2003 年数据）	缺乏农田河流和地下水井中的杀虫剂所占比例变化的数据进行全国性报告
潜在土壤侵蚀，第 128 页	约 64%的耕地不易受风蚀，19%受中等侵蚀，16%极易受侵蚀（2003 年数据）	1982—2003 年，美国最易受风蚀的农田比例有所减少
	约 41%的耕地不易受水侵蚀，28%受中等侵蚀，21%极易受侵蚀（2003 年数据）	1882—2003 年，美国最易受水蚀的农田比例有所减少
土壤盐分，第 130 页	尚缺乏有关不同含盐水平的耕地土壤所占比例的数据进行全国性报告	
河流生境质量，第 131 页——	尚缺乏有关农田河流中沉积物、河流中鱼类栖息地、浅滩和水池状况数据进行全国性报告	

续表

	指标最近数据反映了什么	数值是否随时间发生了变化
生物组分		
农田地区动物物种状况，第 132 页	新指标待建立	
农田景观中定殖的非本地植被，第 133 页	缺乏有关农田景观中入侵的非本地植被在非耕地区域分布数据进行全国性报告	
土壤生物状况，第 134 页	缺乏耕地中土壤生物群落状况的数据进行全国性报告	

产品与服务		
主要农作物产量，第 135 页	自 1950 年起，虽然某些年份出现波动，玉米、大豆、小麦和棉花单位英亩产量均有持续性的增长，干草产量在至少过去 25 年里几乎没有任何变化	自 1950 年起，小麦、玉米、大豆、干草和棉花产量开始增加
农业投入与产出，第 136 页	自 1948 年起，单位产出所需投入的能量、劳动力、耐用品和土地均持续减少，尽管从 1975 年起，单位产出所需的肥料并没有任何变化，但单位产出所需杀虫剂用量却持续增多	从 1948 年起，单位产出所投入的能量、劳动力、耐用品和土地量开始减少
		从 1948 年起，单位产出所投入的杀虫剂和农药量开始增加
	总产出比 1948 年高出约 170%（2004 年数据）	从 1948 年起，美国农业总产出开始增加
农产品的货币价值，第 138 页	农民收获了价值约 2 390 亿美元的农产品，例如肉类、棉花、蛋类、水果和蔬菜（2005 年数据）	从 1950 年起，农民从农产品中获得的经济利益开始增多
农田休闲娱乐活动，第 140 页	缺乏在农场进行娱乐活动天数的数据进行全国性报告	

=显著减少；=显著增加；=趋势不明确*。

=缺乏数据，难以报告。

*由于数据的数值变化太小或波动过大，没有呈现单一趋势。

总耕地

总耕地面积的重要性

总耕地面积

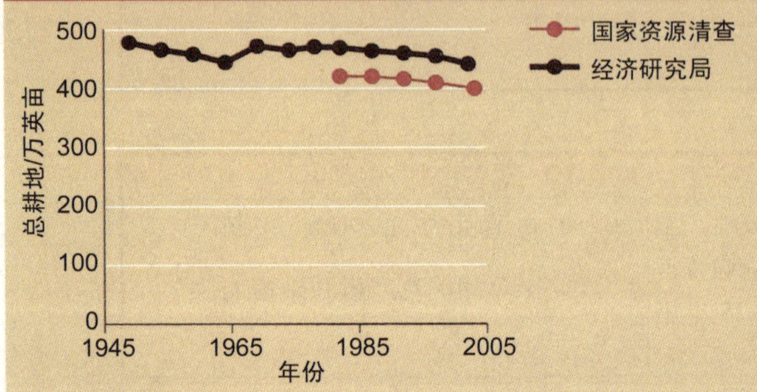

数据来源：美国农业部（USDA）自然资源保护局国家资源清查（NRI）项目；USDA 经济研究局（ERS）。

覆盖面积：美国本土 48 个州。

技术细节：NRI 数据能更好地估测当前耕地面积，ERS 数据则能更好地显示历史趋势。

主要河流流域的总耕地面积

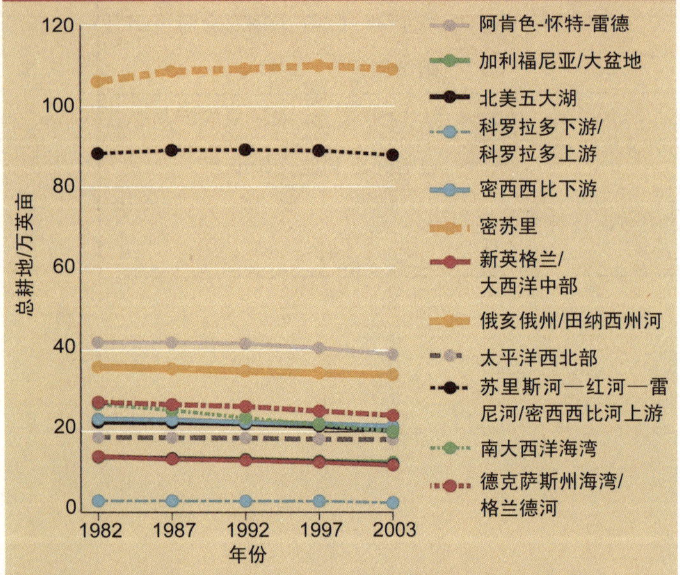

数据来源：USDA 自然资源保护局，国家资源清查（NRI）项目。

覆盖面积：美国本土 48 个州。

农业是美国经济的重要组成部分。农业用地总量和全国耕地分布对美国经济、社会和生态环境有着广泛影响。农田区域的扩张或收缩影响着邻近区域的土地利用，同时也受到生态系统格局变化的影响。

指标含义

用于作物种植的土地，包括耕地和非耕地。参与农田综合评估的还有已经加入长期保持计划（如土地休耕保护计划（CRP））的土地、永久性干草地或进行玉米轮种的牧场。

数据分析

- 根据 USDA 国家资源清查（NRI），2003 年的耕地面积大约为 4 亿英亩。
- 根据 USDA 经济研究局（ERS）的长期评估，1948—2002 年，耕地面积有所波动。自 1982 年起，耕地面积明显减少。
- 自 1982 年开始，即国家资源清查（NRI）有存档以来，除密苏里州和苏里斯河—红河—雷尼河/密西西比河上游流域以外，主要流域的耕地面积均明显减少；而密苏里州和苏里斯河—红河—雷泥河/密西西比河上游流域的耕地面积无明显变化。

数据解析

耕地可能会在种植农作物一年之后闲置一年或多年，然后再重新用于耕作。政府规划的变更或农作物价格的变化都可能缩短土地的闲置期或改种其他农作物。例如，由于作为生物燃料比的玉米棉花和大豆等经济利益更高，农民将加入土地休耕保护计划（CRP）的土地用于种植玉米，并将种植棉花和大豆的土地也改种玉米，另外，如人类开发等其他类型的土地利用方式转变也会使耕地面积改变。尽管目前设计的指标中指明纳入土地休耕保护计划（CRP）的土地仍然属于国家清查范围内的可用土地，但是并未明确 CRP 计划中土地的面积变化（参见草地和灌木林地的土地利用，第 7 章）。

农田景观

耕地在农田景观中所占比例的重要性

农田景观中的耕地

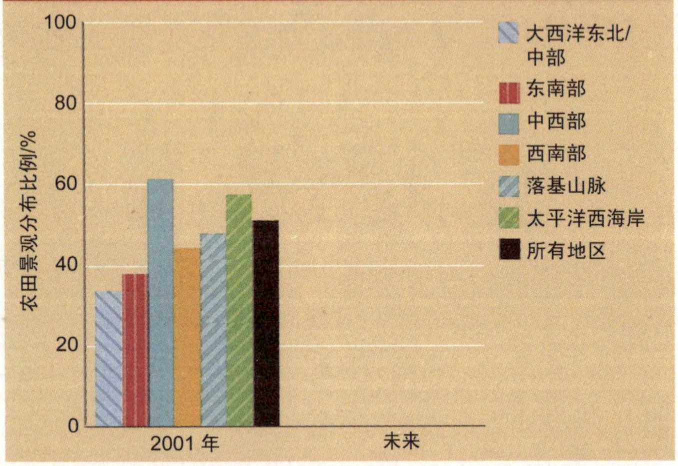

2001 年农田景观未耕种组分

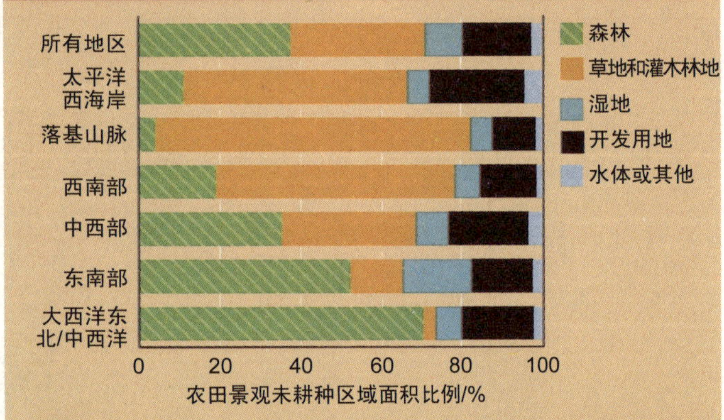

数据来源：多精度土地特性联盟（MRLC）和美国环境系统研究所（ESRI 道路地图）；美国国家环境保护局和美国农业部林务局分析。

覆盖范围：美国本土 48 个州。

技术细节：国家土地覆盖数据库（NLAD）叠加道路地图（仅含铺砌道路）；基于与耕地接邻情况，采用一致的像素地块划分规则，建立了表征全国耕地邻近性情况的图层（参见技术说明）；多边形地块内的土地覆盖通过图表报告。需要注意的是判别耕地中的湿地有难度，需谨慎处理湿地数据；牧场和牧草种植地介于自然草地和耕地之间，这里将其算做耕地。

注释：本报告书中分析方法同《2002 年美国国家生态系统状况报告》有本质差异。

耕地是农田景观的主导元素，耕地也与森林地块、湿地、池塘和房屋、公路等其他景观交叉。农田景观中的非耕种区域（未开发）提供野生动物栖息地，起到缓冲河流、防风林的作用，并增添景观的观赏性。

指标含义

- 耕地占农田景观的面积比例——耕地是指用于农作物生产、饲养牲畜或牧草种植的土地。
- 农田景观非耕种区域中森林、湿地、草地和灌木、水体或住宅小区的组成结构。

数据分析

- 2001 年，中西部和西部海岸农田景观中耕地所占面积比例最大（约为 60%），大西洋东北/中部和东南部耕地面积比例最小（分别为 34%和 38%）。
- 大西洋东北/中部地区农田景观非耕种区域森林面积比例最大（70%），落基山脉地区该比例最小（4%）。
- 落基山脉地区农田景观非耕种区域草地和灌木林地面积比例最大（78%），大西洋东北/中部该比例最小（3%）。
- 东南部农田景观非耕种区域湿地面积比例最大（17%），其他地区该比例均低于 10%。
- 太平洋西海岸农田景观非耕种区域住宅小区面积比例最大（24%），其其地区该比例介于 10%～20%。

- 所有区域农田景观非耕种区域水体所占面积比例均低于 5%。

数据解析

本指标描述了耕地主要景观分布以及与其他土地覆盖类型相交叉的程度。但是由于该指标计算依赖于土地覆盖数据，因此无法说清非耕作区域生物栖息地的质量，更无法提供有关土地管理强度和实施情况信息。

本指标在时间尺度分析方面，主要突出城市和郊区用地对耕地的挤占以及森林、草地和其他土地覆盖类型向农田的转变。但是该报告的数据并未监测低密集远郊区域的土地利用变化情况（比分散的乡村居民地密集，但比城郊区域稀疏——参见耕地与住宅的接近性，第 4 章）。

耕地与住宅的接近性

耕地与住宅邻近程度的重要性

> **耕地与住宅的接近性**
>
> **数据缺口**
>
> 缺乏有关距房屋一定距离范围内耕地所占比例数据进行全国性报告。

国家耕地产出的食物和纤维为人类提供赖以生存的基本资源。随着大都市面积扩张，再加上人们倾向于选择次发达地区定居，越来越多的家庭开始定居在耕地附近或周围区域。住宅与耕地邻接紧密有利有弊，需要特别注意的是，缩短耕地和住宅的距离可能会导致优质农田的永久性丧失。

指标含义

本指标描述离居住地相距不同距离范围内的各类耕地面积所占的比例。具体而言，即与住宅房屋相距不同远近程度（小于 100 英尺、100～300 英尺等）的各类耕地面积所占的比例。

指标数据缺口

还需要重要农业区内房屋住宅位置分布的具体数据，全国部分地区有此类数据，尽管越来越多的房屋产权数据有电子版存档，但是仍缺少土地覆盖类型信息。现有土地覆盖数据提供房屋住宅开发的信息，但是由于数据分辨率过低，不足以辨识出农田景观中的单个家庭房屋住宅。

讨论

本指标不是简单地报告指定区域内房屋住宅的数目，而是提供与耕地相关的房屋住宅空间格局信息。例如本指标可用来区别农田景观中相同数量的房屋呈现聚集或均匀分布所带来的影响——后一种情况房屋住宅周围耕地分布更多。

农田地区的房屋住宅和其他开发活动可能降低农业经济生产力。例如，土地价格上涨可能会促使农民出售土地。除了土壤肥力、可用水资源等基本指标要素，农用土地食物和纤维生产能力也受到保护作物不同耕种方式安全性的制约，避免破坏土地，或使居民受到噪声、灰尘和化学喷雾的干扰等。区域农业活动也可能会因邻居的抱怨而被取缔或削弱（由于更接近消费人群，菜田等农用地更适宜这种破碎的农田景观）。

本指标定量描述农田的景观格局，旨在阐述农民在此进行可持续耕作的能力，毋庸置疑，农业活动将通过不同方式影响周围或远或近的非农业居民。参见农田河流和地下水中的杀虫剂，农田河流和地下水中氮和磷，以及农田地区的娱乐休闲活动指标。

农田景观中的自然地块

自然地块的重要性

自然地块（森林、草地、灌木林地和湿地）有助于控制侵蚀和沉积物移动，帮助补充地下水，为野生动物提供主要的栖息地，并支撑碳存储等生态过程。

指标含义

全国和局部区域范围内农田中自然地块的大小。

数据分析

- 2001 年，农田景观的自然地块中，面积小于 0.5 平方英里（320 英亩）的占 16%，面积在 1～100 平方英里的占 60%；面积在 0.5～1 平方英里的极为稀少，面积大于 1 000 平方英里的则更加稀少。
- 针对面积大于 100 英亩的自然地块，其主要聚集在东北和大西洋中部地区，所占比例最大（30%），其中，极大地块占该区域自然地块总面积的 12%；该类地块所占比例最小（4%）的区域分布在太平洋西海岸。
- 针对面积小于 1 英亩的自然地块，其在中西部区域所占比例最大（33%），在落基山脉区域所占比例最小（9%）。

全国范围农田中的“自然”地块的大小

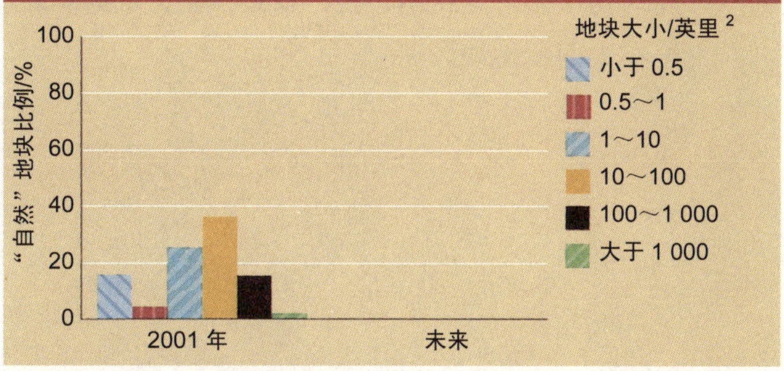

农田中的“自然”地块的大小，分区域（2001 年）

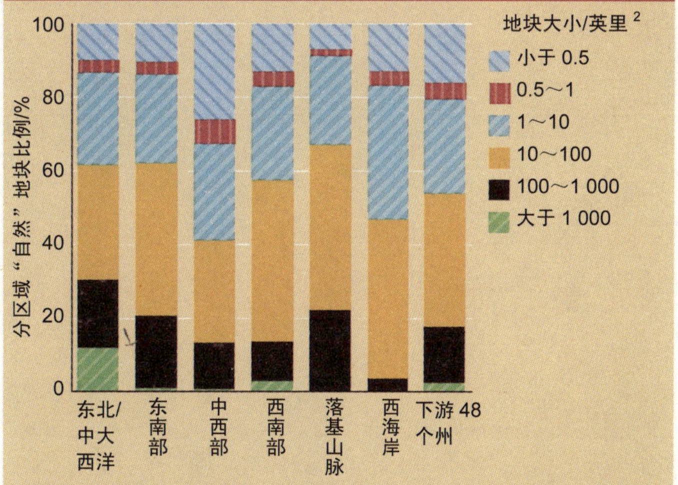

数据来源：多精度土地特征联盟（MRLC）以及 ESRI（道路地图）；美国国家环境保护局和美国农业部林务局分析。

覆盖面积：美国本土 48 个州。

技术细节：所有农田中的“自然”地块构成了本图中报告地块大小的可触地块。

注释：现有的技术限制要求地块需按州划分，这就意味着，这些数据代表的是最小的地块尺寸。我们还不了解此分析限制对数据的影响。

数据解析

在以农业用地为主的景观中，孤立分布的小面积自然地块，以及加入土地休耕保护计划（CRP）等进行保护恢复的土地，除了影响农作物产量以外，还直接影响土地提供生态系统服务的能力和类型。值得注意的是，土地所有权和土地利用历史也可能影响自然地块大小，例如，某些地区最初使用多排栅栏、树木或其他植被作为篱障，当其土地利用方式转变为耕地后，原有自然地块则被进一步分割。一般情况下，自然栖息地块的面积越小，本地动植物物种的生境质量越低（不一定适用于湿地）；同样，自然地块越小，人类获得独立宁静生活的概率也越低。诸如松鼠、白尾鹿、椋鸟和麻雀等常见且能适应人类活动干扰的本地和非本地物种对较小的栖息地块适宜性较强，但某些稀有物种，如某些鸟类（冠红啄木鸟、阔翅鹰以及许多鸣鸟）、哺乳动物（熊、美洲狮、狼、郊狼、貂、水獭和鼬鼠）以及两栖动物和爬行动物，则更适宜栖息于在大面积地块。

农田河流和地下水中的硝酸盐

河流和地下水中的硝酸盐浓度的重要性

饮用水中硝酸盐浓度过高严重威胁婴儿健康，尤其是普遍存在于农业地区私有地下水井中未经处理的饮用水（市政供水系统一般包括去除硝酸盐程序）。在农田河流中硝酸盐浓度过高，说明投放到农田中的氮元素超过了土壤能够储存和植物吸收的量。河流中过量的氮元素流入沿海水域，可能引起藻华事件、降低海岸的娱乐和观赏价值，并耗尽鱼类等生物维持生命所需要的氧（参见氮素的迁移、缺氧区域，第 2～3 章）。

指标含义

- 以农田为主要土地利用类型地区的河流和地下水的平均硝酸盐浓度。
- 农田、森林、城市和郊区中的河流和地下水中硝酸盐浓度之间的比较。

数据分析

- 农田区域 40%的河流取样点和 42%的地下水井取样点，其硝酸盐浓度低于 2 mg/L。
- 农田区域 20%的地下水井取样点和大约 13%的河流取样点，其硝酸盐浓度超过了联邦饮用水标准（10 mg/L）。
- 针对地下水井取样点的硝酸盐浓度，主要土地利用类型为农田的区域高于城市或森林地区，并在森林地区达到最低值。在农田和城市地

农田河流中的硝酸盐，1992—2001 年

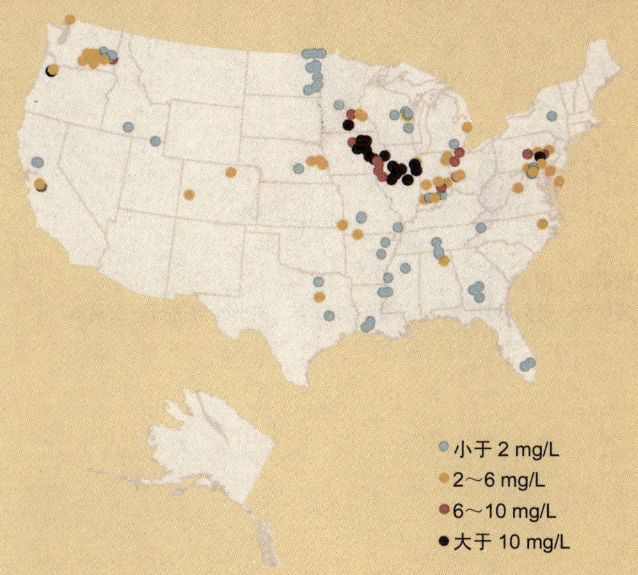

数据来源：美国地质调查局国家水质评估项目。
覆盖面积：美国 50 个州。
技术细节：每一个取样点在 1992—2001 年都进行过为期约 2 年的集中采样，抽样了 51 个主要的流域。每一个流域里，对农田或是草地附近的河流进行了取样。单位为百万分之一份硝酸盐（mg/L）：参见技术说明。

生态系统比较：河流中的硝酸盐，1992—2001 年

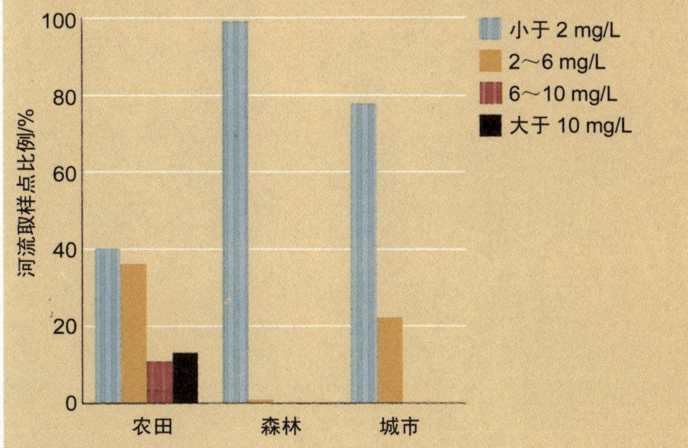

数据来源：同上。
覆盖面积：美国 50 个州。

区，均发现部分取样点的硝酸盐浓度超过联邦饮用水标准 10 mg/L。

生态系统比较：1992—2003 年河流中的硝酸盐

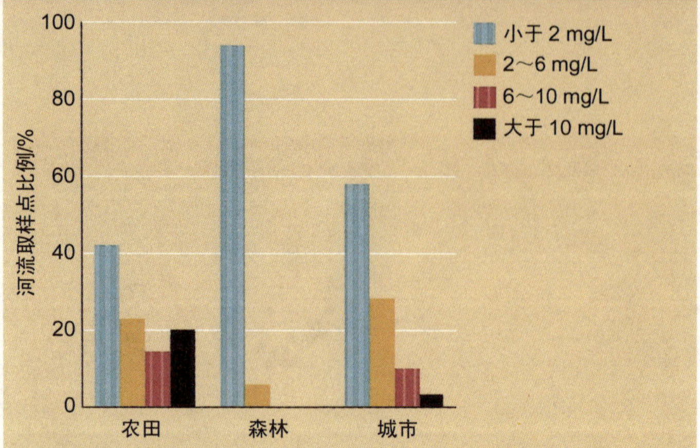

数据来源：同上。

覆盖面积：美国 50 个州。1992—2003 年，每一个点进行一次采样。

数据解析

硝酸盐是氮元素的天然存在形式，是一种重要的植物营养成分。但在农田生态系统中，氮元素最主要的输入源并非天然，主要来自肥料以及喂养动物所产生的粪肥。如果所施肥料超过了植物吸收或土壤贮存能力，多余的硝酸盐就会渗入地下水或流入河流。

农田河流中的磷

农田中的磷的重要性

磷是所有生物生存必不可少的营养成分；它天然存在于土壤和水生生态系统中。农田施肥所用肥料中的磷，可能会流入小溪和河流并随之转移到湖泊和沿海水域。

淡水生态系统中磷的浓度一旦过高，过剩的磷会引起藻华，破坏水域的娱乐和观赏价值，并耗尽鱼类等生物生存所必需的氧。

指标含义

- 以农田为主要分水岭的河流中，含有不同年平均磷浓度的河流在四个浓度等级所占数量比例（%）。
- 农田河流与森林、城市和郊区河流中磷浓度监测结果的比较。

数据分析

- 农田河流磷浓度大于 0.1 mg/L 的采样点占 85%，大于等于 0.5 mg/L 的采样点占 13%。
- 农田河流的磷浓度与城市和郊区河流中的磷浓度相近，但高于流经森林河流的磷浓度。

数据解析

农田河流中的磷主要来自化学肥料和动物养殖所产生的粪便。如果所施肥料的磷供应超过植物吸收或土壤贮存能力，过剩的磷就会流入邻近河流。

因为地质差异，不同区域的总磷背景

1992—2001 年农田河流中的总磷浓度

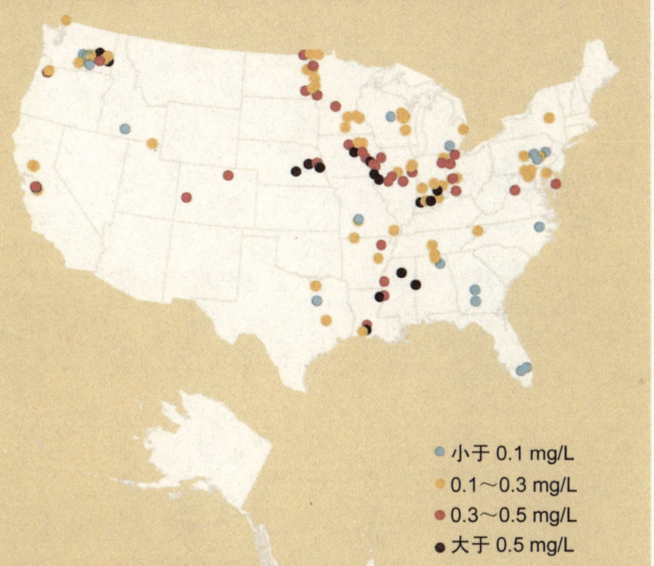

数据来源：美国地质调查局国家水质评估项目。
覆盖面积：美国 50 个州。
技术细节：每一个取样点都在将近两年即 1992—2001 年内进行频繁采样；选取 51 个主要流域。每一个流域里，对周边土地为农田或是草地的河流进行了采样。

生态系统比较：1992—2001 年农田河流中的总磷浓度

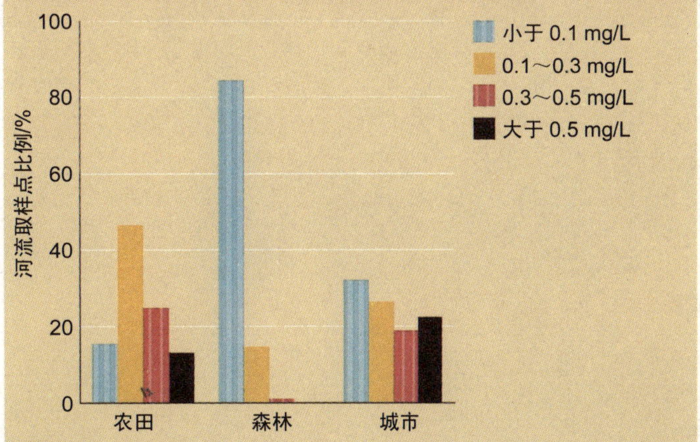

数据来源：同上。
覆盖面积：美国 50 个州（参见上图农田的取样点，以及城市和郊区取样点地图）。每一个取样点都在将近两年即 1992—2001 年内进行频繁采样。

浓度也存在差异，但美国国家环境保护局（EPA）最新报告指出该值一般都较低（0.01～0.16 mg/L）。为了防止藻类过度生长，EPA 推荐河流中磷的标准浓度为 0.1 mg/L，超过此浓度的河流应被禁止排入湖泊或其他储水系统。目前美国联邦政府尚未制定饮用水的磷浓度标准。

土壤有机质

土壤有机质的重要性

> **土壤有机质**
>
> **数据缺失**
>
> 全国性报告尚缺乏有关农田距离土壤表层 12 英寸内储存的有机质百分比和有机碳总量的数据。

有机质能够帮助土壤保持水分和储存营养物质，它对土地进行作物耕种，提供侵蚀防护，维持微生物组合的健康多样性等服务，具有极其重要的作用。大量的碳元素可以以有机质的形式储存于土壤中。在温室气体排放国际谈判中，说清生态系统碳存储总量的变化特征愈加重要（参见碳储量，第 2 章）。

指标含义

在数据可获取前提下，这些指标反映了有关农田土壤（全国和区域尺度）表层 12 英寸内储存的有机质含量百分比和有机碳总量。

数据缺口

由美国农业部（USDA）自然资源保护局发布的土壤调查报告提供了全美土壤中有机质总量的基准值，但在全国范围内系统监测其总量变化的机制尚未形成。

讨论

土壤有机质、潜在土壤侵蚀、土壤盐分和土壤生物状况是衡量土壤质量的关键指标，能够反映作物种类变更、土壤管理措施以及温湿度度条件变化产生的影响。

土壤有机质通常通过计算表层土壤含有的有机质干重百分比获得。表层土壤受人类活动影响剧烈，并受到气候和其他因素影响，不同区域土壤有机质含量差异明显，该指标在全国和区域尺度的变化能够为农田管理和气候影响分析提供重要支撑。

不同的地点和区域的土壤有机质总量差异明显，土壤有机质中碳含量因土地类型（尤其是质地和排水性能）不同而变化，在区域尺度上即使土壤类型相同也存在差异。表层土壤受人类活动影响最大，其有机质含量（干重）百分比通常可直接监测或间接由其他土壤特性参数进行估算。该指标在区域和国家尺度上的变化可以反映出农田管理、气候、土壤含氮量和植被类型等因素对农田的影响。

农田河流和地下水中的杀虫剂

农田河流和地下水中杀虫剂变化的重要性

监测的农田河流和地下水中的杀虫剂

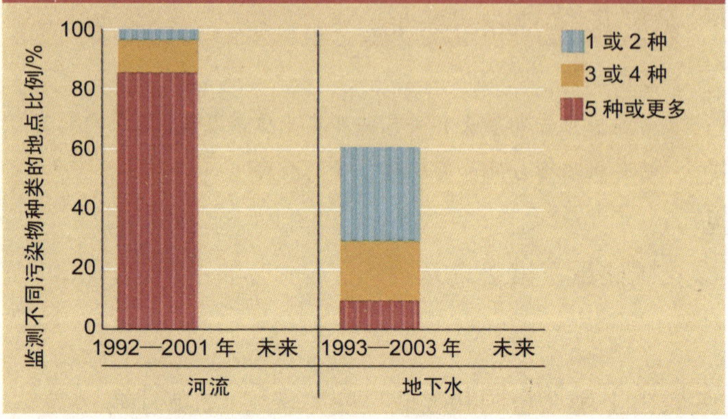

测试的超过标准的杀虫剂，农田河流和地下水

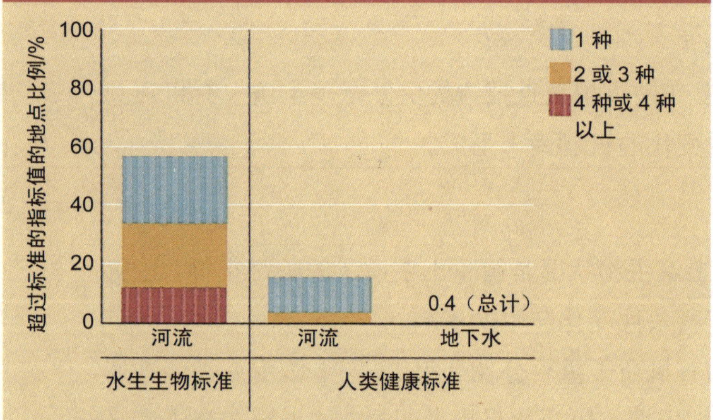

数据来源：美国地质调查局国家水质评估项目。

覆盖面积：基于美国 51 个主要以农业用地为主的流域内 83 个溪流点和 1 412 个水井取样点。图中不包括还未设立相关标准的受测试杀虫剂。

注释：在《2002 年美国国家生态系统状况报告》中报告了 1992—1998 年的数据，但因为取样点数目的变化和标准的变更，那些数据与此本报告中 1992—2011 年数据没有可比性。

在农田生态系统中，杀虫剂或其降解后产生的物质过量，就会对人类、野生动物和植物产生危害。

指标含义

农田河流和地下水中监测到杀虫剂的频度，以及监测结果超过人类健康和水生生物保护的标准阈值的频率。

数据分析

- 被监测的所有河流均有至少一种杀虫剂含量处于可探测水平，其中 86%的河流含有 5 种或 5 种以上。
- 60%以上被监测的地下水井含有至少一种杀虫剂处于可探测水平，其中约 10%含有 5 种或 5 种以上。
- 约 57%的河流含有至少一种杀虫剂处于超过保护水生生物的标准水平，其中约 12%含有 4 种或 4 种以上。
- 约 16%的河流含有至少一种杀虫剂处于超过保护人类健康标准水平。
- 低于 1%的地下水井中杀虫剂残余含量超过人类健康保护标准。

指标缺陷

杀虫剂的安全标准体系尚不健全，监测采用的 83 类杀虫剂化合物中，73 个有确定的人类健康保护标准，62 个有水生生物保护标准。

数据解析

用于农业或其他领域的各类杀虫剂，以原始状态或转换为其他物质形式残留在土壤中。人类和其他生物体一旦接触到河流和地下水井中的杀虫剂，人体健康或者生物功能就会受到影响。监测数据提供了杀虫剂空间分布范围等基本信息，尽管进行风险评估还需要考虑暴露程度等其他因素，但是通过监测值与标准值之间的对比，仍有助于评估杀虫剂含量的安全程度。人类健康标准同时适用于作为潜在饮用水水源的河流和地下水。而由于水生动物全部或大部分生命周期都生活在河流，并且对特定污染物更加敏感，因此水生生物保护标准的数值低于人类健康标准值，也尚未用于地下水安全评估。

潜在土壤侵蚀

土壤侵蚀的重要性

潜在风蚀

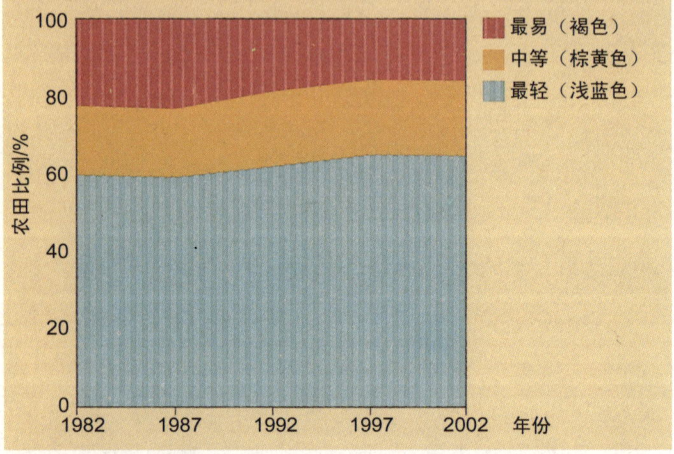

潜在水蚀

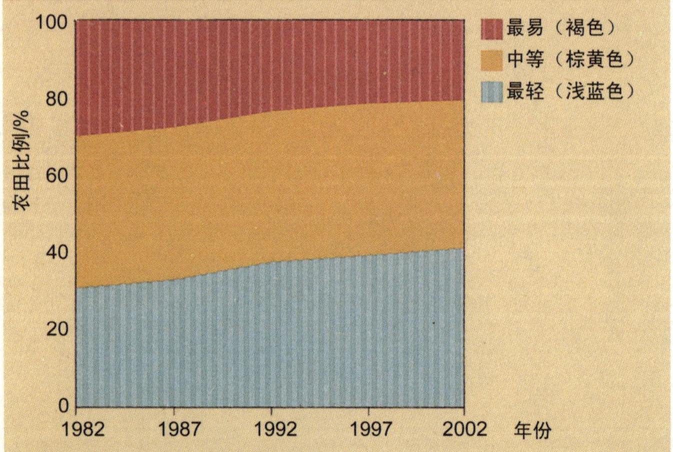

数据来源：USDA 自然资源保护局。

覆盖范围：美国本土 48 个州；数据包括农田休耕计划中的土地，但不包括草原。

技术细节：基于综合考虑土壤特性、地形学和管理活动的综合指数进行数据分析，例如耕作方式和土壤中是否含有作物残留物等，以及作物残余物是否被遗留在土地中。

农业土壤侵蚀会降低土壤和水的质量。微小的土壤变化（例如，从边坡顶部到底部）也可能改变其结构，降低土壤肥力，从而增加进行常规种植的难度。如果受侵蚀的土壤进一步迁移，流失到河流和湖泊中，这些侵蚀沉积物中携带的营养物和杀虫剂会引发水质污染，即使不产生污染，土壤侵蚀沉积物本身也会大幅增加水库和水处理设施的投入成本，提高海上航运，以及其他水体和航道的使用成本。在自然状态下，农田土壤的形成和更新需要数千年的天然风化，但近十年来，秸秆还田等管理措施的实施使表层土壤总量显著增加。

指标含义

- 美国农田面临不同级别风力侵蚀和水力侵蚀风险的面积组成比例，包括纳入土地休耕计划中的土地。
- 最易遭受风蚀和水蚀的农田分布。

数据分析

- 1982—2003 年，最易遭受风蚀的耕地比例下降了近 1/3，占美国耕地面积的 16%（6 400 万英亩）。
- 最易遭受水蚀的耕地比例下降了近 1/3，占美国耕地面积的 21%（8 300 万英里）。
- 尽管全国范围都有风蚀和水蚀现象发生，但东部地区的水蚀更为严重，西部地区风蚀更为严重。

数据解析

管理措施可以减弱侵蚀和潜在侵蚀。控制土壤侵蚀的常规措施包括实行免耕或最小化耕作、建造梯田和田地防风林、进行等高种植等。此外，对高度易受侵蚀耕地实行免耕，如将其列入土地休耕计划（CRP），也可减弱侵蚀。

以潜在侵蚀作为评估指标，是因为无论在全国、区域或者景观尺度上，都很难对实际发生的侵蚀及其影响进行量化。潜在土壤侵蚀、土壤有机质、土壤含盐度和土壤生物状况都是评价土壤质量的关键指标。

2003 年最易遭受风蚀的农田

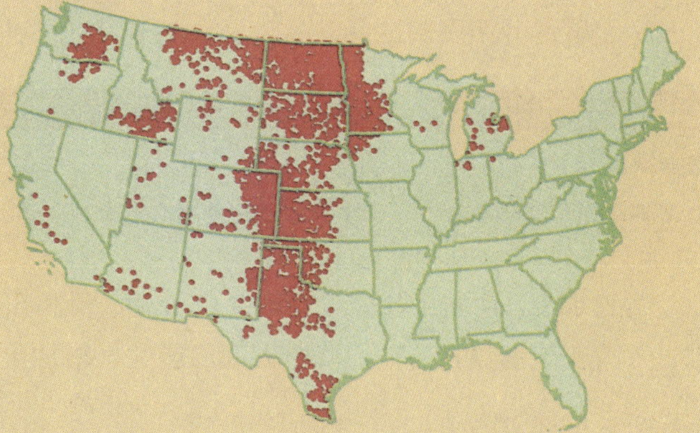

● 第一个点代表最易遭受风蚀的农田，大约 20 000 英亩。

数据来源：美国农业部自然资源保护局；2003 年国家资源清查项目，2006 年 8 月。

覆盖范围：美国本土 48 个州；数据覆盖耕地和育林休耕的土地，但不包括草原。

注释：这些地图中的点不代表具体位置。英亩数由按州和 8 位水文单元统计汇总。边界范围内的点为随机选取。

2003 年最易遭受水蚀的农田

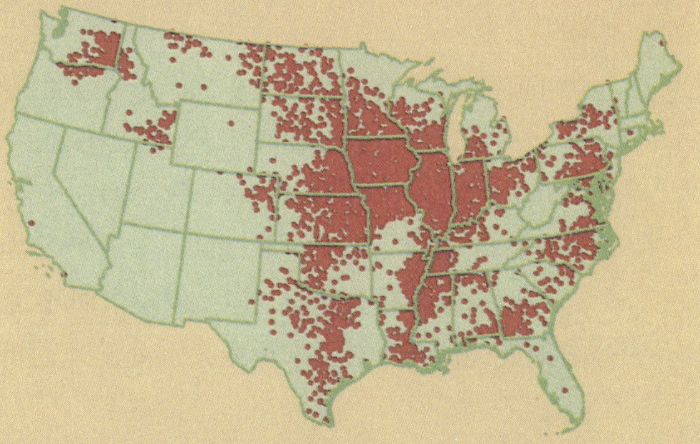

● 每一个点代表最易遭受水蚀影响的农田，大约 20 000 英亩。

数据来源：美国农业部自然资源保护局；2003 年国家资源清查项目，2006 年 8 月。

覆盖面积：美国本土 48 个州；数据覆盖耕地和育林休耕的土地，但不包括草原。

注释：这些地图中的点不代表具体位置。英亩数按州和 8 位水文单元统计汇总。边界范围内的点为随机选取。

土壤盐分

土壤盐分浓度的重要性

> **土壤盐分**
>
> **数据缺口**
>
> 缺乏不同含盐度耕地所占百分比数据进行全国性报告。

盐浓度过高对植物的影响等同于干旱对植物的影响：过高的盐浓度会降低植物吸收水分的能力，阻碍植物生长，降低植物活力。土壤中过多的盐也会渗入到地下水和地表水中，而水中盐分过高则会危及淡水鱼和在淡水环境中生存的水禽。某些盐分，如钠盐，可改变土壤结构特征，降低土壤渗透性，增加土壤流失和侵蚀，破坏生物活性。

指标含义

- 不同含盐度水平农田的百分比，单位为 dS/m（低于 2 dS/m，2～4 dS/m 以及大于 4 dS/m）。
- 在主要农田区域中，不同程度盐分含量升高的土地所占的百分比，例如高于 4 dS/m。

指标数据缺口

农民、政府机构和研究学者开展的常规土壤监测中通常包括盐分指标，全国土壤盐分数据可用，但该数据并非专门对农田统计，且未及时更新，无法分析其时间变化趋势。

讨论

土壤盐分，连同土壤有机质、潜在土壤侵蚀和土壤生物状况是评价土地质量的主要指标。土壤盐渍化通常由农业灌溉引起，常出现在干旱地区。用于灌溉的水中如果含有盐，当水从地表或从植物叶子中蒸发时，盐分将会留在土壤中。在干旱地区，这些盐分不断累积将会引发系列问题。在降雨充沛的湿润地区，盐分随着地表径流流失，可避免其浓度积累到高水平。

土壤盐渍化较为罕见，但是农田灌溉不足时也会发生。在土壤本身含盐量较高的区域，盐分随地表径流迁移会在水坑或泉水处出现盐析现象。

河流生境质量

河流生境质量的重要性

天然河流能够提供大量地下水资源和河岸栖息地，可维系大量本地物种的生存。河流和岸边的结构特征可以反映河流的质量状况，相对原始状态改变较小的水流形态（参见河流流量变化，第 2 章）和岸边植被有利于长期维系河流健康和生物群落的生存环境。

> **河流生境质量**
>
> **数据缺口**
>
> 缺乏有关沉积物、河流中鱼类栖息地、农田河流中浅滩和水潭状况的数据。

指标含义

针对田间河流分布有河床沉积物，具有河流鱼类生境特征（出现大块、圆木、底切河岸和根系），以及分布有浅滩和水潭的河段，本指标描述分别处于自然、中度、退化和未知的河段占整个河流长度的百分比。

本指标通过对比农田河流中指定河段与同区域内处于原始状态河段的特定生境特征来评价河流生境。“自然”生境指那些与同区域极少受干扰河段具有相似的生境特征的河段，“退化”生境特征指与同区域极少受干扰河段相比退化程度在 95%以上，“中等”生境特征指退化程度在 75%以上。相关的淡水生态系统指标报告不只针对田间河流，还包括所有其他河流。

指标数据缺口

尽管已获取全国范围有关河床沉积物、河流生境特征相关数据，但是目前这些数据尚不足以反映田间河流的状况。另外，目前尚缺少全国范围河流浅滩和水潭状况的相关数据，更勿论田间河流。

讨论

与陆生动植物相同，栖居于河流的动植物也需要特定的生境条件赖以生存和繁衍。由于各类型的物种要求各异，溪流沿岸需要保持栖息地类型多样化以满足不同动植物的需求，保证其数量维持自然增长。

本指标无技术说明。淡水生态系统指标中的河流生境质量能够描述也包括农田在内的综合生态系统中可涉水河流的状况。

农田地区动物物种状况

农田地区动物物种状况的重要性

农田地区物种状况
待建立指标。

农田包括耕地及其周边的小片自然地块，它是许多野生动物的家园。某些物种在原始林地、草地、灌木林地尚未转变为耕地时已经存在，它们一般不适应于农田生境特征，但可以少量和小规模栖息在这些自然地块。而那些适宜于宽阔农田生境条件的物种，在地区土地利用方式转变为农业用地后则会较先前更加常见。

指标含义

全面反映农田地区野生动物的生存状况。

指标缺陷

本指标考虑两类在农田生存的物种——一类是适宜生存在自然地块的物种，另一类是适宜生存在农业用地的物种。这种方式与海洋、森林、草地、灌木以及淡水生物相关的报告方式不同，原因在于“农田”物种种群无法像人们识别其他类型生态系统相关物种种群一样被辨识和定义。

农田景观中定殖的非本地植被

非本地植被面积的重要性

> **农田景观中定殖的非本地植被**
>
> **数据缺口**
>
> 缺乏入侵的非本地植被在非耕地农田中的面积相关数据进行全国性报告。

以农田景观为主导的区域内的野生动物更倾向于栖息在残留的自然地块。由于非本地植被物种对野生动物栖息地的价值较低，因此农田中自然地块中非本地植被比例过高会影响野生动物数量。例如，CRP 项目把需要重点保护的土地交由退休农民保养，并给他们支付薪资，当这些土地的非本地草地转换成本地草地，中纬度“高地”地区的鸟类数量会明显增多，例如鹬。

指标含义

具有不同级别非本地植被比例的非耕作地区面积，这里所说的非本地植被比例是指在农田景观中，入侵的非本地植被占植被总量的比例。

指标数据缺口

无论州政府、联邦机构、私人都没有全国性非本地植被数据集（参见农田景观，第 4 章）。鉴于涉及多种生态系统类型，因此要该报告指标，必须先统一从不同生态系统类型所收集到的数据，保证这些植被类型数据的可比性。

伊利诺伊州自然历史调查局提供了一个州的监测数据，记录了 3 种生态系统类型中的非本地植被覆盖率的变化情况，但是缺少全国可比较的数据。此类数据精度要求详细到能够描述农田中破碎的自然地块中非本地植被的分布情况。

讨论

农田景观包括树林、草地、灌木林地及河流，这些生态组分构成了非本地物种的生境。在非耕作农田中，由于非本地植被可能会侵占这些野生动物的生存空间，保留下来的本地植被虽然数量较少，但对于那些栖息在此的本地昆虫、鸟类以及其他野生动物，则是重要的资源。

土壤生物状况

土壤生物状况的重要性

土壤生物状况
数据缺口
缺乏有关农田土壤有机群落数据进行全国性报告。

包括许多微小动物在内的土壤生物体，其数量和类型是评价农业土壤受干扰程度的关键指标。

指标含义

线虫成熟指数（NMI）是表征土壤中蛔虫和线虫类型的指数。本指标统计NMI指数在三个等级的农田所占百分比。通过在地图中标记低指数值的农田（即扰动土壤）来表征受干扰土壤的地理位置。

指标数据缺口

调查表明线虫是检测土壤是否扰动的一个有效指标，也是评价土质的重要因素。得出以上结论是因为在几乎所有营养物质分解和循环受到影响的土壤中都能发现线虫，此外，线虫也是土壤食物链的重要组成部分。采用线虫成熟指数作为衡量农田土壤扰动的指示性指标，虽未在全国范围的监测项目中应用，但已经成功应用于两项州级调查（北卡罗来纳州和内布拉斯加州），调查分别由这两个州政府与国家农业统计局合作开展。可以通过现有国家级或者州立的监测项目推广该指标应用，而后者还需采用统一的监测方法，使各州的结果能够整合汇总为全国数据。

讨论

监测土壤生物群落状况是追踪土壤干扰程度的一种方式，包括评价改变耕种作物种类和土壤管理措施所带来的影响。可采用土壤生物状况、土壤有机质、潜在土壤流失和土壤盐分评价土壤质量。

线虫类型的差异也会导致得到的指标值不同，因为每一种线虫对土壤扰动具有不同的忍受能力。NMI 是根据对具有不同扰动容忍水平的线虫按比例统计和计算得到。在一般情况下，采用单一栽培、使用高浓度氮肥和杀虫剂等集约农业生产方式的土壤群落，其NMI值较低（低于2.5）；更为普遍地采用混合作物、轮耕和不整栽培法的轮作方式的土壤群落，其NMI值通常处于中等水平（在2.5～3.5）；极少数的土壤群落出现NMI高值（高于3.5）。

主要农作物产量

主要农作物产量的重要性

玉米、大豆、小麦、棉花和牧草这 5 种作物的耕种面积占全美 90%左右，所得经济收入占美国所有作物经济收入的 50%以上（参见农田，第 4 章）。单位英亩农田农作物产量的提高使得美国在不增加农田面积的同时收获了充足的粮食和纤维产品。事实上，在过去的半个世纪，用于农作物生产的农田总面积已经有所减少（全部耕地），人们普遍认为农业用地面积显著增加的可能性很小。

农作物产量：玉米、大豆和小麦

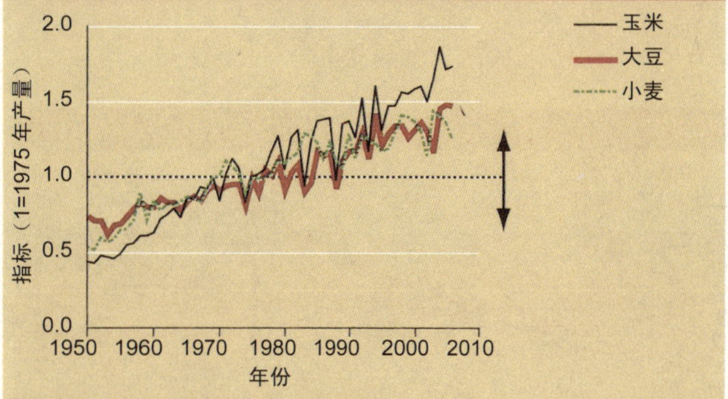

数据来源：USDA 国家农业统计局（NASS）。
覆盖范围：美国 50 个州。
技术细节：数值高于 1.0 说明每英亩产量超过 1975 年；数值低于 1.0 说明产量低于 1975 年。

指标含义

指标报告了玉米、大豆、小麦、牧草和棉花的单位英亩产量，并以 1975 年为标准年，将其转换为标准指数。

农作物产量：牧草和棉花

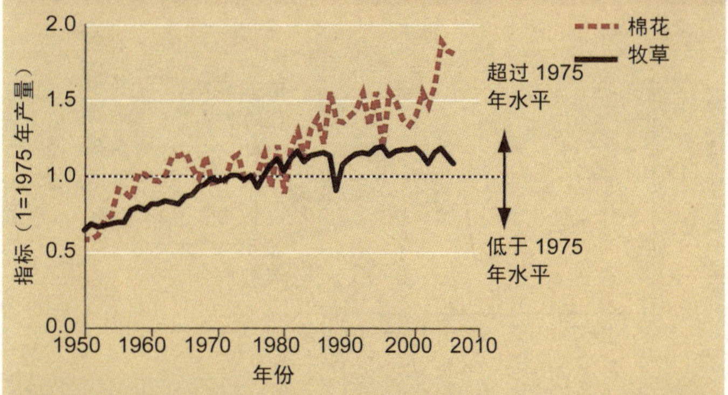

数据来源：USDA 国家农业统计局（NASS）。
覆盖范围：美国 50 个州。
技术细节：数值高于 1.0 说明每英亩产量超过 1975 年；数值低于 1.0 说明产量低于 1975 年。

数据分析

- 自 1950 年，5 种作物的产量逐年增加。玉米、小麦和棉花单位英亩产量均增加了 2 倍以上，其中玉米产增加了 4 倍，大豆和牧草增加了约 2 倍。
- 2003—2006 年，玉米、大豆、小麦和棉花这 4 种作物的产量达到峰值。期间牧草产量在 56 年间的数据比较中居第二位（1995 年牧草产量最高）。
- 近 10 年的数据（自 1990 年以来）表明玉米、大豆和棉花产量的总体增长趋势仍在继续。

数据解析

农作物产量的增加源于发展培育技术、先进的生物科技、改进耕种措施和使用杀虫剂、化肥等。集约的农田利用方式一方面提高了作物产量，另一方面也产生了负面影响，例如增加了河流湖泊和沿海水域中氮、磷和杀虫剂的浓度（参见农田河流和地下水中的硝酸盐、农田河流中的磷、农田河流和地下水中的杀虫剂，第 4 章；国家生态系统：核心指标：氮素的迁移，第 2 章）。

农业投入与产出

农业投入和产出的重要性

农业投入

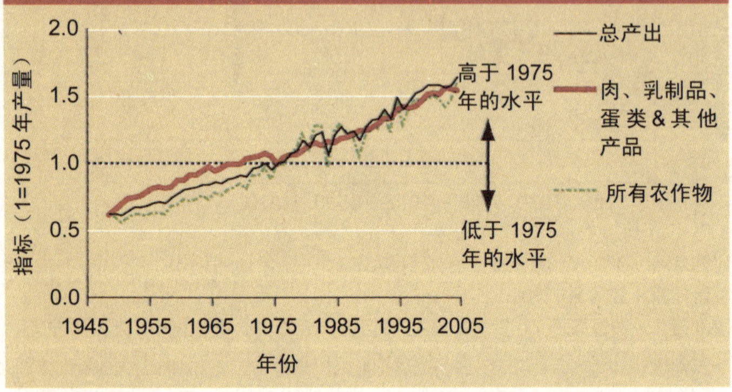

单位产出农业投入

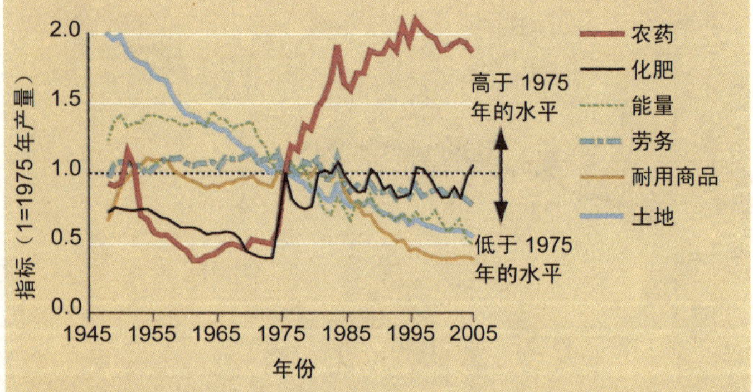

数据来源：USDA 美国农业统计局（NASS）。
覆盖范围：美国 50 个州。
技术细节：给定年份的投入指标值描述了当年单位产出投入多于或少于 1975 年的百分比。例如：两个图中，值 1.5 即比 1975 年值大 50%。

农业生产需要能源、土地、劳务、商品和化学品等投入。投入本身包括环境和经济成本。因此，比较投入趋势与产出趋势，是评价农业产业效率和健康，以及农业环境影响的重要标准。

指标含义

- 一段时间内农业总产出与 1975 年产出值的对比。
- 用于生产单位产出所耗投入与 1975 年的对比。

数据分析

- 美国的农业产出稳步增长。自 1948 年起，总产出已增长了 170%。
- 自 1948 年起，单位产出所耗能源、劳务、耐用商品、土地投入持续下降。其中土地下降最多（70%），耐用商品次之（42%），其次为能源（60%）和劳务（19%）。
- 相反地，单位产出所耗农药和化肥投入在 1948—2004 年大幅度增长。化肥投入增长了 46%，农药投入增长了两倍。然而，自 1975 年起，单位产出所耗的农药投入继续增长，单位产出所耗的化肥投入保持稳定。

数据解析

本指标综合考虑了农业的投入和产出。例如：美国所有农田的化肥使用总量除以农业总产出，即为生产单位商品使用的化肥量。农民更高效的投入方式降低了投入指数，如靶技术的应用降低了每吨玉米的化肥投入。其他技术革新也有类似的效果，例如改进的机械化、先进的生物科技、效力更强的农药等大大降低了劳动力需求。

随着科技发展和农耕方式的改变，投入质量也随之剧烈改变。例如：由于农耕方式和农药质量的改善，如今使用少量农药即可达到过去大量使用的同等效果。为了便于对不同时期内不同投入和产出进行比较，本指标将投入的变化和农业产出市场价值的变化纳入考虑范围（更多详情请参见技术说明）。

本指标关注那些主要且可量化的投入，诸如改变植物种植方式（包括引进改造作物）等，其他因素未被包含在内，此外，有些投入（如水）只是间接被包含其中（此种情况与能源成本和灌溉情况有关）。

农产品的货币价值

农业产品价值的重要性

农业销售额（以 2005 年美元为准）

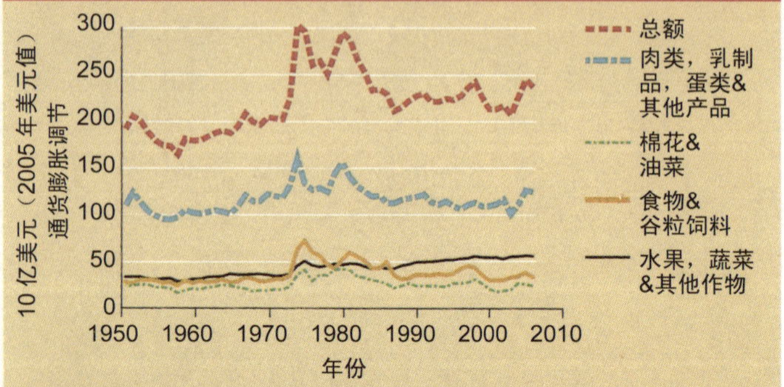

数据来源：美国农业部（USDA）美国经济研究局。
覆盖范围：美国 50 个州。
技术细节：价值是产量与农民销售农产品价格的乘积（2005 年美元值）。

单位平方英里的农业销售额，2004 年

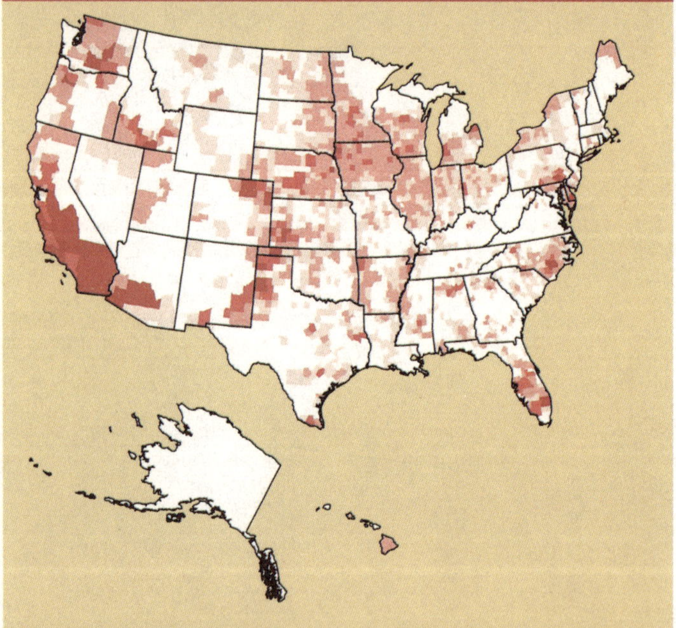

单位平方英里的销售额/千美元
□低于 50　□50～100　□100～250　■250～500　■高于 500
数据来源：美国商务部经济分析局。
覆盖范围：美国 50 个州。

农业产品的价值由生产产品的数量和农产品销售价格决定。分析区域间农业生产的货币价值变化，能够反映农业在当地经济中的地位，显示不同地区间农业作物价值的差异。

指标含义

主要农作物和牲畜年产值（美元），包括全国尺度长期历史数据和各地方最近几年的数据。

数据分析

- 自 1950 年起，农民农业总收入（假定 2005 年美元恒定不变）不断增加。其中，1957 年最低，约为 1 660 亿美元，1973 年最高，约为 3 050 亿美元。
- 水果、蔬菜及其他作物和食物/谷粒饲料价格的显著增加使得农业总产值增加。统计时间段内肉类、乳制品、蛋类、棉花和油菜在无显著变化。
- 与前 20 年间的平均值相比，2005 年农民农业收入增加了 6%（2 390 亿美元）。
- 加利福尼亚单位平方英里的农业销售额最高（2004 年数据）。

数据解析

过去 55 年的技术革新使农民以更少的投入（农药除外），在单位土地内得到更多商品产出，从而提高了总产量。许多农业产品的价格有所增长，但增长比例明显低于单位投入上产出的增加。该指标的数据值为毛收入——即乳制品、家畜产出及其他农业产品的价值，不能代表美国农业产业的利润率。本指标报告农民收入，而非农产品的零售价。此外，也不包括农业补助或其他政府补贴。

农田休闲娱乐活动

农田休闲娱乐活动的重要性

> **农田休闲娱乐**
>
> **数据缺口**
>
> *缺乏有关农田娱乐活动的天数数据进行全国性报告。*

农田景观为人类提供进行各种各样的休闲娱乐活动的场所，包括打猎、钓鱼、观鸟、骑自行车和品酒。居住在农田地区的农民和业主，可以通过向在其所有土地打猎或钓鱼的人们收取费用来增加收入。这种休闲娱乐的经济效益，促使土地所有者自觉注重保护野生动物及其栖息地，改善河流生境质量，并投资美化其持有土地的景色。休闲娱乐经济收入也是当地许多小型农业社区的重要经济来源。

指标含义

人们在农田进行钓鱼、打猎、参观野生动物或参与其他休闲娱乐活动所花费的天数。

指标数据缺口

目前还没有记录农田休闲娱乐活动的国家级数据库。美国国家钓鱼、狩猎及野生动物相关游憩调查（http：//wsfrprograms.fws.gov/Subpages/NationalSurveyIndex.htlm）和美国国家休闲娱乐和环境调查（www.srs.fs.usda.giv/trends/Nsre/nsre2.htlm）提供了可靠的休闲娱乐活动相关数据，但都无法确定哪些活动是在农场中开展的。农业普查（http：//www. agcensus.usda.gov/）项目全面广泛地提供了农田相关信息，但却不包括休闲娱乐活动。详尽报告该指标需要在以上两类调查基础上，分别增加关于休闲娱乐活动地点和农田休闲娱乐活动数量的相关信息。（参见国家生态系统即国家核心生态系统：核心指标：户外休闲娱乐活动，第 2 章；森林休闲娱乐活动，第 5 章。）

第 5 章 森林状况与利用指标

第 5 章　森林状况与利用指标*

美国森林的分布西起加州雄伟的北美红杉林，东至佛罗里达州的柏树沼泽地。在干燥的西南地区，分布有粗壮的矮松林和杜松林；东北地区，分布有枫木林、橡木林和山核桃木林，每到秋季就会把新英格兰渲染得明亮辉煌。树木是人类珍贵的资源，它们竖立在林荫大道两旁可作为风景观赏，种植在花园中可为人们纳凉，因此，无论是扎根于美国国土茁壮成长的植被，还是排排种植在私人园林中的农作物，人们都格外珍视。

繁茂的森林不仅为美国提供如木材和木制品等大量有价值的产品，还能提供净化水源，保护流域免受侵蚀等生态服务，并为野生动物提供栖息地，为人们狩猎、远足和野营提供合适的场所。

森林在景观上常常与其他生态系统重叠交融。在东南部地区，主要为森林湿地；在西部山区，常呈现森林与草地或灌木林地交融的景象；而在东部，农庄和植林地融合也十分普遍。美国居民居住社区由于国内城市和郊区的扩张而不断向森林边缘靠近。各机构对森林，特别是对于有关森林面积和盖度的阈值定义不同。本报告采用的是美国农业部林务局的定义，规定面积大于一英亩且盖度高于 10%的植被区域被定义为森林。

社会各界对森林的利用、保护以及管理方式各持己见。国会、法院、规划部门以及相关组织和利益团体，都在试图影响如何使用公共土地：例如用于林木砍伐，休闲娱乐或作为荒野区、流域或实施生境保护等。人们逐渐认识到公众所获得的许多产品和生态服务也来源于私有森林，因此，私有森林的管理也成为公众争论的焦点之一。如何协调土地所有者的需求、权利和义务，维持森林生态系统服务功能，仍是一个复杂的问题。

本章汇总表格及以下部分分别描述第 1 章所概述的 4 类反映生态系统状况与用途的指标集，同时，也总结森林生态系统的现状和变化趋势。各指标分别关注森林生态系统的分布与格局，物理和化学过程和维持森林生态系统正常运转的必要条件，森林的生物群落，及人类从森林生态系统中获取的利益。

分布与格局

了解森林生态系统的分布及植被组成类型（红枫、红松或红杉）能提供关于土地性质及用途等基本信息。全国森林总面积的变化趋势取决于森林与其他土地利用类型（比如，弃耕地）

* 译者：刘慧明、吴迪。

之间的相互转换情况。各类型森林分布范围的扩大或缩小与森林自然演替、人类活动及气候变化影响等因素相关。本节采用优势物种（如橡树—山核桃树和白杨—桦树）来定义和区分不同类型森林，并分别阐述各类型森林的发展趋势。生物组分一节提出一项关注特定森林类型面积大幅减小的指标。不同森林类型提供的生态系统服务功能也有差异，包括为不同动物群落提供栖息地，为不同林下植物提供生长环境，面向不同需求提供各类木材产品，并为不同的休闲娱乐活动提供设施和场所。

森林的管理方式（例如闲置荒野或人工用材林），以及森林仍然独立作为大块核心栖息地或者已与房屋、农田交叉的程度，极大地影响其提供娱乐环境、野生动物栖息地及其他产品与服务的能力。国有和私有林地的业主在管理重点和管理措施方面有不同的目标与规划，虽然公众强烈希望保留森林的生态价值，但受区域内公共与私有土地组成比例及受保护土地范围的影响，各地区的公众对森林管理问题的看法也有很大分歧。

数据分析

- 1953 年以来，美国森林的总面积变化低于 1%。从地区来看，美国南部地区和太平洋海岸地区的森林面积显著下降，而美国北部地区的森林面积有所增加（2006 年数据）。
- 美国北部和南部地区的大多数森林均为私人所有。相比之下，美国中西部、太平洋海岸和阿拉斯加地区的森林多为公共林地。
- 美国森林的结构组成不断变化。自 1963 年以来，某些森林类型，如黄松林和榆树—白蜡树—三角叶杨树林的面积均有所下降，而如云冷杉林和槭树—山毛榉—桦树林等面积均有所增加。
- 自 1953 年以来，纳入保护区的森林面积和人工用材林面积占森林总面积的比例有所增加，而天然林地和半天然林地所占的比例有所减少。
- 大多数（约 82%）“核心森林”（指“自然”植被的覆盖率高于 90%的林地）的地块面积都不足 100 平方英里（基于 2001 年数据）。大块“核心森林”（地块面积在 100 平方英里以上）主要分布在美国西部。

全国性报告数据缺口

- 私人保护区和部分公共保护区的森林管理措施。

化学与物理特征

森林在自身利用和存储能量、养分与水等资源的同时，也向其他生态系统输出。随着林木的生长，碳和养分逐渐聚积并在林木和土壤之间循环。弄清森林如何吸收和释放氮、碳等重要成分，将非常有助于了解森林的状态和功能。例如，受干扰相对较少的森林通常向河流释放极其微量的硝酸盐。氮输入增加，或者其他如木材采伐、火灾或暴发虫害等胁迫均可能增加硝酸盐的释放，从而酸化森林土壤，并使河流中硝酸盐含量升高。河流中的硝酸盐含量升高，会危害饮用井水的人群健康，加速湖泊和沿海水域藻类的生长。由此可见，掌握硝酸盐的含量及变化趋势有助于理解森林的自身状况及其对河流下游地区的潜在威胁。

森林是全球碳循环的重要组成部分——它们具备存储大量碳元素的能力，包括将碳存储在活树和枯落植物、森林地表凋枯落物、地下根系和土壤中，森林以这种方式提供重要的“碳储存”功能：它不仅将碳转化成可收获的木材产品，还对国家制定碳与气候相关政策有重要贡献。单个特定林区可能因管理措施，其他系统输入的营养元素或化学成分、林龄和其他因素的差异而表现为不同强度的碳源或碳汇（参见国家生态系统：核心指标碳储量，第 2 章；林龄、森林管理类型，第 5 章）。

数据分析

- 取样分析结果表明，97%的森林河流中的硝酸盐浓度低于 1 mg/L，远低于联邦饮用水水质标准中所规定的 10 mg/L（数据来源：1992—2001 年）。平均而言，流经森林的河流中的硝酸盐浓度比流经城市/郊区和农田河流中的硝酸盐浓度低。
- 1953—2005 年，森林活树中的碳储量增加了 43%。
- 自 1990 年以来，其他森林碳库的碳储量增加了 4%～8%，其中包括倒木和立枯木、林下植被和森林地表凋枯落物。

全国性报告数据缺口

占森林总碳储量很大比例的森林土壤中的碳储量。

生物组分

评估森林生物状况的主要指标包括单个物种（特别是高度适宜生存在森林的本地物种）的现状和趋势、各个森林群落类型的分布以及森林的年龄结构。本地物种的完整性和生物多样性需要多样化的群落类型和森林年龄组来维持。其他影响森林生态系统状况和多样性的因素包括非本地物种的入侵程度、火灾、昆虫和疾病等因素的干扰程度。一些非本地植物物种，如葛根和柽柳，可以消灭或取代本地物种。非本地的害虫和病原体，如舞毒蛾和栗疫病可以通过破坏或损毁树木等方式持续改变全国的森林状况。虽然火灾、虫害和疾病也是许多森林类型固有的天然组成，但当这些干扰以高强度或高频率发生时，就会极大程度地改变森林生态系统的状况和结构。

众多团体和个人已在森林生物组成的管理方面做出了大量努力。联邦法律与州法律均要求，必须处理好濒危物种或数量正在减少物种的相关问题。而开展此项工作，通常需要保护特定群落类型（包括与之邻近的群落类型）和森林年龄分布的完整性。而要实现这些目标，又可能需要采用计划火烧、限制采伐或娱乐活动的管理措施。非本地植物、昆虫和疾病的传入以及气候变化等，一方面会增加维护森林生态系统服务功能的复杂性，另一方面也会对森林物种产生直接影响。

数据分析

- 19%的本地森林动物物种处在“处境危险”状态。濒临灭绝的森林脊椎动物中，27%物种的种群规模正在减小，只有 1%物种的种群规模在增加。然而，近一半（46%）的濒临灭绝森林脊椎动物物种的种群变化趋势未知。
- 在夏威夷，濒临灭绝的本地森林物种所占的比例最大（76%）。
- 从全国范围看，林龄小于 60 年的森林（特指生长速度较快、木材采伐不受法律限制的森林）约占一半以上（根据 2006 年数据），而林龄超过 100 年的森林占 12%。林龄在 200 年以上的森林主要分布在阿拉斯加地区，20 年以下的森林主要分布在南部地区（根据 2006 年数据）。
- 1979—2006 年，全国受火灾影响的森林、草地和灌木林地面积均有增加趋势。1997 年以来，虫害损毁的大块连片森林面积呈上升趋势。

全国性报告数据缺口

- 森林中濒临灭绝本地植物物种的百分比；
- 森林中濒临灭绝本地植物和无脊椎动物物种的种群变化趋势；
- 森林中定殖的被非本地植被面积；
- 除速生用材林（指由美国农业部林务局指定，林木生长速度能够满足木材商业采伐，且木材采伐不受法律限制的森林）之外森林的年龄结构；
- 森林中传播的疾病；
- 自美国前殖民时期以来，面积显著下降的森林类型的面积。

指标待建立

- 森林火灾的发生频率。

产品与服务

森林能够为人类提供诸多产品与服务，包括建筑材料、家具、纸制品、休闲娱乐、隐居场所和美丽风景等。在满足社会中各类产品需求的同时，木材采伐和其他管理活动还能提供就业机会并带来经济效益。美国木材采伐受到环境、社会和经济因素多重影响，包括采伐成本及国外木材的可获取性。用于开展休闲娱乐活动的森林需要体现并满足市民对森林服务功能的各种需求，包括森林的风景质量、提供猎物性野生动物和非猎物性野生动物的能力，以及山径、野餐设施和水道等基础设施的可用性等方面。

如何管理公共林地产品与服务的竞争需求尚存在争议，并涉及根深蒂固的价值观、文化传统以及国际贸易等经济因素。由于各级政府、私有土地所有者和公共土地所有者的介入，加之气候变化和经济条件等不确定因素影响，使得如何确定适当的采伐强度、保护目标和管理规范显得异常复杂。

数据分析

- 1952—2005 年，全国的木材采伐量有增加趋势。锯材的采伐量增加了 11%，纸浆用木材和复合木材的采伐量增加了 182%。
- 2005 年，木材采伐总量的 1/3 用于生产锯材，余下的则用于采伐剩余物（29%）、纸浆及复合材料（23%）、薪材、胶合板和其他产品。
- 尽管木材采伐量有所增加，但全国的木材生长仍然超过公共和私有林地的采伐量（根据 2005 年数据）。
- 私有林地的木材生长增幅最大，占全国木材采伐量的 90%，并在美国南部和北部森林中所占比例最大。
- 最近的调查发现，在 1999—2001 年、2003—2005 年的调查期间，各类森林户外休闲活动的参与者均有所增加。

全国性报告数据缺口

- 青少年参与森林休闲娱乐活动的情况。

表 5.1 汇总所有森林指标的现状和发展趋势，并在文字部分进行详细描述。本章使用的地区名称和对相关定义的描述列于附录 D。

表 5.1　森林指标的现状和发展趋势

指标	最新数据反映了什么	数值如何随时间变化
分布与格局		
森林面积及所有权，第 150 页	美国有将近 7.5 亿英亩森林，其中 44%为公共，56%为私有（2006 年数据）	自 1953 年以来，森林覆盖面积并未出现明显变化
森林类型，第 152 页	在美国，56%的森林类型在面积上未有明显变化，30%呈增加趋势，14%呈减少趋势（2006 年数据）	自 1963 年以来，7 种森林类型的面积有所增加
		自 1963 年以来，9 种森林类型的面积有所减少
森林管理类型，第 154 页	全国范围内，人工速生林占 8%，在保护区内或由于太远而不能采伐的用材林占 21%，天然或半天然用材林占 61%，其余（其他林地）10%受各种管理措施和使用限制；区域差异普遍存在（2006 年数据）	自 1953 年以来，全国天然或半天然林地所占的比例有所减少，其中以阿拉斯加地区和南部地区的减少幅度最大
		自 1953 年以来，全国人工速生林和保护森林所占的比例有所增加
	缺乏私人保留地和一些公共预留土地的数据进行全国性报告	
森林景观格局，第 156 页	森林景观中，51%的核心森林的地块面积小于 10 平方英里；31%的地块面积为 10～100 平方英里；只有 2%的地块面积超过 1 000 平方英里（2001 年数据）	缺乏森林景观核心森林地块面积改变的数据进行全国性报告
营养物质与自然条件		
森林河流中的硝酸盐，第 158 页	97%的森林河流中的硝酸盐浓度低于 1mg/L；33%的森林河流中的硝酸盐浓度低于 0.1mg/L（1992—2001 年数据）	缺乏河流中硝酸盐浓度变化的数据进行全国性报告
碳储量，第 160 页	除夏威夷和阿拉斯加两个州之外，其余 48 个州的森林（不包括土壤）的碳储量为 250 亿 t，其中 69%在森林树木活体中，18%在森林地表凋落物中，其余的碳储量在枯树/枯木和林下植被中（2005 年数据）	自 1953 年以来，森林活树的碳储量呈上升趋势
		自 1990 年以来，森林地表凋落物、倒枯木、林下植被和立枯木（以及活树）的碳储量均有所增加
	缺乏森林土壤碳储量的数据进行全国性报告	
生物组分		
濒临灭绝的本地森林物种，第 162 页	19%的本地森林动物处于“濒临灭绝”状态（2006 年数据）	缺乏濒临灭绝物种变化情况的数据进行全国性报告
	缺乏处于不同濒临灭绝风险级别的百分比数据进行全国性报告	
	森林中濒临灭绝本地脊椎动物物种中，27%的种群规模减小，26%的种群规模稳定，只有 1%的种群规模增加（2006 年数据）	缺乏濒临灭绝本地森林脊椎动物种群规模变化的数据进行全国性报告
	缺乏濒临灭绝本地植物与无脊椎动物种群规模发展趋势的数据进行全国性报告	

续表

指标	最新数据反映了什么	数值如何随时间变化
生物组分（续）		
森林中定殖的非本地植被，第 164 页	缺乏森林中定殖的非本地植被的比例数据进行全国性报告	
林龄，第 165 页	美国速生用材林中林龄小于 60 年的占一半以上，林龄超过 100 年的占 12%，林地年龄参差不齐的森林不足 1%（根据 2006 年的数据）	自 1987 年以来，美国北部和南部的速生用材林龄有所增加
		自 1987 年以来，异龄速生用材林比例有所减少
	缺乏非速生用材林的森林年龄数据进行全国性报告	
森林扰动：火灾、虫害和病害，第 167 页	2006 年，火灾侵袭了近 1 000 万英亩的森林、草地和灌木林地；虫害（落叶及树木死亡率）侵袭了 1 300 万英亩森林	自 1916 年以来，受火灾影响的森林和草地/灌木林地面积有所减少
		自 1979 年以来，受火灾影响的森林和草地/灌木林地面积有所增加
		自 1997 年以来，由于虫害而导致树木死亡的面积有所增加
	缺乏森林疾病的数据进行全国性报告	
火灾频率，第 169 页	指标待建立	
面积显著减少的森林群落类型，第 171 页	缺乏美国前殖民时期以来面积显著下降森林类型的面积，以及这些森林类型是否增加、保持稳定或者减少的数据进行全国性报告	
产品与服务		
木材采伐，第 172 页	2005 年，共采伐 212 亿立方英尺①森林木材。其中采伐总量的 34%用于生产锯材，29%为伐木残料、23%用于纸浆/复合材料、其余的用于薪材、胶合板和其他产品的生产	自 1952 年以来，薪材和胶合板原木的采伐量未出现明显变化
		自 1952 年以来，纸浆用木材和复合材料用木材、采伐剩余物和锯材的采伐量有所增加
		自 1952 年以来，其他森林产品的采伐量有所下降
木材生长和采伐，第 174 页	在全国范围内，速生丰产林的生长速度超过采伐；私有土地采伐量占总采伐量的 92%（根据 2005 年的数据）	自 1952 年以来，公共和私有土地上的速生丰产林生长有所增加
森林休闲娱乐活动，第 176 页	美国人每年参加森林休闲活动约 260 亿次，最流行的森林休闲活动是观光、散步和野餐（根据 2003—2005 年的数据）	? 与 1999—2001 年相比，2003—2005 年，公众参加森林休闲娱乐活动的次数增加了 55 亿次
	缺乏青少年参与森林休闲活动的数据进行全国性报告	

= 显著减少；　= 显著增加；　=趋势不明确*。

=缺乏数据，难以进行报告。

*可能由于数据的数值变化太大或太小，没有呈现单一趋势。

① 1 立方英尺（ft^3）=0.028 317m^3。

森林面积及所有权

森林面积及森林所有权的重要性

森林面积

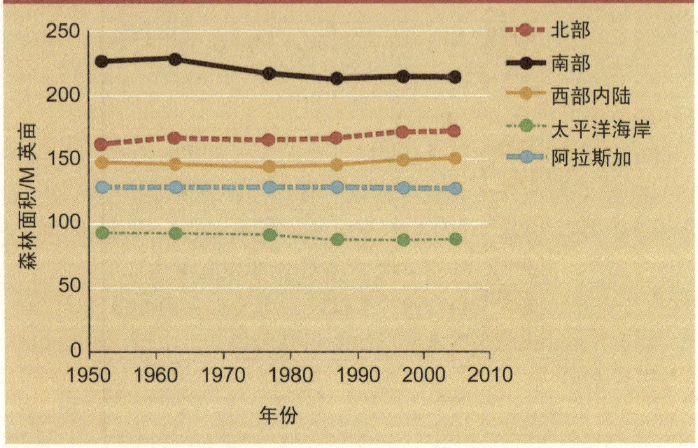

森林所有权（2006 年）

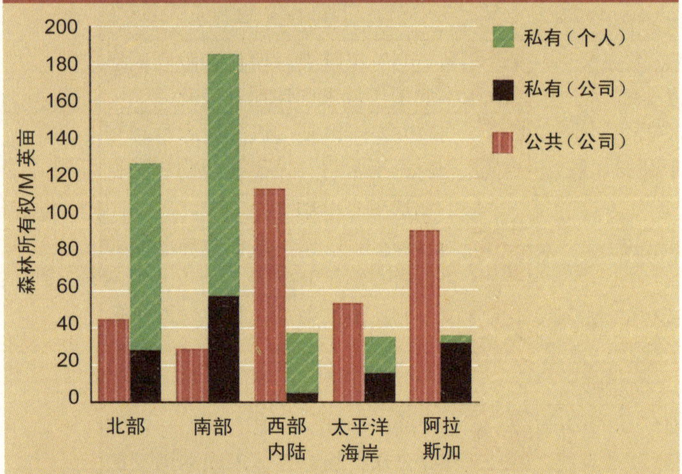

数据来源：美国农业部林务局。
覆盖范围：美国 50 个州。
技术细节：过去，美国每 10 年左右对全国各地的森林进行一次定期采样与报告。因此，某个特定年份的数据报告，如 1986 年，能反映任何特定区域在某段年份范围内的生长情况。详见技术说明。

掌握森林面积和森林所有权有助于制定森林相关的政策与决策。森林面积的增加和减少直接影响到森林行业的商品销售和服务供给——休闲娱乐活动、木材、流域保护、野生动物栖息地等。公共及私有土地业主的经营目标通常不同且受制于不同的法令法规，这些差异会体现在管理优先权和影响森林状况的管理活动中。

指标含义

- 森林分布和林区总面积。
- 森林所有权：私有公司、个人（包括家庭信托及部落）或公共机构。

数据分析

- 2006 年，美国森林面积约 7.5 亿英亩（其中北部地区 1.71 亿英亩，南部地区 2.14 亿英亩，西部内陆地区 1.51 亿英亩，太平洋海岸地区 8 800 万英亩，阿拉斯加地区 1.27 亿英亩）。
- 自 1953 年以来，美国森林的总面积变化甚微，不足 1%。从地区来看，南部和太平洋海岸的森林面积自 1953 年以来已显著下降，而北部地区的森林面积却有所增加。
- 美国约有 3.3 亿英亩（占 44%）公共森林，4.2 亿英亩（占 56%）的私有森林。森林所有权存在着显著的地域差异。在北部地区，私有林地面积达公共林地面积的 3 倍之多。同样，在有“木篮子”之称的南方地区，87%（1.85 亿英亩）林地为私人所有（其中 5 700 万英亩由私人公司，如木材控股公司和林产品公司所有；其余的 1.28 亿英亩由个人所有，包括家庭信托和部落）。相比之下，美国西部地区大部分森林为公共所有。例如，在太平洋海岸地区，60%（约 5 300 万英亩）的森林为公共林地，在阿拉斯加地区，72%（约 9 100 万英亩）的森林为公共所有。

数据解析

如今在美国，森林覆盖已从欧洲殖民时期的十亿英亩增长至占全国面积的 1/3。为了发展农业，多数的森林砍伐发生在 1850—1900 年的东部地区。

近年来，美国土地的私有制格局已经发生变化。许多需要持续木材供应的企业，如纸浆和造纸企业所掌控的大量林地已被易主。其实，在多数情况下，这些土地已被木材投资管理机构和房地产投资信托机构托拉斯所购买。

参见森林管理类型，第 5 章。

森林类型

不同森林类型的面积的重要性

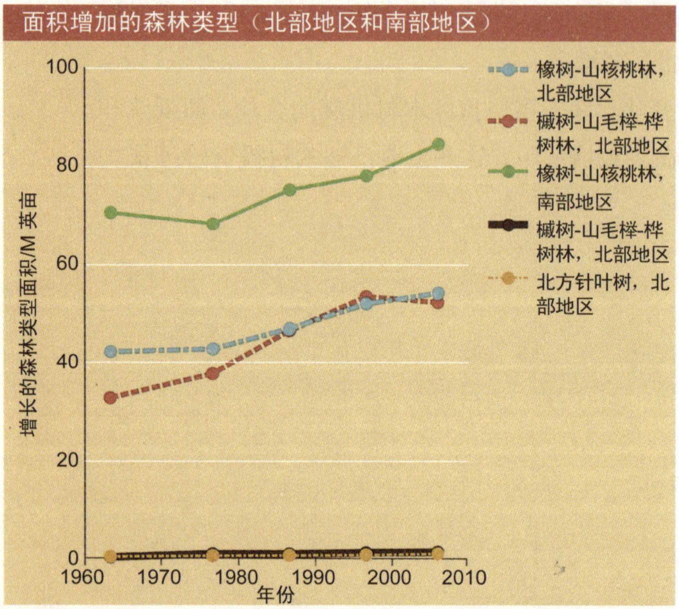

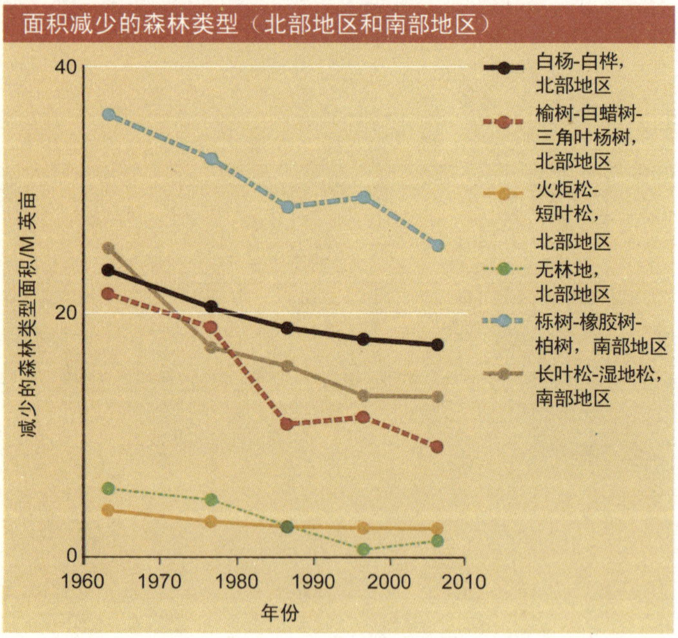

森林类型不仅决定了生活在该森林中的植物和动物群落，而且影响人们获取森林林木产品及对休闲娱乐环境的开发和利用。

指标含义

自 1960 年以来，不同类型森林的面积已发生显著变化。这里基于优势树种划分森林类型（例如，橡树—山核桃树林即以橡树和山核桃树为主要树种，但其中也包括其他树种）。

数据分析

- 2006 年，美国各地减少的森林类型面积达 1.05 亿英亩（占美国总森林面积的 14%），增加的森林类型面积有 2.26 亿英亩（占美国总森林面积的 30%），其余的 4.19 亿英亩森林类型（占美国总森林面积的 56%）没有明显上升或下降趋势。
- 1963—2006 年，美国北部和南部地区的多个森林类型面积显著增加，其中橡树—山核桃树林增加了 2 600 万英亩，槭树—山毛榉 —桦树林增加了 2 100 万英亩；北方针叶林也有一定程度增长（南部地区，增加了 60 万英亩）。
- 同一时期，美国北部和南部 6 个区域性的森林类型显著下降。其中以北部地区的榆树—白蜡树—三角叶杨树和南部地区的长叶松—沼泽松下降幅度最大，各为 1 200 万英亩，分别下降了 58%和 48%。

- 在美国西部地区，冷杉—云杉林和“其他种类的软木”林的覆盖率显著增加，其中中西部地区的冷杉—云杉林增加了 900 万英亩，太平洋海岸地区的“其他种类的软木”林增加了 900 万英亩。下降幅度最大的是西黄松林：其中在太平洋海岸地区减少约 1 200 万英亩，在西部内陆地区减少了 500 万英亩。

数据解析

人类的直接干预（如森林的火灾扑救、种植和收获、开发与放牧等）、天然演替或者生态过程（参见本章森林扰动：火灾、虫害和病害）都会使森林类型发生变化。次生林和三级林的成熟会使某些森林类型面积的增加，自 1963 年以来美国东部橡树—山核桃树林和槭树—山毛榉—桦树林的增加即源于此。严重的火灾、虫害和疾病的侵扰以及放牧和砍伐制度的变化可能是西黄松林大幅减少的原因。温度与降水格局的改变也可能影响不同森林类型的面积。虽然全国森林面积一直保持不变（见林地面积和所有权），但是，森林组成和林龄的变化（参见本章林龄）对野生动物生境、生态系统功能、木材收获和碳储量等均造成了不同程度的影响。

面积增加的森林类型
（西部内陆地区、太平洋海岸地区、阿拉斯加地区）

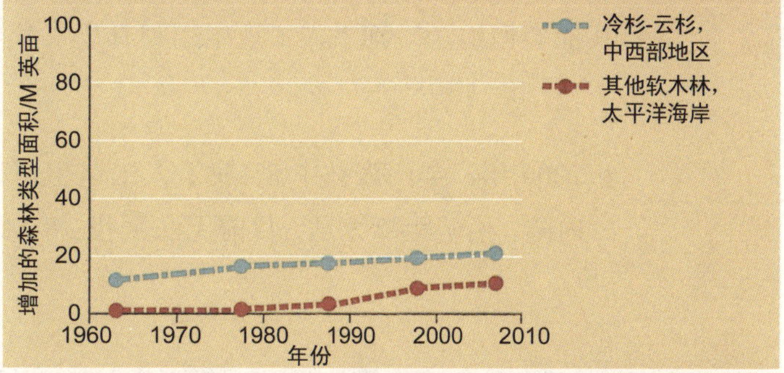

面积减少的森林类型
（西部内陆地区、太平洋海岸地区、阿拉斯加地区）

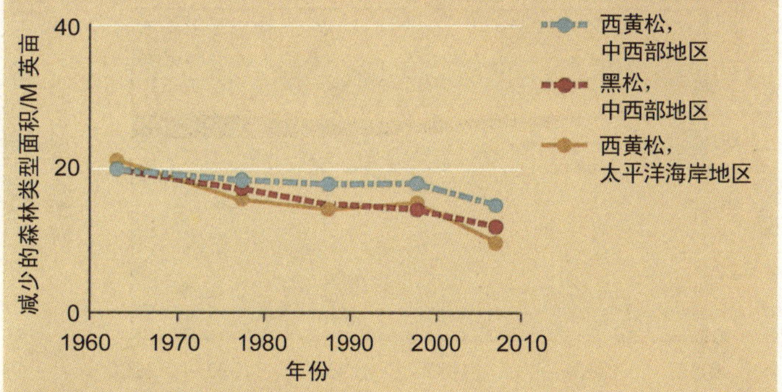

数据来源：美国农业部林务局。

覆盖范围：美国 50 个州。

技术细节：1963—2006 年，面积未发生显著变化（因此并未在上述图中体现）的森林类型包括，北部地区：北方针叶林、橡树一松树林、栎树一橡胶树一柏树林；南部地区：火炬松一短叶松林，橡树一松树林、榆树一白蜡树一三角叶杨树林、白杨一白桦林和无林地；西部内陆地区：黄杉林、铁杉一云杉、西黄松、其他软木林、西部硬木林和无林地；太平洋海岸（包括夏威夷）：黄杉林、冷杉一云杉林、铁杉一云杉林、黑松林、西黄松林、西部硬木林和无林地；阿拉斯加地区：冷杉一云杉林、铁杉一云杉林、黑松林和其他软木林、西部硬木林和无林地。面积未发生显著变化的森林类型约 4.2 亿英亩，约占森林总面积的 56%。阿拉斯加地区的森林类型面积也没有发生显著的变化。由于阿拉斯加没有统一开展地面调查，森林类型都是通过航空勘测获取，因此，大部分资料代表的是阿拉斯加软木树种的数据，无法进一步识别。详见技术说明。

森林管理类型

不同管理类型森林面积比例的重要性

森林管理会影响森林提供的产品与服务。强制管理下的森林能够生产纤维和其他木制产品，而保护森林的价值则在于提供的幽静环境及对珍稀动植物或流域的保护。

指标含义

几种不同管理类型森林面积的比例。管理类型从“保护林地”（国家公园里的森林、荒野区和其他类似地区）到“人工速生用材林”（集中管理的采伐后再植的森林）。

数据分析

- 2006 年，全国森林中 8%属于人工速生用材林；10%属于森林保护区；11%在阿拉斯加内陆，由于距离太远，目前无法采伐；61%为天然林或半天然林；10%（“其他森林”）。

分级指标数据：管理类型

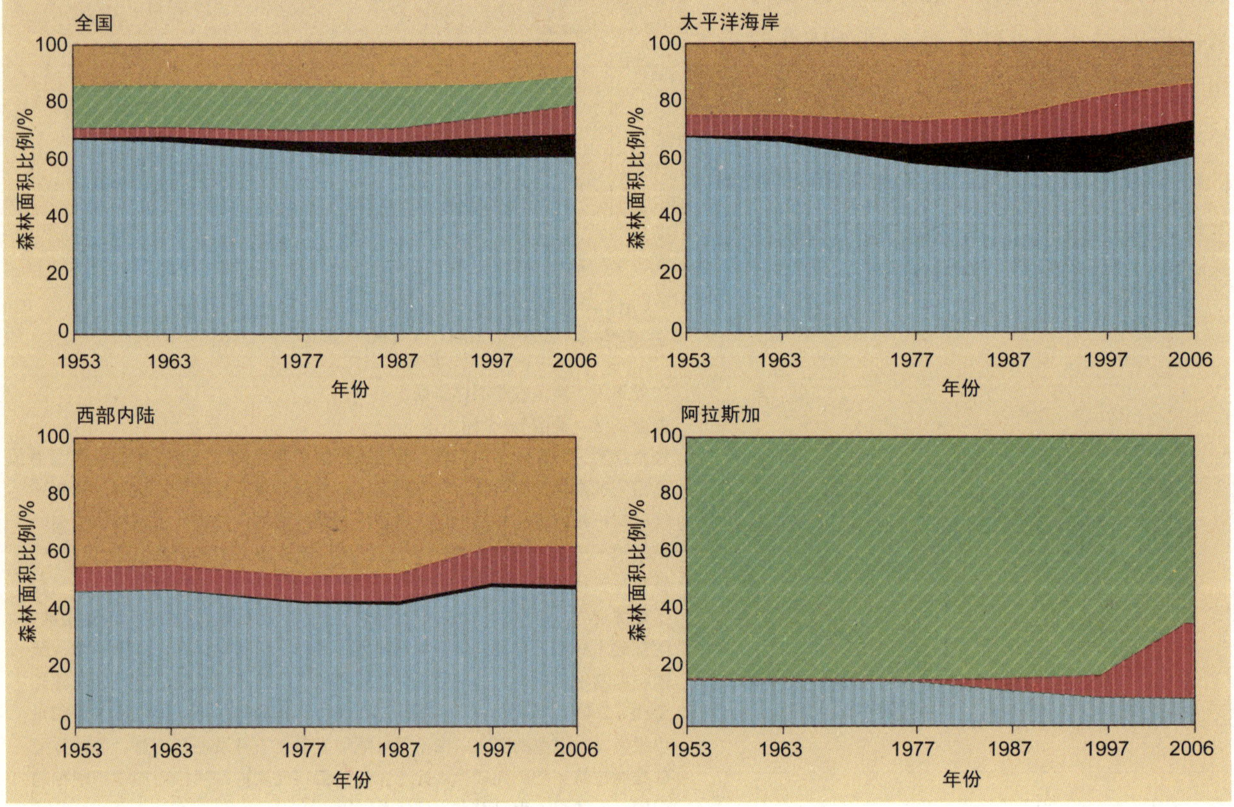

属于多种经营且其使用受到多种限制。

- 1953—2006 年，保护林地和人工速生用材林在全国森林面积中所占的比例均有所增加。2006 年，人工速生用材林占不同区域总森林面积比例从 0%（阿拉斯加）～20%（南部）；保留林地（定义见下图）占不同区域总林地面积比例从 2%（南部）～26%（阿拉斯加）。
- 1953—2006 年，全国天然或半天然林地的比例有所下降，其中南部地区和阿拉斯加的降幅最大。

数据解析

林业政策、行业惯例或保护状况的变化可能导致森林管理类型的相对比例发生变化。导致阿拉斯加保护林地和天然/半天然林地发生巨大变化的原因，也可能是土地分类标准的改变，而非管理措施或法律。

分级指标数据：管理类型

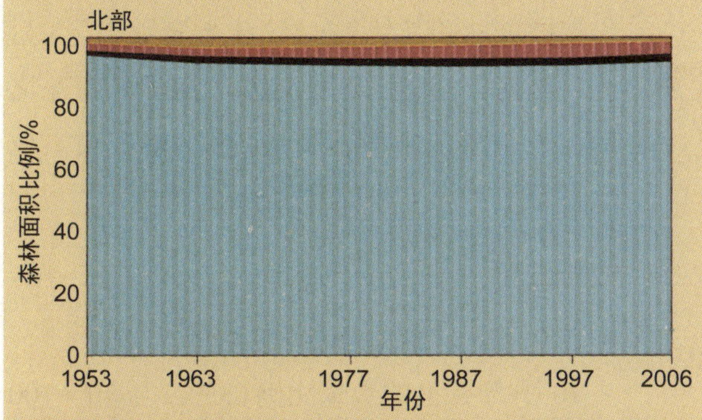

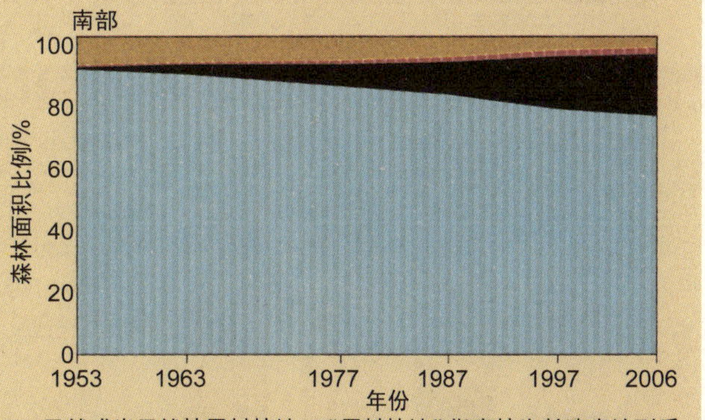

- 保护林地：法律规定禁止木材采伐的土地。数据显示该类型目前只包括国家公园和联邦及州指定的荒野区。今后会追踪私有和其他公共保护森林相关数据。
- 人工速生用材林：植有苗圃种子且用于重复采伐的地区。
- 阿拉斯加内陆：将其单独分类是因为该地区偏远，尽管属于合法采伐或者被管理范围，实际上，目前却“被禁止采伐”，因此同“保护林地”类似。
- 天然或半天然林用材林地：“用材林地”指森林生长速度达到采伐标准的所有林地，该地区不属于法律禁止采伐的国家公园和荒野区范畴，但并不表明现在，将来可以或者应该被采伐。“天然或半天然”用材林地的新树是由周边树木传播的种子，而非人工栽种幼苗而成长起来。
- 其他天然或半天然林地：增长速度过慢或过于稀少，不足以满足现今经济条件下木材采伐标准，既不属于国家公园或野生保护区，也不需要通过种子种植从苗圃开始管理的森林。

数据来源：美国农业部林务局（USDA Forest Service）。

覆盖范围：美国 50 个州。

数据缺口

以下数据缺乏无法进行全国性报告：

- 私有保护土地；
- 某些公有保护土地（国家公园或联邦指定的荒野区范围以外）。

森林景观格局

森林景观格局的重要性

森林景观结构格局会影响森林生态系统的功能和该森林中的动植物群落类型。例如，小型森林地块景观与大型森林地块景观所提供的栖息地差异明显。

指标含义

国家和地区尺度的“核心森林”地块面积。根据土地覆盖定义，“核心森林”是指周围被森林和其他“自然”土地覆盖类型（草地、灌木、湿地，其他淡水和海洋）覆盖比例大于 90%的小型地块（面积 1/4 英亩）或像素。

数据分析

- 2001 年，“核心森林”地块中，大小为 1～10 平方英里的数量比例（33%）与 10～100 平方英里的数量比例（31%）相当。小于 1 平方英里的“核心森林”地块占 18%，100～1 000 平方英里地块约占 15%，大于 1 000 平方英里的最大地块占比超过 2%。
- 西部内陆地区“核心森林”地块中，大地块的比例最高（100～1 000 平方英里地块占 30%，大于 1 000 平方英里地块占 5%）；太平洋海岸“核心森林”的大地块所占数量比例位居第二位。
- 美国南部“核心森林”的小地块数量比例最高（小于等于 10 平方英里的“核心森林”地块占将近 3/4）；北部和太平洋海岸地区“核心森林”小地块数量比例各占 50%，西部内陆地区“核心森林”小地块数量比例约占 1/3。

“核心森林”地块大小

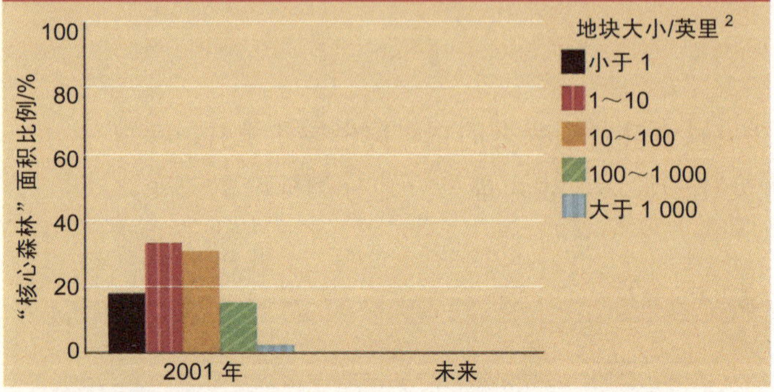

“核心森林”地块大小

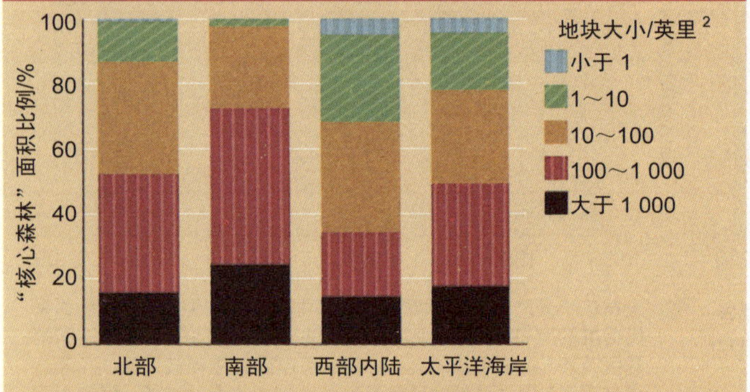

数据来源：多精度土地特征联盟（MRLC）和美国环境系统研究所（ESRI）（道路图）；美国农业部林务局和美国国家环境保护局分析。

覆盖范围：除阿拉斯加和夏威夷之外的各州。

技术细节：国家土地覆盖数据集（NLCD）叠合道路图（只限铺面道路）。对每个森林覆盖像素点周围都放置一个 240 平方英亩的分析工具，将含有 90%以上自然环境的像素点连接形成地块，其面积如图所示。

注释：由于受目前技术的限制，这些土地地块需要按州界“切割”，也就是说，在某些情况下，这些数据代表最小面积。我们不确定该操作对数据的影响。

数据解析

2001 年，除阿拉斯加和夏威夷以外其余各州中，70%的林区符合“核心森林”的定义（数据未体现），且这些“核心森林”分布在上述的不同大小地块中。“核心森林”周围最少应有 1 500 英尺的“自然”土地覆盖（包括其他森林）作为缓冲区。因此，越大的“核心森林”地块有越多毗邻的森林或其他自然土地覆盖，使其与“非自然”土地覆盖（如耕地，道路和住宅小区等）隔开。值得注意的是，该指标对所有的森林类型一视同仁，这就意味着该指标不区分老龄林与人工林，也不区分其他任何森林类型。关于补充土地利用信息及相关基础数据重要性的讨论，请参照国家生态系统：核心指标——“自然”景观格局（第 2 章），特别是“指标缺陷”一节。

目前尚未全面掌握景观格局（或结构）如何影响森林生态系统功能，而且“核心森林”地块面积统计也无法明确地描述这些生态系统是否健康运转。与之不同，分布于不同大小地块中的总“核心森林”面积比例则可以反映森林“非自然”土地覆盖类型的混合程度。不同物种对景观结构的响应也有差异，一些物种，例如猞猁依赖大片完整的森林生存，而另一些物种，例如鹿则能适应有小森林地块的组成的异质景观。因此，在可预见的未来，对景观格局变化的分析需要根据不同的物种和种群而异。

森林河流中的硝酸盐

河流中的硝酸盐的重要性

森林河流中的硝酸盐

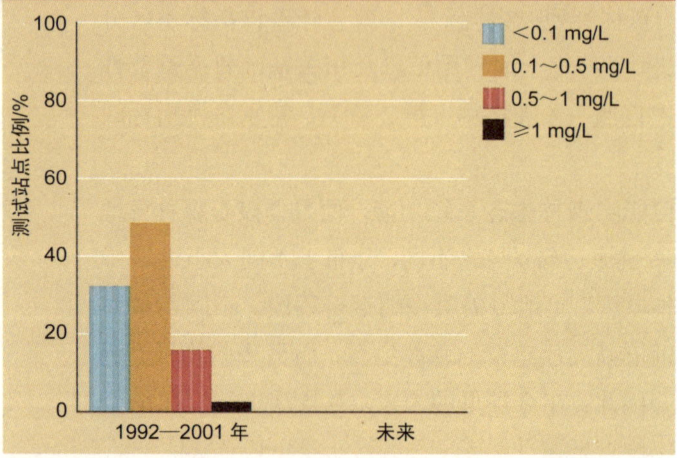

森林河流的硝酸盐（1992—2001 年）

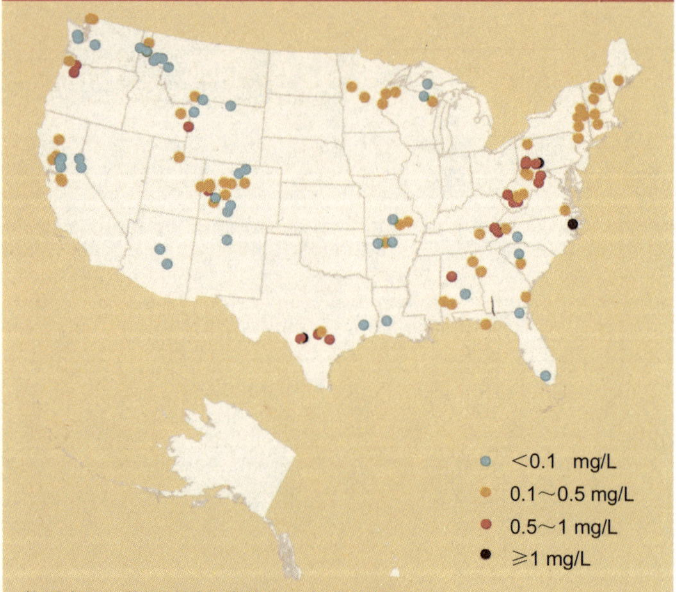

数据来源：美国地质调查局全国水质评价项目。
覆盖范围：美国 51 条主要河流流域，覆盖 50 个州。

河流中高浓度的硝酸盐可能会引发水质恶化问题，并使下游沿海地区形成低氧环境。森林河流中的硝酸盐浓度过高意味着森林生态系统存储氮的能力已趋饱和，而过多的硝酸盐从土壤中“渗漏”汇入河流，并连同带走其他重要的植物养分，会导致森林土壤酸化。在上述氮饱和条件下，森林的生长速度可能会下降，森林受疾病和干扰的敏感性也可能会增强。

指标含义

- 土地覆盖以森林为主的所有测试点中，不同硝酸盐浓度水平的测试点所占比例。
- 森林河流中的硝酸盐浓度与农田、城市和郊区河流中的硝酸盐浓度的对比。

数据分析

- 几乎所有（97%）森林河流硝酸盐浓度均在 1 mg/L 以下，其中 33%的森林河流硝酸盐浓度在 0.1 mg/L 以下。
- 事实上，在采样的所有河流中，所有森林河流的硝酸盐浓度均低于 2 mg/L，约有 80%的城市和郊区河流硝酸盐浓度低于 2 mg/L，40%的农田河流硝酸盐浓度低于 2 mg/L。

讨论

硝酸盐是氮的一种天然存在形式，也是一种重要的植物养分。当大气中的惰性或者“非活性”氮被微生物或者闪电“固定”后，硝酸盐就开始在生态系统中积聚。另外一种可被植物吸收，或以“活性”形式存在的氮则是通过合成肥料和化石燃料燃烧而进入生态系统。大气中的活性氮能以气体、尘埃或者降水的形式被转运并储藏在森林生态系统中（参见第 6 章），这也可能是导致森林河流中硝酸盐浓度上升的原因。森林河流中硝酸盐浓度上升反映了森林生态系统中的氮含量目前已近饱和，可能已无法再容纳更多的氮。在尚未实施管理措施的生态系统中（包括许多由森林覆盖的流域），大部分的硝酸盐在生态系统中被植物反复吸收利用，只有少量会“渗漏”进入地表径流或者地下水，所以这些河流中的硝酸盐浓度往往很低。随着森林湿地面积的减少，原本应由湿地转化为惰性气体的那一部分硝酸盐则会进入河流，从而导致河流中硝酸盐浓度上升。如果下游河流为城市饮用水水源（联邦饮用水标准中规定其硝酸盐浓度不高于 10 mg/L），那么河流中硝酸盐浓度的上升就可能引发水质问题。可参见国家生态系统：核心指标——氮素的迁移（第 2 章），以及农田状况与利用指标（第 4 章），城市和郊区景观及利用状况指标（第 8 章）。

生态系统比较：河流中的硝酸盐：1992—2001 年

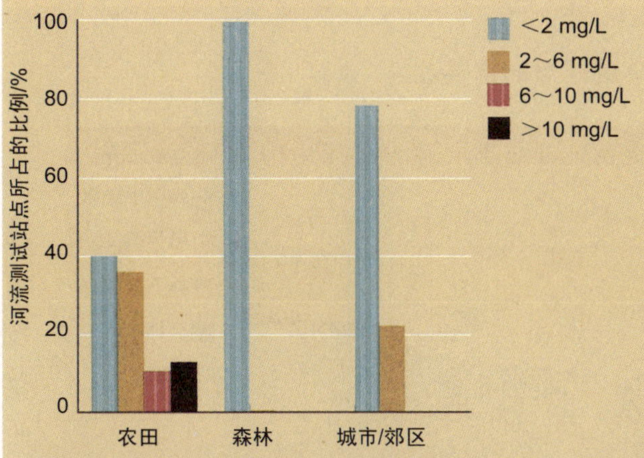

数据来源：美国地质调查全国水质评价项目。

覆盖范围：美国 51 条主要河流流域，覆盖 50 个州。

技术细节：数据来源于上游主要为森林所覆盖的地点（通常农田低于或等于 25%，城市低于 5%，且测试点处森林总面积大于草地或者灌木地面积）。生态系统比较数据来源于上游主要为农田和城市/郊区的地点。1992—2001 年，在每个测试点都集中取样 2 年。氮元素指的是硝酸盐浓度（参见技术说明）。

碳储量

森林碳储量的重要性

森林中的碳—按碳库分类

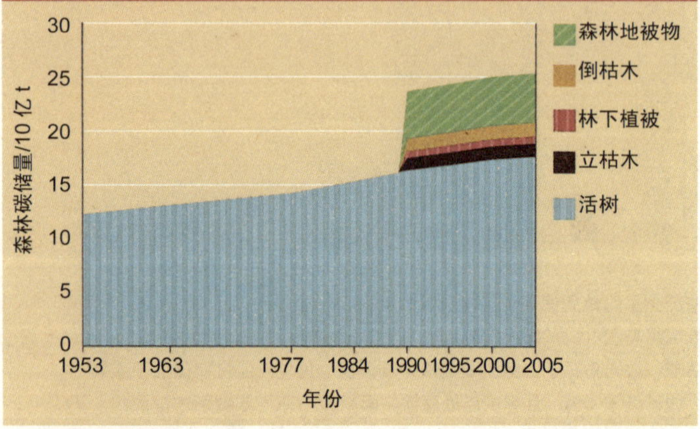

2005 年森林中存储的碳—按地理区域

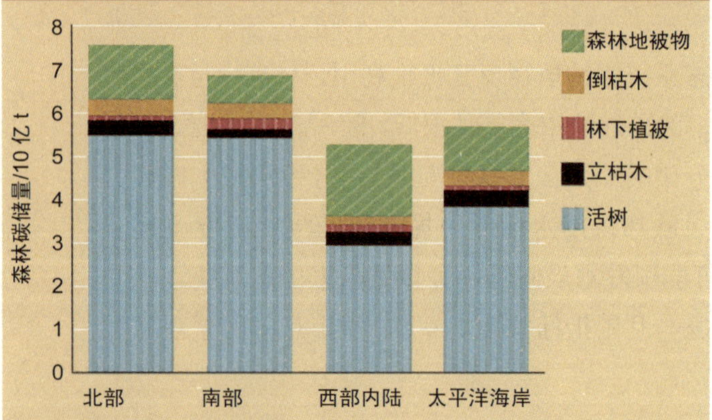

数据来源：美国农业部林务局。

覆盖范围：美国本土 48 个州的所有森林。

技术细节：全国各地的森林过去一直有进行定期取样并约每 10 年报告一次，所以指定的某一年，比如 2005 年，所报告数据可能反映任何指定区域的一个取样时段的情况。

注释：无 1990 年以前森林地被物、倒枯木、林下植被以及立枯木的估计值。如需了解更多细节，请参见技术说明。

数据缺口

全国性报告数据缺口：

- 森林土壤中的碳储量；
- 阿拉斯加和夏威夷的碳储量。

森林中含有大量的碳——比如树木和其他植被、有机残骸以及土壤中均含有碳。这些碳库中的碳储量在某种程度上会影响可采伐木材的数量和质量，也会影响生态系统提供保持土壤、储蓄水分以及为动植物提供食物和栖息地等服务的能力。森林能够吸收大气中的二氧化碳（典型温室气体），并且将碳以植物生物量的形式存储起来。总的碳储量受多种因素影响，包括森林状况及林龄（参见国家生态系统：核心指标——碳储量，第 2 章）。

指标含义

- 森林（包括立木、倒树以及森林地表枯落物）碳储量的变化趋势。
- 森林土壤碳储量。

数据分析

- 2005 年，美国本土 48 个州的森林碳储量为 250 多亿 t（不包括土壤碳）：其中活树存储的碳有 176 亿 t（占总量的 69%），森林地表枯落物存储的碳有 46 亿 t（占 18%），枯立木及倒枯木存储的碳近 13 亿 t（约 5%），林下植被所存储的碳有约 5 亿 t（近 3%）。
- 自 1953 年以来，活树（本报告中最大的森林碳库）所储存的碳量增长了 43%。

- 自 1990 年以来，其他森林碳库（立枯木、倒枯木、森林地表凋落物以及下层矮生植被）中所储存的碳量增长了 4%～8%。
- 北部森林的碳储存占据美国本土 48 个州森林碳储存的大部分（76 亿 t）。
- 所报告的 4 个区域中，西部内陆森林活树所储存的碳（29 亿 t）最少，但其森林地表枯落物所储存的碳（17 亿 t）最多。

指标缺陷

虽然现在能够对森林土壤的碳储量做粗略估算，但林务局仍在进一步验证，希望能够完善估算方法。土壤碳储量是森林总碳储量的重要组成部分，因此土壤碳储量的不确定性导致研究人员暂时还无法估算森林总碳储量。这里之所以还没有报告阿拉斯加和夏威夷森林的碳储量，是因为有关估算碳储量的统一调查还未扩展到这些区域。1995 年，林务局曾估算阿拉斯加森林碳储量约有 160 亿 t，其中大部分储存在土壤中（120 亿 t）。

数据解析

由于树木生长所增加的碳储量与砍伐等导致的碳损失此消彼长，森林的碳储量会随之不断变化。总的来说，森林的碳储量会因森林所处地区和森林类型的不同而相差甚远。森林的碳储量也会受到气候、森林管理以及病虫害、森林火灾和土地利用变化等干扰因素的影响。可参见国家生态系统：核心指标——碳储量（第 2 章）中有关各种碳储量影响因素的讨论。

濒临灭绝的本地森林物种

本地物种的重要性

濒临灭绝的本地森林物种——按风险等级分类

分级指标数据：动物物种

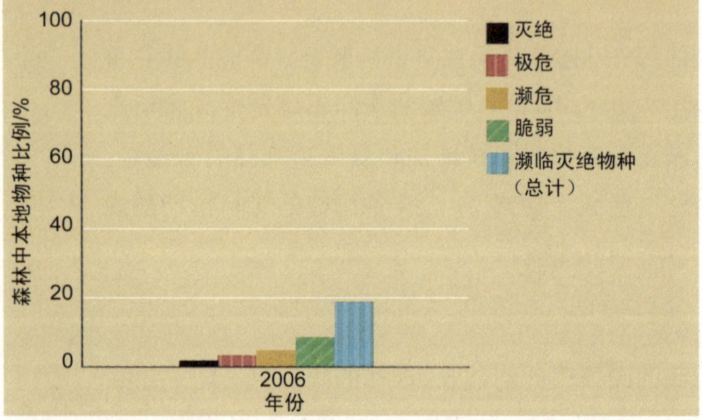

濒临灭绝的本地森林物种——按州统计

分级指标数据：动物物种

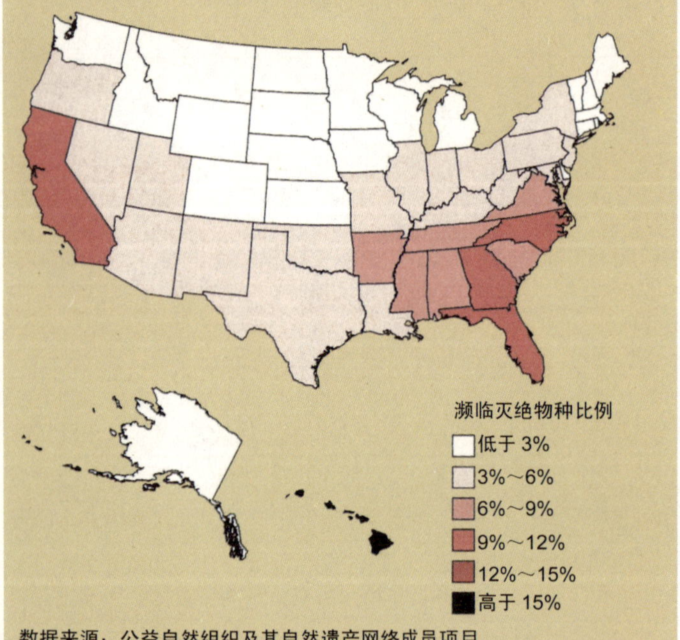

数据来源：公益自然组织及其自然遗产网络成员项目。

覆盖范围：美国 50 个州。

注释：各州并未提供有关蝗虫的具体数据。上图中包含了蝗虫的数据。

无论从哪个角度来看，本地物种都极其珍贵。它们能够为人类提供各种产品，包括食物、天然纤维以及遗传物质等，这些产品在医药、工业以及农业方面都有各种各样的应用潜力。它们是决定各类生态系统提供珍贵产品和服务的关键因素，同时它们自身的内在价值和审美意义也引起众人关注。

指标含义

- 森林本地物种（其生命周期中至少有一部分时间生活在森林并且依赖森林提供栖息地而维持生存的动植物）濒临灭绝的相对风险被划分为 4 种：易危、濒危、极危以及灭绝（可参考其定义）。
- 各州森林中濒临灭绝的森林本地物种的比例。
- 濒临灭绝森林本地物种的种群规模变化趋势（衰退、稳定、增长）。

数据分析

- 森林中 19%的本地动物被认为是濒临灭绝物种。其中 3%为极危，5%为濒危，9%为脆弱，2%可能已经灭绝。
- 与其他州相比，夏威夷森林中濒临灭绝本地动物的比例相对较高，达 76%。
- 濒临灭绝的本地森林脊椎动物中，27%的种群在衰退，26%的种群基本稳定，增长的种群仅占 1%。森林中众多濒临灭绝本地脊椎动物（46%）的种群化趋势数据尚不清楚。

指标缺陷

该指标报告了包括哺乳动物、鸟类、爬行动物、两栖动物、蝗虫、蝴蝶和竹刀鱼在内的 1 700 多个物种，但未包括其他种群：原因之一可能是因为所获得的相关资料不足以用来评估其濒临灭绝等级；原因之二可能是与大多数植物一样，还未完成将物种与森林、草地或者其他栖息地之间相互关联的归类。因为对森林中濒临灭绝的无脊椎动物物种（15%）的种群趋势了解太少，所以现在还无法从整体上对该种群进行任何报告。

在《2002 年美国国家生态系统状况报告》中，提供了该指标现状数据，濒临灭绝风险等级状况可能会因为各种原因而改变，包括物种真实生存状况发生改变、对物种状况的重新认知或分类系统的改变。所以此处并未提供 2000 年的相关数据。

濒临灭绝的本地森林物种的种群趋势

分级指标数据：濒临灭绝脊椎动物物种

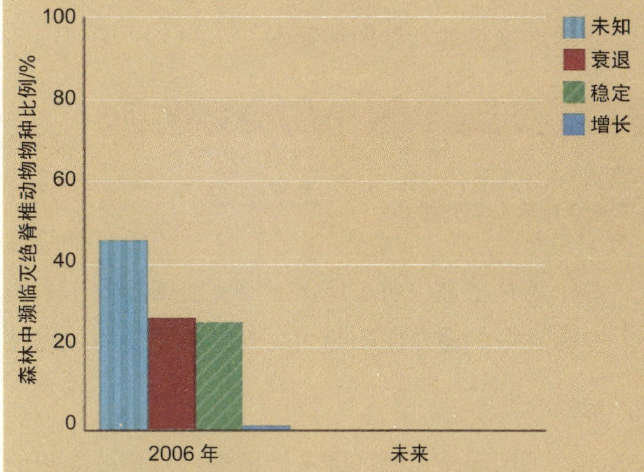

数据来源：参见前述。

技术细节：种群趋势数据报告了种群在短期内的变化，准确地说就是 10 年或者 3 代（两者间选时间更长的，最长 100 年）之内的变化。

数据缺口

全国性报告数据缺口：

- 森林中濒临灭绝的本地植物所占比例；
- 森林中濒临灭绝的本地植物及非脊椎动物的种群趋势。

数据解析

解析物种状况的数据并不容易，因为有些物种在自然界中十分罕见。物种濒临灭绝的风险等级受到所在不同区域和种群中天然稀缺物种数量差异的影响，也受到导致物种衰落类型、人类活动程度差异的影响。种群规模变化趋势数据反映了最受保护和关注的物种随时间的数量变化情况，能够辅助补充风险等级数据。如能获得并报告更多物种类型的种群变化趋势，追踪物种状况时序变化特征的能力将得到大幅提高。

定义

- “极危”物种：在 5 个或 5 个以下地方出现，可能已经历了十分急剧的物种衰退，或者显示出其他高危险迹象。
- “濒危”物种：在 20 个或 20 个以下的地方出现，可能已经历了十分急剧的物种衰退，或者面临其他危险因素。
- “易危”物种：在不到 80 个地方出现，最近可能经历了普遍的物种衰落，或者显示出其他中等危险的迹象。
- “安全”或者“表面安全”物种：经过评估，不符合极危、濒危、脆弱分类标准的其他植物和动物物种。

可参见国家生态系统：核心指标——濒临灭绝的本地物种（第 2 章）、海岸和海洋状况与利用指标（第 3 章）、淡水状况与利用指标（第 6 章）、濒临灭绝的本地草地和灌木林地物种（第 7 章）、农田地区动物物种状况（第 4 章）以及城市和郊区河流的动物群落状况（第 8 章）。

森林中定殖的非本地植被

非本地植被的数量的重要性

森林中定殖的非本地植被
数据缺口
数据不足以进行全国性报告。

在森林生态系统中，植物群落的结构和组成不仅为动物提供十分重要的资源，而且影响生态系统功能，并决定森林所提供的产品与服务。非本地物种能够改变森林植被的结构和组成。非本地植被在整个森林植被中所占比例能够反映森林生态系统遭受非本地物种影响的程度。通常非本地物种在森林中的覆盖面积越大，森林所遭受的生态破坏就越大，并可能造成一定的经济损失。

指标含义

不同定殖比例（非本地植被占总植被面积的比例）的森林面积。

指标缺陷

虽然现在已收集到一些州层面的数据（比如："伊利诺伊州自然历史调查的关键趋势评估项目"），但现在还未着手收集全国范围内的必要数据。目前美国农业部林务局是唯一被认可正在全国范围内制定植被结构监测方案的机构或组织。目前已经制定了非本地植物覆盖率相关方案，因此，负责收集相关数据的机构和组织必须要考虑是否有必要对方案进行标准化以及如何汇总各类型生态系统的数据。

讨论

虽然越来越多的人们意识到原本属于美国某一区域的本地物种，如果扩散到其他区域可能会引发环境问题，但在美国，只有那些自然分布范围不包含北美的物种通常才会被认定为非本地物种。非本地物种可能会通过遮挡本地植物生长所需的光照，消耗本地大量的水资源等方式急剧扩散并排挤本地物种。

熟知的非本地植物在美国东部有野葛、白千层和臭椿，在西部有芒草和柽柳。有些非本地植物是被偶然引入，而另外一些非本地植物则是有意图的被引入，最初或者是为了美化景观，如挪威槭和野蔷薇，或者是为了防治侵蚀，如野葛和沙枣。

林龄

林龄的重要性

不同林龄的森林能提供不同的产品、服务并具有不同价值。比如：啄木鸟和需要以树洞作巢的物种适宜在较老森林的枯树上栖息，而科特兰德的莺（只能生活在刚从火灾中重生的松林中）之类的物种则适宜在成长快速的幼龄森林中建立栖息地。林龄也会影响养分循环速率和碳储存。比如：相较于生长缓慢、林龄较大的林分，生长快速的幼龄林对氮的需求更大，碳的存储速率也更快。

分级指标数据：林龄

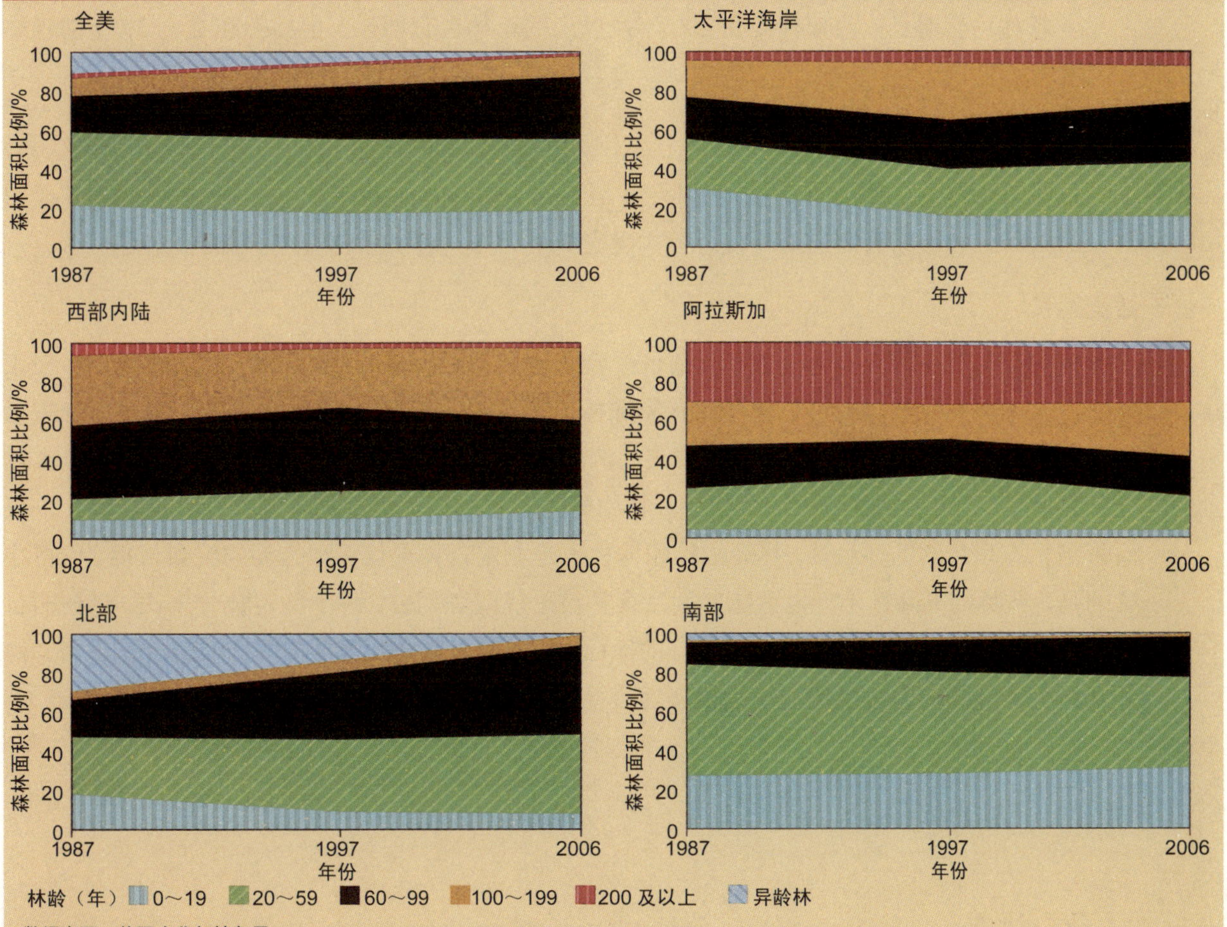

数据来源：美国农业部林务局。

覆盖范围：美国 50 个州（仅用材林地）。

注释：“用材林地”由美国农业部林务局定义为那些每年每英亩至少生产 20 立方英尺木材的林地，此数量足够维持当前经济形势下的商业采伐，法令禁止采伐的土地不包括在内。需要注意“异龄”指由年龄差异很大的树木组成，这个术语正在被逐步淘汰。

数据缺口

缺乏非用材林的林龄数据。

指标含义

该指标报告了各不同林龄森林的组成比例。

数据分析

- 2006年，美国一半以上用材林的林龄不足60年，12%超过100年，不足1%为异龄林。
- 2006年，林龄超过200年的森林主要分布在阿拉斯加，林龄不足20年的森林主要分布在美国南部。
- 1987—2006年，仅异龄用材林的全国覆盖率下降，主要源于由美国北部和南部地区异龄用材林的减少。
- 1987—2006年，北方和南方的林龄结构趋向于老龄化。南部和北部林龄在60～99年的森林均有增长；南部林龄在200年及以上的森林也有增长，但林龄在20～59年的森林有所下降。

指标缺陷

目前缺少有关国家公园、荒野区以及其他不属于用材林的森林林龄数据。在这些西部最为常见的荒野区和国家公园的森林中，有大量老龄林分布（可参考本章“森林管理类型”）。

数据解析

林龄结构能够反映森林过去和当前的经营管理和自然因素的变化情况。北部和南部年轻森林的占有比例高反映出退耕造林和私有经济林的管理措施带来的影响，也反映出美国东部古老林分分布稀少自然地理特征，这些区域高比例的新生林有助于森林储存大量的碳（可参见本章“碳储量”）。林龄结构和树种会影响森林中野生动物类型（可参见本章“森林类型”），进而影响生态系统的循环运转。林龄结构和树种也是制定森林采伐管理措施的重要依据。值得注意的是，林龄的下降并不一定意味着大片森林被采伐或者死去。对于特定林分来说，老树的自然死亡可能是其树木平均年龄显著下降的原因，而老龄林的确更易损失最老的树木。此外，由于森林资源清查正在逐渐淘汰异龄林分这一林型，所以该类型森林林龄呈明显下降趋势。

森林扰动：火灾、虫害和病害

森林扰动的重要性

火灾、虫害和病害是森林扰动与更新的自然循环组成部分。然而人类的干预或森林内部及周围生态系统状况的改变，可能会增加森林扰动的强度和频率。例如，长期、大范围的灭火行为可能会导致特大火灾的发生，或引入像舞毒蛾和荷兰榆树病等虫害和疾病，最终摧毁大面积的森林。

指标含义

- 森林每年受森林火灾（自然和计划）、昆虫和疾病影响的面积。
- 如数据充分，分别对受非本地和本地昆虫和疾病影响的森林面积单独进行报告。

数据分析

- 2006 年，火灾烧毁了 980 万英亩的森林、草地和灌木林地，昆虫导致 840 万英亩森林落叶，470 万英亩树木被连片摧毁（“连续死亡”）。
- 自 1916 年以来，被野火烧毁的森林和草地/灌木林地面积显著下降。近年来，这一趋势发生逆转，受火灾干扰的区域有轻微但达到显著水平的增加趋势（1979—2006 年）。
- 1979—1996 年，森林虫害呈下降趋势；自 1997 年以来，监测到的连片死亡的森林面积越来越大。20 世纪 80 年代，监测到的森林灾害大多数是由舞毒蛾和云杉蚜虫引起。

受昆虫影响区域

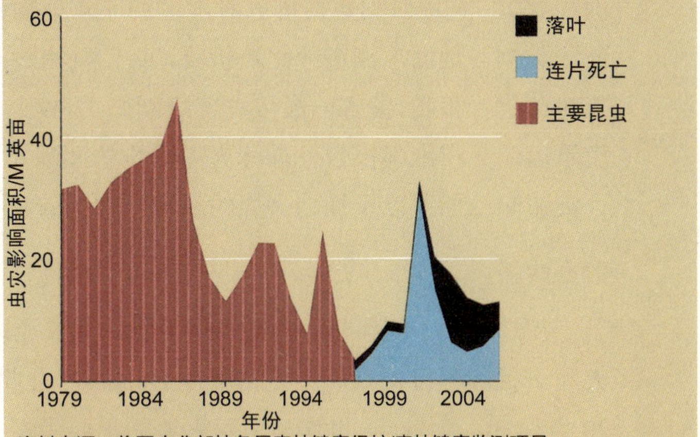

资料来源：美国农业部林务局森林健康保护/森林健康监测项目。

覆盖范围：美国 50 个州。

注释：1979—1996 年爆发的 5 次大型虫灾。

野火面积（森林和草地/灌木林地）

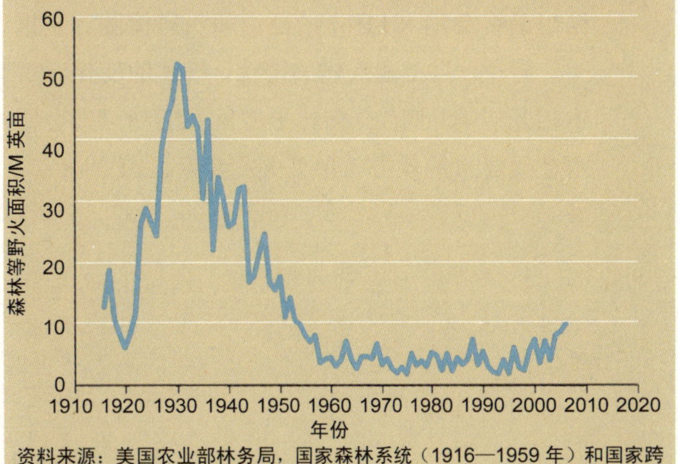

资料来源：美国农业部林务局，国家森林系统（1916—1959 年）和国家跨部门消防中心（1960—2006 年）。

覆盖范围：美国 50 个州。

注释：这些数据包含所有野外火灾（森林，草地和灌木林地）。

数据缺口

以下数据还不足以进行全国性报告：

- 疾病；
- 本地与非本地昆虫/疾病的独立数据。

- 近些年，2001 年森林受虫害影响面积最大，其中 90%以上的灾害由 3 类昆虫引引起，共计 3 000 多万英亩受到干扰。虽然这里没有显示，但大部分灾害都发生在美国东部地区。

指标缺陷

以监测特定疾病的暴发为主要目的，美国林务局仅仅按需求收集了受森林病害影响的森林面积数据。利用航测数据可以对本地和非本地物种所造成的灾害进行评估，但因为并未对所有航测数据与地面观测进行比较检验，而且航测数据不能确定引起灾害的具体昆虫种类，这里没有对此进行报告。灾害一般按灾害级别归类，仅追踪一种特定害虫很难进行年度之间数据比较。现阶段还无法准确报告受森林火灾影响的面积（不同于其他野火，如草原火灾）、受不同程度火灾影响的面积以及计划火烧的面积（作为管控措施的人工火烧）。

数据解析

在过去的 100 年里，火灾干扰下降的主要原因是火灾抑制政策的建立和实施。气候变化对火灾干扰的程度也具有一定的影响。例如，长期干旱往往会导致火灾面积扩大。在近几年和 20 世纪 30 年代，干旱均是引发火灾的重要因素。过去 25 年虫害数据的变化主要是受舞毒蛾和南方松甲虫种群周期的影响，而最近则是受森林天幕毛虫和山松甲虫种群周期的影响。自 1997 年以来，森林健康监测（FHM）项目的昆虫和疾病检测调查一直没有对低级别或轻微破坏度（零散死亡）的昆虫或疾病进行监测。这种轻微灾害，最终将增加年度树木死亡率，该数据也最终会纳入 FHM 的昆虫和疾病检测调查报告。

野火、昆虫和疾病的侵扰、气候的变化、非本地植物覆盖率增加以及其他因素之间也会产生相互影响。例如，森林中的昆虫活动可能会影响火灾的范围和严重程度，而火灾则可避免树木遭受昆虫的攻击（参见火灾频率，第 5 章）。

火灾频率

火灾频率的重要性

作为自然干扰，火灾对森林生态系统的结构和功能有重要影响。随着火灾频率的增加，适应火灾的物种就会茂盛，其他不太耐火的物种数量则会减少。火灾发生频率也会改变林分的龄级，改变土壤中的养分供应，并影响野生动物的栖息地。火灾频率还会影响树冠的郁闭度，森林中树木和林下物种的类型，以及森林对高破坏度火灾的敏感性。

指标含义

设计完成后，该指标可以对比当前的火灾频率与历史估计值。“火灾频率”并非简单定义，其代表的内容十分复杂。报告有些数据并不实用，比如微弱的地面火经多长时间能够成为足以烧毁树冠的烈火。需要考虑火灾的发生时间，因为不同季节的火灾会产生不同的生态影响。此外，小范围的火灾与大范围覆盖的大火对区域生态系统功能的影响差别很大。再者，无论是当前还是以往，微小的地形差异都会导致差异显著和火灾敏感度。基于以上原因，成熟的指标应该在足以捕捉局地变异性的较小尺度上进行评估，以使其值能在区域和国家尺度上进行汇总。最后，由于人们积极抑制或以其他方式有意的改变了自然火灾的周期，因此，指标需要区分主动施火管理区域和非主动施火管理区域。

指标缺陷

综上所述，如果要对比当前和历史火灾频率，就需要在当前和历史条件下，在相对较小的空间范围内估算若干参数，而确定这个“较小空间范围”所对应的适当尺度还要考虑到该尺度很可能具有地域性差异。火灾在某个区域内发生的模式被称为该地区的“火情”，历史火情可以通过树木年轮疤痕估计，完整的指标需要将历史植被类型与特定火情相关（特定植被类型的“火情特征”），这种方法比较复杂，因为火情特征随森林类型和地形变化明显，如山脊与山谷中的森林，其火情特征明显不同；此外，气候的平缓变化可能会让火情特征的估计出现偏差，需要调整估计结果以反映气候变化对火灾频率和强度的潜在影响。跨部门合作的 LANDFIRE 项目为估算历史火情提供了大量数据资源。

对当前森林火灾发生频率的估计较为简单，但也并非没有问题，例如目前描述每 50 年或 100 年发生火灾的火情的相关资料不足。可行的办法是从估算被烧毁区域的最近一次火灾的确切时间入手，这也正是跨部门合作的火灾强度趋势监测（MTBS）项目的一部分。

讨论

过去 10 000 年（冰河时代晚期），美国本土 48 个州所发生森林火灾都具有规律性，有些是由闪电燃起，有些则是北美印第安人主动施火来管理森林和草原引起。人们越来越热衷于采用模拟历史的方法，通过施火及其他干扰活动经营和管理森林。

无论对森林生态系统起维持作用的火灾是人为还是雷电引起的，主动干预林火都将使森林的组成、结构和生态功能产生剧烈变化。在抑制火灾区域，单位面积森林中树木的数量较多，某些原来蔓延被火灾限制的物种的密度也会增加。例如在东部地区，东部橡树—松林中的红槭树有所增加，而在西部，白冷杉和北美翠柏广泛分布于在黄松—巨杉林中。在黄松林等森林中，树木由于人为抑制火灾变得更加茂密，这使得火灾实际发生时火势变得更为猛烈，毁灭的树木也更多。而在其他地区，如东部的橡树林，火灾抑制有益于枫树、桦树、榉木等树木，但也导致橡树数量的减少，同时降低了森林的可燃性。

参见火灾频率指标，第 5 章。

面积显著减少的森林群落类型

面积显著减少的森林群落类型的重要性

森林群落类型，如弗吉尼亚松树—橡树，美国山毛榉—广玉兰、黄杉和长叶松—橡木等，都生长于特定的气候、地貌和土壤类型环境中。这些群落以栖息在该森林类型生存的植物和动物物种为特征，当该森林群落面积减少后，高度依赖其生存的动物和植物种群数量也可能会减少。

面积显著减少的森林群落类型

数据无法确定殖民时期以来面积显著减少的森林群落面积是在增加、保持稳定还是在减少。

指标含义

- 自欧洲殖民以来（1600—1800 年），面积显著减少（面积已减少了 70%或更多）的森林群落类型的总面积。
- 这些面积曾显著减少的群落的变化趋势，其面积目前是增加、保持稳定还是减少。

指标缺陷

缺乏许多森林类型面积的历史和现状数据。正在尝试基于美国农业部林务局现有清查资料，建立面积估算的方法。正在进行的国家测绘制图工作（LANDFIRE 和 USGS Gap 分析程序）也可能提供相关历史和现状数据。

木材采伐

木材采伐量的重要性

木材采伐——按区域

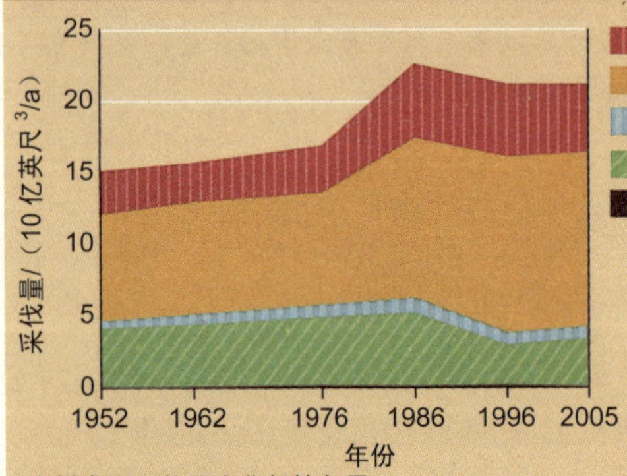

资料来源：美国农业部林务局。

覆盖范围：美国 50 个州。

木材采伐——按用途

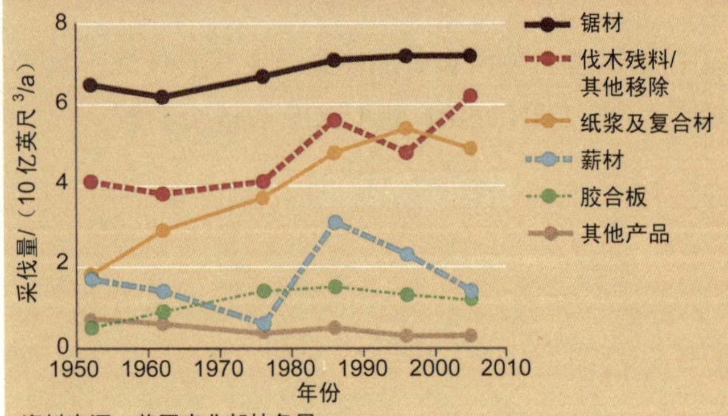

资料来源：美国农业部林务局。

覆盖范围：美国 50 个州。

采伐木材产品能够提供就业岗位，带来经济效益，满足社会对木材、纸及其他产品的需求。对这些产品的需求驱动了木材采伐以及其他森林管理活动。

指标含义

该指标按照不同地区及不同初级产品类型（锯材，纸浆材等），描述木材采伐量的变化趋势；与木材生长和采伐指标不同，该指标包含了收获的所有物质，如朽木以及不能满足规定尺寸标准的树木（不仅是“立木材积”，还包括不属于用材林的其他森林。

数据分析

- 2005 年，美国森林的采伐总量为 212 亿立方英尺：72 亿立方英尺（34%）为锯材，62 亿立方英尺（29%）为伐木残料，49 亿立方英尺（23%）为纸浆材，其余的为薪材，胶合板材及其他产品。
- 1952—2005 年，全国木材采伐量呈增长趋势：其中，锯材（增加 11%）、伐木残料（增加 52%）、纸浆及复合用材（增加 182%）都有显著增加，只有其他产品（减少 64%）生产有显著减少趋势。全国采伐量的增加主要来源于由美国南部和北部的木材产量增加（参见本章“木材生长和采伐”）。
- 2005 年，全国采伐量的 57%是在南部地区，23%是在北部地区，16%是在太平洋沿岸地区，剩余的在阿拉斯加及西部内陆地区。
- 美国南部和北部的木材采伐量从 1952 年至今有显著增加，但其他地区的木材采伐量在此期间并无明显变化。

数据解析

按地区和产品分类的各种森林采伐格局，反映了人们对林业产品的需求。经济变化和社会变迁都会影响特定时段内森林采伐的区域格局以及产品类型需求。例如 1999—2001 年，美国纸张和纸板产量下降，主要由两方面的原因：一是美元强势，导致进口商品的价格降低，同时减少了美国产品的海外需求；二是美国经济整体放缓，降低了美国国内对以纸浆材为原料的纸张和纸板的需求（参见木材生长和采伐，第 5 章，有关公共和私有林地采伐趋势的相关讨论）。

木材生长和采伐

比较木材生长和采伐的重要性

通过对比美国森林的生长和采伐量可以说清收获量是小于，大于，或者等于生长量。

指标含义

每年公共或者私有用材林地（这些林地足够支持商业采伐）新增的木材生长量以及木材采伐量。该指标只限于“立木材积”，不包括非商业用途的树木及其他部分。

木材生长与采伐

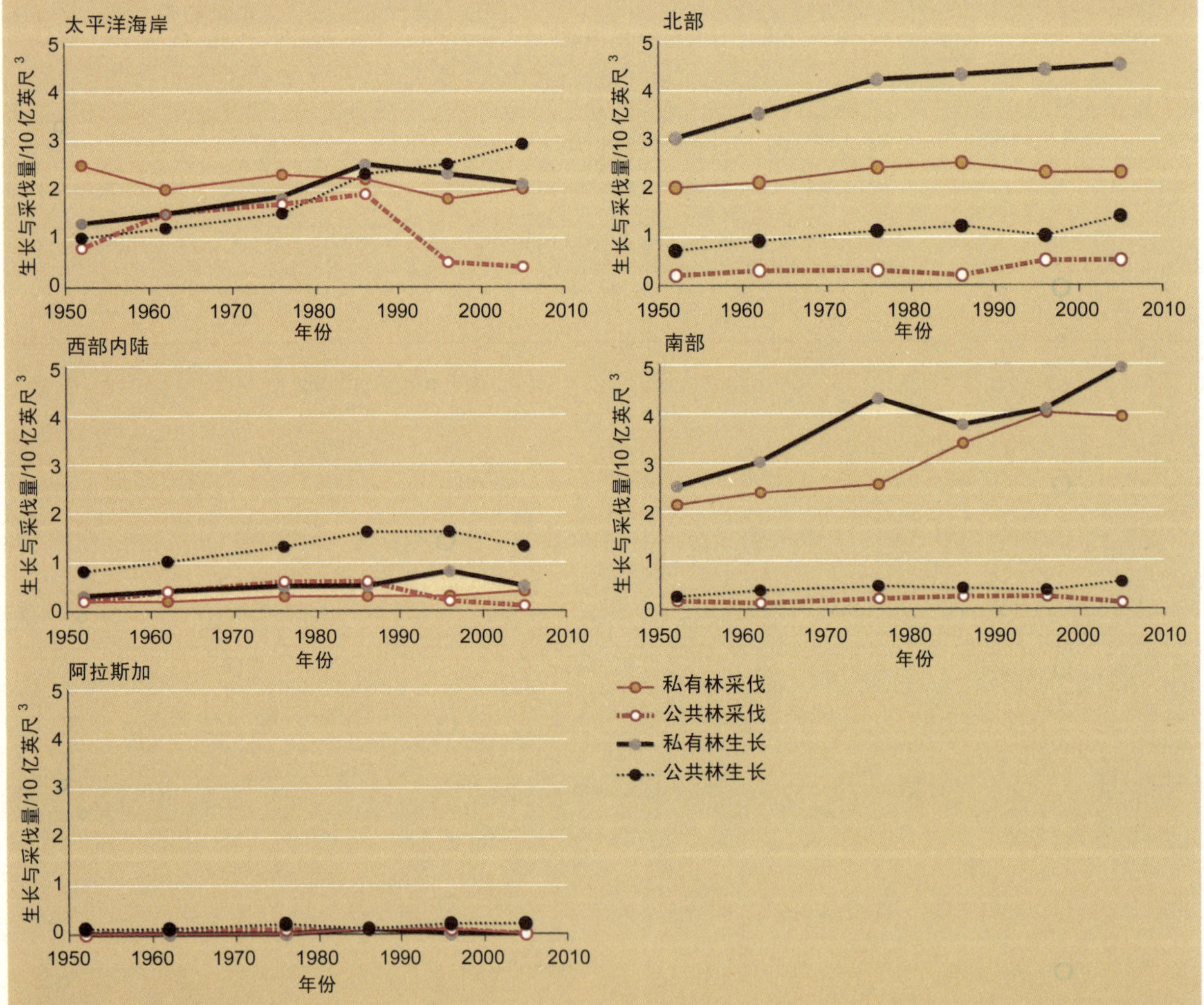

资料来源：美国农业部林务局。
覆盖范围：美国 50 个州。
注释：“南部”图中纵轴缩放度不同，用材林地是美国农业部林务局定义的名词，表示该地每年每英亩至少生长 20 立方英尺的木材。该生长量能满足现有经济形式下的商业采伐。用材林地不包括法规规定禁止采伐的林地。

数据分析

- 2005 年，全国森林的生长量超过采伐量 104 亿立方英尺。
- 美国南部和北部公共和私有林地，以及西部内陆和太平洋海岸地区的公共林地中，森林生长量均超过了采伐量。
- 自 1952 年以来，除阿拉斯加的私有林地和西部内陆地区外，其他所有地区的公共和私有林地的木材生长量均有显著增长。南部地区的私有林地木材生长量最大（58 亿立方英尺）。
- 2005 年，全国总采伐量的 90%以上来自私有林地，这一数字自 20 世纪 50 年代以来没有显著增长。

数据解析

无论是公共林地还是私有林地，经营林地的目的都是为了提供木材产品和各种效益，包括生态系统服务、野生动物栖息地以及娱乐场所，最终满足各种社会需求。公共林地上的木材采伐由联邦政府管理，但私有林地可以不采用联邦政府的标准而独自设立管理目标。对于如何划分林地的采伐承载能力，以保证其现在和未来能够提供完整生态系统服务功能，不同林地所有者可能有不同的理解（参见木材采伐，第 5 章），其中包括所有的采伐物质（不仅限于该指标的立木材积），也包括不属于用材林地上的采伐。

森林休闲娱乐活动

评估森林休闲娱乐功能的重要性

森林可提供各种流行的休闲娱乐活动，如野生动物观赏、野餐、远足和狩猎。与我们从森林中所获得的木材等产品一样，休闲娱乐活动也是森林生态系统提供给人类的福利。

参与森林中的休闲娱乐活动

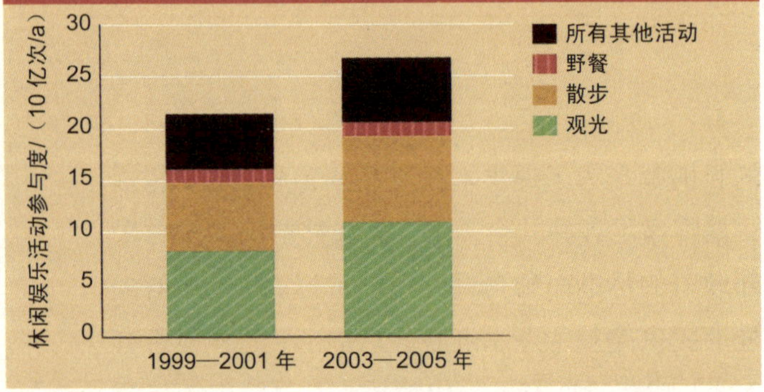

参与森林中所有“其他”休闲娱乐活动

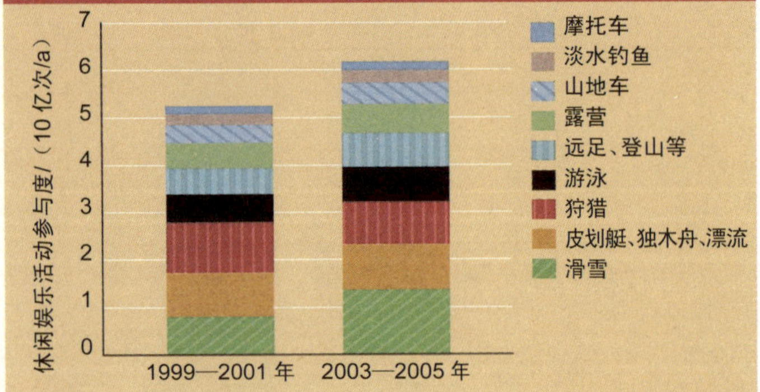

数据来源：美国农业部林务局。

覆盖范围：美国 50 个州。

技术细节：数据没有对各类型户外活动的参与次数进行分别说明，而是对一天 24 小时内的不同类型活动的参与次数统一进行统计。因此，数据无法区分是同一天内进行的多项娱乐活动还是某项活动在一年中不同日期进行。上下图表的纵坐标尺度不同。

数据缺口

数据不足，无法对全国 16 岁以下居民的娱乐活动参与情况进行报告。

指标含义

该指标报告了每年美国 16 岁及以上人群参加在森林中开展的各种户外休闲娱乐活动的次数。当数据充足时，这一指标也将报告青年对森林休闲活动的参与度。

数据分析

- 2003—2005 年，16 岁及以上的美国人每年参加森林休闲娱乐活动约 260 亿次，比 1999—2001 年增加了 27%。
- 最近数据显示（2003—2005 年的数据），与 1999—2001 年相比，除了山地车以外，该指标中所有户外休闲娱乐活动的参与度均有增长。由于缺少历史数据，现有数据不足以判断这些休闲娱乐活动参与度的增长是否属于长期上升趋势的一部分。
- 三项最流行的森林休闲娱乐活动分别为观光、散步和野餐。

数据解析

所有数据均来自电话调查，且对自报参与森林休闲娱乐活动的受访者没有进行准确性核对。此外，数据只包括人们参与各种活动的次数，不包括参与时间长短的信息，多日旅行中的一天也被记为单独事件。

这份报告包括了休闲活动的其他指标。参见户外休闲娱乐活动（第 2 章）、农田休闲娱乐活动（第 4 章）、淡水休闲娱乐活动（第 6 章）、草地和灌木林地休闲娱乐活动（第 7 章）。

第 6 章　淡水状况与利用指标

第 6 章　淡水状况与利用指标*

美国淡水资源丰富，形式多样：有季节性河流，也有著名的密西西比河流域，面积占美国陆地面积的 40%；有间歇性的草原壶穴和农场池塘，也有五大湖；有雨水补给的浅层地下水，也有区域性的古老深层含水层。淡水水体还包括沼泽、森林湿地和河岸带——溪流河流岸边的栖息地。某些淡水生态系统尽管表面孤立，但通常通过地下水、径流、溪流或河流与其他水生态系统相互连通。淡水流经森林、草原、农田、郊区和城市，最后汇至海洋，从而连接着不同的陆地生态系统。通过这种方式，淡水成为陆地生态系统的“循环系统”，累积各种来源的养分、碳和化学物质，并在其他生态系统中传输，最终将它们带入海洋。此外，淡水系统为水生动植物提供了栖息地。许多水生动植物能适应特定的自然条件，如河流水量的季节性变化。

淡水的利用方式与水生系统的形式一样丰富多样。处理后的水可用于饮用及其他家庭用水，也可用于工业加工和灌溉。河流和湖泊本身具有污水治理、运输廊道和水力发电的功能，同时也是一道亮丽的风景以及钓鱼、游泳和划船的度假胜地。

淡水生态系统带来诸多利益也有可能产生冲突。某个地方淡水的使用、提取或恶化会导致用水成本的提高或其他地方用水机会的减少。水资源成为很多法律、法规、政治甚至矛盾的主题。联邦法律中与水相关的法规包括：河道中的废物处理、航行河道疏浚、湿地填充、濒临灭绝水生物种保护以及国际和州际水资源共享。尽管采取的策略经常不一致，但国家和地方都针对这些共同问题制定法律，关于湿地管理和有限水资源分配等方面的争端也经常诉诸法律。近年来，在濒临灭绝物种和灌溉设备之间分配稀缺水资源的决策甚至引发了国内动乱。

本章概述了国家淡水资源的健康状况。淡水是其他生态系统的重要组成部分，因此采用国家核心、森林、农田、草地和灌木林地、城市和郊区章节中有关化学物质、生物状况以及人类对淡水资源利用等指标对本章数据进行补充。这些相关的指标在每一小节末尾逐一列出。

分布与格局

本节指标主要包含两部分内容：一是我们有“多少”资源，即溪流、河流的长度（英里），湿地、池塘、湖泊和水库的面积（公顷）；二是这些淡水资源如何被改变。使淡水系统发生改变的方式多样，例如，修筑堤坝或者修渠疏导河流和溪流，挖掘湿地将湿地蓄水，以及将湖岸或河岸地带转变为度假屋或农田等改变。这些开发方式不仅改变淡水生态系统本身，也改变它

---

* 译者：李营、洪运富。

提供的生态服务功能。例如，把自由流动的溪流改造成水库后，可提供温水渔业、防洪和发电功能，但同时也丧失冷水渔业、迁徙鱼道以及激流等水上娱乐服务功能。再如，随着湿地排水或填平，湿地系统本身及其提供的防洪、过滤径流、鱼类栖息地和育幼地等产品和服务都会消失。

如何权衡利弊，进行取舍（例如选择防洪还是保留迁徙鱼类栖息地、选择水过滤功能还是私人开发）颇有争议，对于生态系统应用于公共服务还是私人开发也经常引发激烈讨论。关于淡水生态系统利用与开发讨论最为激烈的问题，主要集中在实行湿地管理的范围和性质、如何分配灌溉和濒临灭绝鱼群保护所需水资源、洪水过后如何重建或加固堤坝等。

本章数据分析

- 自20世纪50年代以来，淡水湿地面积下降9%。自1985年以来，湿地减少速度已明显减缓（2004年数据）；
- 同一时期池塘总面积（通常是人造池塘，每个面积通常小于20英亩）增加一倍以上；
- 大约80%的河流溪流岸边栖息地为森林或者其他天然植被。其余20%的栖息地被“改造”，变为农业用地或城市发展用地（2001年数据）。

数据缺口

- 湖泊和水库面积，以及不同大小河流和溪流的长度；
- 湖岸或湿地以及已建堤坝、水渠或蓄水设施的溪流和河流上的改变方式；
- 河流的连通程度，即未受干扰的河流长度，采用河流到下游最近堤坝或河流交汇处的距离度量。

报告中描述淡水分布与格局的其他指标：

- 河流沿岸植被（参见城市和郊区景观的面积及组成，第8章）。

化学与物理特征

淡水生态系统水体中汇集的雨水、雪水和地表径流等通过地表水和地下水的运动与陆地生态系统紧密相连。因此，淡水物理和化学指标对于淡水提供产品和服务的质量和数量及其周边陆地生态系统状况具有重要价值。淡水化学特征可用溶解物和悬浮物浓度来度量。本节和整个报告的化学指标均选取影响水质最重要的营养物质和污染物（水质的生物指标将在下节中详细说明）。磷和氮是植物的主要营养物质，其含量过高会促使藻类过快生长，进而降低水的透明度，降低鱼类和其他水生动物赖以生存的溶解氧。通常，淡水中磷的过量输入（尤其对湖泊和流速较慢的河流），以及河口和沿海水域氮的过量输入容易引发这些现象。空气中过量的硫和氮可酸化敏感的湖泊和河流，从而改变这些水体中的生物类型，甚至破坏这些生态系统维系生物生长的能力。

河流的季节流水量影响其为鱼类和其他动物提供栖息地和为人类供应水资源服务的能力。通过监测每秒流经某一指定点的水量，即能测出密西西比河和俄勒冈州鲑鱼河流的区别。枯水期流量决定了一个淡水系统内永久性鱼类栖息地的最少量；丰水期的水流影响河道形状，清除泥沙和岩屑。而水生动植物通常在其生命周期不同时期中要经历不同水流量，因此这种流量变化也会影响它们的生存。

联邦《清洁水法》《清洁空气法》及相关国家法律和法规的目标都是保护水质。《清洁水法》通过控制点源和非点源污染进入水体来保护水质。《清洁空气法》通过控制能够导致酸化和富营养化的大气污染排放来保护淡水资源。此外，联邦和各州颁布的法规以及采取的奖励政策均鼓励农业和林业采取“最佳措施”以减少径流中的沉积物和营养物。以前，生活用水的分配及管理控制河流中不同时间水量只属于州法律管辖范围；但随着鱼类和野生动植物问题的突出，由各联邦政府机构实施管理也日益普遍。

本章数据分析

- 所有参与调查的大型河流采样点中，约有一半采样点的磷浓度≥100 μg/L。
- 1985—2005 年，大气中氮沉降水平较高的样点数量略微增加，硫酸盐沉降水平较高的样点数量有所下降。
- 大多数可涉水通过河流没有酸化的迹象（2000—2004 年数据）。发现 1%以下的河流对酸化敏感（尤其是在降雨期间），仅有 2%以上的河流已被酸化。
- 本土 48 个州（除阿拉斯加和夏威夷外）的可涉水通过河流，大约一半的河流沉积物和鱼群生境处于自然或未退化状态，大约 25%河流的沉积物受到干扰，出现退化，大约 20%河流中的鱼群生境出现退化。

全国性报告数据缺口

- 湖泊和水库中磷浓度；
- 氮和硫酸盐的干沉降量和有机氮的沉降量；
- 湖泊和池塘对酸的敏感度；
- 湖泊和水库中的水体透明度；
- 池塘和河流浅滩状况。

报告中描述淡水化学和物理特征的其他指标：

- 氮素的迁移（国家生态系统：核心指标，第 2 章）；
- 化学污染物（国家生态系统：核心指标，第 2 章）；
- 河流流量变化（国家生态系统：核心指标，第 2 章）；
- 农田河流和地下水中的硝酸盐（农田状况与利用指标，第 4 章）；
- 农田河流中的磷（农田状况与利用指标，第 4 章）；
- 农田河流和地下水中的杀虫剂（农田状况与利用指标，第 4 章）；
- 河流生境质量（农田状况与利用指标，第 4 章）；
- 森林河流中的硝酸盐（森林状况与利用指标，第 5 章）；
- 草地和灌木林地地下水中的硝酸盐（草地和灌木林地状况与利用指标，第 7 章）；
- 草地和灌木林地溪流和河流的枯水期数量及持续时间（草地和灌木林地状况与利用指标，第 7 章）。
- 浅层地下水埋深（草地和灌木林地状况与利用指标，第 7 章）；
- 城市和郊区河流的硝酸盐（城市和郊区景观及利用状况指标，第 8 章）；
- 城市和郊区河流的磷（城市和郊区景观及利用状况指标，第 8 章）；
- 化学污染物（城市和郊区景观及利用状况指标，第 8 章）。

生物组分

淡水生物对人类的重要性在于：淡水生物可食用，可提供特有的遗传物质，其自身还具有观赏性。水生动植物及其组成的生物群落（包括湿地和河岸地区）也提供其他重要的服务功能，例如过滤径流中的营养物、存储碳，以及作为水生物种栖息地等。动植物数量的减少或物种的灭绝、鱼类和底栖动物的组成变化都可能破坏这些服务功能。同样，非本地物种的引进和传播也表明生态系统发生巨大变化。非本地物种可能是偶然引入（如斑马蛤贝、黑藻），也可能是有意引入（如欧洲棕鳟），但不论哪种情况，非本地物种的引进可能增加淡水生态系统的服务功能（如鳟鱼捕捞），也可能降低其他服务功能（水的透明度降低、本地物种的栖息地减少）。这些非本地可能捕食本地物种、寄生于本地物种，或者在本地物种间传播疾病，破坏人类基础设施，同本地物种争抢食物或栖息地，以及改变重要的栖息地。此外，鱼、鸟和其他淡水动物的大量死亡也是化合污染或动物疾病暴发等问题的信号。

水生动物管理措施包括一系列的保护活动，从旨在预防物种灭绝的《濒临灭绝物种法》到限制捕鱼季节和捕鱼数量以确保常食用鱼类正常供应的规章等。稀有水生植物和湿地植物群落同样面临数量减少甚至是灭绝的危险，但有关湿地保护的法规通常没有对稀有群落和常见群落加以区分，也没有强制执行针对稀有群落的保护措施。近年来，实行保护生物完整性措施管理水生态系统的项目逐渐增加，旨在与《清洁水法》一起恢复和保持国家淡水资源的物理、化学和生物完整性。非本地物种引起联邦立法、多个联邦项目以及一系列联邦、州和私人项目的关注。例如已有立法对进入五大湖船只的压载水进行管理；有害水生物种项目组开展检查和清理拖船工作，从而阻止斑马蛤贝、蚌类和其他外来物种向西蔓延。

本章数据分析

- 目前，有 37%依赖河流、湖泊、湿地或河岸地区的本地淡水动物物种濒临灭绝，其中 4%的物种已经灭绝。濒临灭绝本地淡水脊椎动物数量下降的比例大于数量稳定或增加的比例。
- 约有 58%的淡水流域有 10 种以上的非本地鱼种入侵（2007 年数据）。全国仅有 2 个流域未见非本地鱼种的入侵。
- 本土 48 个州的可涉水通过河流中，有 28%可涉水通过河流中的底栖动物群落处于“自然”状态；42%处于“退化”的状态，25%处于“中等”状态（2000—2004 年数据）。
- 湿地和河岸地区，大约 62%的淡水植物群落濒临灭绝，其中 10%处于极危状态，22%濒危，30%易危。

全国性报告数据缺口

- 濒临灭绝本地淡水维管植物和无脊椎动物的种群演变趋势；
- 每10年间隔淡水中非本地物种（包括植物、动物、病原体和寄生虫）的数量；
- 淡水和河岸带非本地物种[包括植物、脊椎动物（不包括鱼）、无脊椎动物、寄生虫和动植物病原体]的数量；
- 淡水和河岸带非本地物种（包括植物、脊椎动物、无脊椎动物、寄生虫和动植物病原体）占总物种数的比例；

鱼类、水鸟、两栖动物或哺乳类动物的死亡数量；

- 两栖物种畸变情况；
- 溪流、湖泊、河流中鱼类群落状况，以及湖泊、河流中底栖动物群落状况。

报告中描述淡水生物组分的其他指标：

- 本地物种组成（国家生态系统：核心指标，第2章）；
- 河岸带状况（草地和灌木林地状况与利用指标，第7章）；
- 城市和郊区河流的动物群落状况（城市和郊区景观及利用状况指标，第8章）。

产品与服务

人类从淡水生态系统中取水目的很多，包括日常生活用水、工业用水和农业用水。用水量及水在各种用途间的分配比例是衡量生态系统提供产品与服务的重要指标。同样，地下水使用和补给平衡也是地下水可持续利用的一个重要指标。人们用于钓鱼、游泳、观鸟、划船及类似水上休闲活动的时间，是社会使用和评估水生态系统的重要指标。此外，淡水污染导致的疾病暴发次数也是直接衡量国家饮用水、娱乐用水或其他人类利用水资源适宜性的指标。

淡水系统不同利用方式之间的博弈，以及如何在人类使用和保护生态系统淡水资源之间进行取舍，是水资源相关政策关注的主要焦点。所有的州政府均有法律法规规定水资源分配比例，联邦法律则规定水在州际间的分配。与此同时，市场调控也越来越多地应用于调节不同利益方之间的水资源。此外，尽管已花费大量经费控制水污染，但水传播疾病仍然引起公共卫生机构和公众担忧。

本章数据分析

- 1960—2000 年，淡水使用总量增加 46%，其中地表水使用量增加 37%，地下水使用量增加 81%。

全国性报告数据缺口

- 地下水水位的变化；
- 水传播疾病暴发次数；
- 淡水休闲娱乐活动参与度。

报告中描述淡水提供的产品与服务的其他指标：

- 食物和纤维的生产及淡水的供应（国家生态系统：核心指标，第 2 章）；
- 户外休闲娱乐活动（国家生态系统：核心指标，第 2 章）；
- 森林休闲娱乐活动（森林状况与利用指标，第 5 章）。

表 6.1 总结了所有淡水指标的现状和趋势，本章对这些指标进行了详细描述。本章涉及的地区和定义可参见附录 D。

表 6.1　淡水指标的现状和趋势

指标	最新数据反映了什么	数值如何随时间的变化
分布与格局		
淡水生态系统分布，第 188 页	湿地面积 9 580 万英亩（2004 年数据）	自 1955 年以来，湿地面积有所下降
	池塘面积为 620 万英亩（2004 年数据）	自 1955 年以来，池塘面积有所增加
	湖泊和水库面积及河流和溪流长度的数据不足，无法进行全国性报告	
	54%的河滨区为草原、灌木、湿地，26%为林地，20%为城市或农业用地（2001 年的数据）	河岸区域土地植被数据不足，无法进行全国性报告
变更的淡水生态系统，第 190 页	20%的河岸区域为“变更过”（2001 年的数据）	数据不足，无法对“变更”的河岸地区土地覆盖的变化进行全国性报告
	城市开发和农业“变更”的湖泊、湿地、河流、溪流和池塘比例数据不足，无法进行全国性报告	
河流连通性，第 191 页	河流“出水口”到最近下游堤坝或导流处的距离数据不足，无法进行全国性的报告	

指标	最新数据反映了什么	数值如何随时间的变化
化学和物理特征		
湖泊、水库和大型河流中的磷，第 193 页	大约 50%的河流采样点的磷（P）浓度≥100mg/L；26%采样点的磷浓度＜50mg/L（2001—2005 年数据）	磷浓度大于 20 mg/L 的采样点比例从 1996—2000 年的 91%增至 2001—2005 年的 99%
	湖泊和水库中磷浓度数据不足，无法进行全国性报告	
淡水酸度，第 195 页	氮沉降：1%的采样点单位英亩累计沉降 6 磅；31%的采样点单位英亩累计沉降 4～6 磅；39%的采样点单位英亩累计沉降 2～4 磅（2005 年数据）	1985—2005 年，单位英亩累计大气氮沉降量超过 2 磅的采样点比例增加
	硫酸盐沉降：2%的采样点单位英亩接收沉降累计沉降 20 磅；45%的采样点单位英亩累计沉降 10～20 磅；20%的采样点单位英亩接收沉降 5～10 磅（2005 年数据）	1985—2005 年，单位英亩累计硫酸盐沉降多于 20 磅的采样点的比例下降
	93%的可涉水通过河流未呈酸性；仅有 2%的可涉水通过河流呈酸性（2000—2004 年数据）	可涉水通过河流对酸性物质输入的敏感性变化数据不足，无法进行全国性报告
	氮和硫酸盐的干沉降量及有机氮沉降量数据不足，无法进行全国性报告	
	缺少湖泊和池塘对酸的敏感度数据	
淡水水体透明度，第 197 页	湖泊和水库中水的透明度数据不足，无法进行全国性报告	
河流生境质量，第 198 页	沉积物质量（可涉水通过河流的百分比长度）：50%的河流“自然”状态；20%的河流处于“中等”状态；25%的河流处于“退化”状态	数据不足，无法对沉积物状况的变化进行全国性报告
	鱼类栖息地质量（可涉水通过河流长度的百分比）：52%的河流处于“自然”状态；25%的河流处于是“中等”状态；20%的河流处于“退化”状态（2000—2004 年数据）	数据不足，无法对鱼类生境特征变化进行全国性报告
	数据不足，无法对浅滩和湖泊状况进行全国性报告	

续表

<table>
<tr><th>指标</th><th>最新数据反映了什么</th><th>数值如何随时间的变化</th></tr>
<tr><td colspan="3">生物组分</td></tr>
<tr><td rowspan="4">濒临灭绝的本地淡水物种，第 200 页</td><td>37%的本地淡水动物物种濒临灭绝，其中13%极危，9%濒危，11%易危，4%可能已灭绝（2006 年数据）</td><td>数据不足，无法对濒临灭绝的物种的变化进行全国性报告</td></tr>
<tr><td colspan="2">数据不足，无法对本地淡水濒临灭绝的植物和无脊椎动物的比例进行全国性报告</td></tr>
<tr><td>淡水中濒临灭绝的本地脊椎动物中数量在下降的占 29%；数量不变的占 24%；数量增加的仅占 1%（2006 年数据）</td><td>数据不足，无法对淡水中濒临灭绝的脊椎动物数量变化进行全国性报告</td></tr>
<tr><td colspan="2">数据不足，无法对濒临灭绝的淡水植物和脊椎动物的数量变化趋势进行全国性报告</td></tr>
<tr><td rowspan="3">定殖的非本地淡水物种，第 202 页</td><td colspan="2">数据不足，无法对每 10 年新的定殖非本地物种数量进行全国性报告</td></tr>
<tr><td>有 10 个以上的定殖非本地鱼种的流域占58%，只有 2 个流域没有定殖的非本地物种</td><td> 2002—2007 年，有 10 个以上定殖非本地鱼种的流域所占比例从56%增至 58%</td></tr>
<tr><td colspan="2">数据不足，无法对淡水和河岸定殖的非本地植物、脊椎动物（鱼类除外）、无脊椎动物、寄生虫和动植物病原体的物种数量进行全国性报告；数据不足，无法对淡水和河岸定殖的非本地植物、脊椎动物、无脊椎动物、寄生虫和动植物病原体的物种占物种总数的比例进行全国性报告</td></tr>
<tr><td>动物死亡和畸形，第 204 页</td><td colspan="2">缺乏全国范围有关水鸟、哺乳动物、鱼、两栖动物及其变异体异常死亡事件的统计数据</td></tr>
<tr><td rowspan="2">淡水动物群落状况：鱼与底栖生物，第 205 页</td><td>底栖动物状况（可涉水通过河流的长度）：28%的河流处于“自然”状态；25%的河流处于“中等”状态；42%的河流处于“退化”状态</td><td>数据不足，无法对底栖动物状况的变化进行全国性报告</td></tr>
<tr><td colspan="2">数据不足，无法对溪流、河流和湖泊中鱼类群落状况，以及对湖泊、河流中底栖群落状况进行全国性报告</td></tr>
<tr><td>濒临灭绝的淡水植物群落，第 207 页</td><td>62%的淡水植物群落濒临灭绝，其中 10%极危，22%濒危，30%易危（2006 年的数据）</td><td>数据不足，无法对濒临灭绝的植物种群变化进行全国性报告</td></tr>
<tr><td colspan="3">产品与服务</td></tr>
<tr><td rowspan="2">淡水利用，第 209 页</td><td rowspan="2">美国每天使用 3 450 亿加仑[①]水（24%是地下水，76%是地表水），其中灌溉用水和热电用水量最大，其次是市政、工业和农业用水（2000 年数据）</td><td> 自 1960 年以来，淡水使用总量有所增加</td></tr>
<tr><td> 自 1960 年以来，工业用水量有所下降</td></tr>
<tr><td>地下水水位，第 210 页</td><td colspan="2">数据不足，无法对地下水水位变化进行全国性报告</td></tr>
<tr><td>人类水传播疾病暴发，第 211 页</td><td colspan="2">缺少对饮用水或娱乐接触用水传播引起的疾病暴发的统计数据</td></tr>
<tr><td>淡水休闲娱乐活动，第 212 页</td><td colspan="2">数据不足，无法对淡水区域内发生的休闲娱乐活动数量进行全国性报告</td></tr>
</table>

 = 显著减少； = 显著增加； =数据不足，难以进行趋势分析。

① 1 加仑（gal）=3.785 412 L。

淡水生态系统分布

淡水生态系统分布的重要性

淡水湿地面积

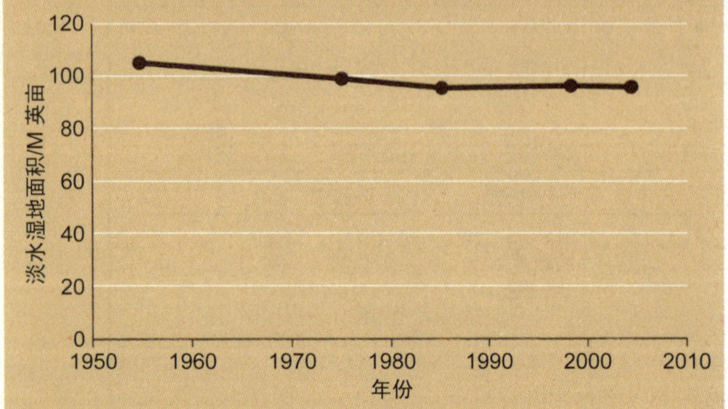

数据来源：美国鱼类及野生动物管理局国家湿地调查。
覆盖范围：美国本土 48 个州。

池塘面积

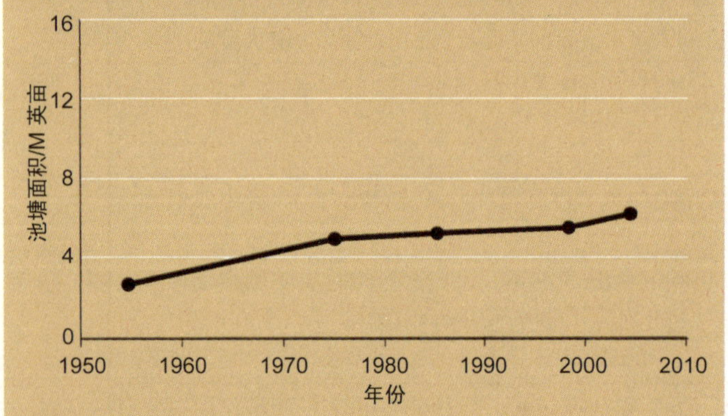

数据来源：美国鱼类及野生动物管理局国家湿地调查。
覆盖范围：美国本土 48 个州。

美国淡水水体为鱼类和野生动物提供重要的栖息地，同时也是其他生态系统重要组成部分，它们为人类提供多种产品，包括饮用水、工业用水、牲畜和灌溉用水，同时也提供娱乐等服务。此外，湿地和植被覆盖的河岸区域能够过滤径流并减缓洪水灾害，河流和湖泊能吸收和分解流入的各种废弃物。

指标含义

- 湿地（不包括池塘）面积，当数据充足时，还可分别描述湖泊、水库和池塘的面积。
- 当数据充分时，可以报告小型、中型和大型溪流与河流的长度。
- 河流岸边带及河滨地区的土地覆盖类型——森林、草地、灌木林地、湿地、城市和郊区、农业用地等。

数据分析

- 2004 年，全国淡水湿地面积 9 600 万英亩，池塘 600 万英亩。
- 1955—2004 年，淡水湿地面积减少了 9%。近几年湿地减少的速度已减缓。本土 48 个州大约一半原始湿地转变为农业用地、开发用地或其他用地。
- 自 20 世纪 50 年代中期以来，池塘面积 （规模通常小于 20 亩）增长 100%，由此反映小池塘的大量建设情况，但数据未区分天然池塘和人造池塘。
- 溪流和河流大部分河岸带由森林或其他自然植被（草地、灌木林地、湿地）覆盖，其余 20%的河岸带为农业用地或建设用地。

指标缺陷

基于美国国家湿地调查数据，2002 年报告中对湖泊面积进行了统计。美国鱼类及野生动物管理局建议不采用这些数据，一方面因为这些数据对湖泊面积的估算并不精确。另一方面，对河流分类不是采用统一的方法而是采用多种指标——如流量、流域面积或支流数量，因此没有关于河流规模的国家级数据库。美国国家环境保护局的全国水文数据集提供了潜在数据源，但这些数据的问题在于没有对全国各个地区最小级别河流进行完整描述，而正是这类河流最容易因为管道渠化等而断流或消失。

河岸带面积

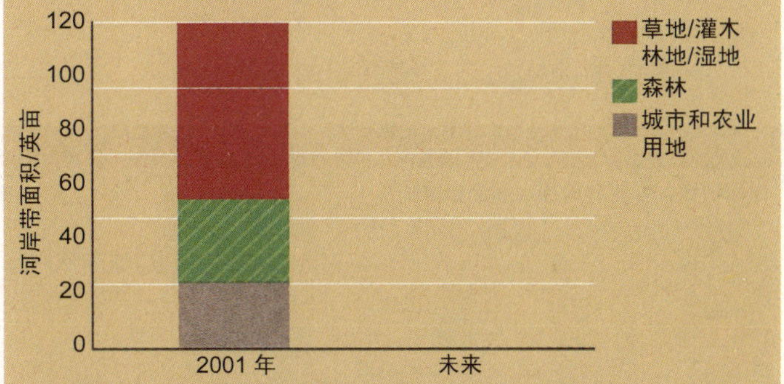

资料来源：多精度土地特征联盟和环境系统研究所（道路地图）；美国国家环境保护局和美国农业部林务局分析。
覆盖范围：美国本土 48 个州。

淡水生态系统范围

数据缺口

数据不足，无法对湖泊和水库以及河流的长度进行全国性报告。

变更的淡水生态系统

变更的淡水生态系统面积的重要性

变更的淡水生态系统

指标数据：变更的河岸（溪流和河流）

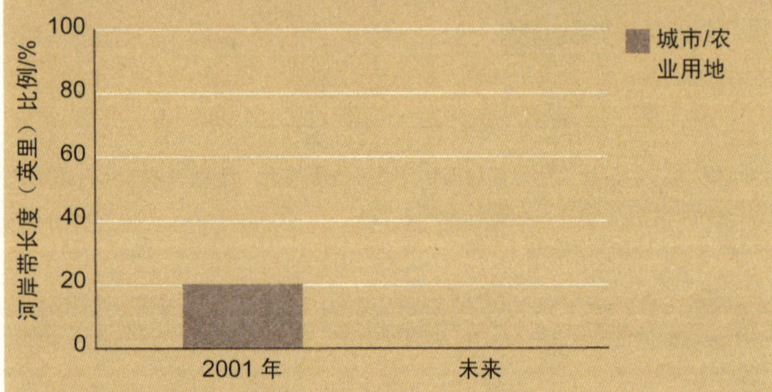

资料来源：多精度土地特征联盟和环境系统研究所（道路地图）；美国国家环境保护局和美国农业部林务局分析。

覆盖范围：美国本土 48 个州。

注释：这里提供的数据无法与《2002 年美国国家生态系统状况报告》中的数据相比，原因是用于计算该指标的基础数据集不同。

变更的淡水生态系统

数据缺口

全国变更的湖泊、湿地、河流、溪流、池塘的比例数据不足。

改变淡水水体的自然条件会影响其中赖以生存的水生动植物以及水体提供的产品与服务。这种改变通常是为了获得某种利益：包括改善航运、防洪和娱乐（通过建造水库）、保护资产免遭侵袭、获取更多的农田或建设用地以及供应市政、工业和灌溉用水等。但这些改变会减少鱼类和野生动物的生境、破坏河流格局和周期规律，影响动物迁徙，并削弱或消除对沉积物和污染物的自然过滤。

指标含义

沿岸 100 英尺范围内有农业或城市—郊区土地覆盖的河岸带（溪流和河流岸边带区域）的河道长度英里数所占比例。最终，这一指标将包括：

- 建有堤坝、渠道或蓄水坝的溪流和河流河道的长度英里数。
- 池塘和湖泊岸边 100 英尺范围内为农业或城市-郊区土地覆盖的水岸长度（水库和人造湖除外）。
- 已被挖掘、蓄水、开沟或者部分被用于排水或耕种的湿地面积。

数据分析

- 溪流和河流沿岸约 20%的河岸面积已被改变（土地覆盖类型以农田、牧场或城市用地为主）。

指标缺陷

缺少溪流和河流中关于渠化、修建水坝以及蓄水等活动的强度数据以及变更湿地分布的数据。此外，已有湖泊和池塘岸线改变的数据尚未区分天然水体和人工水体。

该指标描述几类重要变更类型，随着监测和报告技术的改善，还有可能增加对其他变更类型的描述。在本章河流生境质量和河流流量变化中也对河流状况进行了说明。

河流连通性

河流连通性的重要性

水、能量、营养物质、沉积物向下游传输受堤坝和河流引导的影响。这些设施为人们提供诸多服务功能，如防洪、灌溉、娱乐及发电，但同时也改变淡水生境，同时限制或阻碍生物的迁移，如产卵鱼等。

指标含义

对国内的大型流域，统计具有不同连通性的子流域所占的比例，其中连通性由出水口（河流离开汇水区的地方）到下游最近堤坝或分水口的距离来度量（见插图）。该指标还能反映河流通畅的流域所占比例，河流通畅是指其能够毫无阻碍地流到天然终点，通常指海洋或大型湖泊。

流域内连通性：小流域至下游最近堤坝或分叉口的距离

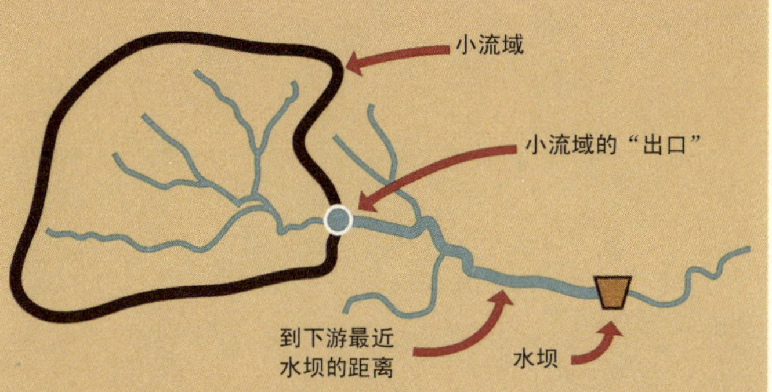

技术细节：流域指其内部的水都流向同一溪流、河流或水系的区域，其边缘通常为山脊等自然体。流域一般具有层次性，即在一个大的流域中包含很多小流域。根据本指标需要，应采用获取数据的最小流域。测量从溪流或河流的出水口（“流点”）开始，水流从此处流向一个接收水体，比如一个湖泊，或直达水坝或分水口（见图中蓝色粗线）。建有大坝或分水口的流域的值设为零。更多细节请参见技术说明。

河流连通性

数据缺口

缺少对从出水点到最近水坝或分水渠的距离数据进行全国性报告。

指标缺陷

该指标分析需要整合河网、水坝和引水位置数据并提取较高精度的流域边界。海因茨中心曾在部分地区实现对该指标进行试验性监测和报告，但是该项工作需要技术专家们花费相当大的精力，可想而知要建立一个全国尺度类似的综合数据库，需要大量的资源投入。据估计，美国地质调查局正在进行的国家水文数据集成项目有望在未来几年提供该指标数据。同时，一部分水坝因为太小而没有录入国家水坝数据库，估计获取这部分被忽略水坝所占比例的数据也是报告该指标面临的挑战。此外，目前还没有关于河流分水口的详细数据。

讨论

水坝或分水口会破坏一条溪流或河流的连通性，从而影响水生生物和沉积物的迁移。鲑鱼等洄游鱼类将受到河流连通性变化的影响严重，鱼梯常用于帮助成年洄游鱼越过水坝，但该指标没有对分有鱼梯和没有鱼梯的水坝加以区分。该指标也没有考虑影响连通性的天然屏障，比如海狸水坝或倒木。天然屏障会在特定时刻或流量条件下影响一些物种或某些生物的生命周期，但不会对所有物种都产生影响。该指标重点关注除天然障碍以外因素造成的水生系统连通性的丧失。

最后，其他重要因素也会影响淡水系统的连通性，例如低氧区域、河岸带破碎化和水流量季节性减少或断流等。低氧水域会阻止鱼类沿河流迁移，河岸带破碎化会影响其他水生物种的迁移，而阶段性断流的河段会使水生生物孤立于小水塘，或阻碍物种的迁移。

湖泊、水库、大型河流中的磷

湖泊、水库、大型河流中磷的重要性

磷浓度的增加会导致湖泊、水库、大型河流中的藻类滋生。藻类维持着大多数其他水生生物的生长；然而，当藻类滋长过于旺盛时，会减少水中溶解氧，从而引发鱼类死亡，导致鱼类和其他水生动物种类和数量的变化。水华（水体富营养化）还会降低淡水生态系统的观赏和娱乐价值。

指标含义

湖泊、水库、大河采样点含磷平均浓度分为以下 4 个级别：20 μg/L、20～50 μg/L、50～100 μg/L 及 100 μg/L 以上。需要注意的是，其他章节的指标说明磷浓度时采用的单位是 1 mg/L，1 mg/L 及 1 000 μg/L。

数据分析

- 2001—2005 年，约 50%的河流采样点磷浓度为 100 μg/L 或更高，26%的河流采样点磷浓度低于 50 μg/L。
- 2001—2005 年，磷浓度大于 20 μg/L 的河流采样点的比例从 1996—2000 年的 91%增长到 99%，确定这一增长是否能充分代表全国的变化趋势还需要更多的数据。
- 2001—2005 年，磷浓度的地域变化趋势不明显。

指标缺陷

目前还没有建立全国湖泊和水库磷浓度的数据库。美国国家环境保护局的数据

大河中的平均磷浓度

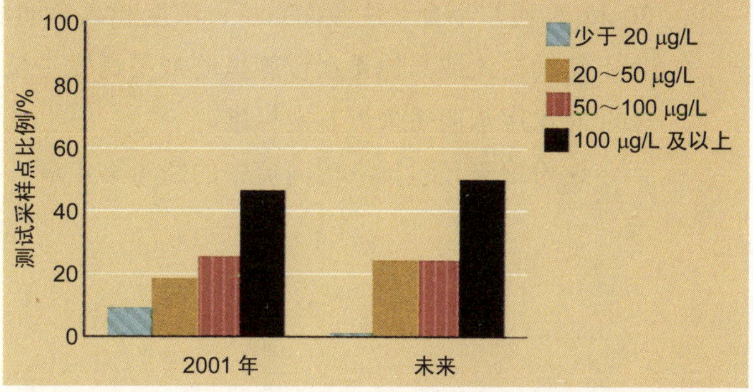

大河中的磷浓度（2001—2005 年）

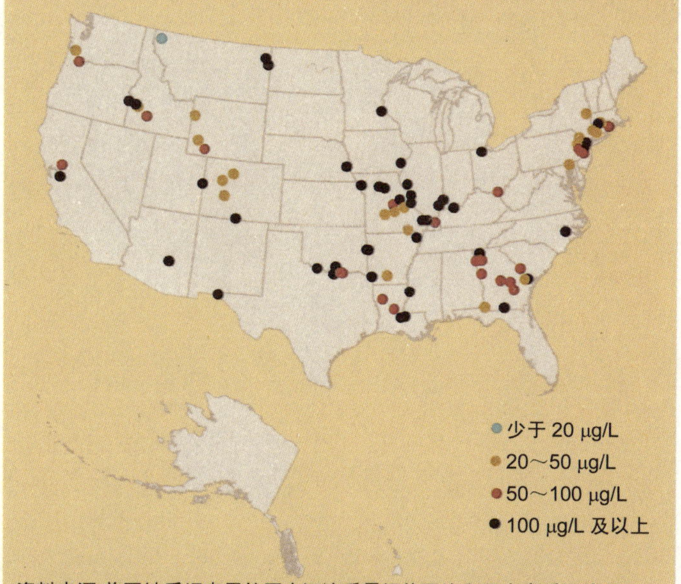

资料来源：美国地质调查局的国家河流质量评估网络和国家水质评价项目。

覆盖范围：见地图。

技术细节：样本取自河流流量超过 1 000 英尺^3/s（1 英尺^3/s=2.83×10^{-2}m^3/s）的河流。

数据缺失

缺少湖泊和水库中的磷浓度数据进行全国性报告。

存储和检索档案可以提供部分数据，但仍需开展大量研究以确定已有样点能否代表全国淡水系统的总体状况。

数据解析

如能获得更多有关变化趋势的数据，将更容易将浓度本来很高或很低的采样点与浓度随时间变得很高或很低的采样点区分开来，从而更清晰解读该指标。湖泊和水库内磷浓度小于 20 mg/L 通常不会产生负面效应；浓度越高负面影响越大。美国国家环境保护局建议，为了防止不流动河流或其他蓄水设施里的水藻过度生长，磷浓度应控制在 100 mg/L 之内。美联邦尚未针对饮用水的磷浓度制定标准。

这份报告还包括农田河流中的磷（第 4 章）、城市和郊区河流的磷（第 8 章）中的总磷浓度。

淡水酸度

淡水酸性变化的重要性

大气中的氮和硫化合物的沉降能够酸化土壤和地表水，尤其是对那些酸度天然敏感地区或长期遭受酸沉降的地区。酸化直接影响植物和淡水中敏感生物，如鳟鱼和大马哈鱼等；同时，还间接影响铝等重金属的聚集，而这些重金属会导致多种鱼类和其他生物中毒。

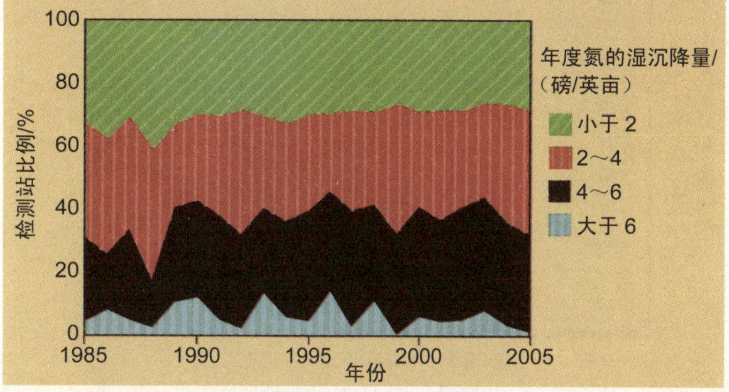

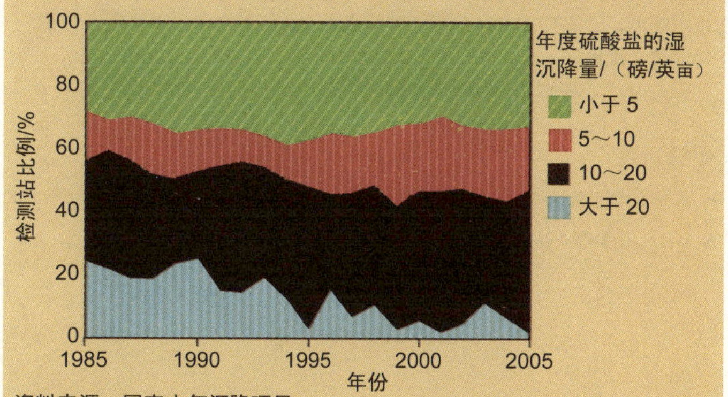

资料来源：国家大气沉降项目。
覆盖范围：美国本土 48 个州。
技术细节：雨雪天气的湿沉降以及其他情况下的干沉降，数据为总氮和硫酸量。

指标含义

- 每年通过大气沉降进入流域的氮和硫的总量。
- 具有不同程度酸中和能力的河流长度以及湖泊和池塘面积的百分比，该指标反映酸化敏感性。

数据分析

- 自 1985 年以来，每年单位英亩大气氮的湿沉降为 4～6 磅的采样点比例略有增加（从 27%增至 31%）；单位英亩大气氮的湿沉降不到 2 磅的采样点的比例有所减少（从 33%降至 28%），这表明一些地区氮的湿沉降和无机氮沉降水平正在增加。
- 自 1985 年以来，每年单位英亩大气硫的湿沉降超过 20 磅的采样点比例显著下降（从 24%降至 2%），这表明一些地区硫的湿沉降水平正在下降；大气硫的湿沉降为 5～20 磅的采样点比例有明显增加（从 47%增至 65%）。
- 2000—2004 年，浅水河流绝大多数并没有“酸化”迹象。对酸化敏感（通常在降雨时）的河流不到 1%，呈酸性河流的稍多于 2%。东部高地（地区的定义参见附录 D）的酸性河流比例大于全国平均水平，而西部比例最低。

指标缺陷

目前尚未收集全国范围内大气氮和硫的干沉降（占总沉降的 20%～80%）数据以及有机氮

沉降数据。现阶段缺少湖泊和池塘的酸中和能力相关数据，但美国国家环境保护局将在今后的评估项目中着手收集。

数据解析

流域对酸化的敏感度（2000—2004 年）

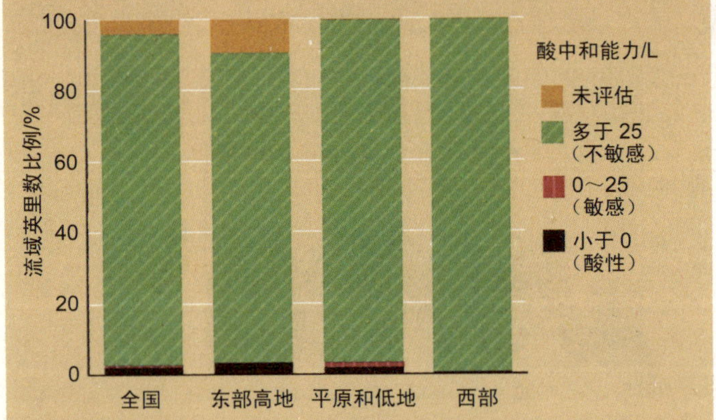

资料来源：美国国家环境保护局可涉水通过的河流评估。

覆盖范围：美国本土 48 个州（区域定义见附录 D）。

技术细节：酸中和能力（ANC）度量是通过监测基本河流条件下（典型的河流，流量不是超高或超低）的带电分子数（微参数，μEq/L）。

注释：ANC 小于零说明该流域已酸化，无法中和输入的更多酸性物质。

数据缺口

- 氮和硫的干沉降量以及有机氮沉积量的数据。
- 湖泊和池塘的酸性敏感度数据不足，无法进行全国性报告。

氮和硫的化合物通过化石燃料燃烧、农业生产及其他活动被释放到大气中。这些化合物在大气中与水和其他化学物质发生化学反应，生成氨和硝酸或硫酸，并通过风进行短距离或长距离地迁移。这些酸性化合物被溶解到雨、雪和雾中，以固态形式附着在空气微粒中，进而沉降到流域内（表层土壤和植被），然后通过地表径流或地下径流被运送到河流和湖泊。一方面酸性土壤会破坏植被生长，尤其是在高海拔地区，而鱼类和其他不耐酸或容易受有毒金属（因为酸度而释放）影响的有机物也无法适应在酸性地表水中生存。另一方面，有些地区由于矿物质中硫含量高，导致矿场和尾矿中排出的水分呈强酸性，从而加速该地淡水酸化的速度。这两种类型的酸化都会导致有毒金属溶解到水中。

淡水水体透明度

淡水水体透明度的重要性

清澈的水更适合人们游泳、饮用和观赏，因而更受欢迎。水生植物需要阳光维系生长，同样，鱼类和其他动物也需要阳光进行觅食和繁殖。

> **水透明度**
>
> **数据缺口**
>
> 数据不足，无法对湖泊和水库的水体透明度进行全国性报告。

当河流和径流携带淤泥、黏土和有机质进入水体时，湖泊和水库可能会因此而变浑浊。径流还可能向湖泊或水库中输入磷和其他养分；这些养分会导致水体富营养化和水藻滋生（参见本章，“湖泊、水库和大型河流中的磷”），从而降低水体透明度，并形成低氧环境。

指标含义

低、中和高透明度湖泊和水库所占的百分比（池塘由于深度较浅未被包括）。

指标缺陷

尽管已经通过各种途径获得大量有关水体透明度的数据（参见技术说明），但由于采样点分布不均匀，在某些区域采样频繁，有些区域采样较少，对湖泊甚至没有进行采样，因此，这些数据在全国尺度上不具有代表性。

不同地区，湖泊和水库的水体透明度也不同，因此说清水透明度随时间的变化非常重要。通过跟踪透明度随时间的变化，可以辨识透明度得到改善或恶化的区域，并将其与天然浑浊或清澈区域加以区别。

河流生境质量

河流生境质量的重要性

河床沉淀物状况

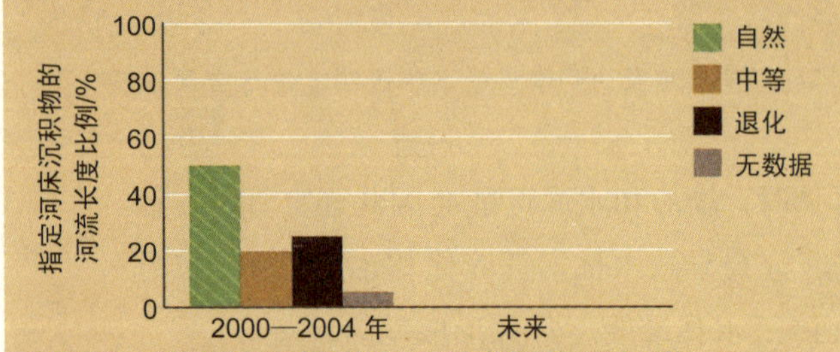

数据来源：美国国家环境保护局，可涉水通过的河流评估。

覆盖范围：美国本土 48 个州。

河流中鱼类生境特征状况

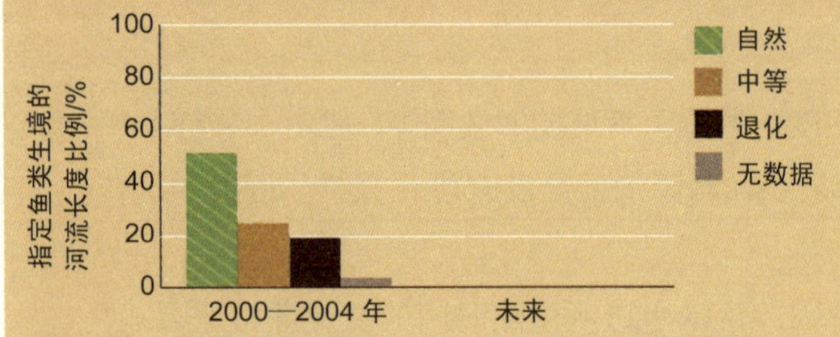

数据来源：美国国家环境保护局，可涉水通过的河流评估。

覆盖范围：美国本土 48 个州。

数据缺口

数据不足，无法对浅滩和水塘状况进行全国性报告。

定义

- “自然”：生境特征与同一地区中受干扰最小区域的一系列特征类似。
- “中等”：生境特征恶化程度超过该地区受干扰最小区域 75% 以上。
- “退化”：生境特征恶化程度超过该地区受干扰最小区域 95% 以上，说明其遭受了一种或多种负面因素影响。

河流具有天然的、多样的水下和岸边生境，能够为大量本地物种提供适合的栖息地。这些溪流水流格局相对不受干扰，河岸带有植被覆盖，有助于长期保持生物群落健康。

指标含义

- 河床沉积物处于“自然”“中等”或“退化”状况的河流长度的百分比。
- 具有处于“自然”“中等”或“退化”状况的鱼类生境（例如，卵石、大型木头、底部被侵蚀的河岸、树根等）的河流长度百分比。
- 如数据充足，还可报告处于“自然”“中等”或“退化”状况的浅滩和水塘的水流长度所占百分比。

数据分析

- 在美国本土 48 个州中，约一半河流有“自然”河床沉积物，约 25%有“退化”沉积物，20%有“中等”沉积物。
- 在美国本土 48 个州中，约一半以上河流长度有“自然”鱼类生境，20%有处于“退化”状态的鱼类生境，25%有处于“中等”状态的鱼类生境。

指标缺陷

目前还缺少全国河流中浅滩和水塘分布的数据，更缺少河流中浅滩和水塘的环境数据。

讨论

水生动植物的生存和繁殖需要特殊的生境。各类型物种对栖息地都有其特殊要求，因此河岸带需要大量不同类型生境，以保证河流动植物多样化。第4章另有相关指标报告农田的河流生境质量。

“退化”河流的沉积物较“自然”河流沉积物稳定性更差，河流流量的变化（参见第2章，“河流流量变化”）或者岸边带土壤侵蚀的增加均可能导致沉积物稳定性降低（参见潜在土壤侵蚀，第4章）。人类活动对河流和河岸带区产生的影响可能破坏甚至清除物种栖息所需的植被、树木凋落物和卵石等环境条件，进而导致河流内生境的丧失。

濒临灭绝的本地淡水物种

本地淡水物种的重要性

濒临灭绝的本地淡水物种，按照风险级别划分

分级指标数据：动物物种

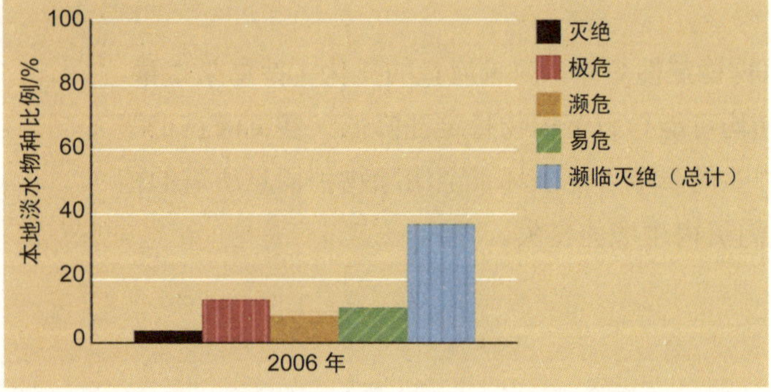

濒临灭绝的本地淡水物种，按州划分

分级指标数据：动物物种

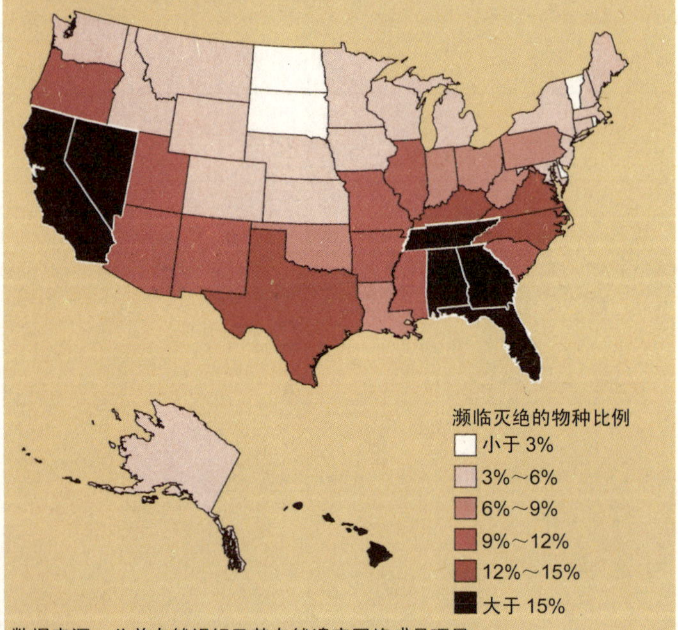

数据来源：公益自然组织及其自然遗产网络成员项目。

覆盖范围：美国 50 个州。

技术细节：各物种濒临灭绝的风险程度差别很大，有的相对安全，而有的即将灭绝。详情请参见 NatureServe 项目的技术说明。

物种具有重要价值：它们提供产品，包括食物、纤维和遗传物质可用于各种医疗、工业和农业用途；它们是能够提供产品与服务的生态系统的重要组成部分；此外，物种的内在价值或观赏价值也引起人们的重视。

指标含义

- 本地淡水物种（生命周期中至少有一部分时间生活在淡水、湿地或岸边栖息地并依赖这些栖息地生存的动植物）。濒临灭绝的风险划分为 4 个级别：易危、濒危、极危和灭绝（参见定义）。
- 各濒临灭绝风险级别的本地淡水物种所占的百分比。
- 濒临灭绝的本地淡水物种的种群数量变化趋势（下降、稳定、增加）。

数据分析

- 37%的本地淡水动物物种处境濒临灭绝，其中 13%为极危，9%濒危，11%易危，近 4%灭绝。
- 夏威夷、加利福尼亚、内华达和多个东南部州内濒临灭绝的淡水物种百分比高于其他州（夏威夷所有本地淡水物种中有 54%处于濒临灭绝的危险）。
- 濒临灭绝的本地淡水脊椎动物中，数量下降的种群（29%）多于数量稳定的种群（24%）或数量增加的种群

（1%）。有46%濒临灭绝的淡水脊椎动物未获取种群变化趋势的数据。

指标缺陷

该指标数据涉及4 100种鱼类、水生哺乳动物、水鸟、爬行动物和两栖动物、贝类、蜗牛、淡水虾、仙蜂鸟、蚌和鲎虫、蝴蝶和跳虫、蜻蜓和蜻蛉。由于对北美植物栖息地分类尚未明确，暂不包括淡水植物的数据，鉴于目前只有32%的濒临灭绝的本地淡水脊椎动物物种的种群变化趋势数据，无法分析整体情况。

尽管2002年报告对该指标进行了现状分析，但是导致濒临灭绝风险等级状况变化的原因多样，例如物种实际生存状态的变化，对物种状况知识的深入了解，或分类体系的变化。无法准确辨别数据体现的变化是否能代表物种真实变化情况，因此此处没有列出2002年报告的相关数据（见公益自然组织项目描述中的讨论，技术说明）。

濒临灭绝的本地淡水物种的种群变化趋势

分级指标数据：濒临灭绝的本地脊椎动物物种

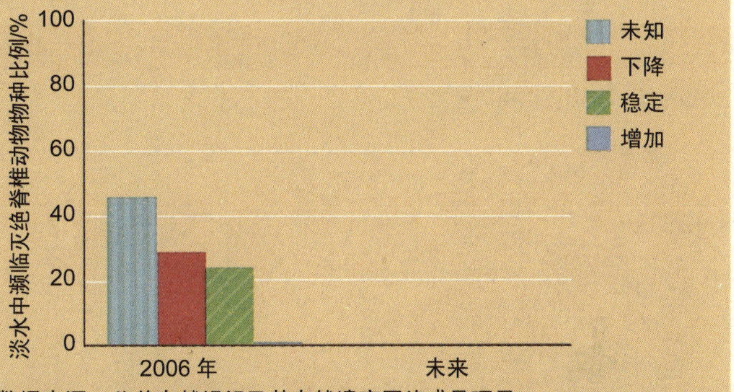

数据来源：公益自然组织及其自然遗产网络成员项目。

覆盖范围：美国50个州。

技术细节：种群趋势数据针对种群的短期变化报告，具体时间跨度为10年或3代（取时间较长的），最长100年。

数据缺口

缺少数据，无法报告全国淡水中本地维管束植物和无脊椎动物种群变化趋势。

定义

- “极危”物种出现地点通常小于等于5个，可能经历数量急剧减少，或呈现其他高危特征。
- “濒危”物种出现地点通常小于等于20个，可能经历数量减少或面临其他危险因素。
- “易危”物种出现地点通常小于等于80个，近期可能经历了大面积减少，或者呈现其他中度危险的迹象。
- 其余的动植物物种为“安全”或“表面安全”。

数据解析

解读物种状况数据非常复杂，因为某些物种在天然情况下已经非常罕见。因此，稀有物种数量在区域和物种群落间的差异，以及造成物种减少的人类活动的种类和程度的差异等，都会影响物种濒临灭绝程度的划分。种群变化趋势数据可以反映重点保护物种如何随着时间变化，从而对濒临灭绝风险级别分类进行补充。如果获得更多物种的种群变化趋势数据，则可更好地追踪物种随时间变化的情况。

参见濒临灭绝的本地物种（第2章）、濒临灭绝的本地海洋物种（第3章）、濒临灭绝的本地森林物种（第5章）、濒临灭绝的本地草地和灌木林地物种（第7章）、农田地区动物物种状况（第4章）、城市和郊区河流的动物群落状况（第8章）。

定殖的非本地淡水物种

定殖的非本地物种的重要性

定殖的非本地淡水物种，2007 年

分级指标：美国流域中的鱼类

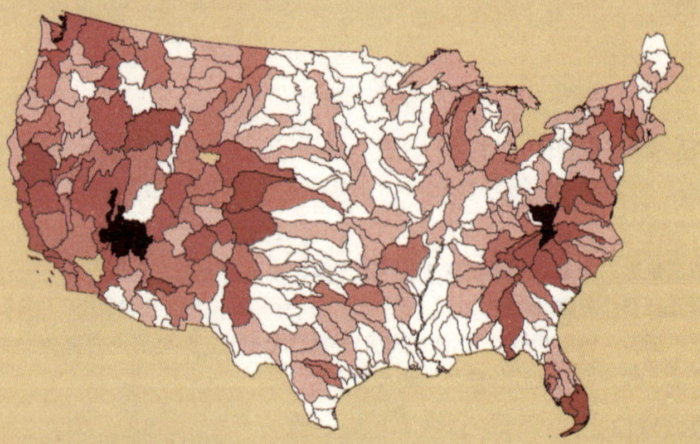

定殖的非本地物种数量

□0 □1～10 □11～20 □21～30 □31～40 □41～50 ■51～60

数据来源：美国地质调查局。

覆盖范围：美国本土 48 个州。

非本地物种数

分级指标：鱼类

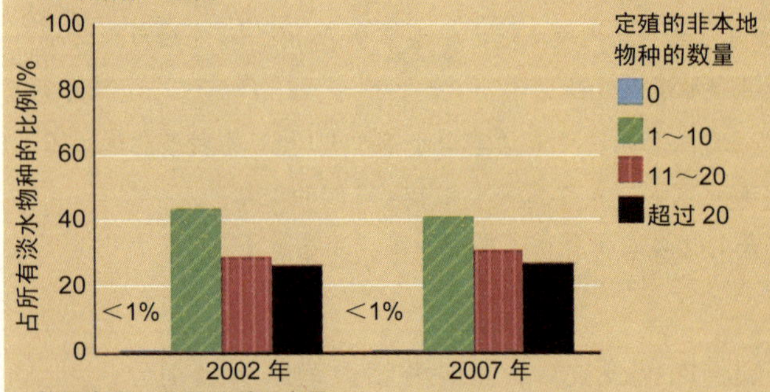

数据来源：美国地质调查局。

覆盖范围：美国本土 48 个州。

数据缺口

- 缺少全国范围有关每 10 年更新的定殖非本地物种（包括植物、动物、病原体和寄生虫）的数据。
- 缺少全国范围定殖非本地淡水植物、滨水植物、脊椎动物（鱼除外）、无脊椎动物、寄生虫、植物和动物病原体方面的数据。
- 缺少全国范围定殖非本地淡水植物、滨水植物、脊椎动物（鱼除外）、无脊椎动物、寄生虫、植物和动物病原体的数量占物种总数的比例数据。

非本地物种也称非原生物种、外来物种或引进物种。繁衍异常迅速的物种被称为入侵物种。它们与本地物种争夺食物或者栖息地，捕食本地物种或寄生于本地物种体内，还会带来疾病，改变重要栖息地环境。它们还可能威胁人类健康，阻碍经济发展。非本地物种也可能带来益处，如稳固易于被腐蚀的河岸坡地，为人类提供鱼类蛋白等。所谓定殖非本地物种是指那些已经存活并繁殖的非本地物种。

指标分析

- 流域具有不同数量定殖的非本地淡水鱼类物种数量的情况。
- 若数据可获取，可描述新增的非本地物种变成定殖的非本地物种的数量随时间变化情况（以 10 年统计步长）。
- 若数据可获取，则可描述流域拥有不同数量定殖的其他非本地淡水和滨水物种的情况，其他非本地物种包括植物、脊椎动物（鱼类），无脊椎动物、寄生虫、动植物病原体。
- 若数据可获取，则可按流域描述定殖的非本地物种占所有淡水物种的比例。

数据分析

- 58%的流域有 10 个以上的定殖非本地鱼类物种。美国本土 48 个州中，只有两个流域未受到非本地鱼类物种影响。

- 总体来说，美国中部流域的定殖的非本地鱼类物种最少。
- 2002—2007 年，3 个定殖的非本地物种丰度范围的流域个数比例略有变化，定殖的非本地鱼类物种较多的流域明显增加。确定这种增长是否代表长期趋势，还需要更多的数据。

指标缺陷

目前多种物种群落的数据无法获得。各类型生态系统中定殖的非本地物种的比例数据，应该是定殖非本地物种国家核心指标中所报告数据的一部分。在国家核心指标的讨论部分，已经指出关于非本地植物、脊椎动物、无脊椎动物和病原体分布和格局的数据不足。

数据解析

流域非本地物种比例越高，其生态和经济越易遭受破坏。此外，如果流域受到其他干扰（比如水质下降、温度变化以及栖息地和河流流量的变化），则利于非本地物种扩散蔓延。通常，应避免过度关注两个时间点间非本地物种的变化，因为要确定一个非本地物种是否真的能蔓延扩散需要以合适的时间间隔进行分析，间断的信息会与真实情况有很大不同。

人们有意引进的某些非本地物种的确带来了正面效益。例如，褐鲑鱼本土长在欧洲，虹鳟鱼本土长在北美洲西部，而两种鱼都被广泛地应用于全国的休闲娱乐项目中，并且十分受欢迎，钓鱼即是一项非常重要的休闲项目（参见本章“淡水休闲娱乐活动”和第 2 章“户外休闲娱乐活动”）。与之相反，有些引进的非本地物种却事与愿违地产生了负面效应，如为了控制鲶鱼养殖中的藻类生长，几种亚洲鲤鱼被引进美国，结果它们扩散到了密西西比河流域，却对当地的本土鱼群产生了威胁。

无意引进的非本地物种也会产生负面影响，比如，斑马贻贝很可能是由海外轮船的压舱水被带入了五大湖，它们现已损坏了该地区的发电厂、水处理和其他设施，极大地破坏了该地区的淡水生态环境。

美国淡水中分布最典型的定殖的非本地物种和病原体包括欧亚狐尾藻属、亚洲（缅甸）蟒蛇、北方蛇头鱼、病毒性出血败血病菌等。

动物死亡和畸形

追踪动物的死亡和畸形情况的重要性

> **动物死亡和畸形**
>
> **数据缺口**
>
> 数据不足，无法对水禽、哺乳动物、鱼类和两栖动物的死亡事件，以及两栖动物畸形进行全国性报告。

大量的鱼、鸟和其他淡水动物突然死亡或者两栖类产生畸形常引起公众的广泛关注。从这些现象人们感觉到自己的健康受到威胁，或者担忧生态系统遭到破坏，休闲和旅游收入减少，或者担心鱼不能再被食用，娱乐项目无法继续盈利。

指标含义

水禽、哺乳动物、鱼类、两栖动物异常死亡事件（即在某一集中区域，大量动物在相对较短时间内死亡）。异常死亡事件的定义根据物种的不同而异，一般基于以下标准：个体数量、死亡地点、死亡持续时间、物种状况、死亡原因以及报道可信度。若数据可获取，该指标还应包括两栖动物的畸形事件。

指标缺陷

美国地质调查局野生动植物健康中心收集水禽、哺乳动物、两栖动物的死亡率数据。这些来源于美国地质调查局的数据被包括在《2002 年美国国家生态系统状况报告》中，但是在本报告中并未采用，因为影响动物死亡的因素已改变（详见技术说明），不同年份的数据没有可比性。目前，还没有形成全国尺度报道鱼类死亡现象的机制（关于沿海水域死亡事件的信息可参见“海洋生物异常死亡”，第 3 章）。在一些区域上有关于两栖类畸形的数据集，但还不足以进行全国性报告。

讨论

负责收集动物死亡和畸形数据的监测机构只能收集到那些已经被报道的死亡和畸形事件，无法全面获取所有死亡和畸形事件信息。导致水禽死亡可能是传染性疾病、由于食物摄入过少或质量过差造成的营养不良问题、毒素、创伤、环境、生境问题、极端天气等原因，或是多种因素的共同作用。

淡水动物群落状况：鱼与底栖生物

淡水动物群落的重要性

某一特定地区内，未受干扰的湖泊和河流的鱼类和底栖生物物种以及组成比例比较稳定。对河流或湖泊进行干扰会改变生物群落的组成和状况，使其偏离未受干扰时的“标准”状况，破坏生态系统的生物完整性。具有自然生物群落组成的生态系统抵制自然和人为压力的能力较强，而且可以维系一系列的生态服务功能（参见自然生态系统服务，第2章）。

各地区生物群落完整性

分级指示数据：可涉水通过河流中底栖生物

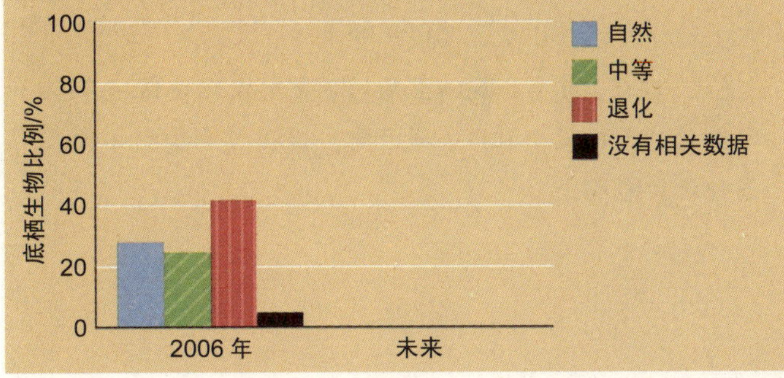

指标含义

鱼类和底栖生物（包括昆虫、蠕虫、软体动物和甲壳类动物）处于“自然”、“中等”和“退化”状况的淡水溪流、湖泊与河流的百分比。

各地区生物群落完整性，2000—2004年

分级指标数据：可涉水通过河流中底栖生物

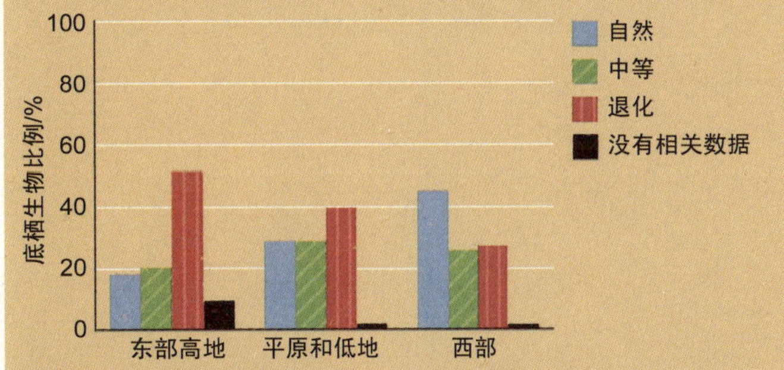

数据来源：美国国家环境保护局，可涉水通过河流评估（2006年数据）。

覆盖范围：美国本土48个州。

技术细节：评估生物完整性，统计分析各物种的数量、个体的数量和状况及食物链交互作用。

数据缺口

- 数据不足，无法对溪流、湖泊和河流中鱼群状况进行全国范围的报告。
- 数据不足，无法对湖泊和河流中底栖生物状况进行全国范围的报告。

数据分析

- 本土48个州的可涉水通过河流中，28%的底栖生物处于“自然”状况，42%处于“退化”状况，25%处于“中等”状况（2000—2004年数据）。
- 西部河流中底栖生物处于“自然”状况的河流长度比例比东部高地、平原和低地地区的河流高（地区定义见附录D）。东部高地中“退化”河流比例（52%）高于其他所有地区。

指标缺陷

目前采用的生物完整性评估方法（用以判断生物群落是否处于“自然”状况）主要是针对溪流和可涉水通过河流建立，尚未建立适用于全国尺度上大型河流的评估方法。美国国家环境保护局现正在评估湖泊的底栖生物群落，但数据收集工作尚未完成。截止目前，全国范围的湖

泊和可涉水通过河流群落的评估都参考各地区所设不同的标准，且都没有针对鱼类进行评估。

数据解析

动物群落状况可以通过比较该群落与同地区相对未受干扰的河流动物群落的相似程度来衡量。影响生物完整性的因素包括水质恶化、非本地物种引入、水流的流量或时间变化规律及湖泊或河流河床或岸线改造等。有些湖泊和河流经历大的变更后，与未受干扰地区相比，其动物物种数量及个体数量都显著下降，很多存活下来的个体也受到疾病或其他破坏因素的影响。

定义

- “自然”群落：当地的鱼类和底栖生物与该区域内受干扰最小采样区域内预期的物种相似。
- “中等”群落：鱼类和底栖生物的退化现象比该区域 75% 以上的受干扰最小采样区域严重。
- “退化”群落：鱼类和底栖生物的退化现象比该区域 95% 以上的受干扰最小采样区域严重，说明当地受到一种或多种负面影响。

濒临灭绝的淡水植物群落

淡水植物群落状况的重要性

不同的植物群落（即很有可能出现在类似环境条件下的植物群体）具有不同的物种组成，例如美国水松—枫香树—美国梧桐—常见木瓜林群落类型组合，并可提供独特的生态系统服务（参见自然生态系统服务，第 2 章）。物种种类繁多或者说群落类型丰富的地区一般可为更多物种提供更广阔的潜在栖息地。此外，一些植物群落可为某些稀有植物和动物物种提供栖息地。

指标含义

- 湿地及滨水群落濒临灭绝的风险级别，划分为 3 个级别：易危、濒危、极危。
- 处于 3 个风险级别淡水植物群落各自所占百分比。

反映分析

- 62%的湿地及滨水群落濒临灭绝：约 10%处于极危，约 22%处于濒危，约 30%处于易危（2006 年数据）。
- 在东南地区，濒临灭绝的淡水植物群落的百分比特别高。除了西佛吉尼亚州、缅因州、新罕布什尔、罗德岛州及佛蒙特州之外，美国所有州濒临灭绝湿地及河岸带群落比例均大于 20%。

濒临灭绝的淡水植物群落风险分类

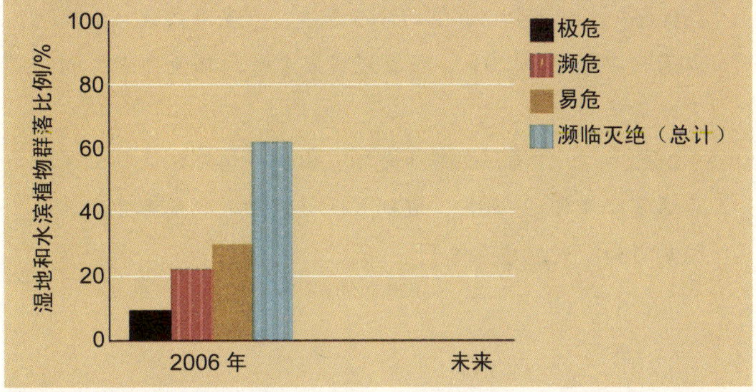

2006 年各州濒临灭绝的淡水植物群落

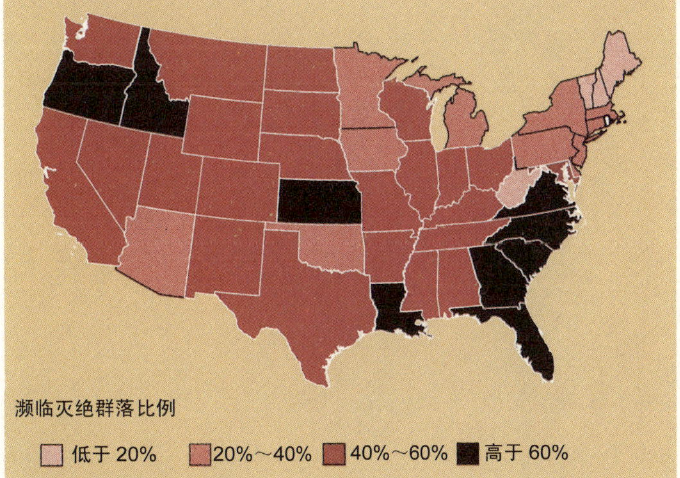

数据来源：公益自然组织。
覆盖范围：美国本土 48 个州。
技术细节：相对安全的群落和濒临灭绝的群落所面临的风险程度差别很大。该数据包含了超过 2 500 种湿地及滨水植物群落。每种植物群落的评估主要基于以下因素：该群落的剩余数量及生存状况，剩余的覆盖面积及该类型群落濒临灭绝的严重性。总的来说，各种不同因素对总体评分都会产生影响。

数据解析

解读这些数据很复杂，因为有些湿地及河岸带群落类型在原始状态下就不曾广泛分布，有些群落则曾有大范围分布，后由于人类活动使其土地利用类型转变而大幅减少。由于该数据没有区分天然稀有的群落类型和那些正在减少的群落类型，所以若有趋势变化数据，将提供更多有用信息。目前，本报告所涉及的濒临灭绝的植物群落分布面积较小，仅能代表不到 60%的湿地和沿岸地区的植物群落。

定义

- “极危”：极度罕见（出现地点通常小于等于 5）、数量锐减或者受其他因素影响，濒临灭绝。
- “频危”：由于十分有限的分布范围、出现率极低（出现地点通常小于等于 20）、数量锐减或者受到其他因素影响，灭绝危险较高。
- “易危”：由于有限的分布范围、出现率相对较低（出现地点通常小于等于 80）、近期曾经历数量减少或者受到其他因素影响，灭绝危险中等。

淡水利用

淡水使用量和使用用途的重要性

人们从地表水（湖泊、溪流以及河流）和地下水（含水层）获取淡水，用于饮用、灌溉以及商业和工业用途。准确的淡水使用量以及用途信息能够帮助规划和管理者评估水资源管理政策、规程、保护措施成效和分析未来的项目需求，以便在管理国家水资源方面做出合理的决策。

淡水使用量：按来源

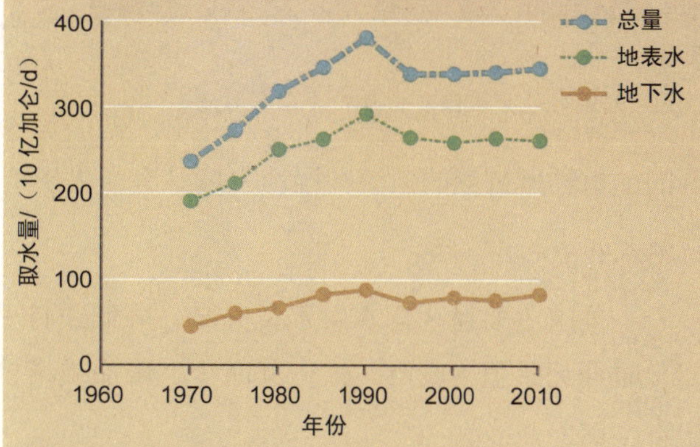

数据来源：美国地质调查局。
覆盖范围：美国 50 个州，美属维尔京群岛和波多黎各。

指标含义

用于市政、农村、工业、热电厂以及灌溉等的地表水和地下水的使用总量（各类描述请参见技术说明）。

数据分析

- 1960—2000 年，淡水使用总量增加了 46%。其中包括地表水使用量增加（增加 37%）和地下水使用量增加（增加 81%）。
- 1960—2000 年，市政、农村和热电厂用水量呈增加趋势，但同时期的工业用水量呈减少趋势。
- 1980 年前，灌溉用量呈增长趋势，但近年来趋于稳定。

淡水使用量：按用途

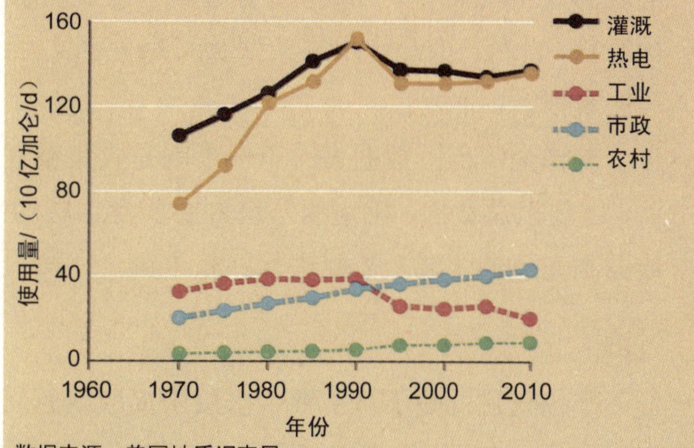

数据来源：美国地质调查局。
覆盖范围：美国 50 个州，美属维尔京群岛和波多黎各。

数据解析

淡水使用量变化趋势受诸多因素影响，包括气候、能源和食品生产行业变化以及美国人口增长（参见食物和纤维的生产以及水的供应，第 2 章）。

不同利用形式所消耗的水量不同。例如，大部分热电用水会返回河流，用作下游的灌溉、城市供水等，而使用后被排入环境中的水，其水质可能不如被抽取前时的状况。如果取用速度超过天然淡水补给速度，就会对河流底栖生物和淡水栖息地造成负面影响，最终影响资源的可持续利用。而该指标没有考虑回用水的质量，也没有考虑淡水取用速度和补给速度之间的关系。

地下水水位

地下水水位变化的重要性

地下水位
数据缺口
数据不足，无法对地下水位变化进行全国性报告。

地下水提供大约 40%的市政用水和大部分灌溉用水。而对于美国乡村的大多数人来说，自家水井里的地下水是他们唯一的水源。作为众多溪流和河流水量的主要供给源，地下水对泉水附近的动植物所依赖的河流和湿地生境具有很大影响。

指标含义

美国主要地区含水层水位升高、降低或持平的面积百分比。（该面积百分比的更新以前一时期记录值为基准，报告其减少、增加或维持不变的含水层面积的比例，指标每隔 5 年报告一次）。

指标缺陷

地下水位数据由联邦、地区、州政府和当地机构收集。各州都有一些数据，但是还有一些地区的数据缺失严重。目前没有对国家主要含水层水位进行系统测量，甚至没有对现有数据进行汇总。此外，由于含水层类型及其相关水文系统的多样性，难以有效地汇总全国尺度和区域尺度数据。

制作全国范围数据集的第一步就是收集整理已有数据，并对其质量和一致性进行评估。然后，需要汇总数据，确定哪些地方主要含水层的数据地理覆盖范围完整且特征描述充分。对于数据不充分的区域，需要进行补充监测。

讨论

水位变化反映了从主要含水层中提取或返回的水量的变化，水位变化能反映气候多样性或气候变化。该指标仅就地下水量的变化进行说明，没有考虑地下水质量及其可持续性利用能力（参见本章“地下水水位”）。

人类水传播疾病暴发

人类水传播疾病暴发的重要性

确保水资源适于饮用和游泳，没有疾病隐患，是社会的基本目标。由水体污染导致的疾病暴发情况（定义为至少有两个人患病）是评估淡水生态系统状况和水质管理绩效的重要指标（关于导致沿海水域水传播疾病及水污染的信息，参见休闲娱乐用水水质，第3章）。

人类水传播疾病暴发

数据缺口

数据不足，无法对因饮用水及娱乐用水引发水传播疾病暴发的数量进行全国性报告。

指标含义

由下述原因造成疾病暴发的次数：

- 由于饮用水未经处理或处理不当，未能去除引发疾病的有机体；
- 在湖泊、溪流或河流中游泳或进行其他与水接触的休闲娱乐活动。

指标缺陷

疾病控制预防中心负责报告全国范围内人类水传播疾病暴发的次数。然而，疾病控制预防中心的数据并不能充分反映全国范围内人类水传播疾病暴发的情况。疾病控制预防中心和美国国家环境保护局目前正致力于改善国家水传播疾病报告项目的实施方案，未来，该指标可能不再报告疾病暴发次数，而是报告受疾病影响的个体数量。

淡水休闲娱乐活动

追踪淡水休闲娱乐活动参与度的重要性

淡水休闲娱乐活动
数据缺口 数据不足，无法对淡水水域休闲娱乐活动数量进行全国性报告。

在水里或水周围进行娱乐休闲活动，例如观鸟、垂钓、航海和游泳，是淡水生态系统提供的重要生态服务功能。参与度变化趋势信息反映了人们对娱乐活动的需求，生态系统支持娱乐活动的能力，以及娱乐活动潜在影响其他生态系统的特征和服务的可能性。

指标含义

该指标描述年满 16 岁的美国居民参加各种淡水休闲娱乐活动的天数。只要某人在某日进行过休闲娱乐活动，无论持续时间长短，该日都称为“娱乐日”。

报告缺陷

国家“户外休闲娱乐活动”指标（第 2 章）提供休闲娱乐活动相关数据，但是没有淡水垂钓数据。这些全国尺度数据并没有区分水上娱乐活动是在淡水或海水中进行。该部分数据显示，2003—2005 年，美国居民每年参加淡水垂钓活动达 14 亿次，参与非垂钓水上娱乐活动（例如在淡水和海水中划船，游泳以及滑水等）达 31 亿次。全国娱乐活动及环境调查今后将把淡水休闲活动和其他类型娱乐活动加以区分。

第 7 章　草地和灌木林地状况与利用指标

第7章　草地和灌木林地状况与利用指标*

草地、灌木林地是美国最大的生态系统类型，覆盖面积超过本土48个州土地面积的1/3，以及阿拉斯加州几十亿英亩。虽然这些草地和灌木林地大多分布于较干旱地区，但当湿润气候区其他物理或化学条件限制树木生长时，草地和灌木林地在湿润气候区也会有分布。草地和灌木林地生态系统类型包括中西部高禾草原、西部山区高艾树草原、加利福尼亚海岸草原、草场及牧草种植地（同时也被看做是农田生态系统的一部分）、沙漠、山地草原以及阿拉斯加苔原与灌木林地。很多草地和灌木林地尽管没有用于放牧，但通常被称为牧场。草地和灌木林地在美国传统文化中占据重要地位，使人们联想起野牛猎人、牛仔、农夫和农场主们，他们的马车队向西推进开拓边疆，其足迹一直扩展至太平洋沿岸，实现了整个民族伟大夙愿。虽然有些地区似乎是不毛之地，但草地和灌木林地为我们提供了食物和纤维，狩猎观赏的野生生物，干净的淡水，开阔的空间视野，旷野体验与灵感。

纵观历史，国家有关草地和灌木林地的政策发展至今，经历了巨大变化，早期曾有路易斯安那州购买协议，有整整推行了一个世纪的开发定居奖励政策，后来是最近的侧重保护、多重利用和草原恢复政策。草地和灌木林地资源虽然覆盖广阔，但也非常脆弱。随着人口快速增长和对资源需求增加，这些19世纪时广袤的原野如今已充斥着围绕在使用者、管理者和公众之间的种种矛盾。

与私有草地和灌木林地的管理相比，公共土地的管理方案不同，且受到政府机构和公众更有力的监督。私有土地所有人的权利和需求是私有土地管理考虑关键因素，然而公共土地管理者在权衡相互冲突的不同利用方式时，必须考虑整个社会需求和利益。但是，由于公共和私有草地及灌木林地的大量交叉分布、大面积公共土地用于放牧租用的传统等因素，私有或公共管理间的相互影响对草地和灌木林地要比其他类型（如森林）错综复杂得多。

以下各节以及汇总表格中，将描述第1章中概述的反映生态系统状况和利用的四大范畴，并总结草地和灌木林地生态系统最新调查数据和变化趋势。各指标描述生态系统分布与格局、生态过程及其提供生态功能的状况、生物群落及人类从草地和灌木林地获得的利益。

分布与格局

与其他生态系统一样，了解草地和灌木林地基本分布范围，对评估草地和灌木林地生态系

---

* 译者：赵少华、屈冉。

统健康状况及其提供的服务十分重要。例如，草地和灌木林地转变为森林或农田，意味着这些土地提供的产品和服务类型发生了改变。然而，土地覆盖类型在草地和灌木林地之间转变（比如，草原变为鼠尾草和仙人掌灌木林地），或土地利用方式转变（比如从放牧变为密集的机动车休闲用地），也是反映土地状况的重要指标。这些土地与其他类型土地（尤其是小块土地或农业用地）的混合程度会影响其为野生生物提供栖息地的价值，也会影响其提供生态服务的能力（如对径流中营养物质的过滤能力）。

虽然直接将草地和灌木林地转变成其他景观会带来一定问题，但突出问题往往体现在其利用方式上，尤其是郊区开发活动及石油、天然气和其他采矿作业的选址、越野车使用或放牧强度等。

数据分析

- 本土48个州和阿拉斯加州草地和灌木林地面积在10亿英亩以上，其中约有一半灌木林地，四分之一草地，其余是牧场和牧草种植地及苔原。
- 1994—2006年，实行土地休耕保护计划（CRP）的草地和灌木林地面积没有明显变化趋势。2006年，0.31亿英亩纳入CRP的草地和灌木林地闲置。
- 2001年，22%核心灌木林地和13%核心草地（核心草地或灌木林地是指周边土地为自然土地覆盖类型，而不是农业用地或开发用地）的地块面积大于100平方英里。
- 大西洋沿岸东北、中部和东南地区“核心草地”地块面积较中西部和落基山地区地块面积小。大“核心灌木林地”地块大多分布在西部海岸线、西南和落基山地区。

数据不足，无法对以下信息进行全国性报告

- 放牧，石油、天然气和矿产开发，乡村住宅，保护区及高强度利用的娱乐用地面积。

化学与物理特征

与其他生态系统一样，草地和灌木林地吸收并输出营养物质、能量和水。了解重要元素（如氮和碳）的存在状态对于评估这类生态系统健康状况和功能十分重要，因为草地和灌木林地常分布于缺水地区，了解水源分布和时间规律对评估这些生态系统整体状况及其提供的生态服务十分重要。

硝酸盐是植物一种天然营养物质，一般存在于草地和灌木林地地下水中，通常含量较低。地下水中硝酸盐浓度上升可能源于以下几种干扰：人为氮输入量增加（如化肥使用、动物垃圾或大气沉降）；人为控制自然灾害、放牧或土地利用方式改变引起的植被变化；干旱、气候变化或其他影响生态系统植物生长的不利因素。饮用水中硝酸盐过量会威胁儿童健康，同时也反映草地和灌木林地生态系统自身的变化。

草地和灌木林地有 2/3 以上碳存储于植被地下根部和土壤中，碳储量受火灾频率、放牧强度、植被覆盖率及土地利用等因素影响。土壤有机质中碳储量可作为衡量土壤肥力指标，它有助于提高土壤中水分储量，降低土壤侵蚀，而且可以吸收硝酸盐，防止它们进入河流和地下水中。草地和灌木林地土壤中碳储量增加还有助于抵消部分二氧化碳释放，缓解全球变暖。

水是所有生态系统的重要资源，在西部山区干旱草地和灌木林地尤其匮乏。溪流和浅层地下水联系密切，而地下水是溪流、泉水、湿地和草原壶穴的主要水源。地下水水位及溪流旱期频率和持续时间变化会对鱼类、野生生物和植物产生巨大影响，同时对依赖这些水源获取饮用水、灌溉用水或其他用水的居民也会产生影响。地下水位的变化可能由多种因素引起，如自然天气变化、长期气候变化、水消耗量增加、植被覆盖或土地利用类型变化等。

本章数据分析

- 自 1963 年以来，美国本土 48 个州除沙漠/灌木林地生态区以外，所有草地和灌木林地生态区内出现干旱期的河流所占百分比有所下降。
- 自 1963 年以来，干旱期大幅度缩短的河流比例与 1941—1960 年基准期相比有所升高。

全国性报告数据缺口

- 主要由草地或灌木林地覆盖地区的地下水中硝酸盐含量；
- 草地和灌木林地总碳储量；
- 草地和灌木林地浅层地下水水位。

生物组分

草地和灌木林地为适应其生态环境条件的物种生存提供栖息地。美国中部草地生物包括野牛、叉角羚羚羊、草原犬和艾草松鸡等典型的美国动物。草地和灌木林地健康状况关键指标包括本地物种和生物群落状况[尤其是珍稀物种生境，如河岸带地区（河流附近土地）]以及这些生态系统演化的主要生态过程。草地和灌木林地中稀有物种或濒危物种的数量一方面能反映物种本身的状况，另一方面也能反映这些地区为本地物种提供栖息地的能力，其中前者引起很多人关注。

非本地的植物和动物能够通过多种方式改变生态系统，如改变火灾敏感性、减缓或加剧土壤侵蚀、提高或降低家畜或野生生物食草质量、挤占本地物种等。周期性自然火灾是许多草地和灌木林地的重要特征之一。火灾通过保留耐火植物、阻碍树木和大型灌木入侵以及减少非耐火性物种等方式，造就并维持这些生态系统。人为灭火、放牧导致易燃草减少或外来易燃植物（如芽草）入侵等则能够改变自然火灾规律。此外，河岸带地区作为很多物种特有的生境，其状况能够反映整个流域的变化情况。

保护稀有或濒临灭绝的物种，避免或减少非本地物种负面影响，并维系河岸带完整性，是管理公共和私有草地和灌木林地的主要目标。适当人工施火越来越成为常用的管理手段。公共和私有土地的交叉分布，使得实施大规模管理措施变得更为复杂，但也促进了土地私有者、公共土地管理机构及其他相关团体之间的合作。

本章数据分析

- 18%本地草地和灌木林地动物物种濒临灭绝，其中3.5%为极危，6%濒危，8%易危，另有不到1%灭绝。
- 濒临灭绝的本地草地和灌木林地脊椎动物中物种，31%数量持续下降，29%相对稳定，只有3%增长。其余物种（37%）数量变化趋势未知。
- 2001—2005年，约有70%入侵鸟类和80%非入侵鸟类物种数量增加。
- 1966—1970年，数量增加的非入侵鸟类和入侵鸟类百分比无明显上升或下降趋势。

全国性报告数据缺口

- 入侵非本地植被所占草地和灌木林地面积百分比。

指标待完善

- 草地和灌木林地火灾发生频率变化；
- 草地和灌木林地河流岸边带状况。

产品与服务

草地和灌木林地可供人们开展各式各样的活动（参见本章“草地和灌木林地用途”）。草地和灌木林地最重要的两个用途是家畜放牧和休闲娱乐，其效益取决于在区域土地的生态特征，牛和其他家畜在被运往饲养场之前，均放养在开阔空地上（有些放养在森林）。在国家公共土地资产中，将草地和灌木林地用作牧场由来已久，但也时常引起争论。草地和灌木林地也提供许多娱乐服务，如钓鱼、打猎、越野、雪上汽车运动以及自然科学研究等。这些娱乐活动为土地所有者、设备供应商以及其他服务行业从业者带来工作机会和收益。

数据分析

- 自 1994 年起，公共和私有草地及灌木林地上牛群放牧量下降了 9%。2007 年，美国草地和灌木林地上牛群放牧量为 8 000 万头。

数据缺口

- 草地和灌木林地上开展休闲娱乐活动数据。

表 7.1 对所有草地和灌木林地现状和变化趋势进行总结，并在本章文字部分进行详细介绍。本章所涉及区域和定义参见附录 D。

表 7.1　草地和灌木林地现状和变化趋势

指标	最新数据反映了什么	数值如何随时间的变化
分布与格局		
草地和灌木林地面积，第 222 页	美国本土 48 个州草地和灌木林地面积为 8.3 亿英亩（2001 年数据，其中包括牧场面积），阿拉斯加州草地和灌木林地面积为 2.05 亿英亩（1991 年数据）	数据不足，无法对草地和灌木林地面积变化进行全国性报告
草地和灌木林地的土地利用，第 224 页	0.31 亿英亩草地和灌木林地被纳入土地休耕计划（2006 年数据）	自 1994—2006 年，纳入土地休耕计划的草地和灌木林地面积没有明显上升或下降趋势
	数据不足，无法对家畜养殖地区、石油/天然气/矿业地区、农村居民地、“保护区”和高强度娱乐区域覆盖面积进行全国性报告	
草地和灌木林地景观格局，第 226 页	22%核心灌木林地斑块面积大于 100 平方公里，13%核心草地地块面积大于 100 平方英里（2001 年数据）	数据不足，无法对核心灌木林地和核心草地地块面积变化进行全国性报告
化学和物理特征		
草地和灌木林地地下水中硝酸盐，第 228 页	数据不足，无法对主要由草地和灌木林地覆盖地区地下水中硝酸盐含量进行全国性报告	
碳储量，第 229 页	数据不足，无法对草地和灌木林地土壤和植物中总碳储量进行全国性报告	
草地和灌木林地溪流和河流枯水期数量及持续时间，第 230 页	在草地和灌木林地中，有 19%的河流出现干枯期（零流量）（2002—2006 年数据）	自 1963 年以来，除沙漠/灌木林地外所有草地和灌木林地中，河流干枯期所占百分比下降
	草地和灌木林地中，13%的河流干枯期持续时间明显长于（不低于 14 天）1941—1960 年基准期的天数（2002—2006 年数据）	自 1963 年以来，河流干枯期持续时间明显长于基准期的河流百分比没有明显上升或下降
	草地和灌木林地中，与 1941—1960 年基准期相比，26%河流具有更短干枯期持续时间（2002—2006 年数据）	自 1963 年以来，与基准期相比，具有更短干枯期持续时间河流百分比上升

续表

指标	最新数据反映了什么	数值如何随时间的变化
浅层地下水埋深，第 232 页	数据不足，无法对浅层地下水埋深进行全国性报告	
生物组分		
濒临灭绝的本地草地和灌木林地物种，第 233 页	18%本地草地和灌木林地动物物种濒临灭绝（2006 年数据）	数据不足，无法对濒临灭绝的本地动物物种种群趋势进行全国性报告
	数据不足，无法对濒临灭绝本地草地和灌木林地植物物种比例进行全国性报告	
	31%濒临灭绝的草地和灌木脊椎动物数量正在下降；29%相对稳定；3%正在上升（2006 年数据）	数据不足，无法对濒临灭绝的草地和灌木脊椎动物数量变化趋势进行全国性报告
	数据不足，无法对草地和灌木林地中濒临灭绝的本地无脊椎动物和植物数量变化趋势进行全国性报告	
草地和灌木林地中定殖的非本地植被，第 235 页	数据不足，无法对草地和灌木林地中定殖的非本地植被覆盖百分比进行全国性报告	
入侵和非入侵鸟类的种群趋势，第 237 页	大约有 70%入侵鸟类和 80%非入侵鸟类种群个体数量在上升（2001—2005 年数据）	1966—1970 年，种群个体数量上升的入侵鸟类百分比没有呈现明显上升或下降趋势
		1966—1970 年，种群个体数量上升的非入侵鸟类百分比没有呈现明显的上升或下降趋势
火灾频率，第 239 页	该指标待建立	
河岸带状况，第 241 页	该指标待建立	

指标	最新数据反映了什么	数值如何随时间的变化
产品与服务		
牛群放牧，第 242 页	草地和灌木林地中牛群放牧量约为 8 000 万（2007 年数据）	自 1994 年以来，在草地和灌木林地上牛群放牧量有所下降
草地和灌木林地休闲娱乐活动，第 243 页	数据不足，无法对在草地和灌木林地上休闲娱乐活动参与度进行全国性报告	

=显著减少；=显著增加；=趋势不明确*。

=缺乏数据，难以形成报告。

*由于数据的数值变化太小或波动过大，没有呈现单一趋势。

草地和灌木林地面积

草地和灌木林地面积的重要性

美国本土 48 个州的草地和灌木林地面积

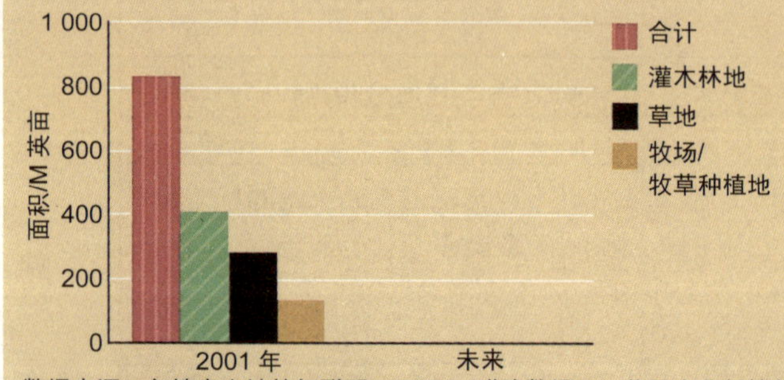

数据来源：多精度土地特征联盟、ESRI（道路数据）；美国农业部林务局和美国国家环境保护局负责分析。
覆盖范围：美国本土 48 个州。
注释：由于获得基础数据采用的技术方法不同，这里提供的数据不能与《2002 年美国国家生态系统状况报告》中的 1992 年数据相比较。详细信息请见技术说明。

阿拉斯加州草地和灌木林地面积

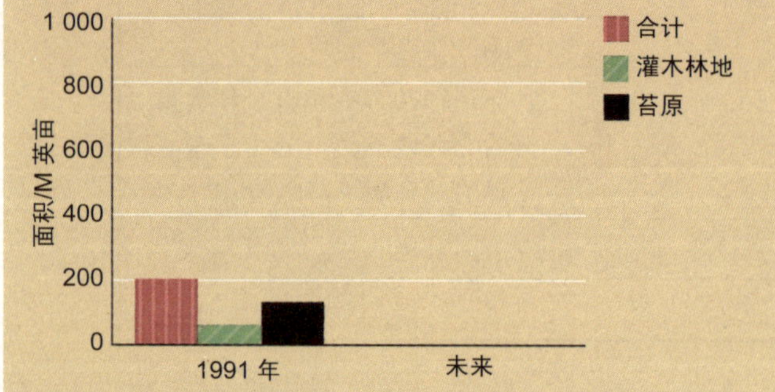

数据来源：Flemming，美国地质调查局地球资源观测系统数据中心。
覆盖范围：阿拉斯加州。

美国的草地和灌木林地覆盖面积高于其他任何类型生态系统。草地和灌木林地生态系统的动态变化信息除了能够描述这些地区景观的基本状况，还能体现草地和灌木林地所提供产品与服务的潜在变化。

指标含义

美国草地和灌木林地总覆盖面积（包括牧场和苔原）。

数据分析

- 美国本土 48 个州草地和灌木林地面积为 8.3 亿英亩（2001 年数据），阿拉斯加州草地和灌木林地面积为 2.05 亿英亩（1991 年数据）。草地和灌木林地面积总和超过 10 亿英亩。
- 美国本土 48 个州中，灌木林地面积为 4.1 亿英亩，草地面积为 2.85 亿英亩，牧场和牧草种植地面积为 1.35 亿英亩。在阿拉斯加州，苔原面积大约 1.35 亿英亩，灌木林地面积大约 0.7 亿英亩。

数据解析

报告的草地和灌木林地包括干旱草地、灌木林地、沿海和高山草甸，热带沙漠、冷沙漠及苔原，还包括牧场和牧草种植地（牧场和牧草种植地与管理程度较低草地的主要特征相似）。牧场和牧草种植地也属于农业用地（参见生态系统分布，第 2 章和总耕地，第 4 章）。值得注意的是采用卫星数据估测的是土地覆盖而非土地利用方式，因此该指标数据反映的用作牧场的草地或灌木林地面积可能不够完整。

研究人员估计，欧洲移民在北美定居之前，美国本土 48 个州大约有 9 亿～10 亿英亩的草地和灌木林地。也就是说，自移民时期以来，大约有 1.70 亿英亩草地和灌木林地转为其他土地利用类型。由于人工管理牧场可能会彻底改变草地原有特征，因此该数值还可能低估了未实施管理的自然草地和灌木林地面积的减少量。此外，很多东部牧场最初是森林，因此牧场面积变化的原因可能是由森林转变为农业用地。针对如高草大草原等经历了历史性的大变迁的亚类型。研究人员估计，现在高草大草原覆盖面积已不足前移民时期面积的 5%。目前还没有统一的全国草地和灌木林地覆盖面积最新变化趋势的数据。美国农业部报告显示，1982—2003 年，非公有牧场的覆盖面积减少大约 0.1 亿英亩，其间减少幅度最大时期为 1982—1992 年，而这仅占草地和灌木林地覆盖面积变化的一小部分。

草地和灌木林地的土地利用

不同土地利用面积的重要性

草地和灌木林地的利用方式

分级指标数据：土地休耕计划中的草地和灌木林地面积

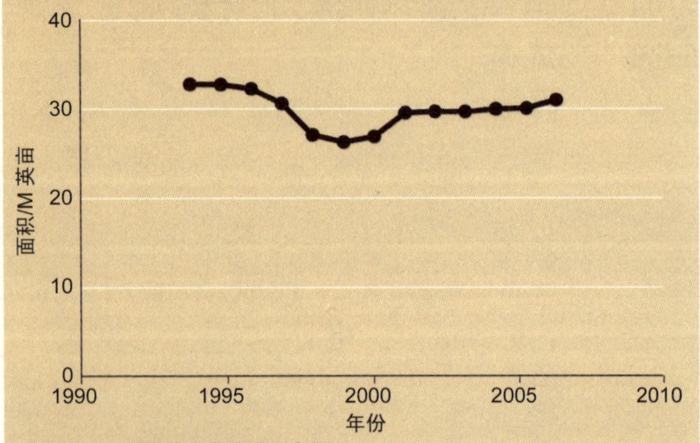

数据来源：美国农业部农业服务局。

覆盖范围：美国 50 个州和波多黎各。

技术细节：CPR 支付农民 10 年的租赁款将农田休耕。本指标仅包括生长草、灌木和其他类似物（非树木）土地的覆盖面积。

数据缺口

数据不足，无法对家畜养殖地区，石油/天然气/矿业地区，农村住户地区，保护地区和高强度娱乐区域的覆盖面积进行全国性报告。

草地和灌木林地主要用作饲养家畜、农民住宅、资源开发、保护栖息地、休闲娱乐及其他用途。不同的土地利用方式会影响区域内景观格局、野生生物生境，以及提供的生态服务功能。

指标含义

纳入土地休耕计划（CRP）的草地和灌木林地覆盖面积，若数据可获取，还包括以下以土地利用类型：家畜养殖地区、石油/天然气/矿业地区、乡村住宅地区、保护区和高强度娱乐区域（例如用于越野车，四轮越野车等机车活动）。

数据分析

- 自 1994 年以来，纳入 CRP 的草地和灌木林地面积没有发生显著变化，但期间出现了一定程度的波动，1994—1995 年约为 0.33 亿英亩，1999 年降至 0.26 亿英亩，而自 2001 年以来，面积波动范围介于 0.29 亿～0.01 亿英亩。
- 2006 年，大约有 0.31 亿英亩的草地和灌木林地被纳入 CRP。

指标缺陷

除了 CRP 土地外，对本指标所包含土地利用类型缺少统一的面积报告数据。例如，目前有家畜饲养量数据（参见本章“牛群放牧”），但缺少用于饲养家畜的土地利用面积数据。另外，还需统一明确缺乏数据的土地利用类型。指标中涉及的很多概念定义模糊，如“高强度娱乐区”究竟代表何种利用程度，“乡村居民区”的最低住房密度或最小面积，国家属地、州属地和私有土地是否都应纳入“保护区”考虑范围等。

数据解析

纳入 CRP 的草地和灌木林地覆盖面积未到其总面积的 4%（参见本章“草地和灌木林地面积”）。今后将采用不同土地利用类型面积数据，例如用于饲养牲畜或休闲娱乐活动的土地面积，来量化不同活动对土地的需求，并登记转化为乡村住宅或退出休耕项目（如 CRP）的草地和灌木林地面积，从而反映土地利用的长期变化。草地和灌木林地景观构成（例如灌木林地与苔原的面积比例）变化会影响地区的土地利用（参见本章的“草地和灌木林地面积”）。

草地和灌木林地景观格局

草地和灌木林地景观格局的重要性

核心草地和核心灌木林地的地块面积

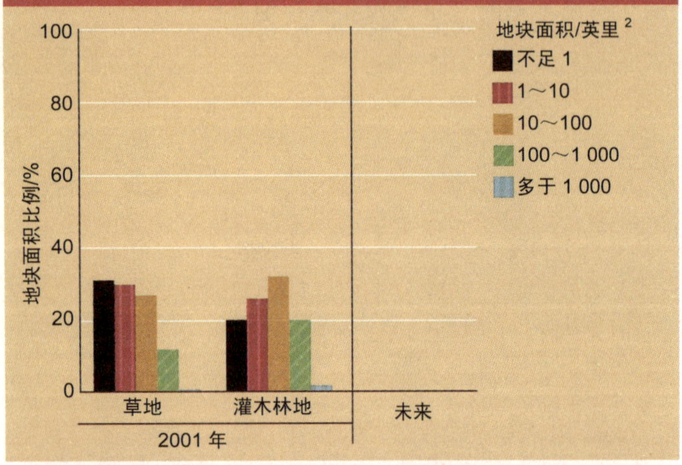

区域的核心草地的地块面积（2001）

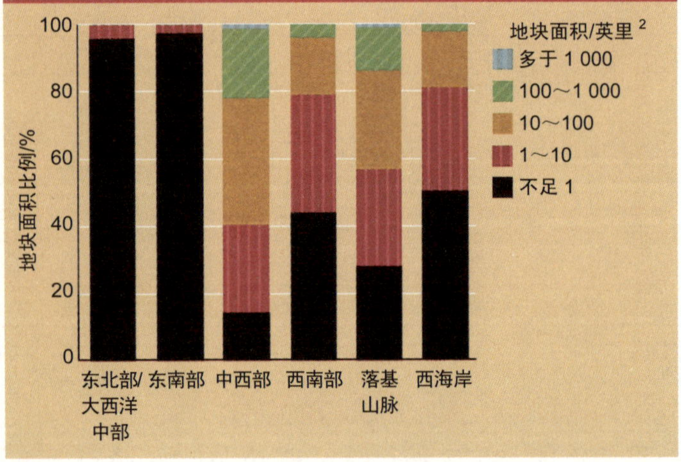

草地和灌木林地通常与森林或彼此之间交叉分布。每个区域都有各自独特的生态系统混合方式。这些混合地块为本地生物提供了多样的栖息地环境。自然火控制、放牧、农业生产、房地产开发、化学和工业发展等活动能够改变区域景观格局，并影响生态系统所提供的产品和服务。

指标含义

全国尺度、区域尺度核心草地和核心灌木林地地块大小（见下述）。

数据分析

- 2001 年，面积大于 100 平方英里的核心灌木林地地块所占百分比（22%），多于面积大于 100 平方英里的核心草地地块（13%）。
- 东北部/大西洋中部和东南部面积大于 10 平方英里的核心草地或核心灌木林地地块相对较少。在中西部，面积大于 10 平方英里的核心灌木林地地块较少，而面积大于 10 平方英里的核心草地地块高达 60%。
- 中西部，其次是落基山脉地区的核心草地地块面积最大，两个区域内面积大于 100 平方英里的地块比例分别为 22%和 14%。
- 西海岸，西南部和落基山脉地区拥有很多较大面积的核心灌木林地地块，面积大于 100 平方英里的地块分别占 25%，23%和 22%。

数据解析

2001 年，美国本土 48 个州中有 66%草地和 87%的灌木林地达到核心草地和核心灌木林地的定义要求（数据中没有显示），但地块大小不一。草地和灌木林地中农田的分布直接影响其景观结构格局。例如，加剧农业开发活动会破坏这些“自然”土地，使其面积变小且分布更离散。

指标描述草地和灌木林地的景观格局。虽然不能完全指明生态系统功能与景观结构格局间的关系，但可以明确的是，它们的关系会随着物种不同而变化，两者的关系仍是许多景观生态学家积极研究的热点。这里的数据旨在提供草地和灌木林地中，农田和建设用地交叉分布的基本信息。

区域尺度核心灌木林地地块面积（2001）

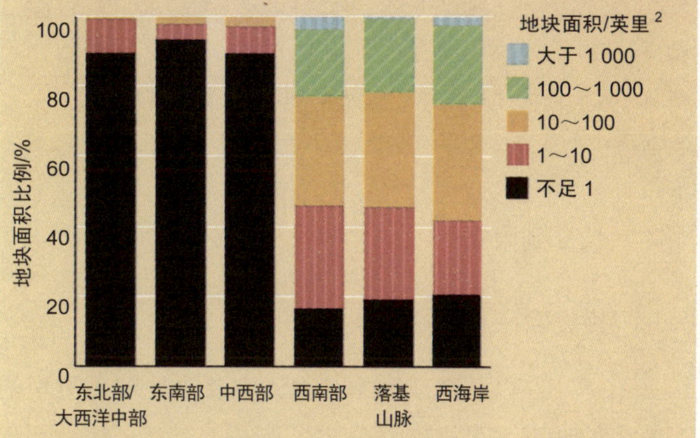

数据来源：多精度土地特征联盟及 ESRI（道路数据）；美国农业部林务局和美国国家环境保护局提供分析。

覆盖范围：美国本土 48 个州。

技术细节：将土地覆盖图和道路图叠合，针对每个草地和灌木林地像元，采用面积为 240 英亩的滑动分析窗口依次分析，将周围具有至少 90%的自然环境的相邻像元聚合形成斑块，即地块图中所示为地块面积。

注释：目前由于技术限制，需按照州的边界将斑块进行切割，也就是说这些数据体现的地块面积的最小值。这种分析局限对数据的影响尚未明确。

定义

与森林状况与利用指标（第 5 章）相似，“核心草地”是指由面积约为 1/4 英亩，且周围草地或其他“自然”土地覆盖类型（灌木林地、森林、湿地、淡水、海岸）比例高于一定比例（90%）的小型地块。

核心草地和核心灌木林地的定义的标准应该按照有利于反映草地和灌木林地景观格局特征生态影响的方式进行设定。

草地和灌木林地地下水中的硝酸盐

草地和灌木林地地下水中的硝酸盐的重要性

> **草地和灌木林地地下水中的硝酸盐**
>
> **数据缺口**
>
> 数据不足，无法对主要由草地和灌木林地覆盖地区的地下水中硝酸盐含量进行全国性报告。

饮用水中硝酸盐含量增加会威胁婴儿健康，尤其引发了地下水饮用人群的担心。城市水供给系统也通常需要采取措施去除硝酸盐。地表水中硝酸盐含量增加通常标志着人类活动导致硝酸盐输入增加或生态系统中植物生长受到限制。

指标含义

在以草地或灌木林地为主要土地覆盖类型的地区，平均硝酸盐含量处于 4 个不同浓度区间的地下水采样点百分比。

指标缺陷

目前草地和灌木林地地下水中硝酸盐含量的相关数据比较零散，来源和收集方法不同，尚未进行整合，因此还不足以进行全国性报告。美国地质调查局开展的全国水质评价能够提供统一的水质数据，有望为今后进行作全国性报告提供充足数据。但是，首先必须进一步研究现有水井采样点的代表性，确定它们是否能够反映全美国草地和灌木林地的地下水状况。

讨论

硝酸盐是氮元素的一种天然存在形式，也是植物重要营养成分；它通常是被植物吸收氮元素最丰富的存在形式。在生态系统中大量氮能被植物重复利用，因此，在受干扰较少的草地或灌木林地生态系统中，氮元素几乎不会渗入地表水和地下水。水中硝酸盐含量升高的因素有很多，比如化肥使用、动物粪便降解、大气沉降物（如雨水、雪等，举例请参见淡水酸度，第 6 章）或自然火控制或过度放牧引起的植被变化等。

相关指标请参见氮素的迁移（第 2 章）、农田河流和地下水中的硝酸盐（第 4 章）以及城市和郊区河流的硝酸盐（第 8 章）。

碳储量

草地和灌木林地碳储量的重要性

> **碳存储**
>
> **数据缺口**
>
> 数据不足，无法对草地和灌木林地的土壤和植被中的总碳存储量进行全国性报告。

草地和灌木林地存储大量碳。虽然植物中含有大量碳(多达 1/3 的碳存储于地上植被和地下强大根系)，但是更多的碳存在于土壤中。土壤中碳存在形式包括有机质、半腐烂动植物残体等，这些碳能够促进土壤涵养水分，为植物提供养分，还能降低土壤侵蚀，促进各种微小植物和动物生长。增加植物根系中碳储量能够抵消部分排放到大气中的二氧化碳和甲烷气体，有助于缓解温室效应(参见碳存储，第 2 章）。

指标含义

草地和灌木林地土壤和植物总碳储量。

指标缺陷

目前能够收集到估算的草地和灌木林地（仅限于私有土地土壤）碳储量变化数据（参见碳储量，第 2 章)，但还未建立草地和灌木林地生态系统地上或地下碳库碳储量的常规监测和数据发布体系。不久的将来，将有可能实现通过模型模拟土壤碳储量来评估私有草地和灌木林地碳储量状况（参见土壤有机质，第 4 章）。

讨论

总体来说，草地和灌木林地碳储量变化速度非常慢（苔原上碳储量则可能变化剧烈，特别是在干旱或变暖时期）。碳储量受到各种因素影响，如火灾发生频率或放牧强度变化、外来物种引进、木本植物侵入、土地利用方式转变（比如变为农业用地）等。草地（包括阿尔卑斯山脉和北极苔原）有超过 2/3 的碳储存在地下土壤或植物根系。近期估算表明，美国草地和灌木林地土壤碳储量相当于在森林包括土壤在内所有碳库总储量的一半，相当于耕地土壤碳储量两倍以上。不过以上数据仅为估算，在某些情况下误差较大（详细信息请参见技术说明）。

草地和灌木林地溪流和河流枯水期数量及持续时间

草地和灌木林地河流枯水期数量和持续时间的重要性

具有断流期的草地和灌木林地河流的百分比（生态区）

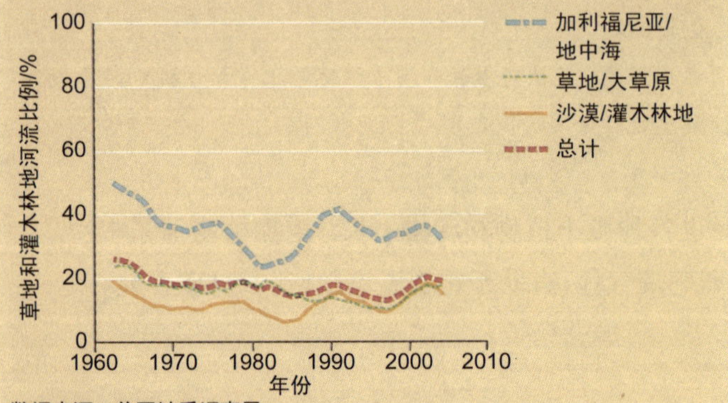

数据来源：美国地质调查局。

覆盖范围：美国本土 48 个州。

技术细节：断流期是指 1 天或多天流量为零的时期。每年的数据是依据滚动的 5 年平均值得出。

断流期持续最长时间的变化（与 1941—1960 年作比较）

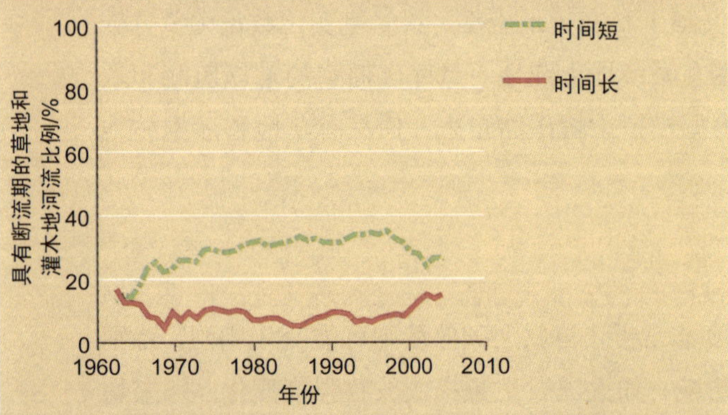

数据来源：美国地质调查局。

覆盖范围：美国本土 48 个州。

技术细节：断流期是指 1 天或多天流量为零的时期。每年的数据是依据 5 年的移动平均值得出的。“时间长”是指断流期比 1941—1960 年的断流期长 14 天以上；“时间短”是指断流期比 1941—1960 年的短 14 天以上。

河流流量变化会对已适应特定流量的动植物产生影响。断流可能导致鱼和水生动物数量减少（虽然有些鱼和水生动物能够在池塘里存活较短时间）。根据断流持续时间长短，河岸植被及其提供的野生动物栖息地可能逐渐消失。在其他情况下，缺少断流期（如人工调节流量的堤坝）也会影响到河流周围的动植物。

指标含义

- 某一年内出现断流期（至少一天断流）草地和灌木林地河流所占百分比。
- 断流河流中，与 1941—1960 年基准期相比，年内（5 年滚动平均值）最长断流持续时间发生显著变化的河流所占的百分比。

数据分析

- 2002—2006 年，草地和灌木林地中，19% 的河流出现断流期。
- 自 1963 年以来，除了沙漠和灌木林地，所有草地和灌木林地生态区中，出现断流期的河流百分比已有下降。
- 加利福尼亚州和地中海生态区出现断流期河流百分比一直高于沙漠/灌木林地或草地/大草原生态区，不过 20 世纪 20—80 年代初，各生态区之间差异并不明显。
- 自 20 世纪 60 年代中期以来，断流期持续时间远短于 1941—1960 年初基准期的河流数量比远长于 1941—1960 年基准期的河流数量有所增加。
- 自 1963 年以来，具有长时间持续断流期的河流百分比上升。

数据解析

河流是大量自然动植物物种的主要生命血液，也是农业、城市和其他行业应用的主要水源。有些断流是自然形成的，有些断流则是由于生活用水、灌溉或其他用水使用过度导致。还有一些断流是由土地利用类型的改变导致，例如动物放养及其发展或植被覆盖变化改变地表径流量及地下水补给（比如杜松等深根植被面积扩张会减少地表含水层）。断流也可能由于天气不断变化或区域气候长期变化导致（例如，20 世纪 70 年代中期长期的干旱、20 世纪 80 年代早期流量回升与湿润期重合等，请参见第 2 章“河流流量变化”）。

浅层地下水埋深

浅层地下水埋深的重要性

浅层地下水深度
数据缺口
数据不足，无法对浅层地下水埋深进行全国性报告。

浅层地下水水位下降，将使得湿地和河流边缘地带（或河岸）的植物群落面临干旱的生活环境，导致泉水和河流干枯和湖水水位下降。在许多干旱区域（如草地、灌木林地），浅层地下水可用来灌溉农田和喂养牲畜。浅层地下水埋深的变化会影响农场主和居民能否获取重要淡水资源。

指标含义

草地和灌木林地浅层地下水含水层深度下降不同程度（<5 英尺、5～10 英尺、10～20 英尺和>20 英尺）的百分比。

指标缺陷

某地区或区域深层地下水深度有时可达地下数百米，通常是在全国水井监测和取水时探测（参见地下水水位，第 6 章）。相对而言，浅层含水层深度数据则比较有限，虽然部分州绘制了浅层含水层图，但是这些数据并未整合为国家级数据集。

为报告该指标，还需研究整合各类浅层地下水埋深数据的方法，并补充更多监测数据。由于浅层地下水深度对于河岸和河流边缘地带植物群落至关重要，因此相比其他地区，监测河流周边浅层地下水埋深更重要。

讨论

浅层地下水含水层是泉水、地表渗水、湿地、壶穴和河岸地区的主要供水源。这些区域为特殊微生物和动植物提供了栖息地。浅层地下水含水层可由溪流、河流直接补给，或由土壤中雨水、融雪下渗补给。如地表紧实，就会减少渗入土壤的水，从而减少地下水补给；此外，开辟水道或沟渠、河流下切侵蚀（河床高程下降）或填埋河流（例如为促进发展）都能导致地下水补给减少。抽取地下水、深根植被（如杜松）扩张也能导致含水层水位下降。气候和降水规律变化也会影响上游河流、湿地和泉水的水量。

如需了解更多有关于区域深层含水层方面信息，请参见第 6 章“地下水水位”。

濒临灭绝的本地草地和灌木林地物种

本地草地和灌木林地物种的重要性

物种具有多种重要价值：它们能提供有价值的产品，包括食物、纤维、遗传物质，这些产品可用于医疗、工业和农业。本地物种是生态系统的重要组成部分，它们自身能够提供产品和服务，本地物种自身的存在价值已引起了很多关注。

指标含义

- 本地草地和灌木林地物种（生命周期中至少有一段时间生活并依赖这些生态系统生存）濒临灭绝的相对程度共分为四个级别：易危、濒危、极危及灭绝（见定义）。
- 各州不同濒临灭绝风险级别的本地草地和灌木林地物种所占百分比。
- 濒临灭绝的草地和灌木林地物种种群个体数量变化趋势（增加、稳定、下降）。

本土的草地和灌木林地物种（按风险级别划分）（2006 年）

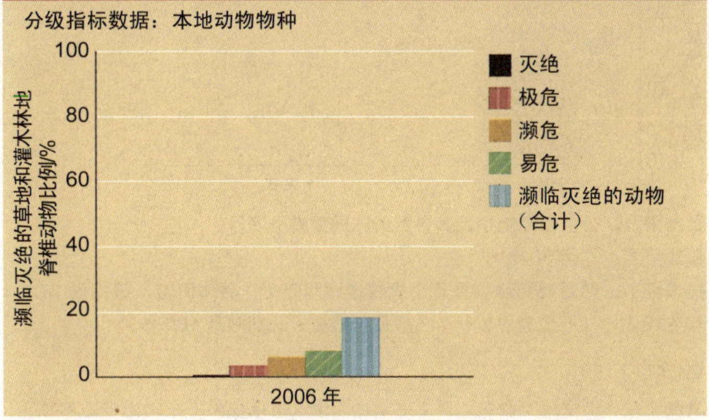

濒临灭绝的本地草地和灌木林地物种（按州划分）

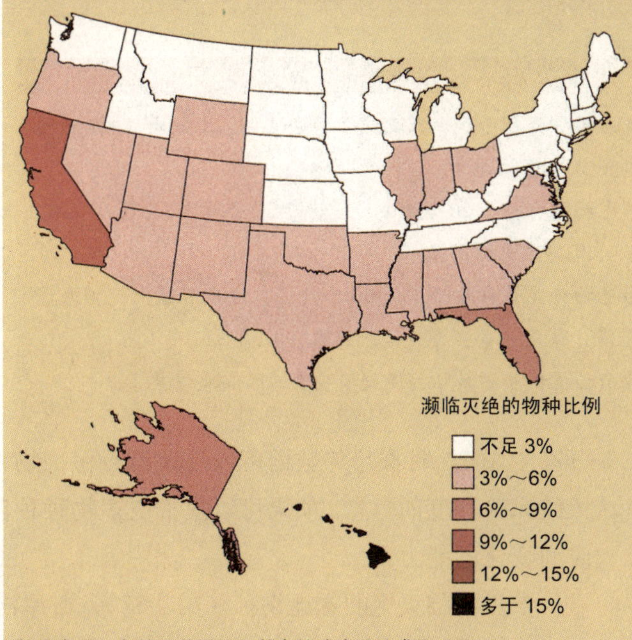

数据来源：自然公益组织及其自然遗产网络成员项目。
覆盖范围：美国 50 个州。
技术细节：各州的数据不包括草蜢。上图中包含草蜢信息。

数据分析

- 共有 18%本地草地和灌木林地动物濒临灭绝（有灭绝的危险），其中 3.5%动物为极危，6%濒危，8%易危，不到 1%已经灭绝。
- 夏威夷州濒临灭绝的草地和灌木林地物种所占百分比（37%）高于其他各州。
- 濒临灭绝的本地草地和灌木林地脊椎动物中，种群个体数量下降物种所占百分比（31%）与种群个体数量稳定物种所占百分比（29%）相近。3%脊椎物种个体数量增加。很多

濒临灭绝的本地草地和灌木林地物种的数量变化

分级指标数据：濒临灭绝的脊椎动物

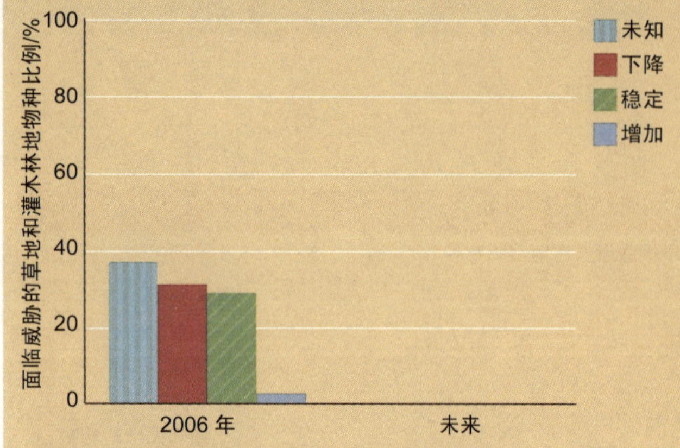

数据来源：公益自然组织及其自然遗产网络成员项目。

覆盖范围：美国 50 个州。

技术细节：数量趋势数据体现个体数量短期变化，具体而言，是报告 10 年内或 3 代（取二者中较长）内数据；数据最长期限是 100 年。

数据缺口：

数据不足，无法对濒临灭绝的本地草地和灌木林地植物百分比进行全国性报告。数据不足，无法对濒临灭绝的草地和灌木林地中本地非脊椎动物和植物物种个体数量变化趋势进行全国性报告。

定义

- 极危物种存在于 5 个或更少于 5 个地区，且数目锐减，或有其他极高危险迹象。
- 濒危物种存在于 20 个地方或更少于 20 个地区，且数目锐减，或具有其他危险因素。
- 易危物种能够存在于少于 80 个地区，近期有过大范围数量下降，体现出甚至中度危险迹象。
- 其余动植物物种被认为是处境安全或看似安全的。

（37%）濒临灭绝的本地草地和灌木林地脊椎动物物种数量变化数据未知。

指标缺陷

本指标涉及 1 900 种哺乳类、鸟类、爬行动物、两栖动物、草蜢、蝴蝶和蛱蝶等，但还尚缺乏其他物种的数据，有些是因为信息太少，无法将物种濒临灭绝程度进行分类，有些是因为暂未确定哪些物种与森林、草地或其他生境相关联。濒临灭绝的本地草地和灌木林地非脊椎动物（11%）个体数量变化数据少之又少，无法进行整体报告。

尽管 2002 年报告给出了本指标的相关数据，但众多因素会导致数据发生变化，包括物种实际状况改变、人们对物种生活环境认知的增加或分类标准改变等，所以本报告中不包括 2002 年数据（参见关于公益自然组织项目描述中的讨论）。

数据解析

解读这些物种生存状况数据非常复杂，因为某些物种在自然界中本来就非常罕见。因此，稀有物种数量在区域和物种群落间的差异，以及造成物种减少的人类活动种类和程度的差异都会对物种濒临灭绝风险等级划分产生影响。种群趋势数据可以反映重点保护物种如何随着时间变化，从而补充用于划分濒临灭绝风险程度的信息。如果可以报告更多物种种群变化趋势，将会进一步提高追踪物种状况随时间变化的能力。

参见濒临灭绝的本地物种（第 2 章）、海岸格局（第 3 章）、森林类型（第 5 章）、淡水生态系统分布（第 6 章）等本地物种相关指标描述，以及农田地区动物物种状况（第 4 章）、城市和郊区景观面积及组成（第 8 章）相关指标描述。

草地和灌木林地中定殖的非本地植被

草地和灌木林地中非本地植被覆盖面积的重要性

某一地区的非本地植物可能具有很强的入侵性，排挤本地植物，使这些地区更易遭受灾难性火灾，并且可能彻底改变生态系统功能。但有些非本地植物具有缓解土壤侵蚀，用做牧草，屏障火灾等功能。为此，人们曾有意种植如麦穗草这样的非本地物种，然而过度引入非本地物种也可能会降低自然生态系统功能。

> **草地和灌木林地中定殖的非本地植被**
>
> **数据缺口**
>
> 数据不足，无法对草地和灌木林地定殖的非本地植被覆盖的百分比进行全国性报告。

指标含义

定殖的非本地植被占据草地和灌木林地总面积。定殖非本地物种是指那些存活并正在繁殖的非本地物种。

指标缺陷

目前缺少报告该指标所需数据。虽然迅速蔓延的非本地草类和其他草本植物（如旱雀麦、无芒雀麦）急需治理，但国家目前仍没有该类植被的覆盖率数据（参见“森林定殖非本地植被”）。随着景观中非本地植物覆盖面积越来越广，管理本地草地-灌木林地资源和保护自然生态系统及其生态服务功能也愈加困难。

伊利诺伊州自然历史调查机构监控数据提供了一个州尺度上非本地植物覆盖率趋势监测的范例。但目前尚无具备全国可比性的数据。

讨论

某些草地和灌木林地生态系统中最令人头疼的非本地植物（如旱雀麦），往往比本地植物更容易引发火灾。更棘手的是，旱雀麦极易移居到短期内燃烧过的土地，从而进一步增强该地区的易燃性。目前，旱雀麦和常见的地中海草已在莫哈韦沙漠地区蔓延并占据主导地位，这并造成该地区火灾增加。一些非本地植物物种被归为“毒草”（例如洋葱草）。联邦政府已经明确这些物种对美国农业资源、水资源和其他自然资源健康和价值存在巨大威胁。

零散获取的数据表明，美国西部所有草地和灌木林地几乎都有非本地物种分布，如黄色矢车菊、欧洲野生燕麦、柽柳、非洲垂爱草、千屈菜和沙枣等。

参见定殖的非本地物种（第2章）、农田地区动物物种状况（第4章）和森林中定殖的非本地植被（第5章）中非本地植被相关指标。

入侵和非入侵鸟类的种群趋势

比较入侵鸟类和非入侵鸟类种群趋势的重要性

鸟类对环境变化的反应异常迅速。因为它们移动性非常强（可以飞到新的栖息地），当草地和灌木林地不满足其栖息条件时，它们可以很轻易离开。当一个地区入侵鸟类数量下降，本地非入侵鸟类数量则会增加，反之亦然。这些变化可以反映生态系统其他植物和动物种群的稳定性以及服务功能的变化。

入侵和非入侵鸟类的种群趋势

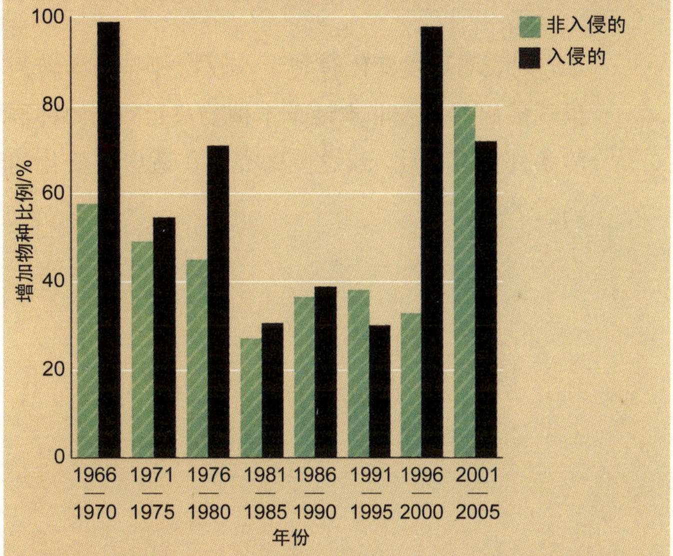

数据来源：繁殖鸟类调查，帕休森野生生物研究中心，美国地质调查局。

覆盖范围：选定的草地和灌木林地区域（见技术说明）。

技术详情：本报告自《2002 年美国国家生态系统状况报告》以来，采用了新方法用于确定数量增加物种百分比。

指标含义

草地和灌木林地生态系统中具有数量增长趋势的入侵鸟类和非入侵鸟类种群百分比。因为有些本地物种可能也具有侵略性，所以该指标只包括不具有侵略性的物种（参见定义）。

数据分析

- 最近一个时期（2001—2005 年），大概 70%入侵鸟类和 80%非入侵鸟类物种种群个体数量有所增加。
- 1966—1970 年，种群个体数量增加的入侵鸟类或非入侵鸟类百分比没有呈现明显上升或下降趋势。

数据解析

指标针对个体数量增长而不包括个体数量减少或保持不变的种群信息，也不反映单个物种的变化。因此，即使从指标数据中看不出某鸟类种群数量明显增长的趋势，也可能有其他本指标无法体现的变化已经发生。当然，许多因素都能引起鸟类数量的短期浮动，但是通过对比 5 年的种群数量，可以反映出生态环境状况变化的信息。

本报告主要针对以下区域报告入侵物种：土地利用类型向农业用地转变的地区、促进郊区和农村发展导致其生态环境遭到破坏的地区以及非本地植被蔓延的地区。（参见本章“草地和灌木林地中定殖的非本地植被”）。本地非入侵鸟类通常适宜生存在相对完整、未被非本地鸟类侵占的原始草地和灌木林地。

定义

入侵物种蔓延速度极快，且易影响到本地鸟类种群。虽然很多入侵物种是外来的，但也有本地物种由于环境的改变迅速蔓延成为入侵物种。

种群规模波动属于正常现象。由于这项指标描述的是多个种群的整体情况而非针对单个物种，因此尽管种群内物种丰度发生了变化，但指标所描述鸟类总数量却可能仍保持不变。如入侵鸟类数量相对于非入侵鸟类持续增加，则表明环境变化有利于入侵物种——如转为农业用地，为了促进郊区和乡村发展而导致的景观破碎化以及非本地草本植物蔓延等。如种群增长的非入侵鸟类所占百分比更高，则表明环境条件没有变化，或这些鸟类正在适应已变化的环境，或栖息地已经且恢复到更有利于非入侵鸟类的状态。

火灾频率

火灾频率的重要性

火灾频率
指标待建立。

火是塑造和维持草地和灌木林地生态系统非常重要的因素。周期性火灾可以使“耐火”的物种存活，使不能适应火灾的物种绝迹，从而决定草地和灌木林地的物种组成。

指标含义

最终目标是通过比较现今火灾发生频率与通过历史数据估测的频率，反映草地和灌木林地受到人类严重干扰之后是否仍与之前一样频繁、剧烈地发生火灾。鉴于火灾问题的复杂性，准确定义该指标（参见火灾频率，第 5 章）仍需要深入研究。例如，仅仅知道火灾时间间隔是不够的，因为不同火灾在强度、季节性以及覆盖面积等方面各不相同，而这些对生态系统影响都非常重要。另外，不论是现在还是过去，不同区域之间相对较小的地形差异可能会导致两地区火灾敏感度的显著不同。出于这些原因考虑，制定的指标应该在基于较高空间分辨数据进行高精度估算，以保证能够捕捉到局部差异性。

指标缺陷

评估当前火灾发生频率，首先必须估算历史火灾发生频率和强度，因为只有这样才能定义一个地区的“火情特征”属性。估算草地和灌木林地历史火灾状况可能要比估算森林火灾状况更具挑战性，因为草地和灌木林地植被稀少，且很多情况下很难通过树环疤痕等物理特征分析火灾的历史纪录。火情特征因地形不同而存在很大差异，历史上，东部草地每两年发生一次火灾，而山间灌木林地每隔 80 年发生一次火灾，这也加剧了问题的复杂化，此外，气候的不断变化也加剧了预测火情特征的难度，应该在消除气候变化因素对火灾发生频率和强度的影响的基础上获得准确的评估结果。跨部门合作开展的“土地火灾项目”将建立一个与该指标相关的国家级火灾参数数据库。

虽然也存在复杂因素，但估算当前火灾发生频率相对直接。例如，分析每 50 年或 100 年发生的火情特征需要同期的综合数据库作为辅助，但目前该类数据库仍未建立。可以尝试从估计某个地区最近一次火灾发生时间开始，跨部门合作项目“火烧严重程度趋势监测（MTBS）”即将开展此类工作。

另外，由于人们频繁地采用措施抑制火灾或强制改变自然火灾周期，因此指标应该对人工干预火灾区域和未实施火灾管理的区域分别进行报告，实施火灾管理区域和缺乏人为管理的区域区分开来。

讨论

自上一次冰期（大约 1 万年以前）以来，美国本土 48 个州草地和灌木林地不断发生火灾，起因包括雷电以及美国印第安人开展的农业或其他活动。主动干预火灾或者过度放牧而导致可燃植物减少将会增加树木或灌木密度，减少某些“成土”草本植物分布，促进曾经受到火灾抑制的物种蔓延等。例如，在大盆地某些区域，由于山上一些高大蒿属植物和爱达荷州牛毛草被西部柏属植物和杜松替代，其火灾频率降低。另外，一些非本地物种（例如雀草），也使得火灾发生频率和强度增加（参见本章“草地和灌木林地中定殖的非本地植被”）。在这种情况下，如果本地动植物物种不再进化，则新火情的形成则可能会使非本地物种更具生存优势。

河岸带状况

河岸带状况的重要性

河岸条件
指标待建立。

河岸带，河流和江河附近的植被覆盖地区，能够为各种野生动植物提供栖息地。河岸带也提供其他，例如拦截泥沙、改善河川径流以及增加地下水补给等重要生态服务，河岸带环境状况的改变将会改善或削弱这些功能。

指标含义

指标采用综合不同因素的指数并划分等级，描述河岸带状况，涉及因素包括河流、河床物理条件、河岸植被组成及结构及其被河岸物种的利用情况。

指标缺陷

目前还没有建立统一、通用的河岸带状况评估方法。研究人员综合考虑水文学（如与自然径流规律的关系）、地貌学（如河流沉积物输送）和生物学（如植被覆盖度）提出了一系列的评估方法，旨在建立一个能够反映整体状况的综合指数。

讨论

河岸带状况可以反映整个流域总体变化情况。例如，流域内植被覆盖的变化，日益增多的郊区开发，都可能改变河川径流流量和时间（参见第 4 章“河流生境质量”和本章“草地和灌木林地溪流和河流枯水期数量和持续时间”），进而影响河流河床和河岸区域。河岸带状况受到修砌大坝、稳固河岸、引流灌溉等人工干预措施、流域内土地利用类型改变（如增加农业和放牧用地）和植被覆盖变化（包括非本地物种生长）、火灾频率等影响。

更多信息可参见农田景观（第 4 章）、淡水生态系统分布（第 6 章）、城市和郊区景观及利用状况指标（第 8 章）的相关河岸带状况相关指标。

牛群放牧

草地和灌木林地放牧牛群数量的重要性

在草地和灌木林地上放牧的牛群数量

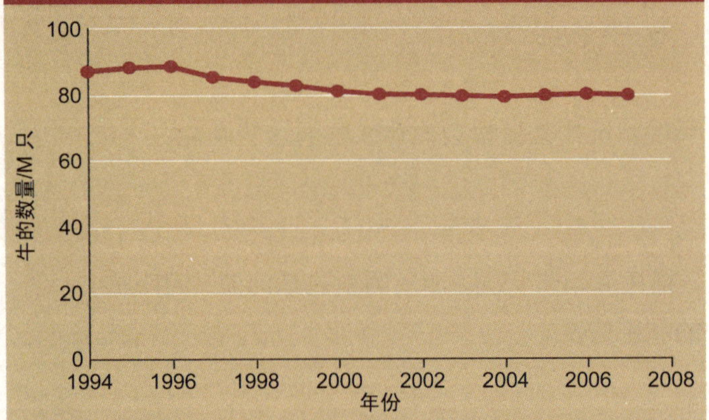

数据来源：美国农业部（USDA）国家农业统计局（NASS）。
覆盖范围：美国 50 个州。

草地和灌木林地上放牧牛群为人们提供农产品，并为从事畜牧业的人们提供工作机会。美国很多地方仍然以畜牧产品作为社区标志性组成。放牧牛数量的时序变化一方面反映草地和灌木林地生态系统支撑家畜饲养的能力，另一方面也反映人们对畜牧产品的需求。

指标含义

指标报告草地和灌木林地（包括牧场，不包括饲育场）每年 7 月期间放牧的牛群数量。

数据分析

- 2007 年，草地和灌木林地放牧牛群约为 8 000 万头牛。
- 1994 年，草地和灌木林地放牧牛群的数量下降了 9%。

数据解析

由于冬天可供放牧的土地较少，许多牛被迫食用补充饲料，因此统计草地和灌木林地上 7 月放牧的牛群数量最具代表性。一份最新报告显示，2006 年夏季期间，88%肉牛都放牧于草地和灌木林地上，其余可能放牧在饲育场或森林中。今后该指标还可跟踪受经济和政治因素影响，公共和私有草地和灌木林地上放牧牛群分布随时间的变化。

放牧牛和犊牛总数量受到季节影响，每年都存在一定波动。自 1880 年以来，牛群数量记录可以反映每 10 年的波动情况，波动主要源于供需关系发生变化。1 月份数量记录（此处没有显示）显示，牛群数量在 1975 年达到高峰，自此之后，全国养殖规模下降四分之一。

草地和灌木林地生态系统为畜牧产业提供两项基本原料：土地（用于动物养殖和放牧）和饲料。放牧牛群估算量可作为评估草地和灌木林地作为养殖牲畜用途的指标。放牧牛群数量变化除了直接影响区域内土地所提供产品和服务的数量以外，还可能影响植物和动物数量变化、火灾发生频率，碳储量以及河岸带状况等其他生态指标。

草地和灌木林地休闲娱乐活动

草地和灌木林地中休闲娱乐活动的重要性

除用于牛群放牧，草地和灌木林地还能够为社会提供休闲娱乐服务。并非所有土地利用方式都能相互兼容；监测休闲娱乐活动参与度变化趋势可以了解某种休闲娱乐活动是否与其他活动产生冲突。例如，越野车数量增多意味着享受宁静田园活动的机会减少。

草地和灌木林地休闲娱乐活动
数据缺口 数据不足，无法对草地和灌木林地休闲活动参与度进行全国性报告。

指标含义

指标报告人们每年在国家草地和灌木林地进行休闲娱乐活动的天数。休闲娱乐活动包括打猎、越野车驾驶、摩托车运动、山地自行车运动以及雪上汽车运动、鸟类观赏及其特性研究、徒步旅行和露营等（如数据可获取还可能增加其他种类的活动）。

指标缺陷

目前没有记录草地和灌木林地休闲娱乐活动类型和数量的国家级数据集。全国捕鱼狩猎及野生动物相关娱乐活动调查以及全国娱乐活动与环境调查都曾报告全国娱乐活动参与度的变化趋势，但这两项调查都未明确这些活动的地点是在草地、灌木林地还是在农田进行。

为了对该指标进行报告，应该调整现有调查项目，以获得娱乐活动举办地点的具体信息（参见森林休闲娱乐活动，第 5 章；淡水休闲娱乐活动，第 6 章）。

讨论

休闲娱乐活动也可能会影响草地和灌木林地生态环境。例如，密集越野车运动可能会破坏对环境敏感的生境并加剧土壤侵蚀，有些类型的娱乐活动可能会促进入侵物种的传播扩散。然而，休闲娱乐仍是生态系统为人类提供的重要服务功能，大多数类型娱乐活动不会破坏自然环境。休闲娱乐活动还可以帮助为保护大自然筹集资金并唤醒人们对生态系统的认知和珍惜。

第8章　城市和郊区景观及利用状况指标

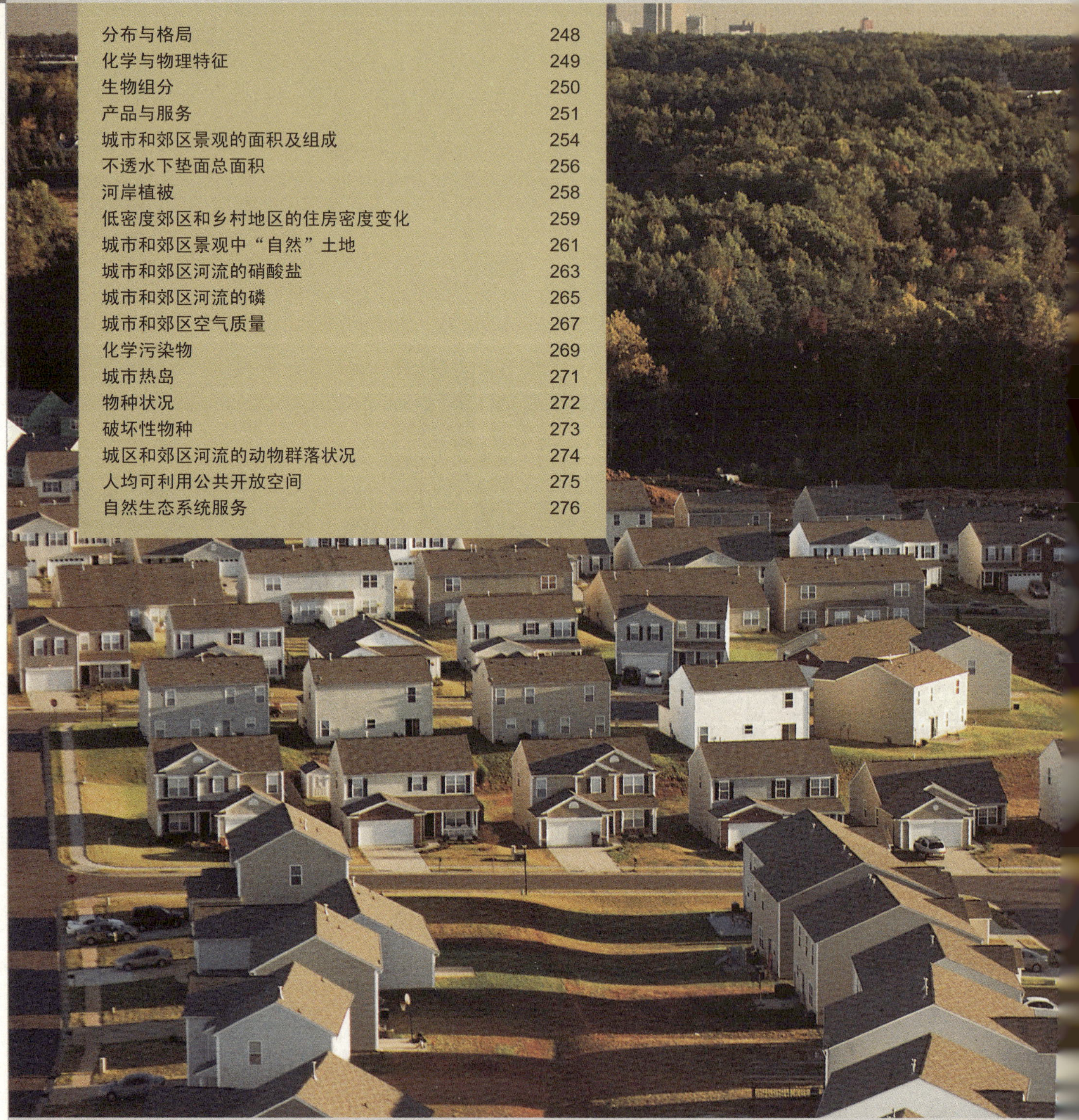

第 8 章　城市和郊区景观及利用状况指标*

城市和郊区仅占全国土地总面积比例 2%多一点，但是却容纳了美国近 80%的人口。在本报告中，我们将“城市和郊区景观”定义为以开发建设为主要特征的地区，比如大城市、郊区及其他人口密度较高的地区。人们通常不会将这些已开发地区视为生态系统，但是，同本报告所描述的其他生态系统一样，房屋、写字楼、工厂、道路、人行道，以及栖息在城市和郊区的动物和植物，都会对许多生态过程产生影响，同时也会受这些生态过程的影响。

城市和郊区景观不仅为日益增长的美国人口提供所需基础设施，还与其他生态系统一样能够提供产品与服务，比如，郊区森林、城市公园以及开放空间可供人们休闲娱乐及静心思考。另外，树、草坪、花园也会带来其他效益，如树荫可提供乘凉场所（从而减少空调费用），城市河流沿岸植被廊道可降低径流流量、保护鱼类等。

长期以来，人们更愿意居住在靠近自然资源的地方，比如肥沃的耕地及可航行河道。但是，技术进步使得人们现在能够适应居住在曾因缺水或极端气温等而不适合居住的地方。大量人口迅速涌入“阳光地带”、山区度假区、海岸地区，加速了这些地区建筑开发的增长，也刺激了其对公共服务的新需求，并使当地生物物理景观发生了重要改变。

形成建筑空间与开放空间交融，郊区扩张或城市加密（城市与郊区的特征）的宏观格局，是公共决策与个人决定共同作用的结果。有关规划开发活动的公共政策，多数情况是根据地方及州法律制定，基本极少或没有受到国家层面的干预。政府职责由相互独立的管辖机构共同分担，有时会出现职能重叠，这种分散性管理方式使得区域管理面临一项长期挑战。甚至获取城市和郊区相关信息也变得非常困难，因为很少有州级及国家级项目将这些地区列为单独目标区域进行报告。在某些情况下，如果空气质量、水质量或野生动物栖息地严重下降或退化，联邦法律（比如《清洁空气法》《清洁水法》《濒临灭绝物种法》）可能会限制本地或区域的开发活动。

社会公众对开发节奏及开发类型所持的态度，对公共政策限制私人决策程度的看法，直接影响土地转变以及土地开发后特征。长期以来，那些关注城市和郊区生态环境的人士更加重视公园、娱乐、废水处理以及空气质量的状况。近来，一些新的话题（比如如何将绿色基础设施纳入规划、对缺少固定水源径流的担忧、“低增长”或“高效增长”等开发理念）又引发了新的争论。

以下几节及表 8.1 描述了第 1 章列出的反映生态系统状况和利用的四个范畴，并且汇总和总结了城市和郊区景观的最新数据及趋势。单个指标侧重于城市和郊区景观与城市和郊区生态系统的分布及特征、该景观提供生态服务功能所必需的生态过程及条件、城市和郊区生物群落，

---

* 译者：吴艳婷、付卓。

以及该生态系统为人类提供的服务。

分布与格局

总体而言，土地从农村到城市或郊区转化是永久性的，而且这种转化会彻底改变当地土地提供效益和服务的性质。但是，对不同城市和郊区不能一概而论，开发方式的差异会影响居民及工人的生活质量、动植物生境质量，以及土地的生态服务。造成这些影响的开发因素不仅包括开发土地总面积，还包括开发性质。

针对不同尺度的分析，开发土地及未开发土地交叉分布的模式都是重要特征。开发地区中，不透水下垫面（道路、停车场、车道、人行道、屋顶及类似建筑）所占比例及沿岸植被保留情况在很大程度上影响了城郊发展带来的生态效应。比如，雨水迅速流经非透水性下垫面，减少了地下水补给，增大了洪水量，将引起河流栖息地发生剧烈变化。如果沿岸植被茂密，使得径流量降低，可以为野生动物提供栖息地，并降低水流温度——这对鱼类及其他河流生物而言非常重要。

从更大尺度来看，新开发项目位于人口密集的已开发区还是人口密度较小的地区、未开发土地的面积、规模以及形状，均会影响居民的生活质量，并产生重要生态影响。开发选址以及开发方式往往引起人们的激烈争论，所围绕的争论主题包括：相对偏远乡村新建住宅区内的供水、排水系统、学校以及交通服务；开发活动对本地野生动物生境和开放空间影响；以及人们希望居住在郊区或农村的意愿。

本章数据分析

- 2001 年，美国本土 48 个州城市和郊区景观面积为 4 500 万英亩（约占美国本土 48 州土地总面积 2%）。对于城市和郊区景观内未开发土地（比如林地及草地）比例，最小为中西部，占城市和郊区 9%，最大为落基山地区，占城市和郊区的 15%。
- 2001 年，全国 60%城市和郊区景观不透水下垫面面积比例超过 30%，对河流生态系统具有负面影响。仅有 3%的城市和郊区景观不透水下垫面面积比例低于 10%，对河流潜在影响较低。
- 1990—2000 年，约有 300 万套住房新建在原住房密度为每 1～10 英亩一套房屋的郊区及农村地区；约 140 万套住房新建在原住房密度为每 10～160 英亩一套房屋的地区；45 000 套住房新建在原住房密度不低于每 160 英亩一套房屋的地区。
- 美国本土 48 个州城市和郊区景观中 90%“自然”地块（森林、草地、湿地及相似土地）面积小于 100 英亩，这包括东北/中大西洋、东南、中西地区所有“自然”地块。仅有 2%“自然”地块面积超过 1 000 英亩，其中落基山脉比例最高（2001 年数据）。

需进一步完善指标反映以下内容

- 城市和郊区河岸带植被。

化学与物理特征

城市和郊区内部居住、商业、工业活动及其相互作用，室内外空气、土壤、水、人体健康，及当地、区域、全球气候模式都具有重要影响。本报告采用三个主要指标描述这些影响：排入河流中的氮和磷总量；空气、水、土壤中有害或具有潜在危害的化合物；城市及附近乡村之间温差。在城市和郊区，氮及磷通过多种途径（包括废水处理厂、家畜粪便、草坪肥料）被排放到淡水生态系统。通过降低径流量减少营养物（通常称为“面源”污染）或提高污水处理效率控制营养物排放的方法技术复杂，并且耗费大量资金投入。空气、水、土壤污染并非城市和郊区特有，但是人口与活动集中通常伴随着污染物及营养物的高度集中。处理这些问题不仅资金投入高、技术难度大，还涉及地区与国家管辖权问题（如臭氧的地区输送）和过往措施的责任问题（如清理棕色地带的职责）。大量使用沥青、混凝土及其他建筑材料会使局地温度升高，危害人类健康，影响动植物生长，并加重能源消耗量。

“城市热岛”效应可通过采取各种技术措施得到改善（如“绿色屋顶”、使用特殊建筑材料等）；但这些措施都费用不菲，研发新解决方案并付诸实施还需要长时间。

本章数据分析

- 城市和郊区 61%的河流样点硝酸盐浓度小于 1 mg/L，32%样点小于 0.5 mg/L，2%小于 0.1 mg/L。（联邦饮用水标准规定最高硝酸盐浓度为 10 mg/L）
- 城市和郊区河流硝酸盐浓度低于农业用地地区河流，但是高于森林地区河流。
- 城市和郊区 68%河流样点的磷浓度不低于 0.5 mg/L，23%样点不超过 5 mg/L（美国国家环境保护局规定，为防止河流中藻类过度生长，磷浓度应低于 0.1 mg/L）。
- 城市和郊区河流磷平均浓度与耕地流域河流磷平均浓度相近，但高于森林流域河流磷平均浓度。

- 2005 年，61%城市和郊区监测站记录中至少有 1 天出现了高臭氧水平，30%城市和郊区监测站记录中有至少 4 天出现了高臭氧水平。
- 1990—2005 年，每年监测到高臭氧水平不少于 25 日的监测站的百分比降到大约 1%。目前仍监测到高臭氧水平的四个监测站位于加利福尼亚南部和中部。
- 城市和郊区 83%河流污染物含量超过保护水生生物的含量标准；约 7%河流污染物含量超过了保护人体健康的含量标准（1992—2001 年数据）。

全国性报告数据缺口

- 有毒空气污染物含量检测，以及超过人体健康标准含量的频率；
- 城市和郊区土壤化合污染，以及一些尚未制定标准的河流污染物超出标准含量的情况。

需进一步完善指标报告以下内容

- 城市热岛效应：城市和郊区温度高于邻近的开发程度较低地区的程度。

生物组分

不同物种对城市和郊区开发的响应各不相同，不同城市和郊区为那些城市出现之前常见的动植物提供栖息地的能力各不相同。地区开发程度，以及开发过程中是否为野生动物保留了栖息地和廊道（如上文“分布与格局”指标所述），能够决定这些物种在本地是数量减少、消失，还是占据主导地位。

城市和郊区开发使得生态系统中的生物优胜劣汰。植物与动物物种和群落对环境的容忍能力各不相同，城市和郊区开发造成的影响由其布局和结构（如上文“分布与格局”指标所述）决定。农村土地向城市或郊区开发用地的转变通常导致本地动植物数量下降甚至灭绝。在开发地区附近河流中，污染会导致水生生物群落（包括对淡水食物链至关重要的鱼类和小型底栖动物）剧烈变化。

相反，一些物种（比如鹿、鸽、浣熊）能够适应改变的城市和郊区栖息地并繁殖，有时还会给人群、财产及其他野生动物带来问题。比如，在一些郊区，鹿的数量过多，以至于破坏花园，出现鹿-车相撞惨剧；不断增高的莱姆病发病率也引发了严重的政治、安全、健康问题；非本地物种，比如金雀花，在城市和郊区极具入侵性，会引起下水道阻塞等问题。

全国性报告尚缺少以下数据

- “原始”植物及动物（即其栖息地被城市化的动植物）灭绝或面临灭绝的危险程度；
- 城市地区“破坏性物种”（如白尾鹿、金雀花）的数量及种类；
- 城市和郊区河流中鱼类及底栖生物群落状况。

产品与服务

城市和郊区土地主要用于商业建筑与住宅。然而，保留下来的自然、半自然土地及河道也能为人类带来效益。许多城市居民格外珍视开放空间（即主要由“自然”景观覆盖的土地，如草地或林地、湖、河、海滨、湿地等），认为它们是进行娱乐活动和保证“生活质量”的根本。城市和郊区中的这些“绿色基础设施”还具有其他有形及无形价值，如降低暴雨径流量、为街道及建筑物降温、降低城市噪声等。在地价较高地区，提供充足公共开放空间这种常见规划目标较难实现，而经济发达区通常以高地价为特征。直到所有原始土地都被人类开发、生态系统功能失调、人类生活质量下降，以至必须花费数百万美元或数十亿美元才能通过技术手段恢复已失去的生态服务时，人们才会意识到城市和郊区中那些未开发土地所提供的各种服务价值。

全国性报告数据缺口

- 城市居民人均可利用公共开放空间的面积。

需进一步完善该指标报告以下内容

- 城市和郊区提供的自然生态系统服务。

对表 8.1 城市和郊区的全部指标进行了汇总，并在本章后续各小节分别详细描述。本章涉及的地区以及其他相关定义参见附录 D。

表 8.1 城市和郊区指标

指标	最新数据反映了什么	数值如何随时间的变化
分布与格局		
城市和郊区景观面积及组成，第 254 页	2001 年，城市和郊区景观占美国本土 48 个州总面积的 2%，即 4 500 万英亩	数据不足，无法对城市与郊区景观面积及构成变化进行全国性报告
不透水下垫面总面积，第 256 页	2001 年，全国近 60%城市和郊区景观不透水下垫面面积超过 30%，仅有 3%城市和郊区景观不透水下垫面面积低于 10%	数据不足，无法对城市与郊区景观不透水下垫面面积百分比变化进行全国性报告
河岸植被，第 258 页	指标待建立	
低密度郊区和乡村地区的住房密度变化，第 259 页	1990—2000 年，约有 300 万套住房新建于原住房密度为每 1～10 英亩一套房屋的郊区及乡村地区；约 140 万套住房新建于原住房密度为每 10～160 英亩一套房屋的地区；45 000 套住房新建于原住房密度大于每 160 英亩或更大面积一套房屋的地区	数据不足，无法对不同住房密度区新建住房数量变化进行全国性报告
城市和郊区景观中“自然”土地，第 261 页	城市和郊区景观中 90%“自然”地块面积小于 100 英亩；仅有约 2%“自然”地块超过 1 000 英亩（2001 年数据）	数据不足，无法对“自然”地块面积变化进行全国性报告
化学与物理特征		
城市和郊区河流的硝酸盐，第 263 页	城市和郊区 61%河流样点的硝酸盐浓度低于 1 mg/L，32%低于 0.5 mg/L，2%低于 0.1 mg/L（1992—2001 年数据）	数据不足，无法对城市和郊区河流硝酸盐浓度的变化进行全国性报告
城市和郊区河流的磷，第 265 页	城市和郊区 68%河流样点磷浓度不低于 0.1 mg/L，23%不低于 0.5 mg/L（1992—2001 年数据）	数据不足，无法对城市和郊区河流磷浓度变化进行全国性报告
城市和郊区空气质量，第 267 页	61%城市和郊区采样点至少有 1 日记录出现了高臭氧浓度（高于 0.08 mg/m^3），30%城市和郊区采样点至少有 4 日记录出现了高臭氧浓度（2005 年数据）	1990—2005 年，每年至少有 1 日及每年至少有 25 日记录出现了高臭氧浓度地区所占百分比下降
	数据不足，无法对城市和郊区有毒污染物检测以及有毒污染物超出保护人体健康标准的频率进行全国性报告	

续表

指标	最新数据反映了什么	数值如何随时间的变化
化学污染物，第 269 页	83%河流污染物含量超过了保护水生生物含量标准；7%河流污染物含量超过了保护人类健康含量标准（1992—2001 年数据）	数据不足，无法对城市和郊区河流污染物变化进行全国性报告
	数据不足，无法对城市和郊区土壤中污染物进行全国性报告 对一些监测污染物，其保护水生生物及人类健康的含量标准尚未制定	
城市热岛，第 271 页	指标待建立	
生物组分		
物种状况，第 272 页	数据不足，无法对“原始”动植物（即栖息地已被城市化的动植物）灭绝或面临灭绝的危险程度进行全国性报告	
破坏性物种，第 273 页	数据不足，无法对都市地区“破坏性物种”数量及种类进行全国性报告	
城市和郊区河流的动物群落状况，第 274 页	数据不足，无法对城市和郊区河流中鱼类及底栖生物群落状况进行全国性报告	
产品与服务		
人均可利用公共开放空间，第 275 页	数据不足，无法对公众可利用城市公共开放空间数量进行全国性报告	
自然生态系统服务，第 276 页	该指标待建立	

=显著减少*。

*由于数据的数值变化太小或波动过大，没有呈现单一趋势。

城市和郊区景观的面积及组成

城市和郊区景观面积及组成的重要性

城市和郊区景观面积，按地区分

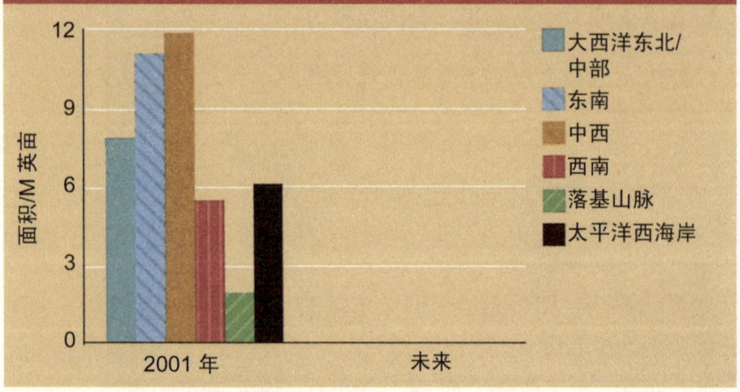

城市和郊区景观占土地总面积的百分比，2001 年

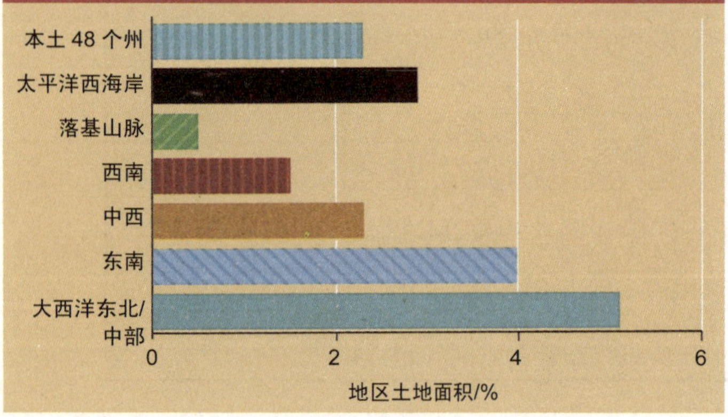

未开发土地在城市和郊区景观所占百分比，2001 年

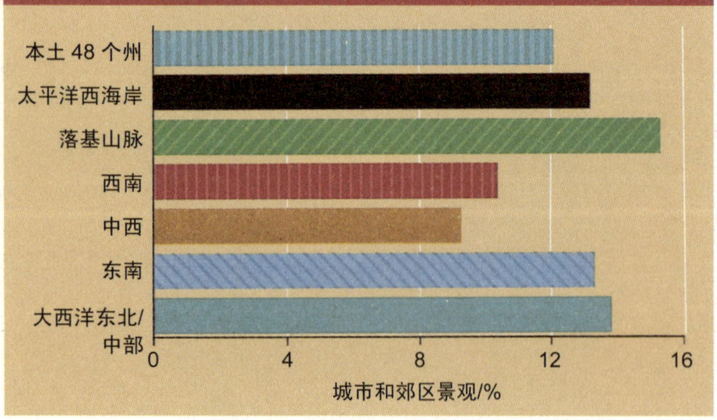

80%美国人居住在城市或郊区地区（“城市和郊区景观”）。这些景观中各种土地覆盖类型构成情况能够反映地区开发强度的概况，而开发强度与一个地区居民能够利用的开放空间密切相关[见本章“居民人均可利用的公共开放空间”、不透水下垫面总面积、城市和郊区“自然”生态系统提供的服务（见本章“自然生态系统服务”）]。

指标含义

- 城市和郊区景观面积（单位为英亩）及其占全部土地面积的百分比。
- 未开发土地在一个城市和郊区景观中所占面积百分比。
- 城市和郊区景观中未开发土地利用构成，按地区划分。

数据分析

- 2001 年，美国本土 48 个州城市和郊区景观面积大约为 4 500 万英亩（占美国本土 48 个州土地面积 2%）。
- 大多数城市和郊区位于东南部及中西部；落基山脉地区城市和郊区用地面积最小。
- 城市和郊区景观面积占所在地区总面积百分比范围为 0.5%～5%，大西洋东北/中部地区城市和郊区景观面积比例最高，落基山脉地区城市和郊区景观面积比例最低。

- 未开发土地在城市和郊区景观中所占比例在中西部地区为 9%，在落基山脉地区为 15%。在这些未开发区域内：
  - 大西洋东北/中部、东南部、中西部地区，森林占未开发地区比例最大。
  - 西南部，城市和郊区景观未开发土地中草地和灌木林地比例最大。
  - 荒地占城市和效区面积比例中，落基山脉地区和太平洋西岸较其他地区高。

城市和郊区景观中未开发用地的构成，2001

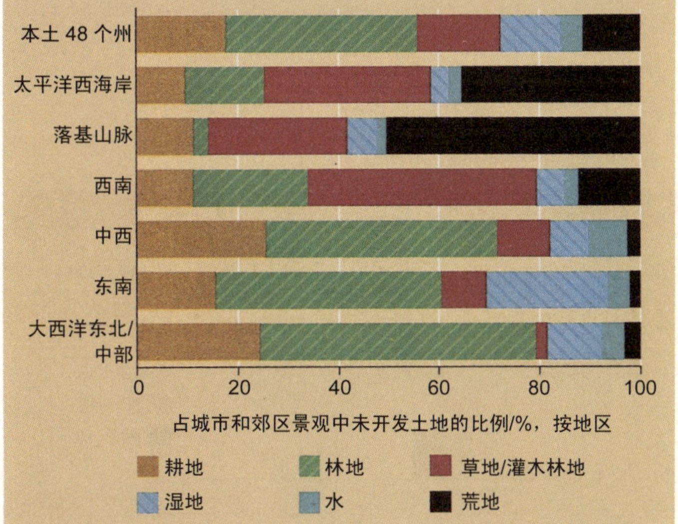

数据来源：多精度土地特征分析联盟及美国环境系统研究所 ESRI（道路图）；由美国国家环境保护局及美国农业部林务局分析。
覆盖范围：美国本土 48 个州。
注释："荒地"包括基岩、漠境砾幂、沙丘、露天矿、砾坑。

数据解析

本报告根据土地覆盖数据确定了城市和郊区景观分布（见定义）。如本指标报告信息所示，美国本土 48 个州近 6 000 万英亩已开发土地中，有大约 2/3 分布在城市和郊区景观中。城市和郊区景观包括大面积已开发用地（城市、郊区及周围地区），以及交错分布的未开发土地（包括耕地、森林及其他自然土地覆盖类型）。一般情况下，促进发展的开发活动的持续增长，可能影响周围土地利用及特征（参见本章“低密度郊区和乡村地区的住房密度变化”）。城市和郊区景观中的未开发土地可以为居民提供休闲娱乐及其他价值（参见本章“人均可利用的公共开放空间”）。

定义

本报告中，城市和郊区景观是指被足够规模已开发土地包围的土地。首先基于卫星影像得到土地覆盖图，然后根据覆盖类型，将该地图分成超过 80 亿个约 1/4 英亩大小的方块（或像元）。如果某像元周围的方形区域（240 英亩）有不少于 60%已开发土地，则该像元被分类为城市—郊区景观。为避免最终城市和郊区景观中出现细小图斑，只有当满足上述密度要求的相邻像元组成的多边形超过 270 英亩时才可纳入。

不透水下垫面总面积

不透水下垫面分布重要性

不透水下垫面占城市和郊区景观的百分比

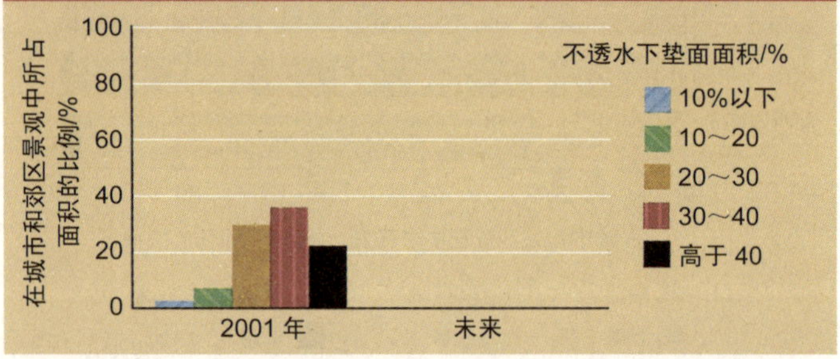

不透水下垫面占城市和郊区景观的百分比，按地区（2001）

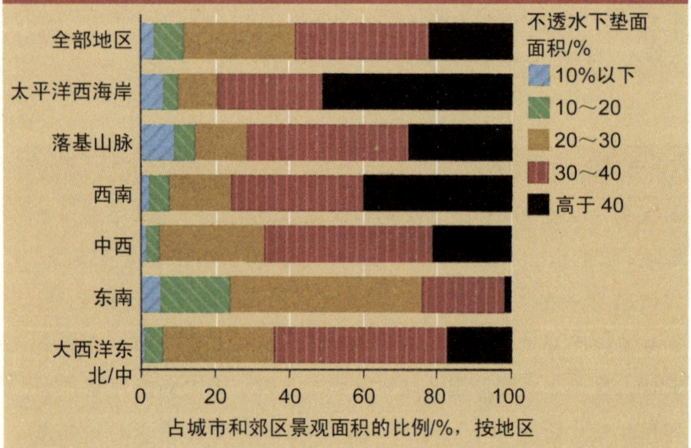

数据来源：多精度土地特征联盟及 ESRI（道路图）；由美国国家环境保护局及美国农业部林务局分析。
覆盖范围：美国本土 48 个州。

不透水地表分布可以直接评价城市化程度，并对水质及地下水补给产生显著影响。它还与城市热岛效应分布和强度有着最密切的关系（见本章“城市热岛”）。一个地区不透水或无孔隙下垫面面积越大，地表径流越大，不仅容易造成水流污染和水温升高，还会破坏河流渠道及河流岸边带。这些变化会对栖息在河流中的鱼类及野生动物产生很大影响。通常，流域内不透水下垫面面积比例越大，对河流产生的负面影响越大。

指标含义

城市和郊区景观中人工不透水下垫面—道路、停车场、车道、屋顶及类似区域所占的百分比。城市和郊区景观包括不同类别的土地覆盖类型，如住房、写字楼建筑以及离散分布的“自然”景观格局（见第 2 章）。

数据分析

- 2001 年，全国近 60%城市和郊区景观不透水下垫面面积比例大于 30%。仅有 3%城市和郊区景观不透水下垫面面积百分比在 10%以下。
- 城市和郊区景观内部，各地区不透水下垫面百分比差异很大：
  - 东南部约有 1/4 城市和郊区景观的不透水下垫面面积占比高于 30%，其他地区有 65%～80%城市和郊区景观中不透水下垫面面积占比高于 30%。
  - 落基山脉地区城市和郊区景观中，不透水下垫面百分比高于 10%的区域面积比例最大（超过 9%）。东南部及太平洋西海岸城市和郊区景观中，不透水下垫面百分比低于 10%的区域面积占 5%～6%，其他地区城市和郊区景观中，不透水下垫面百分比低于 10%的面积比例很小（1%～2%）。

数据解析

在影响城市和郊区景观及生态系统服务的各项因素中，不透水下垫面只是其中之一。近期研究表明，流域内不透水下垫面比例为 10%或更高时，会对河流生态系统产生负面影响。当这一比例超过 30%时，负面影响更为显著。此外，目前采用的计算方法可能并未包括所有不透水下垫面，尤其是如人行道等面积较小的不透水下垫面。新技术及材料（比如绿色屋顶、可渗透道路、雨水花园）可用于过滤和控制径流。

河岸植被

河岸植被的重要性

河岸植被
指标待建立。

河岸植被数量影响水质、径流、鱼类及其他生活在水中及沿岸的动物。河岸植被能提供树荫，夏季能为河流降温，并为动物提供栖息地。

树叶及树枝落入河流，可为鱼类及其他生活在水中的动物提供食物和栖息地。河岸植被还能拦截泥沙和污染物、改善水质并降低污染风险。

指标含义

尽管指标尚未完善，本指标报告河流两岸有树木、灌木林地或其他植被分布的河流长度所占比例（河流—英里）。

指标缺陷

该指标还需进一步完善，需要对河岸植被的定义及监测方法进行标准化。应规定如何定义“由植被覆盖”的标准，明确沿岸植被覆盖的最小宽度，以及是否在某种程度上将人工草坪及农作物等非自然植被归为“由植被覆盖”。确定适用的定义体系之后，将会对河岸植被数据源进行评估。卫星图像可作为潜在数据源，其中的高分辨率卫星影像可以识别出狭窄的植物带，提供更详细的地区信息（尽管数据获取费用较高且各地区兼容性差，但这些数据内容信息详细）。

低密度郊区和乡村地区的住房密度变化

住房密度变化的重要性

住房开发应该与人口的增长速度一致。但是，房产开发可能会损失“自然”土地、耕地。一般来讲，低密度住房地区（比如郊区及农村）进行的住房开发，比起住房密度较高地区往往会造成更为显著的生态影响。

在不同住房密度地区新建的房屋数目

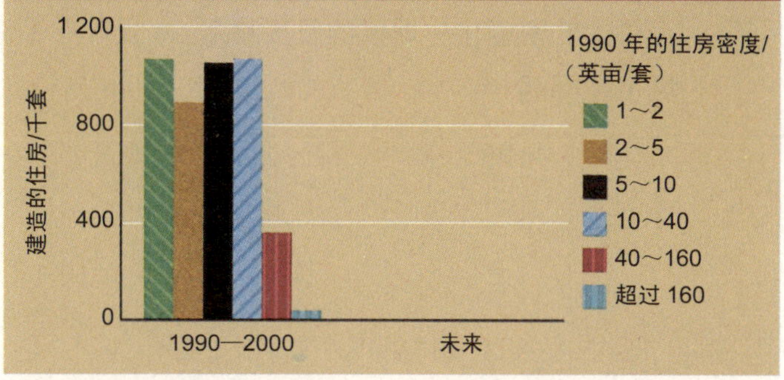

在不同住房密度地区建造的房屋数目，1990—2000 年，按地区

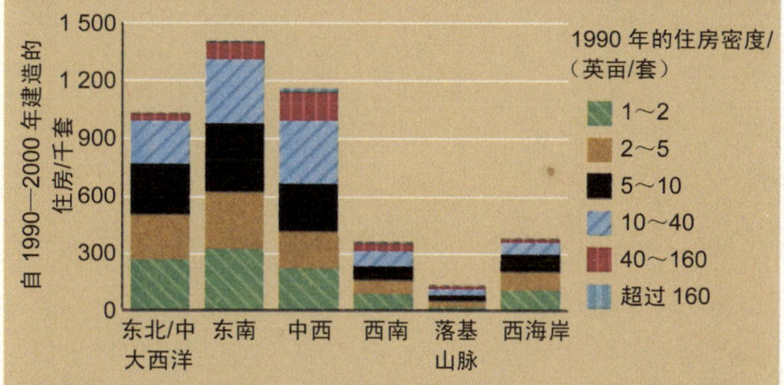

数据来源：D.M.西奥博尔德（科罗拉多州立大学），以美国统计局数据为基础。

覆盖范围：图表不包括 1990—2000 年建造的约 25%住房——这些住房被认为是在 1990 年建造于低密度住房地区。

指标含义

按照原住房密度等级和所在区域，报告郊区及乡村新增居住单元（独栋房屋、公寓、房车或其他居住设施个体）数量。

数据分析

全国范围内，1990—2000 年

- 在原住房密度为每 1～2 英亩一套住房（本报告中最高的原住房密度）地区，新建了 100 万套住房。
- 在原住房密度为每 2～10 英亩一套住房地区，新建了近 200 万套住房。
- 在原住房密度为每 10～40 英亩一套住房地区，新建约 110 万套住房。
- 在原住房密度为每 40～160 英亩一套住房地区，新建约 36 万套住房。
- 在住房稀少地区（住房密度大于每 160 英亩一套住房），新建约 45 000 套住房。
- 这一时期，东部及中西部新建住房数量多于西部。
- 在中西部，在原住房密度较低地区（每 40 英亩一套住房）新建住房数量最多。

数据解析

房地产开发会伴随很多其他类型开发活动，从而加剧土地利用类型转换，例如通过扩建交通网络，建造学校及商业用地，刺激更多住房需求。特别在低密度郊区、偏远的城乡结合带、其他人口急剧增长的地区（有时被称为“远郊区”），上述现象尤为严重。当低密度地区住房密度升高达到每 0.5 英亩一套住房以上时，集中建造公用设施（比如排水系统）更为经济实惠。

建设开发的生态影响会远远不局限于当地，其影响范围大小在一定程度上由开发强度所决定。比如，开发会毁坏森林、破坏生态完整性、干扰动物迁徙及降低河流水质。请参见“自然土地”格局相关指标（国家生态系统：核心指标，第 2 章；森林状况与利用指标，第 5 章；草地和灌木林地状况与利用指标，第 7 章；城市和郊区景观及利用状况指标，第 8 章）。

就住房密度而言，“郊区”“远郊区”“乡村”这些术语还没有统一定义。鉴于本指标重点关注低密度住房地区的发展格局，本报告并不涉及住房密度超过一英亩一套住房的人口密集城市和郊区。

城市和郊区景观中“自然“土地

“自然”地块的重要性

许多城市和郊区景观特征是以人类开发用地为主，但也包括大量“自然”土地（森林、草地、灌木林地、湿地等）。这些“自然”土地有助于控制侵蚀及泥沙输移，有利于地下水获得补给，为野生动物提供重要栖息地，并提供其他重要生态功能（如过滤径流中污染物）。在这些地区，土地向开发用地的进一步转化会破坏现有“自然”土地的完整性，形成新的不利于本地物种生存的栖息地，促使非本地物种繁衍。在城市和郊区景观中，“自然”土地还可提供娱乐场所，自然生态系统服务，以及静谧的环境。

指标含义

全国及地区尺度下，城市和郊区景观中“自然”地块大小。

数据分析

- 2001 年，美国本土 48 个州城市和郊区景观中 90%“自然”地块面积为 1～100 英亩；约 2%“自然”地块面积大于 1 000 英亩。
- 落基山脉地区城市和郊区景观中大面积地块的“自然”土地最多——近 50%地块面积为 100 英亩或更大，西海岸地区 100 英亩或更大面积地块数量比例也相当高（近 30%）。
- 西南部城市和郊区景观中“自然”地块面积分布状况与美国本土 48 个州整体状况基本相同。
- 大西洋东北/中部、东南部、中西部，几乎所有“自然”地块面积都未超过 100 英亩。

“自然”地块的面积

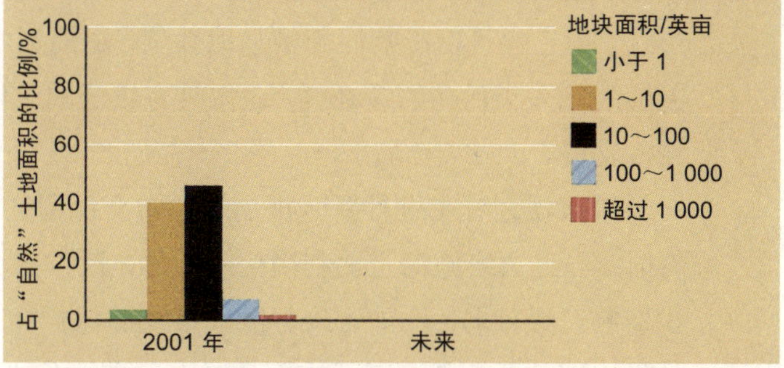

“自然”地块面积，按地区（2001）

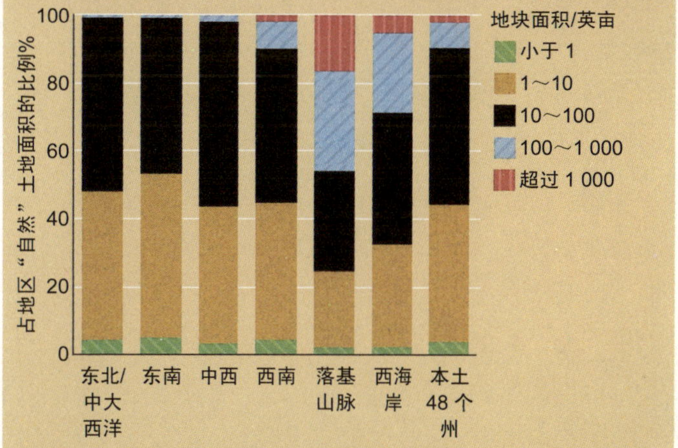

数据来源：多精度土地特征联盟及美国环境系统研究所（道路图），美国国家环境保护局及美国农业部林务局分析。

覆盖范围：美国本土 48 个州。

技术细节：城市—郊区景观中的所有“自然”像素聚合在一起形成地块，图中描述地块的面积。

注释：目前要求按边界对地块进行“切割”，即数据应代表地块最小面积——换句话说，一些横跨州边界的“自然”土地被分成了两个更小的地块。这种限制对数据的影响尚不明确。

数据解析

小面积地块很少含有嵌套的“内部”生境，无法通过缓冲区隔绝外部影响（通常是人类活动）。由于有些物种只能在内部栖息地，即面积较大，且连续分布的林地、草地，或其他自然植被覆盖区域（参见“自然”景观格局，第 2 章；森林状况与利用指标，第 5 章；草地和灌木林地景观格局，第 7 章）中才能大量繁殖，小面积区域无法为这些物种提供栖息地。

对湿地则不同，即使小面积湿地也可以提供重要栖息地。本指标没有描述“自然”地块的形状，但它也可以影响内部栖息地数量，进而影响地块生境质量。大面积的狭窄地带由于缺乏能够隔绝人类活动的缓冲区，通常具有较低的生境价值，但仍具有良好的防止土壤侵蚀及控制泥沙功能。

城市规划者在进行新区规划时通常会保留开放空间（见本章“人均可利用公共开放空间”）。有时，与过去实施的土地利用措施相比，近年来城市和郊区景观中人类活动对“自然”地块面积影响已经减弱，比如古迹分区政策能够保护一些“自然”地块，使其免受开发活动影响。此外，土地的长期所有者可能不会对土地进行分块和开发。

城市和郊区河流的硝酸盐

城市和郊区河流中硝酸盐的重要性

饮用水中硝酸盐威胁婴儿健康，依靠河水提供饮用水的城市要耗费大量资金去除硝酸盐。对于最终汇入海洋的河流，如果含有过多的氮，则会导致水藻过度生长，降低其娱乐和观赏价值，并耗尽鱼类及其他动物生存所需的氧气（参见氮素的迁移，第 2 章；缺氧区域，第 3 章）。

城市和郊区河流中的硝酸盐

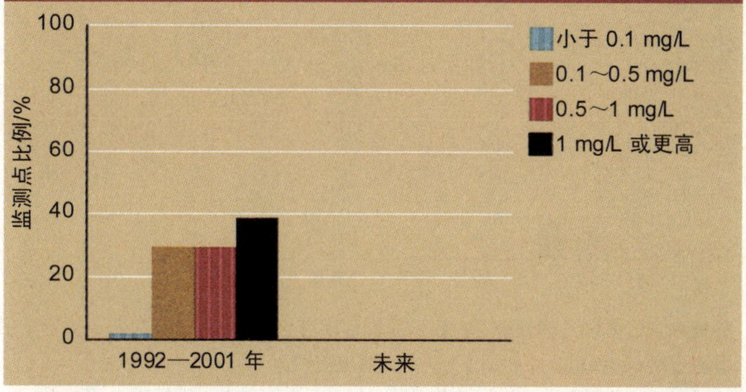

城市和郊区河流中的硝酸盐（1992—2001 年）

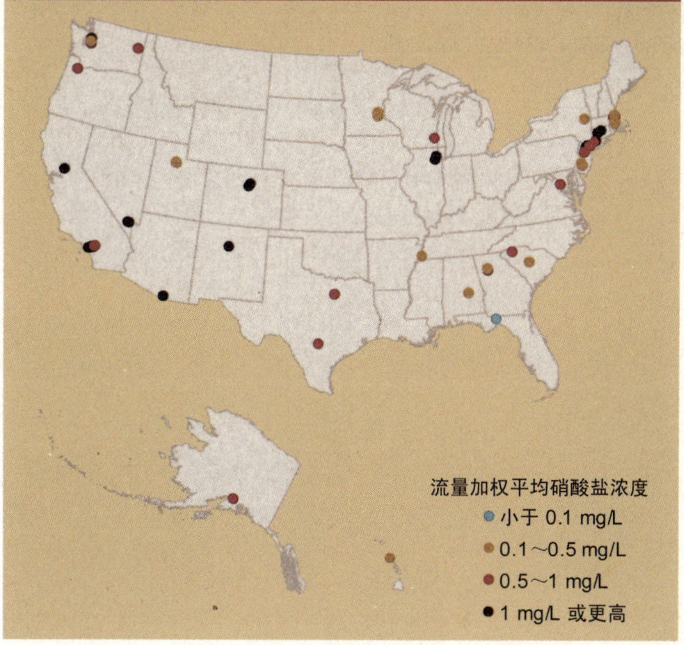

指标含义

- 针对主要流经城市和郊区的河流，分别报告在 4 个平均硝酸盐浓度水平上的河流数量所占的百分比。
- 报告城市和郊区河流硝酸盐浓度、农田河流硝酸盐浓度与森林河流硝酸盐浓度对比情况。

数据分析

- 以城市和郊区土地利用为主的采样地区中，有 61%河流硝酸盐浓度小于 1 mg/L，32%河流硝酸盐浓度小于 0.5 mg/L，2%河流硝酸盐浓度小于 0.1 mg/L。
- 以城市和郊区土地利用为主的地区河流硝酸盐浓度低于以农业用地为主的地区，但高于以森林为主的地区（参见森林河流中的硝酸盐，第 5 章；农田河流和地下水中的硝酸盐，第 4 章）。

数据解析

硝酸盐是氮的一种天然存在形式，也是植物的重要营养物质。可供植物利用的活性氮，通过合成肥料及化石燃料燃烧进入生态系统。大气中的活性氮通过气流输送，以灰尘或降水形式沉降于城市和郊区系统中（参见淡水酸度，第 6 章）。城市和郊区河流硝酸盐浓度升高，也可能是由于流域内植物无法吸收其生长所需的氮引起。氮的来源主要有污水处理厂污水、动物粪便、施用在草坪、花园、高尔夫球场及耕地中化肥等。联邦饮用水标准规定硝酸盐浓度是 10 mg/L。

生态系统比较：城市和郊区河流中的硝酸盐，1992—2001 年

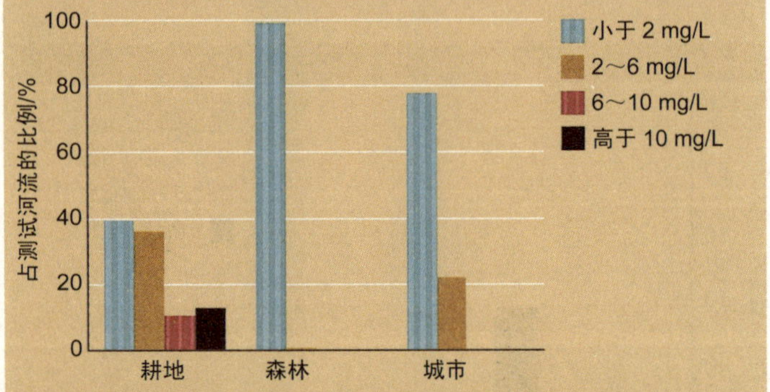

数据来源：美国地质调查局全国水质评估项目。

覆盖范围：美国 50 个州的 51 个主要河流流域。

技术详情：数据来自于土地覆盖主要是城市和郊区流域（上游土地覆盖中，超过 25%是城市，耕地低于 25%）。生态系统比较数据来自于上游土地覆盖主要是耕地或森林区域。采样数据于 1992—2001 年在各样区密集采样获得。硝酸盐指硝酸盐-氮的含量。

更多信息，请参见国家生态系统：核心指标“氮素的迁移”，（第 2 章）、相关农田指标（第 4 章）及森林指标（第 5 章）。

城市和郊区河流的磷

河流中磷的重要性

磷是一种重要的营养物质，但是如果淡水系统中磷浓度过高，会导致水藻过度生长，降低其休闲娱乐价值，并会耗尽鱼类及其他动物生存所需氧气。

反映含义

- 针对主要流经城市和郊区河流，分别报告 4 个平均磷浓度水平的河流数量百分比。
- 报告城市和郊区河流磷浓度与农田河流磷浓度和森林河流磷浓度的对比情况。

数据分析

- 68%城市和郊区河流采样点的磷浓度不低于 0.1 mg/L，2.3%采样点磷浓度低于 0.5 mg/L。
- 城市河流磷浓度与农田河流流域磷浓度相近，但是高于森林河流磷浓度。

数据解析

磷是所有生命形式的必要营养物质，自然存在于土壤及水生系统中；磷酸盐是磷元素最具生物活性的存在形式。对于非直接流入湖泊或其他蓄水设施的河流而言，美国国家环境保护局建议防止水藻过度生长的磷浓度要低于 0.1 mg/L。联邦饮用水标准未对磷浓度做出规定。

城市和郊区河流中磷的总量

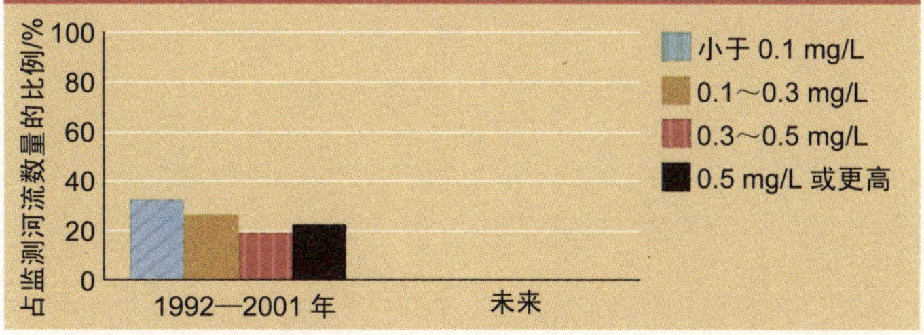

城市和郊区河流中的磷（1992—2001 年）

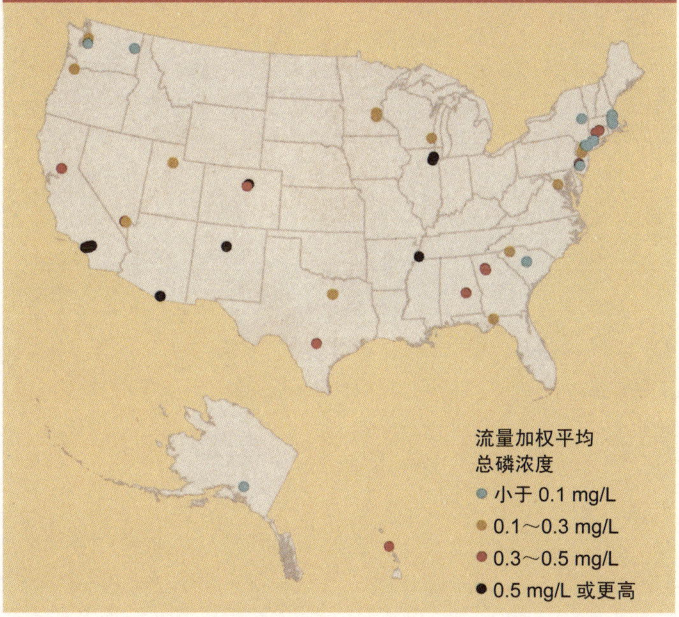

生态系统比较：河流中磷的总量，1992—2001 年

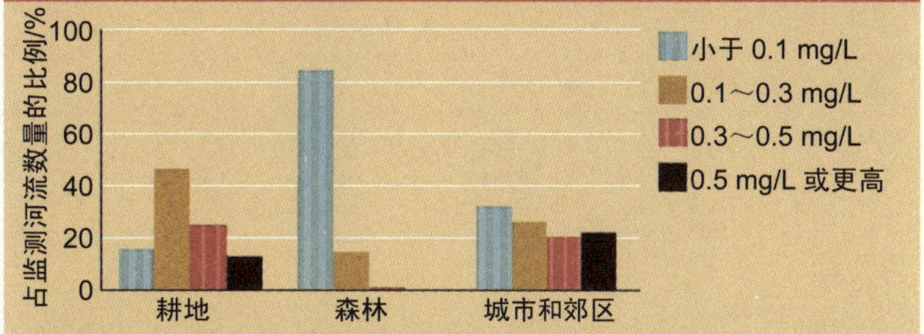

数据来源：美国地质调查局全国水质评估项目。

覆盖范围：美国 50 个州 51 条主要河流流域。

技术细节：数据针对上游土地覆盖主要是城市和郊区的流域（上游土地覆盖中，超过 25%是城市，耕地低于 25%）。生态系统比较数据来自于上游土地覆盖主要是耕地或森林的流域。针对各采样区域，1992—2001 年大约每隔 2 年进行一次采样。

城市河流中磷的来源包括污水处理厂污水、动物粪便、部分清洁剂、施用在草坪、花园、高尔夫球场、耕地中的肥料等。植树、拓宽河流沿岸森林及湿地缓冲区、尽量减少草坪肥料及含磷清洁剂使用等措施，可以减少输入城市和郊区河流中的磷。

城市和郊区空气质量

空气污染物变化的重要性

地面臭氧含量升高会引发呼吸道疾病，并且损害植被、动物及建筑环境。接触有毒空气污染物中会对身体产生诸多不良影响，其中包括引发癌症及其他严重疾病。

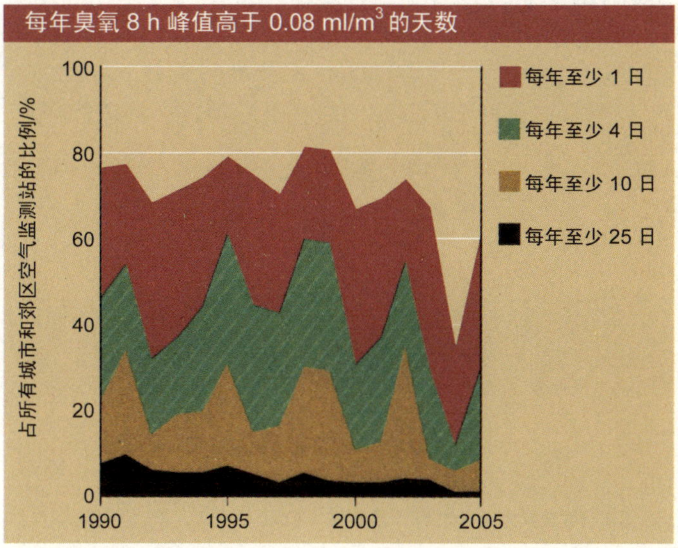

指标含义

对于城市和郊区室外空气：

- 空气采样点监测到“高”（>0.08 mg/m^3）臭氧含量的频率。
- 如数据可获取，还可报告检测到有毒气体污染物的频率，及其超出保护人类健康标准水平的频率。

数据分析

- 2005 年，监测到高臭氧水平天数至少 4 日的城市和郊区采样点占 30%，天数至少 1 日的采样点占 61%。
- 每年监测到高臭氧水平至少 25 日的监测站比例从 1990 年 8%下降到 2005 年的 1%，其中 2005 年仍然监测到高臭氧水平的 4 个监测站位于加利福尼亚南部及中部。
- 自 1990 年起，每年监测到高臭氧水平的天数至少 1 日的监测站比例也有显著下降。

指标缺陷

要掌握在环境空气中检测到有毒污染物频率或污染物浓度超出保护人类健康标准的频率，需要对环境浓度进行更全面监测，并建立更可靠的估算方法。此外，一些有毒空气污染物的“自然”背景含量还有待进一步研究。

数据解析

在美国，近地面臭氧是最普遍的空气质量问题之一。在户外活动的儿童、成人及患有呼吸道疾病的人群最容易受害。臭氧能引发肺炎，降低人们对呼吸道疾病的抵抗力，加重哮喘等呼吸疾病症状等；持续接触臭氧可能会对肺产生永久性伤害，高含量臭氧会伤害树木、其他植物、野生动物及宠物，并会损害喷漆面、塑料、橡胶材料。与之相反，高层大气中臭氧可吸收有害的紫外线辐射，对人类有益。

地面臭氧来源于车辆、涂料、溶剂、未燃烧燃料以及在工业材料炎热、晴朗、沉闷天气中的受热后释放的污染物。臭氧含量波动通常是气象年际变化与形成臭氧的化合物排放量变化共同作用的结果。接触有毒空气污染物（众多合成及自然化合物）会引发癌症及其他健康问题；但是，实际存在的风险仅在一定程度上与空气中有毒污染物含量有关，且不同地点有毒空气污染物含量差异显著。

超出 8 h 臭氧临界值的空气监测站，2005 年

超出日数为 1～3 日的 92 个监测站（32%）

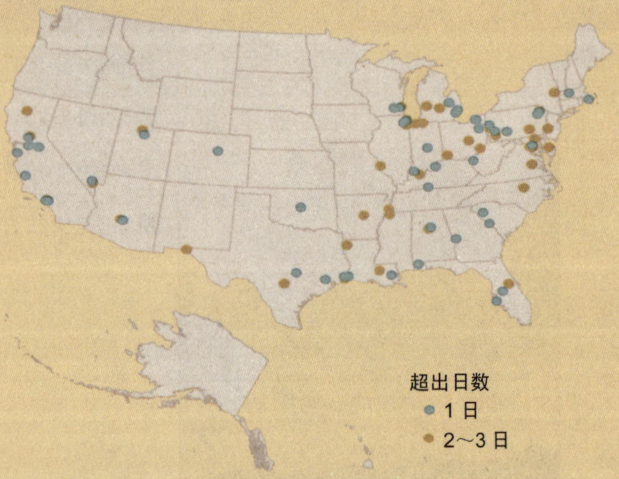

超出日数至少为 4 日的 87 个监测站（30%）

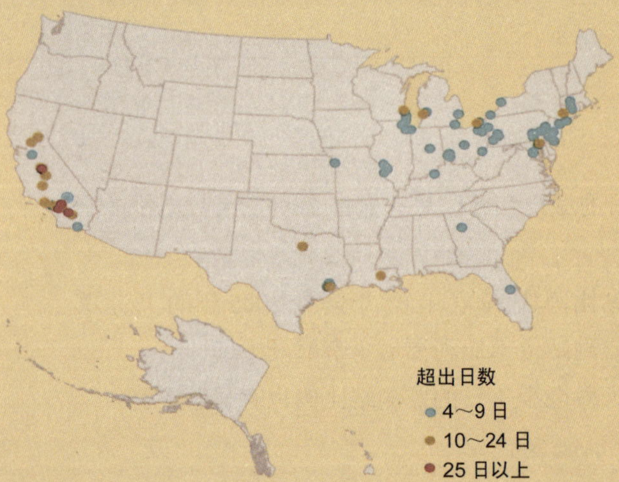

数据来源：美国国家环境保护局。

覆盖范围：美国 50 个州中位于城市和郊区景观中的 317 个臭氧监测站。虽然有 1990 年之前的数据，但不能直接进行比较。

数据缺口

缺少有毒气体含量超过人类健康标准数据，无法进行全国性报告。

化学污染物

城市和郊区中污染物的重要性

城市和郊区生态系统中污染物含量超过一定程度，就会危害人和野生动植物。

指标含义

针对城市和郊区河流的水和土壤，报告监测到污染物的频率，以及超出人体或其他有机体健康标准含量的频率。

数据分析

- 几乎所有取样河流均被检测出至少一种污染物，3/4 的取样河流有五种或更多种污染物。
- 83%取样河流中污染物含量水平超过了保护水生生物标准水平，20%河流有四种或更多此类污染物。
- 大约 7%取样河流中所含污染物超过保护人类健康标准水平。

指标缺陷

目前还没有相对一致的监测数据，无法持续报告城市和郊区土壤中的化合污染物。并且，并非所有被监测污染物相关标准均已确定。在 85 种检测到的污染物中，有 73 种符合相应的保护人类健康标准，62 种符合相应的保护水生生物标准。

城市和郊区河流中检测到的污染物

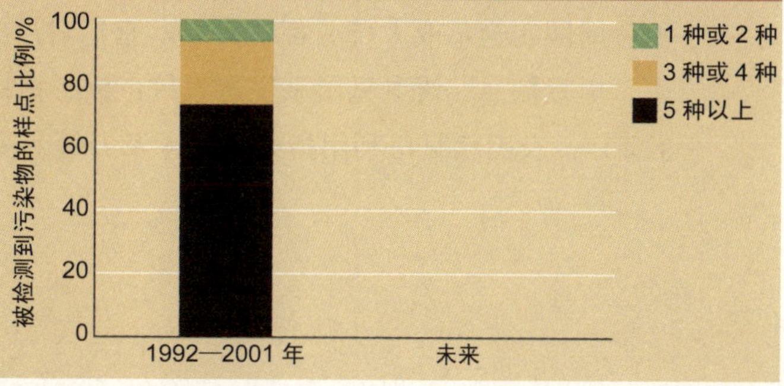

城市和郊区河流中检测到的超出标准水平的污染物

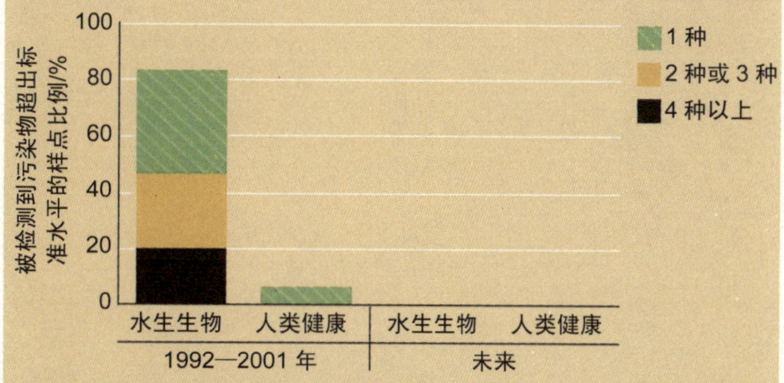

数据来源：美国地质调查局全国水质评估项目。

覆盖范围：美国 51 个主要河流流域中，土地利用主要为城市和郊区的流域中 30 个河流样点。

技术细节：1992—2001 年在各样区密集采样获得 85 种污染物数据。上图包括杀虫剂及其分解物（杀虫剂在环境中经过一段时间后转变成的化学品），但是不包括天然形成的氨及硝酸盐。不包括检测出的杀虫剂（杀虫剂的相关标准尚未确定）。

注释：《2002 年美国国家生态系统状况报告》报告了 1992—1998 年的数据，但是这些数据和本报告列出的 1992—2001 年的数据没有可比性，因为采样点数目已发生变化，且相关标准已被修订。

数据缺口

数据不足，无法对城市和郊区土壤中污染物状况进行全国性报告。针对某些检测到的污染物，保护水生生物及人类健康标准尚未制定。

数据解析

河流和土壤中污染物与植物、动物或人类接触，就会影响生态功能和人体健康。目前生产的多种杀虫剂被广泛应用于农业、景观美化及其他行业，某些杀虫剂残留在环境中，或转变成其他物质对生物体构成威胁。此外，如果硝酸盐和氨的含量过高，也会直接危害鱼类，并威胁人体健康。

在水和土壤中发现的污染物数量基本反映了这些化合物在环境中的扩散程度。但是，化合污染物的存在并不一定就意味着它们的含量高到足以引发问题。如存在相关标准，与标准进行比较可帮助评估污染危害的严重性，而真正评价实际风险还涉及其他因素，比如与污染物实际暴露情况等。保护水生生物污染物标准水平通常比人体健康标准水平更加严格，因为水生生物生命周期的全部或大部分都在水中，它们对污染物可能更敏感。

更多信息，请参见国家生态系统：核心指标（第2章）、海岸和海洋状况与利用指标（第3章）、农田状况与利用指标（第4章）等污染物指标。

城市热岛

城市热岛效应的重要性

城市热岛
该指标待建立。

每年因炎热天气导致死亡的人数要多于飓风、雷电、龙卷风、洪灾及地震而死亡的人数总和。建筑密度及类型、路面面积、能源使用、本地地形、区域天气气象规律，均会改变和影响城市气候。由于建筑及其他结构表面会释放出日间积累的热量，因此城市热岛效应在夜间表现最为显著。热岛效应除了危害人体健康（如中暑）并增加空调使用成本外，还会引发动物的生理压力，改变区域内的植物及动物群落，甚至改变病原体分布。温度升高也会促使地面臭氧（参见本章“城市和郊区的空气质量”）及其他可能对人体健康造成不利影响的空气污染物的形成。

指标含义

城市与其邻近乡村的温差。

指标缺陷

目前尚未就如何监控和评价热岛效应达成一致意见。有人提议，将城市及乡村温差分为小（小于 7°F①）、中（7°F 至低于 13°F）、大（高于 13°F）三个水平，以城乡温差处于上述 3 个水平的城市面积所占百分比作为指标报告。全国气象数据可被用于确定许多地方当前和历史热岛效应。而要完善这一指标，需要确定成对的城市和乡村并加以监测。

① 表示湿度间隔时，1°F=5/9K=5/9℃；表示温度时，f°F=[5/9（f−32）+273.15]K=5/9（f−32）℃。

物种状况

大都市中物种状况的重要性

> 城市的物种状况
>
> **数据缺口**
>
> 数据不足，无法对“原始”动植物物种灭绝和濒临灭绝的程度进行全国性报告。

不同物种适应城市和郊区环境的能力不同，一些物种可在城市环境下繁衍生息，而其他物种却无法适应栖息地、干扰、食物及捕食习惯的改变。各城市和郊区容纳欧洲移民定居北美之前常见物种（“原始物种”）的能力也不尽相同。城市建成区范围、城市林木覆盖程度以及为野生动植物保留的自然区域和绿色通道都影响着城市和郊区景观的物种生存状况。努力改善和修复生境有利于原始物种返回城市和郊区景观。

指标含义

针对有可能进行有效监测的城市地区，报告具有不同比例已灭绝或面临灭绝风险的原始动植物的城市面积比例。

指标缺陷

建立原始物种列表所需历史数据不完整，也没有系统收集和整理这些物种的现状，尤其是其在城市和郊区内生存状况信息。目前已有数据的空间、时间覆盖范围、质量及格式均不统一。

讨论

由于无法区分城市中哪些是面临灭绝风险的物种，哪些是已经灭绝的物种，所以本报告数据同时包括以上两种。可能会将原始物种丰度作为追踪丰度变化的标准，原因并非在于保护原始物种完整性是所有城市地区的动物保护目标，而是因为前移民时期的物种丰度可以作为评价变化的参考基准。

本指标将不会涵盖报告中所定义的全部城市和郊区区域（参见城市和郊区景观面积及组成，第 8 章）。由于缺乏信息、专家及经济资源支持，在小城市和乡镇地区无法获得统计本指标所需的数据，所以最终只报告大都市数据。例如，本指标可能将只报告一些人口超过 10 万或面积不少于 50 平方英里的城市（及其郊区）数据。

破坏性物种

破坏性物种的重要性

破坏性物种

数据缺口

数据不足，无法对大城市破坏性物种的数量和种类进行全国性报告。

城市和郊区某些动植物物种数量过多，会破坏其他物种，并给人类造成困扰。例如，白尾鹿是东北部郊区主要破坏性物种。它们破坏自然区域本地植被、农作物和花园，并且引起多起交通事故。源自不列颠群岛的金雀花在波特兰和俄勒冈州内部及周边地区快速扩张，经常因为其花丛过分密集阻碍通行，增加了维护公路、沟渠、运河、电线及电话线的难度和费用。明尼阿波利斯市和其他一些中西部城市正在采取措施应对破坏性木本植物，如正在当地森林和湿地蔓延的鼠李植物、鞑靼忍冬及桑树等。

指标含义

大都市地区“破坏性”物种的数量和类型。破坏性物种是指那些对自然区域和本地物种有负面影响，给人类及其财产造成破坏的植物。具体而言，本指标分别报告有不多于 5 种、6～10 种、11～20 种、多于 20 种破坏性植物和动物物种的大都市数量；同时该指标还将分地区报告破坏性本地和非本地动植物物种的数量。

指标缺陷

目前尚未建立各地区的破坏性物种清单。根据相关经验，建立清单需首先定义界限，区分真正破坏性物种和引发问题较少的物种，建立可能造成损害的物种的统一标准。此外还需开展监测项目以追踪破坏性物种出现，可由大量科研人员和机构合作开展，但是目前尚无机构负责组织此类活动。

讨论

破坏性物种可能是本地物种、也可能是从其他地区或国家引进的。这些物种能适应在建筑区域生存甚至繁衍，土地覆盖类型转换为城市和郊区景观促进了这些物种数量增长。与此同时，较敏感物种数量衰减也降低了破坏性物种面临的竞争，从而促进了其繁殖。

城市和郊区河流的动物群落状况

城市和郊区河流的动物群落状况

数据缺口

数据不足，无法对城市和郊区河流鱼类和底栖动物群落状况进行全国性报告。

定义

- “自然”：一个地区的鱼类和底栖动物与受干扰程度最小地区预期的鱼类和底栖动物相类似。
- “中等”：鱼类和底栖生物与受干扰最小地区相比，物种退化达 75%以上。
- “退化”：鱼类和底栖生物与受干扰最小地区相比，物种退化达 95%以上。表明该地区的鱼类和底栖动物遭受到了一个或多个不良因素的影响。

城市和郊区河流动物群落的重要性

某个特定地区“自然”河流中鱼类和底栖动物种类及其比例都比较稳定。河流改变会改变这些生物群落的组成和状况，影响其相对于未受干扰或“参照”环境条件下的生物完整性。“自然”动物群落组成的生态系统更能抵抗自然和人为干扰，并能够提供一系列生态系统服务（参见本章“自然生态系统服务”）。

指标含义

鱼类底栖动物（包括昆虫、蠕虫、软体动物和甲壳纲动物）状况为自然、中等、退化的城市和郊区河流所占比例。

指标缺陷

现行生物完整性评价方法是将河流与同一地区的参照河流进行比较，但目前缺乏城市和郊区河流中鱼类和底栖动物的相关数据。

讨论

动物群落状况是通过将其与同一地区相对未受干扰河流中动物群落状况的相似度来衡量。伴随河流流域开发，生物群落组成和状况也可能相应发生变化。来自街道、车道、草地、高尔夫球场等的径流污染，径流流经街道路面使水温升高，以及修建渠道和河床变化等都可能导致生物群落退化。一些变化剧烈的河流，其物种数量和个体数量与不受干扰地区相比均有所降低，即使有保留下来的物种，也大多患病或受到损害。

有相似指标描述某些地表覆盖类型的河流中的鱼类和底栖动物情况（参见“淡水动物群落状况：鱼与底栖生物”，第 6 章）。

人均可利用公共开放空间

人均可利用公共开放空间的重要性

美国人喜欢户外娱乐，城市和郊区居民非常重视能够用于野餐、球类运动、游泳、登山、钓鱼、遛狗、亲近自然或进行其他户外活动的公共空间。人均可利用公共开放空间决定了这些场所的使用频率。

人均可利用的公共开放空间

数据缺口

数据不足，无法对大都市人均拥有公共开放空间进行全国性报告。

指标含义

本指标报告大都市地区人均可利用的公共开放空间。开放空间是指大都市中由“自然”表面覆盖的区域（如草地或树林、湖泊、河流、沙滩和湿地等）。具体而言，本指标将报告拥有不同人均可利用开放空间面积大小的大都市所占的比例。

指标缺陷

目前尚未对城市和郊区公众可进入的开放空间开展持续和综合性调查。报告本指标还需要卫星遥感监测、地方税务和土地统计数据。

讨论

本指标重点关注自然或相对未开发的公共区域。在实际计算中，这些区域是指被草地、裸土、树林或其他非铺砌表面覆盖地区，而不包括已铺砌地区（公园内用草铺砌的走道区域除外）。此外，本指标所涉及的区域是指普通公众可进入的区域，包括收费场所（如县属高尔夫球场）。因此公共高尔夫球场甚至一些墓地可归入其中，但农场或乡村俱乐部则不算。注意：即使开放空间数量不变，人口变化也将影响本指标数值。城市和郊区景观面积和组成为本指标提供了城市和郊区景观未开发土地比例数据，但是并没有在未开发土地中区分公众可进入和不可进入的部分。

自然生态系统服务

城市和郊区景观内自然生态系统服务的重要性

自然生态系统服务
指标待建立。

城市和郊区景观中，通常是当生态系统已经发生功能性改变，需要采用技术手段并投入百万美元甚至几十亿美元对其进行修复，人们才会意识到丧失生态系统服务的严重性。尽管城市和郊区景观主要组分是建筑，但其他“自然”组分——树木、牧场、河流、湿地和湖泊等——为已开发地区居民提供了重要服务，这些生态系统服务是这些自然组分所提供的有形和无形效益。例如，同已铺砌路面地区相比，林地可以减少洪水径流；树木可为街道和建筑物降温，从而减少能量消耗，减少城市噪声。自然区域，包括森林、草地和灌木林地、沙滩、湖泊、河流和湿地等，还提供了休闲娱乐活动场所、提升了房产价值并改善了社区环境，同时美化城市。

指标含义

为城市和郊区居民提供生态系统服务，也包括城市和郊区景观以外的陆地或水体产生的效益。

指标缺陷

科学上对于如何评价城市或其他生态系统的服务功能尚无定论。考虑到树木冠层覆盖能够影响空气质量、径流量、房产价值、微气候及城市容貌等，可以监测植被覆盖作为替代的衡量标准。科学家正致力于量化植被覆盖和生态服务质量之间的定量关系，但这种关系模型可能在各区域不尽相同，此外，城市和郊区生态系统的其他组分，如湿地、河流、草地等，同样提供了重要服务，也应该将其包括在内。

讨论

卡兹奇山脉是纽约市的主要水源，但该地区郊区的开发活动却严重影响了水质。为了能提供与开发前水质相同的水，需花费几十亿美元建造过滤系统并且每年花费上百万美元维护其运行。还有另一个例子：公益组织美国森林协会发现丹佛/弗朗特岭地区树木所提供的生态服务等价于价值 44 亿美元的洪水管理系统。

说清不同生态系统组分及其所提供的服务之间关系需要投入大量研究工作。最近美国国家科学基金会长期生态研究网络在巴尔的摩、马里兰和亚利桑那州菲尼克斯建立了研究站，用于城市生态学研究（参见 http：//Iternet.edu/）。这些研究站旨在了解城市和郊区生态系统的运行情况和特征，以及人类和生态系统之间的相互影响。通过对城市和郊区地区的详细研究以及长期观察，将来有可能对生态系统服务进行定量化评估，并说清城市化进程如何改变这些服务。

附录 A　国家生态系统状况项目：历史与设计进程

项目起源

美国每年投入数百万美元用来收集国家森林、农田、草地和沙漠、湖泊、河流、海洋、河口和海岸生态系统以及城市和郊区的环境数据。国家现有环境监测系统由政府机构、公益组织和研究机构历时多年发展形成。然而，很多监测系统的数据标准尚不一致，而且数据的收集工作主要由各机构独立进行。认识到最有效地利用各联邦数据资源解决更多气候问题需要有一个统一的数据标准，白宫科技政策办公室（OSTP）自 20 世纪 90 年代中期开始尝试推进跨机构合作以完善现有监测系统，确定一个统一框架，收集并整理不同来源获得的有效信息，为环境政策决策提供有价值的数据，同时也认识到进行全国性报告的必要性。随后，创立了海因茨中心，并建立一个能够综合全国环境现状和信息的报告体系。表 A.1 中列出过去 10 年中项目主要工作内容。

表 A.1　项目时间表

年份	活动
1997	在 OSTP、基金会、商业团体以及多个联邦政府共同支持下，海因茨中心启动该项目
1997	工程设计委员会及其工作人建立了一个指标选择和监测的总体框架。此框架将全国生态系统分为 6 个主要类型，将完整的生态体系包含的基本生态现象分为 3 个部分，后来为 4 个部分分别阐述，该报告使用后者（参见下文 1992—2002 年，以及第 1 章）
1997—1999	工作组建立了农田、森林，以及海岸和海洋指标。指标设计和改善以及发布数据共包括 6 个基本步骤（后文有详细记述）
1999	发布原始报告，《国家生态系统状况报告设计：农田、森林以及海岸和海洋指标》（*Designing a Report on the State of the Nation's Ecosystems：Selected Indicators for Croplands，Forests，and Coasts & Oceans*）
1999—2002	工作组对淡水、草地、灌木林地以及城市和郊区生态系统制定了指标，并对其他 3 个生态系统的指标进行了完善和更新，将原始框架中的“生态系统状况”分为“化学和物理特征”和“生物组分”，并建立国家核心指标
2002	发布第一份完整的全国性报告，《美国国家生态系统状况：美国土地、水及生物资源监测》（*The State of the Nation's Ecosystems：Measuring the Lands，Waters，and Living Resources of the United States*）
2002—2007	设计委员会和工作组改善已有指标工作重点是建立和改善国家核心指标以及跨生态系统的横向指标，如非本地物种、生态系统服务、景观类型和河川径流等
2003，2005	建立更新指标数据的网站
2006	发布《填充缺口：国家生态系统状况报告，数据需求及管理面临的主要挑战》（*Filling the Gaps：Priority Data Needs and Key Management Challenges for National Reporting on Ecosystem Condition*），此报告对第一份报告中缺失的数据进行了说明
2008	发布了第二份完整的全国性报告，《2008 年美国国家生态系统状况报告》

项目组织和设计原则

创立时，国家生态系统状况项目以合作为原则，设计委员会由美国各行各业派出的代表组成，包括工商业、环境组织、政府和学术机构及其他领域，各个领域对解决环境问题都起到非常重要的作用。在国家生态系统状态报告中所提供的信息坚持科学可信、政治中立和客观。

国家生态系统状态项目的管理机制是：设计委员会牵头，统领全局，统一指导，多个分支委员会联动，技术工作组负责解决生态系统专业或技术问题。（项目小组和参加者详细信息参见前文 vi-xii）。

多年来，设计委员会明确生态系统状况项目中的指标定义和原则。术语“生态系统”反映项目关注的土地、水和生物资源，并非一般“环境”所关注的人类健康、能源使用、资源匮乏以及废物处理等问题。设计委员会重点关注“生态系统类型的整体状况”，而不是针对单个的生态系统。例如，某一个东南地区的杉木林和一个俄勒冈州道格拉斯县的冷杉林，都属于“森林生态系统”。实践表明，森林在很多方面基本相似，而且许多适用于森林的技术、决策和措施并不适用于其他生态系统，如农田。采用这种方法更有利于支持政策制定，因为国家多数情况下都按照资源类别和特质进行管理、监测和调控。

设计委员会建立的五项设计原则

- 关注状况和趋势。反映关于国家生态系统生物、非生物群落的状况和变化趋势。报告重点不针对环境问题产生的原因或环境保护和管理工作，而是描述这些变化产生的最终结果——生态系统状况及其生态服务。
- 紧密联系当前政策。报告的目的是为决策者或舆论导向者提供制定国家生态系统政策的支撑数据，并提供简明且具有战略性和全局性的描述。
- 客观选取和报告持续稳定的指标体系。所选指标具有代表性，能很好地反映国家生态系统状况。尽可能避免政治偏见和个人主观意识，秉持公正和客观原则。
- 所报告的数据符合高质量标准，并能覆盖全国范围。报告基于当前最新的科学数据和信息，并通过严格的同行评议程序。当现有数据无法达到质量标准和覆盖要求时，该指标不进行全国性报告，并说明其数据缺口。

定期更新数据。报告反映的是动态的“持续工作”，而非限定某一时间段的结果。通过定期更新为使用者提供最新数据，同时提供一个将科学进步、国家监督与公共设施报告结合在一起的契机。（当前指标设计需要进一步完善，参见附录四 B）。除报告国家生态系统现状外，还列出“数据缺口”和现有条件下难以收集到的数据，以便在今后报告中不断完善（数据缺口概述，参见附录 C）。

指标建立和完善历程

指标设计、完善到发布的基本程序包含六个步骤（这些步骤在实践过程中有时界限模糊）。

1. 确定主要问题/生态特征。指标工作组和设计委员会对各个分析层面上需要监测的最重要属性或生态特征达成共识（国家生态系统：核心指标以及各类生态系统尺度监测指标）。在某种程度上，这个步骤最为重要。

2. 确定指标衡量因子。来自四个范畴领域的代表组成技术小组，对可实施监测的生态系统尺度和局部区域尺度的指标衡量因子进行审核，确定哪些可纳入国家级全国性监测。确定指标度量因子的步骤包括：确定主题，阐明选择该主题的推理过程，确定度量单位，制定国家层面的数据收集方法，以及检查指标数据获取的可行性。上述过程中，技术小组重在选择和设计最重要的监测指标，不考虑其数据的可获取性。针对无法准确定义的指标，工作组将其列为“需要进一步完善的指标”。

3. 数据获取和分析。项目的工作人员和设计委员会建立了一套严格的技术标准：为有效评价和选取数据。

- 数据质量：数据符合实际情况，不存在明显的误差和错误。数据质量通过项目参与者的专业知识，结合数据集管理人员提供的信息来进行评估；项目也会对具体数据集进行分析。
- 数据覆盖范围：数据集应针对所讨论的资源和主题提供充分的信息问题。为满足此标准，数据集须保证覆盖地理范围的完整性（如基于卫星监测的数据集），以及抽样组成具有代表性，能够合理精确反映整体情况。在实际情况下，即要求数据集覆盖大多数州或是相关生态系统重要组成。显然，很多高质量数据无法满足该标准。例如，针对不同州和研究机构收集的相关数据，在统一汇总和检查数据收集方法的兼容性之前，实际上无法进行常规性的全国性报告，也未纳入本报告。
- 持续数据收集：保持收集数据的连续性，在条件允许情况下定期重复监测。虽然，所有监测和报告项目都随着资金和需求变化，但若形成报告机制则显然不同于一次性研究。单次研究工作能够取得重要突破，并为未来评估提供一个可比较基准。但是，除非形成常态工作机制，否则将无法实现国家定期报告的目标。

通过上述标准，确定了大批高质量、全国性且具有良好延续性的数据集。但是，无可避免，并非所有指标都有完整的数据集。如果指标被纳入报告体系但目前缺少数据，则被标注为数据缺口，说明全国性报告数据不足。附录 C 概括了自 2002 年以来，指标数据获取情况的变化，同时总结目前存在的数据缺口和未来优先工作。

当改进现有指标时，为保持指标体系科学严谨和延续统一，海因茨中心采用了与之前相同的基本原则。

指标优化工作一般由技术小组或是数据提供者完成，由项目指标优化附属委员会和/或设计委员会监督审核。

《2008年美国国家生态系统状况报告》更多采用统计分析方法来评估数据随时间的变化趋势。即计算皮尔逊积差相关系数，只有当线性相关系数“r”统计显著时（p=0.05），该变化才认定为是“增加”或“减少”趋势。为得到真实趋势，而不是数据变化，必须对整个数据集进行分析，除了证明确实存在明显的多年变化，还需对所有数据认真检查，防止填报错误。

一直以来，国家生态系统状况项目所用数据，都是通过实地监测项目而非计算机模拟获得。《2008年美国国家生态系统状况报告》开始强调所有已有数据的质量、相关性和可信度，不再限制数据来源类型。即便是针对传统地面监测指标，也认可其数据集中包含的统计和模拟计算数据，此外更建议增加了地面监测无法获取的指标数据集（如土壤碳），这类指标的数据主要是通过模型模拟得到。

4．报告方案准备。工作人员与设计委员会及多个工作组协商后，准备指标报告方案，可提出数据图表设计数据描述和分析方法等技术说明。

5．同行评审。中心将超过400份的方案报告复印件分发给现任和往届委员会成员，数据提供者和在参与指标设计的技术人员，对此项目感兴趣的人及组织或者参加过类似工作的人，大部分联邦机构内部成员，以及参加者特别推荐的评估人员，此外，另有超过12位的“目标评审员”。在理想状况下，这些人来自四个不同领域，分别针对方案的某一章节并进行评论，保证每一章都得到仔细审议。最终，通过评审的方案在项目网站发布并电子邮件通知超过300人。

《2008年美国国家生态系统状况报告》，共收到至少79份评审意见，由于很多机构寄回的评审意见包含多个评审人员的建议和反馈，因此实际参与报告评审的人数多于79人。总体而言，一半评论来自政府与科学家，1/4来自学术团体，其余大部分来自非营利机构和个人。

中心工作人员将所有的评论归为几类。对于编辑类相关意见，在复审文字和图片时予与处理。对于实质性评论，工作人员将试着在现有文档范围内给予回复，无法回复的进行标注，以便在项目后期工作中寻求新的方案。对于需要及时关注的评论，工作人员首先进行初步回应。随后，这些初步回应会由负责项目监督的工作小组修订和审批，一般为指标优化附属委员会或是设计委员会。此外，还有一个起草资料的技术小组负责复审，对回复意见进行审核，但是，批准回复的最终决定权在项目监督小组。

6．编制报告。结合外部同行议评的修改建议和工程监督委员会的批准，最终完成报告编制。

附录 B　2002 年以来指标改进以及未来研究需求

2008 年指标：指标体系改进

实施国家生态系统状况项目的目的是要适应科技发展和更新监测数据。《2002 年美国国家生态系统状况报告》旨在为反映生态系统状况而确定在当时条件下可行的最佳指标，并非最终定本。因此，随着时间变化对指标不断进行完善和更新能够保障我们在此给出的指标度量因子能够准确地反映生态系统基本属性、生态系统结构和功能，并及时报告最新且有价值的数据。

海因茨中心与项目设计委员会、指标优化附属委员会和工作组以及数据提供者协同合作，提出新指标。我们赞许并感激这些委员会成员和其他参与者所作的卓越贡献。

这个报告包含 108 个指标，其中有 6 个指标《2002 年美国国家生态系统状况报告》中未提及，本书新增指标（表 B.1）中还有 57 个虽然包含在《2002 年美国国家生态系统状况报告》中，但已被重新设计（表 B.2）或优化（表 B.3）。重新设计是重新定义指标概念，采用新的度量因子，优化指标包括改进现有度量因子的计算方法，更新指标数据，发展新的指标。

表 B.1　2008 年报告中的新增指标*

指标	指标改进专题研讨会
国家核心指标工作组	
碳储量	碳储量报告研讨会
河流流量变化	河流工作组
已定殖的非本地物种	非本地物种工作组
海岸和海洋	
海岸格局	海岸格局工作组
淡水	
河流连通性	景观格局工作组
淡水酸度	空气质量工作组

项目设计委员会确定了改进指标的首要工作：完善和凝练国家核心指标，统一不同生态系统中对相似（或相同）生态现象描述方式，确定指标准确定义。

* 《2002 年美国国家生态系统状况报告》中共有 103 个指标，包括“变更的河川径流”作为淡水指标。但是该指标由新的国家核心指标“河流流量变化”替代。因此，虽然新增 6 个指标，但从指标体系整体来看只增加 5 个。

表B.2 自2002年以来重新设计的指标

指标	促进指标发展的团体/研讨会	2002年未被定义
国家核心指标		
“自然”景观格局	景观格局工作组	■
农田		
耕地与住宅的接近性	景观格局工作组	
农田景观中的自然地块	景观格局工作组	
河流生境质量	淡水工作组	■
农田景观中定殖的非本地植被	非本地物种工作组	■
森林		
森林景观格局	景观格局工作组	
淡水		
河流生境质量	淡水工作组	■
草地和灌木林地		
草地和灌木林地景观格局	景观格局工作组	
城市和郊区景观		
低密度郊区和乡村地区的住房密度变化	景观格局工作组	■
城市和郊区景观中“自然”土地	景观格局工作组	

表B.3 自2002年以来经修改的指标

指标	增加新的度量因子	改变度量因子估算方法	覆盖区域扩大	修改但是指标仍未被定义
国家核心指标				
生态系统分布	■			
氮素的迁移	■			
化学污染物	■	■		
濒临灭绝的本地物种	■		■	
本地物种组成				■
植物生长指数		■	■	
自然生态系统服务				■
海岸和海洋				
缺氧区域		■		
海洋表面温度		■		
主要河口区域定殖的非本地物种				■
有害藻类事件				■
叶绿素浓度		■		
重要经济鱼群的状况		■		
农田				
总耕地		■	■	
农田景观		■		
农田河流和地下水中的硝酸盐			■	
农田河流中的磷			■	

续表

指标	增加新的度量因子	改变度量因子估算方法	覆盖区域扩大	修改但是指标仍未被定义
土壤有机质	■			
农田河流和地下水中的杀虫剂		■		
农业投入与产出		■		
森林				
森林面积及所有权			■	
森林类型			■	
森林管理类型			■	
森林河流中的硝酸盐			■	
碳储量			■	
濒临灭绝的本地森林物种	■		■	
林龄			■	
森林扰动：火灾、虫害和病害		■		
木材采伐			■	
木材生长和采伐			■	
淡水				
淡水生态系统分布		■		
变更的淡水生态系统		■		
湖泊、水库、大型河流中的磷		■		
濒临灭绝的本地淡水物种	■		■	
定殖的非本地淡水物种	■	■		
淡水动物群落状况：鱼与底栖生物		■	■	
濒临灭绝的淡水植物群落		■	■	
草地和灌木林地				
草地和灌木林地面积		■		
草地和灌木林地溪流和河流枯水期数量和持续时间		■		
濒临灭绝的本地草地和灌木林地物种	■		■	
草地和灌木林地中定殖的非本地物种		■		
城市和郊区景观				
城市和郊区景观的面积及组成	■	■	■	
城市和郊区河流的硝酸盐			■	
城市和郊区河流的磷			■	
城市和郊区的空气质量	■			
化学污染物		■		
自然生态系统服务				■

国家核心指标

国家核心指标单独作为最重要的一组指标集合，将全国生态系统作为一个整体，总体描述其状况和利用情况。为使国家核心指标组合更加全面，加入了碳储存、径流变化和非本地物种等指标，同时对其他已有国家核心指标进行了重新设计或优化。景观格局工作组提出自然景观格局的指标，填补了《2002 年美国国家生态系统状况报告》的空缺。生物群落状况工作组，尝试优化《2002 年美国国家生态系统状况报告》中植物和动物群落状况指标，但是该项工作尚未完成；对本地物种组成指标进行了重新定义，但是仍需进一步研究。在空气质量工作组协助下，对化学污染核心指标进行扩展，增加空气质量评价。我们还针对两个指标增加了新度量因子：在本地濒危物种指标中，增加对本地濒危物种数量趋势的追踪和度量，对生态系统分布指标，新增描述不同生态系统之间土地利用转换，以及稀有群落面积总增量/减量的度量因子。

跨生态系统的一致性

针对跨生态系统类型的各单项指标，主要进行了两项工作。景观格局工作组从整个格局指标体系层面进行指标优化，新建了两个新指标，即海岸区域格局（由海岸格局工作组协助）和河流连通性（淡水），为之前没有定义的两个指标做出定义（包括国家核心指标，“自然”景观格局，以及城市和郊区景观章节的郊区和农村地区住房密度变化），并对其他指标更新或改进的数据进行确认。这些改进为在全国尺度描述景观类型的转变提供了基础，并让我们更好地理解不同生态系统和土地利用类型交叉究竟如何影响生态系统服务。

非本地物种工作组对报告中非本地物种指标进行了评审和优化，提出一个新的国家核心指标“定殖的非本地物种”。工作组分别从生态系统和分类学角度，审核非本地物种指标并针对每一类生态系统制定度量因子。目前，指标仅针对生态系统类型中已定殖的非本地物种。

附加修改工作

增加描述空气污染的新指标和度量因子，用于反映空气污染对人类健康和生态系统的影响。空气质量小组设计了四个新的度量因子：地表臭氧和大气颗粒物，国家核心化学污染物指标中新增的生物群落中化学污染，国家核心指标氮素的迁移中新增海岸水域中大气氮沉降。小组还设计一个新的淡水指标——淡水酸度，用以描述大气中的氮和硫酸盐沉降以及河流的酸中和能力。

报告中的碳指标也被优化，增加了与当今时事政治相关的数据。如前面提到的，新增一个国家核心指标（碳储量），报告碳储存总量和地表水体单位面积含碳量（碳密度）变化信息，以及与工业化前相比大气中二氧化碳和甲烷的浓度变化。与《2002 年美国国家生态系统状况报告》相比，《2008 年美国国家生态系统状况报告》更多在区域尺度反映森林碳储量情况。

中心还与数据提供者和指标优化附属委员会合作，以期对更多指标进行区域尺度报告。《2008 年美国国家生态系统状况报告》新增了大量地图，为了方便读者易于比较不同指标的区域尺度数据，对不同指标的报告区域进行了统一，使用相近边界（参见附录 D）。

未建立指标的研究进展

过去六年，中心围绕《2002 年美国国家生态系统状况报告》中未被定义的指标召开多次研讨会和工作组会议，包括植物和动物群落状况（现为本地物种组成，属于国家核心指标）、自然生态系统服务（国家核心指标）以及有害赤潮（现为有害藻类事件，在海岸和海洋一栏）。由于这些指标研究属科学前沿，能够用于验证度量因子的国家级数据较少，研究难度大。这些会议在关键问题上取得了显著进展，提出了解决方案，但指标研究还需深入。

表 B.4　需发展的指标
国家核心指标
生物组分
自然生态系统服务
海岸和海洋
海岸格局
主要河口区域定殖的非本地物种
有害藻类事件
农田
农田地区动物物种状况
森林
火灾频率
草地和灌木林地
火灾频率
河岸带状况
城市和郊区景观
河岸植被
城市热岛
自然生态系统服务
注释：这些指标中部分被列为“新的”或是“改进的”，但是尚未被完整定义。

未来需求

自 2002 年以来，2008 年报告指标中有 40%以上未被重新设计或改进（表 B.1-B.3 中未列出的指标）。其中有些指标缺少数据，有些指标中心没有时间或资源来修改，其余指标沿用 2002 年定义，用最新数据进行更新。

面向未来《国家生态系统状况》报告，仍需要深入开展指标研究工作，构建完整指标体系。在《2008 年美国国家生态系统状况报告》中，有 12 个指标被列为需要发展（参见表 B.4）。另外应保证指标报告体现最新的科学进步成果，满足决策者和公众日益增长的需求。

主要研究需求

以下是在准备《2008 年美国国家生态系统状况报告》时，报告改进过程中出现的争议和问题。表 B.4 列出了一系列的“下一代”改进工作。有些问题（如城市热岛），如果时间和资料充足，技术专家可以努力解决。其他如诸多指标对气候和其他生态系统驱动因素的敏感度等问题，则需要更广泛的研究。

- 指标对气候变化和其他生态系统变化驱动因素的敏感度评估。《2008 年美国国家生态系统状态报告》包含了与气候变化生态影响相关的指标集合。但是，为了明确我们在监测、报告重点区域和国家尺度变化时的薄弱环节，需要研究指标集合对全球变化因素的敏感度。
- 指标发展：城市热岛。项目城市与郊区景观联系小组，提出城市热岛影响指标需求，以城市及其周围处于发展阶段的农村地区的温差为参数，描述城市土地利用与气候的互相作用。为制订测算的度量因子和方法，需要首先解决温度监测技术（地面监测和大气监测）和城市地区识别方法（人口密度监测法和夜卫星监测法）。
- 在资源利用指标中考虑可持续性：食物，纤维和水资源。报告中有一些指标反映的是这些重要资源的是否可持续利用（如鱼群状况；森林树木采伐与生长），但仍需加强评估资源利用可持续性。
- 污染指标评估。现有的污染处理方法复杂，一方面是由于不同环境中存在大量不同类型污染物；另一方面，污染物检测和污染物浓度与标准浓度的比较同样重要。应分别针对不同媒介（水，空气，沉积物，生物群落）制定指标体系并改进报告框架。
- 营养物和地下水的数据调整。过去几年，营养物数据监测方法得以改进。地质调查局（USGS）国家水质评价（NAWQA）项目已进入了一个新的阶段，为《2002 年美国国家生态系统状态报告》和《2008 年美国国家生态系统状态报告》提供了部分数据，但是对监测站点进行抽样获取的数据只占少数，更多的是通过模拟得到营养物浓度。美国国家环境保护局（EPA）最近发布了部分营养物数据可用于涉水通过河流评估。需要进一步建立具备时间和空间敏感性，并能针对不同生态系统类型进行报告的技术方法。
- 指标发展：火灾频率。尽管针对火灾对群落组成、野生物种种群和土壤养分的生态影响已有广泛研究，但是，还没有建立能够反映全国火灾频率、严重度和强度趋势的通用指数。需要确定一套合理的度量因子，不仅报告火灾频率，还能追踪火灾强度、范围和季节性特征。森林生态系统及草地和灌木林地生态系统，都需要火灾频率指标。
- 指标发展：有害藻类事件。中心最初在一次研讨会上就此议题取得初步进展，《2008 年美国国家生态系统状态报告》呼吁制定一个能够反映河口地带、海岸线 200 里范围内水域，以及五大湖中轻度、中度、重度有害藻类事件的次数。需要通过综合多个度量因子，分别从不同侧面度量藻类事件严重程度，建立能够划分有害藻类事件严重程度的综合指数。

- 指标发展：本地物种组成。《2008 年美国国家生态系统状态报告》呼吁制定一个能够描述本地植物和动物物种组成的指标，即一个地区观测到的物种和预期物种组成的比值（即假设该地区未受干扰，管理，或物理改变）。需通过各种各样涉及不同类型种群和地区的数据集，测试备选度量因子，并评估该度量因子的敏感度。
- 指标发展：人工生态系统中的本地物种。《2008 年美国国家生态系统状态报告》呼吁制定两个能够描述在人类主导系统中（农田、城市和郊区地区）本地物种状况的指标。对于农田，指标需能够说明农田景观中两类物种的状况，包括适应农耕前景观的物种和适应（或能够忍耐）农业主导景观的物种。城市和郊区指标定义明确，却常面临大量的数据限制，因此需要重新修订定义。
- 指标发展：海岸区域景观格局。《2008 年美国国家生态系统状态报告》呼吁制订一个能够综合反映海岸区域自然和非自然景观（或海景）特征的指标。通过两个研讨会的努力，《2008 年美国国家生态系统状态报告》填补了这个预留空缺内容，提出了多个备选指标设计方案，但需通过全国各地研究小组进行测试。
- 指标发展：景观格局指标附加研究《2008 年美国国家生态系统状态报告》包含许多经过彻底修改或全新的景观格局指标。但是，仍有附加问题需进一步探究，包括（a）修改后的指标旨在描述农田景观和城市和郊区景观中保留的自然景观（考虑到在这些修改中小尺度的异质性非常重要，但很可能被忽略），（b）确定景观格局指标对道路足够敏感，（c）反映远郊发展状况，（d）反映城市居民与开阔空间的邻近性。
- 指标发展：河岸带状况。目前，尽管研究人员已经初步确立一些方法，但是针对河岸状况还没有充分建立被广泛认可的单项监测标准。还需要综合考虑水文学（如与自然河流模式的关系）、地形学（如河流沉淀迁移）以及生物学（如冠层覆盖度）等多方面因素，选取度量因子并进行测试和评价，建立一个反映整体状况的综合指数。
- MODIS-LANDSAT 卫星比较。在《2008 年美国国家生态系统状态报告》中土地覆盖数据极其重要，至今，报告仍以国家土地覆盖数据（NLCD）作为唯一数据源。该高分辨率（30m）国家地图绘制非常耗时，现在可提供两个时间点（1992 年和 2001 年）数据，但未将两者进行比较。MODIS 平台土地覆盖数据分辨率更低（250m），但能够保证定期绘制国家地图，且数据可比较。需要针对报告中研究范围和景观格局的度量因子进行比较，确认 MODIS 数据是否适用。如果指标结果值差异很大，最好进行敏感度分析，明确在使用不同数据源计算的空间分辨率。

附录C 自2002年以来的数据获取情况变化和数据缺口

国家生态系统状况项目已形成持续更新机制，报告只包含可进行全国性报告的指标数据。本附录将《2008年美国国家生态系统状况报告》中的数据获取情况同《2002年美国国家生态系统状况报告》进行了比较。《2008年美国国家生态系统状况报告》中数据入选标准见附录A。

数据获取情况变化

《2008年美国国家生态系统状况报告》的108项指标中，其中68项（63%）数据充足可进行全国性报告，与2002年58项指标相比有所增长。此外，趋势分析指标数量从2002年的31项增加到了41项，包含与参考数据对比的指标数量（例如，将水域中氮浓度与饮用水含量标准对比）从14项*增加到20项。（参见表C.1）

表C.1 数据获取情况变化总结，2002—2008年

<table>
<tr><th rowspan="2">数据获取情况</th><th colspan="3">2002年</th><th colspan="3">2008年</th></tr>
<tr><th>%</th><th colspan="2">数量</th><th>%</th><th colspan="2">数量</th></tr>
<tr><td>完整数据</td><td>32</td><td>33</td><td rowspan="2">58</td><td>33</td><td>36</td><td rowspan="2">68</td></tr>
<tr><td>部分数据</td><td>24</td><td>25</td><td>30</td><td>32</td></tr>
<tr><td>数据不足</td><td>30</td><td colspan="2">31</td><td>26</td><td colspan="2">28</td></tr>
<tr><td>未定义指标</td><td>14</td><td colspan="2">14</td><td>11</td><td colspan="2">12</td></tr>
<tr><td>所有指标</td><td>100</td><td colspan="2">103</td><td>100</td><td colspan="2">108</td></tr>
<tr><td>趋势指标</td><td colspan="3">31</td><td colspan="3">41</td></tr>
<tr><td>参考数据对比指标</td><td colspan="3">14</td><td colspan="3">20</td></tr>
<tr><td>仅包含当前数据指标</td><td colspan="3">16</td><td colspan="3">27</td></tr>
</table>

在《2008年美国国家生态系统状况报告》68项数据充足的指标中，有36项包含全部所需数据，其余32项均有数据缺口（参见表C.2）。这些缺口可能是区域性（部分地区而非全国范围可获取数据）或局部性（只包括指标的部分度量因子而非全部度量因子的数据）；第2~8章的指标总结表有相关描述。

六项新指标中的三项——碳储量（国家核心）、河流流量变化（国家核心）、淡水酸度——

* 因为对三项指标分类错误，2002年报告的该数字为11。

具备完整数据或部分数据。《2002年美国国家生态系统状况报告》发布后，对12项指标增加了新数据，并更新了其数据状态（数据达不到全国性报告要求的指标，可能已经更新为部分或完整数据，或2002年拥有部分数据的指标，具备了所需完整数据且已重新分类）。对于增加了新数据但仍然存在缺口的指标，仍为“部分数据”指标。

动物死亡与畸形（淡水）和人类疾病水传播（淡水）两项指标数据被撤回，原因是其数据质量不一致。针对上述两种情况我们都咨询相关数据管理员后认定这些零散报告的数据不应被列入《2002年美国国家生态系统状况报告》。4项原本已被列为具备完整数据的指标，由于指标重新设计引入了新的度量因子，由于缺少新增度量因子数据，又重新被归为部分数据指标，存在“数据缺口”。

《2008年美国国家生态系统状况报告》新增数据包括最新监测数据、《2002年美国国家生态系统状况报告》中未整合或质量检查不合格的数据，以及由于指标改进后首次添加的数据。例如：

- 美国国家环境保护局（EPA）发布的可涉水通过的河流评估更新三项指标数据：河流生境质量（淡水）、淡水动物群落状况，以及新增淡水酸度指标。
- 基于2001年国家土地覆盖数据，城市和郊区景观指标中首次增加不透水下垫面总面积数据。
- 按照最近实施严格质量保证/质量控制（QA/QC）措施，对美国国家海洋和大气管理局国家状况和趋势项目检测结果显示，贝类监测数据达到报告要求的数据质量标准，使得鱼类和贝类某些特定污染物（海岸和海洋）数据入选。
- 公益自然组织开展的河岸群落评估工作使报告所有淡水植物群落濒临灭绝的风险等级成为可能。公益自然组织提供了最新种群趋势数据，即本地濒临灭绝物种、本地濒临灭绝森林物种、本地濒临灭绝淡水物种以及本地濒临灭绝草地和灌木林地物种，旨在反映有关濒临灭绝物种种群变化的信息。
- 美国农业部林务局和环境保护局的跨机构工作组（USDA Forest Service and the Environmental Protection Agency interagency team）为指标扩展所作努力和分析，促进了多源分辨率数据广泛应用于景观格局指标。

联邦政府机构新增的地理抽样点使几个指标报告的地理范围得以扩展。例如：

- 1998—2001年，美国地质调查局国家水质评价项目（NAWQA）在至少15个主要河流流域进行了抽样监测，使得本报告包括51条主要河流流域的河流硝酸盐、磷浓度以及污染物等相关数据，而《2002年美国国家生态系统状况报告》仅包含了36条。
- 基于国家海岸评估跨机构工作组[①]最近的工作，将底栖动物状况和海底沉积物的污染状况报告区域扩展到波多黎各和太平洋沿岸。

① 美国国家环境保护局是该项工作的领导机构。

填补数据缺口

《2002 年美国国家生态系统状况报告》公布后，海因茨中心及其合作者明确 2002 年的数据缺口，制定了填补各类数据缺口的技术方案，并与相关监测部门合作对填补缺口资金进行了概算。《填充缺口》[①]中对这些建议进行了总结，并明确了需要优先落实建议所需资金。《2008 年美国国家生态系统状况报告》仍然存在许多数据缺口，而解决这一问题也将是项目未来发展的重要方面。

① 海因茨中心 2006 年，填充缺口：国家生态系统状况优先数据需求和关键管理挑战，华盛顿（特区）。http：//www.heinzctr.org/publications.shtml。

表 C.2　根据数据获取划分的指标

具备全部所需数据的指标	具备部分数据的指标
国家核心指标	国家核心指标
• “自然”景观格局	• 生态系统分布
• 河流流量变化	• 氮素的迁移
• 食物和纤维的生产以及水的供应	• 碳储量
海岸和海洋	• 化学污染物
• 海洋表面温度	• 濒临灭绝的本地物种
• 鱼类和贝类商业渔获量	• 植物生长指数
农田	• 户外休闲娱乐活动
• 总耕地	海岸和海洋
• 农田景观	• 海岸生物生境
• 农田景观中的自然地块	• 海岸线类型
• 农田河流和地下水中的硝酸盐	• 缺氧区域
• 农田河流中的磷	• 海底沉积物的污染
• 农田河流和地下水中的杀虫剂	• 海洋生物异常死亡
• 潜在土壤侵蚀	• 底栖动物状况
• 主要农作物产量	• 叶绿素浓度
• 农业投入与产出	• 重要经济鱼群的状况
• 农产品的货币价值	• 鱼类和贝类中部分污染物
森林	森林
• 森林面积和所有权	• 碳储量
• 森林类型	• 濒临灭绝的本地森林物种
• 森林管理类型	• 林龄
• 森林景观格局	• 森林扰动：火灾，虫害和病害
• 森林河流中的硝酸盐	淡水
• 木材采伐	• 淡水生态系统分布
• 木材生长和采伐	• 变更的淡水生态系统
• 森林休闲娱乐活动	• 湖泊、水库、大型河流中的磷
淡水	• 淡水酸度
•濒临灭绝的淡水植物群落	• 河流生境质量
• 淡水利用	• 濒临灭绝的本地淡水物种
草地和灌木林地	• 定殖的非本地淡水物种
• 草地和灌木林地面积	• 淡水动物群落的状况：鱼与底栖生物
• 草地和灌木林地景观格局	草地和灌木林地
• 草地和灌木林地溪流和河流枯水期数量及持续时间	• 草地和灌木林地的土地利用
• 入侵和非入侵鸟类的种群趋势	• 濒临灭绝的本地草地和灌木林地物种
• 牛群放牧	城市和郊区景观
城市和郊区景观	• 生物组分
• 城市和郊区景观面积及组成	• 化学污染物
• 不透水下垫面总面积	
• 低密度郊区和乡村地区的住房密度变化	
• 城市和郊区景观中“自然”土地	
• 城市和郊区河流的硝酸盐	
• 城市和郊区河流的磷	

续表

数据不符合国家报告的指标	需要继续改进的指标
国家核心指标 ● 定殖的非本地物种 海岸和海洋 ● 海岸侵蚀 ● 濒临灭绝的本地海洋物种 ● 休闲娱乐用水水质 农田 ● 耕地与住宅的接近性 ● 土壤有机质 ● 土壤盐分 ● 河流生境质量 ● 农田景观中定殖的非本地植被 ● 土壤生物状况 ● 农田休闲娱乐活动 森林 ● 森林中定殖的非本地植被 ● 面积显著减少的森林群落类型 淡水 ● 河流连通性 ● 淡水水体透明度 ● 动物死亡和畸形 ● 地下水水位 ● 人类水传播疾病暴发 ● 淡水休闲娱乐活动 草地和灌木林地 ● 草地和灌木林地地下水的硝酸盐 ● 碳储量 ● 浅层地下水埋深 ● 草地和灌木林地中定殖的非本地植被 ● 草地和灌木林地的休闲娱乐活动 城市和郊区景观 ● 生物组分 ● 破坏性物种 ● 城市和郊区河流中动物群落状况 ● 人均可利用公共开放空间	国家核心指标 ● 本地物种组成 ● 自然生态系统服务 海岸和海洋 ● 海岸格局 ●主要河口区域定殖的非本地物种 ● 有害藻类事件 农田 ● 农田地区动物物种状况 森林 ● 火灾频率 草地和灌木林地 ● 火灾频率 ● 河岸带状况 城市和郊区景观 ● 河岸植被 ● 城市热岛 ● 自然生态系统服务

附录 D　报告中用到的地区地图

《2008 年美国国家生态系统状况报告》中指标包括国家尺度和地区尺度数据。报告依据数据来源和指标类型，针对不同指标采用不同的区域划分标准，其中某些地区根据州界划分，其他则按照土地利用、气候和植被等生态属性划分。

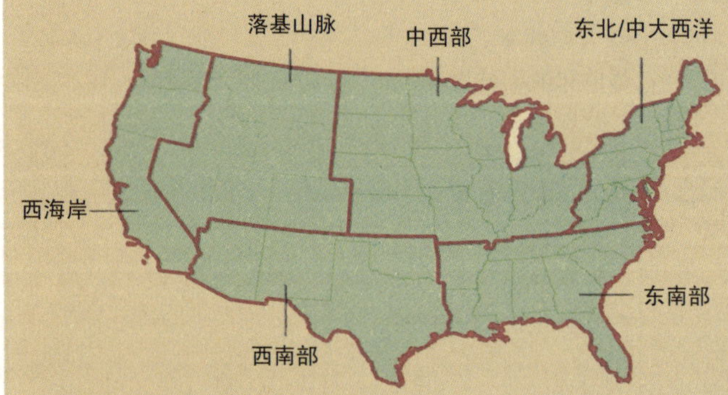

本地图适用于以下指标：

- 国家核心指标：“自然”景观格局、食物和纤维的生产及水的供应
- 农田：农田景观、农田景观自然地块
- 草地和灌木林地：草地和灌木林地景观格局
- 城市和郊区：城市和郊区景观面积及组成、不透水下垫面总面积、低密度郊区和乡村地区的住房密度变化，城市和郊区景观中自然地块

此处展示的是海因茨中心依据州界进行的区域划分。对于各选取指标，以上六大区域的数据集由各州层面的数据集成而得。此处列出指标数据仅适用于美国本土 48 个州。

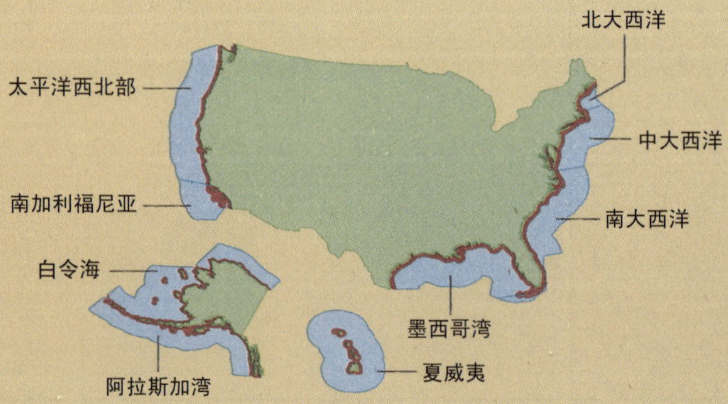

本地图适用于以下指标：

- 海岸和海洋：海岸线类型、海洋表面温度、底栖动物状况、叶绿素浓度、鱼类和贝类的商业捕获量、重要经济鱼群状况

地图符合美国国家海洋和大气管理局和环境保护局的机构报告要求，并且符合依照 101～593 号公共法为海洋区域研究划定的区域结构。

覆盖范围：所有沿海州；一些指标包括关岛、美属萨摩亚、波多黎各和美属维尔京群岛（更多细节参见各指标）。对于某些指标，在报告时进行了区域合并或对特定区域进行了标注强调。

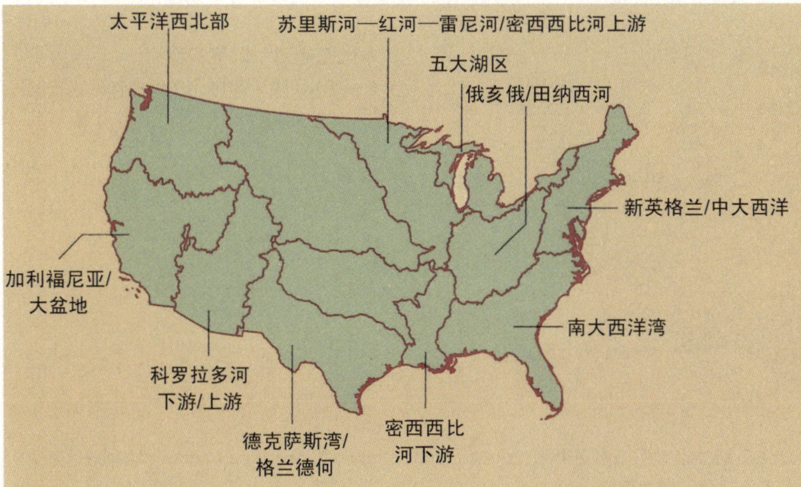

本地图适用于以下指标：

- 农田：总耕地

本地图主要依据由美国农业部自然资源保护局开展的自然资源清查所界定的主要河流盆地绘制。

注释：总耕地指标覆盖范围仅适用于美国本土 48 个州，不包括夏威夷和阿拉斯加。

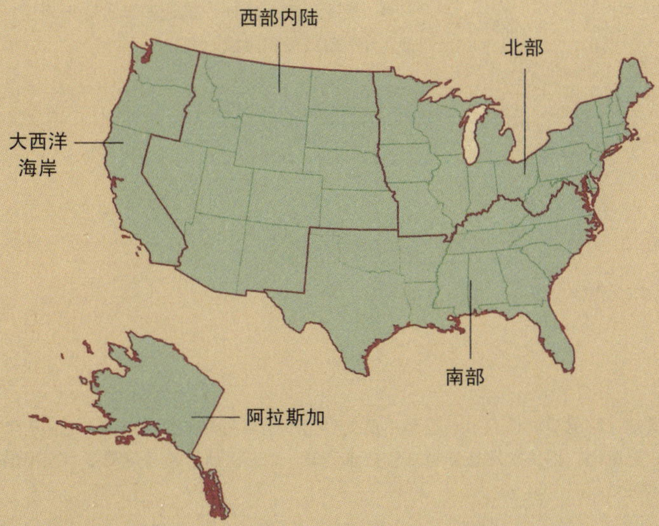

本地图适用于以下指标：

- 森林：森林面积及所有权、森林类型、森林管理类型、森林景观格局、碳储量、林龄、木材采伐、木材采伐和生长。

森林 1 章提到的地区，按美国农业部林务局开展的森林资源调查与分析项目要求进行界定。

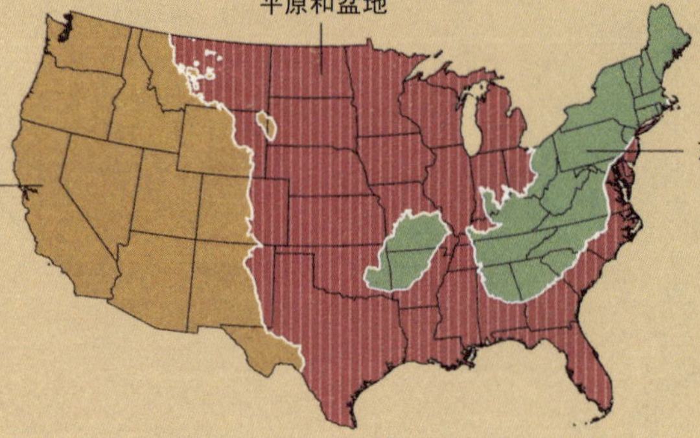

本地图适用于以下指标：

- 淡水：淡水酸度、淡水动物群落状况。

该地图区域性定义依据是 Omernik 提出的三级生态地区（参见 http：//nationalatlas.gov/mld/ecoomrp.html）。这些地区定义同美国国家环境保护局、可涉水通过的河流评估采用的保持一致。

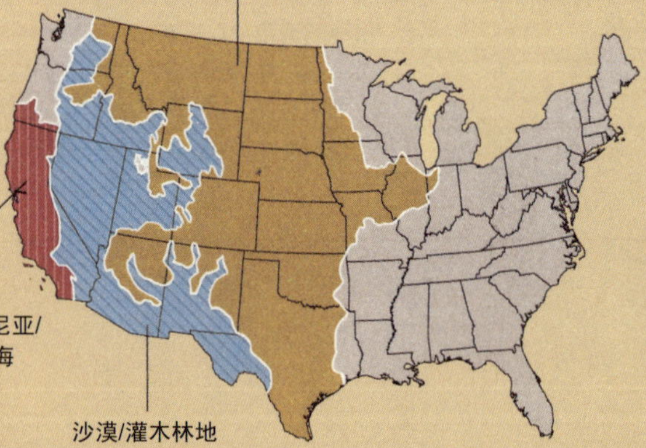

本地图适用于以下指标：

- 草地和灌木林地：草地和灌木林地河流枯水期数量和持续时间。

区域划分依据是美国农业部和美国森林服务生态区划（称做贝利体系）。注释：此处列出的区域划分未包括美国本土 48 个州的全部草地和灌木林地。例如，上图中不包括东部草地，相关指标报告也未包括该区域。地图上所示覆盖区域中有些不是草地或灌木林地，在指标分析时仅针对草地和灌木林地。

技术说明

本节包括第2～8章所有指标的技术说明。首先介绍为各类指标提供数据的相关监测项目，随后分别介绍每章的指标（即第2～8章）。每一节的技术说明都与相关章节的指标排列顺序一致。更多详细技术说明信息可参见 http：//www.heinzcenter.org/ecosystems。

美国国家环境保护局国家海岸评估项目介绍

数据在以下指标中引用：

- 国家核心指标　化学污染物（河口沉积物、咸水鱼组织）；
- 海岸和海洋　海底沉积物中的污染、底栖动物状况。

项目描述

美国国家环境保护局国家海岸评估项目对国家海岸资源的物理、化学和生物状况进行综合监测。1990—1997年，由美国国家环境保护局、国家海洋和大气管理局、美国地质调查局、沿海各州及学术机构共同实施的环境监测和评估项目，对美国河口生态状况进行了监测（http：//www.epa.gov/emap/）。2000年，EMPA扩展成一系列国家级调查（国家海岸评估），范围包括全国沿海各州和波多黎各（USEPA，2000a）。

数据采集方法

有关河口沉积物中污染物、鱼类贝类组织及海底状况的抽样和分析方法描述发布在 http：//www.epa.gov/emap/nca/html/docs/c2kfm.pdf。针对切萨皮克湾，部分数据来源于国家海洋和大气管理局国家状况与发展趋势项目中的沉积物调查研究（EPA-842/B-06-001）和切萨皮克湾项目。（注意：NCA有关叶绿素和溶解氧数据不能满足本报告相关指标要求。）查看NCA河口沉积物和鱼类贝类组织污染分析物完整列表，可登录网址 http：//www.epa.gov/emap/nca/html/data/analyte.txt。

时间/地理范围

1998—2002年，对河口沉积物进行抽样检测，1999—2002年，对鱼类贝类组织及底栖动物状况进行抽样检测。所有采样点选择均基于随机抽样，采用数据外推法获取本土48个州中的21个沿海州、夏威夷、波多黎各和阿拉斯加中南部的河口资源数据。除阿拉巴马和马里兰，NCA每年都要随机选择新的采样地点进行考察，阿拉巴马和马里兰最初选择的采样点（沉积物和海底取样）后来被替换。切萨皮克湾（包括一些辅助数据）、康涅狄格州、夏威夷或波多黎各缺少鱼类污染物数据。

数据分析

沉积物和鱼类污染物检测：

通过分析沉积物和鱼类组织的样品数据，得到污染物含量超标，河口沉积物所占面积比例以及鱼组织样本所占比例，河口沉积物出现微量元素属正常现象，因此检测分析不包括微量元素。检测分析包括全部鱼类组织。

沉积物和鱼类超标判定标准：

通过将实测污染物浓度与水生生物保护（沉积物）和人类健康（鱼类）标准的上限和下限进行比较，可确定污染物超标的河口面积和鱼类样本所占比例。

少数抽样样本会高于高标准浓度值，或者超过低标准浓度值。超过低标准值的样本更多，因此以低标准值作为判别准则的方法更为严谨。值得注意的是很多NCA监测的污染物并无确定的标准（参见表1）或一系列考虑不同类型或可能影响的标准值。河口沉积物水生生物标准（或称作沉积物质量准则）是由NOAA国家状况与趋势项目（具体标准值列表可访问网址 http：//response. restoration.noaa.gov/

译者：张峰、刘思含。

book_ shelf/121_ sedi_qual_ guide.pdf）作为非正式解释工具建立。低标准（影响程度低，ERL）界定一个浓度值，低于该浓度时几乎没有危害，高于该浓度时则有可能出现危害。高标准（影响程度高，ERM）界定一个浓度值，高于该浓度时可能出现危害。接触污染沉积物对人类健康引起的潜在影响尚无标准。咸水鱼全身组织污染物含量的人类健康标准与规定不存在癌症风险的浓度阈值一致，即按照每人每月食用4餐，每餐8盎司（1盎司≈0.028 35 kg）分量，来规定浓度范围，保证在此范围内无引发癌症的风险。食用四顿 8 盎司餐饭引起（具体标准值可参见基于风险等级的食用限值表，http：//www.epa.gov/waterscience/ fish/advice/ volume2/）。目前暂无可用于评估鱼类全身污染物生态风险的 EPA 准则。

表 1 NCA 取样点、分析物和标准与实测浓度比较

	取样点	分析物	标准
河口沉积物	2 146 个河口地点	共81种分析物——20种杀虫剂混合物、24 种多环芳香烃（PHAs）、21 种多氯联苯（PCB）、15 种微量元素（包括汞）	水生生物：27 个单独或复合标准与 6 种杀虫剂混合物、24 种 PAHs、21 种同族 PCB、9 种微量元素比较（Long et al.，1998）
咸水鱼和贝类组织	1 277 个河口地点的 16 种鱼类和 3 种贝类		人类健康：16 个单独或复合标准与 19 种杀虫剂混合物、24 种 PAHs、21 种同族 PCB、4 种微量元素（包括汞）比较（EPA-823-B-00-008）
底栖动物	2 150 个河口地点	—	—

海底状况（底栖动物）：

海底状况分析使用了区域性指标，该指标将抽样地点发现的动物数量和种类与假设不受干扰地点（参照地点）的数量和种类进行了比较。更多详情请参见海岸指标底栖动物状况的技术说明。

数据质量/说明

河口沉积物：由于缺少州或联邦监管标准，很难评估河口有机物中污染沉积物的潜在影响。研究证明海底群落比短期单一物种受影响的毒性浓度更低，海底群落状况可反映多个物种和不同生命阶段持续暴露于野外环境的敏感度（Hyland et al.，2003）。《2002 年美国国家生态系统状况报告》（以下简称 2002 年报告，2008 年报告同理）没有鱼类组织数据。

数据获取

此处报告的数据直接来源于 EPA。获取国家海岸评估数据可登录 http：//www.epa.gov/emap/nca/html/data/index/html。

2008 年报告数据更新：

2002 年报告报告了 1992—1998 年的沉积物污染，但由于监测项目地理范围的扩大（增加了北大西洋和太平洋海岸河口、夏威夷和阿拉斯加中南部），这些数据与 1998—2002 年数据不一致。尽管超标分析不再包括狄氏剂杀虫剂，但是抽样和分析方法规则并未改变。

美国国家环境保护局可涉水通过的溪流评估项目描述

此项目数据在以下指标中引用：

淡水：淡水酸度（河流酸化敏感度）、河流生境质量、淡水动物群落状况。

项目描述

美国国家环境保护局水务办公室 2006 年开展可涉水通过的溪流评估（WSA），报告了美国本土可涉水通过的溪流的生态状况，提供水生生物直接监测数据，明确化学和物理压力因素对河流状况影响的相对重要性，并增进国家、地区、州和部落监测工作的兼容性。基于 WSA 实施方案，EPA 对 3 个地区

的可涉水通过程度最高的溪流进行了总结，在夏季指数期：东部高地可涉水通过的溪流占 90.5%（276 362 溪流英里），平原和盆地可涉水通过的溪流占 98%（242 264 溪流英里），西部可涉水通过的溪流占 98.3%（152 425 溪流英里）（参见附录 4 地图）。在这 3 个气候和地形区范围内，WSA 对 9 个生态区进行了报告。

数据采集方法

EPA、各州、部落和其他联邦政府机构用 5 年时间从美国本土 48 个州内的 1 392 个可涉水通过的常流河取样点采集了沉积物生境特征、水化学及大型无脊椎动物的数据。溪流按照规模从小到大分为 5 个级别，取样点则在这些溪流中随机选取，因此溪流英里较少的区域内的采样点也较少。多重取样截面是从已取样溪流河区或河段选取。

数据质量/说明

所有数据均在夏季指数期间采集（基流状况下），因此对于随时间变化剧烈的参数，取样时间的单一性可能导致所得数据无法代表该参数长期的状况。幸运的是本报告所用的大部分参数是综合性较强，如淡水动物群落中的生物完整性指数（IBI），即单一时间内的取样在可以反映相当长的一段时间内的群落状况（例如，几个月或几年）。

数据获取

采样数据存储在美国国家环境保护局 STORET 数据库，访问数据库及获取 WSA 数据可登录 http：//www. epa.gov/owow/sreamsurvey/web_data.html。

USDA 森林资源清查与分析项目介绍

此项目数据在以下指标中引用：

- 国家核心指标　生态系统分布、碳储量、食物、纤维的生产及水的供应；
- 森林　森林面积和所有权、森林类型、森林管理类型、碳储存、林龄、木材采伐和生长。

项目描述

美国农业部林务局（USFS）森林资源清查与分析（FIA）项目将空间和地块数据结合并通过与联邦州合作，提供了美国全部森林信息。按照 1978 年美国森林与牧场可更新资源研究法（PL95-37）规定，USFS 采用了两阶段取样（一般是在同一层面两次取样）收集国家森林信息，项目始于 20 世纪 40 年代，直到 1998 年农业科研与推广及教育改革法（PL 105-108）要求各州每年对其 20%的地块进行调查，并规定 5 年构成一个完整的监测周期，该项目在此之前一直为定期调查。执行 USFS 法令的第一步要求东部各州每年至少完成 15%清查，西部各州每年至少完成 10%。阿拉斯加、夏威夷和其他岛屿区域单独完成定期调查。目前东部大部分各州将资金投入 FIA 项目保证每年可调查 20%地块。更多 FIA 项目信息和采样信息可访问 http：//fia.fs.fed.us。

数据质量/说明

由于各州数据采集时间和监测项目不同，各州数据对比情况复杂。国家级报告数据显示的日期是对各州赋予权重系数后加权平均得到。因此 1997 年的报告则包括了各州 1997 年或距 1997 年最近年份的数据，各州之间互不相同。未来几年各州需按上述方法向国家 FIA 办公室提交一部分数据，报告日期应尽量与数据收集日期一致（有关 FIA 数据库最近变化的信息可访问 http：//www.fia.fs.fed.us ）。更多各州数据报告日期详情参见 2008 年报告网站。

FIA 调查的森林面积数据置信度为每 100 万英亩误差范围±3%～5%、体积置信度每 10 亿立方英尺误差范围±5%～8%（置信区间均为 67%）。该标准适用于 1953 年及以后报告的全部数据。地区汇总数据一般都有±2%以下的误差。

本版报告中的历史数据与较早版本可能稍有不同。主要是由于大部分历史数据是根据需要通过 USFS 出版物由人工整理，USFS 计划将所有历史数据输入 USFS FIA 数据库，从而消除差异。2008 年报告的数据涉及多个地区（北部、南部、西部内陆、太平洋海岸和阿拉斯加）。由于取舍误差，各地区数据可能与先前东西部联合报告数据汇总的结果不一致。

数据获取

所有数据可从 USFS 获取（http：//fia.fs.fed.us）。历史面积和体积数据可从 USFS 系列出版物获取，因为数据分类方法变化、区域边界变更或更正报告错误等原因，早期出版物数据已被修改。

USDA 国家资源清查项目介绍

此项目数据在以下指标中引用：

- 国家核心指标　生态系统分布、碳储存；
- 农田　总耕地、潜在土壤侵蚀；
- 草地和灌木林地　草地和灌木林地面积。

项目描述

USDA 自然资源保护服务部同爱荷华州立大学调查统计和方法论中心合作开展了国家资源清查（NRI）调查，获取关于土地覆盖和土地使用、土壤侵蚀、基本农田土壤、湿地、栖息地多样性、选定的保护时间及相关属性的数据。

数据收集方法

NRI 将全国按照两级分层取样。第一级是初级取样单元（PSU），其取样地块形状一般为方形或长方形、面积在 40～640 英亩（一般为 160 英亩）。第二级将取样单元分配位于初级取样单元内。NRI 将使用不同的图像、野外工作记录、历史记录和数据、辅助材料和现场考察等方法收集数据。通过对数据进行整理、查证和分析得出一份美国非联邦土地状况的综合报告。1982—1997 年 NRI 每 5 年进行一次，目前为每年一次。NRI 每 5 年从 80 万个取样点采集数据，每年从约 25%的上述采样点采集数据。NRI 评估目前已覆盖了本土 48 个州，未来评估预计将包括夏威夷、阿拉斯加、加勒比海以及部分太平洋盆地岛屿。

土地利用数据来自 NRI“土地覆盖/利用”数据集，包括耕地、牧场、林地、其他农村土地、开发用地和水域等类型。NRI 依照分类体系对每英亩非联邦土地进行说明，每个地块所属类型唯一。

数据质量/说明

NRI 自 1982 年报告起一直沿用相同的取样点、定义和规定。清查范围占监测区域面积的 100%。NRI 数据在满足统计标准、规范科学可信且符合 NRCS 政策、符合 OMB 和 USDA 信息质量准则后准予发布。NRI 网上发布和总结出版物中的评估结果均包括误差范围说明（95%置信水平）。

数据获取

获取国家级报告数据可登录 http：//www.nrcs.usda.gov/technical/NRI/。最新 NRI 报告是 2003 年国家资源清查总结报告（2007 年 2 月修订）。

美国鱼类及野生动物管理局国家湿地调查项目介绍

此项目数据在以下指标计算中介绍或使用：

- 国家核心指标　生态系统分布；
- 海岸及海洋　海岸生物生境、海岸线类型；
- 淡水　淡水生态系统分布。

项目描述

国家湿地调查项目对湿地进行取样制图并检测湿地变化。NWI 评估采用一致的定义和标准化规定对湿地进行描述和绘图，以便于不同地区和时间之间比较。NWI 报告定期发布，包括三个领域：湿地制图、湿地栖息地趋势和变化分析、辨明和评估濒危水生栖息地面临的威胁。

数据采集方法

最新出版的 NWI 结果发表在 Dall et al.（2006），分四个部分开展独立分析：包括 20 世纪 50 年代至 70 年代、从 70 年代至 80 年代、从 80 年代至 90 年代、1998—2004 年。NWI 不考虑土地所有权，包括所有面积大于 3 英亩（包括 3 英亩）的湿地。NWI 首先按本土 48 个州的边界和 35 个地貌类型进行分层，再在各层随机选择 4 375 个 4 平方英里（2 560 英亩）大小的样地。NWI 使用航空遥感技术对不同比例和类型的地块进行检测，影像比例尺一般为 1：40 000，波段采用可见红外，数据来自于国家航空摄影项目。为确保覆盖全部沿海湿地，NWI 增加了大西洋和海湾沿岸的取样点。

数据质量/说明

NWI 开展野外核查解决图像判读、土地利用编码、湿地增减属性及地块解译等。例如，对 20 世纪 80 年代到 90 年代的分析，实地核实了 21%的取样地块。NWI 的所有报告值均有置信评估（例如，2004 年估计的淡水湿地总面积为 1.025 亿英亩，该值不确定性的变异系数为 2.7%）。

数据获取

获取 1998—2004 年美国本土湿地状况和趋势相关资料可登录 http：//wetlandsfws.er.usgs.gov/status_trends。

USGS 国家水质评估项目介绍

此项目数据在以下指标中引用：

- 国家核心指标　氮素的迁移、化学污染物；
- 农田　农田河流和地下水中的硝酸盐、农田河流中的磷、农田河流和地下水中的杀虫剂；
- 森林　森林河流中的硝酸盐；
- 淡水　湖泊、水库和大型河流中的磷；
- 城市和郊区　城市河流中的硝酸盐、城市和郊区河流中的磷、化学污染物（淡水）。

项目描述

美国地质调查局（USGS）国家水质评估（NAWQA）和高地平原区域地下水研究项目共同持续监测美国本土、阿拉斯加和夏威夷 51 个主要水文系统（称为研究单元）中溪流（水、沉积物、鱼类）和地下水的物理化学特性及生物状况（http：//water.usgs.gov/nawqa/）。通过基于每个研究单元分析土地利用和人类活动特征，比较不同土地利用和土地覆盖类型的水质状况（Mueller and Spahr，2006；Koterba，1998）。过去 20 年完成了 51 个研究单元，2001—2012 年，NAWQA 将继续对其中的 42 个单元进行监测。

表 2 给出了 NAWQA 土地利用研究的地理和空间覆盖范围。Wilson et al.（2008）对 NAWQA 项目所提供数据情况进行了说明，获取文献可登录 http：//pubs.usgs.gov/of/2008/1110/。

表 2　NAWQA 国家土地利用研究[1]

研究	覆盖	取样点	时间范围	指标
国家河流研究	全国 51 个主要水文系统	186 个溪流点	1992—2001 年	● 国家核心化学污染物指标
		957 个河床沉积物点		
		700 个淡水鱼类取样点[2]		
主要含水土层研究	全国 54 个主要含水土层进行 92 项研究	2 282 口水井（平均深度为 155 英尺）	1993—2001 年	● 国家核心化学污染物指标
农业用地研究	51 个研究单元中的农业流域和高地平原区域性地下水研究	130 处硝酸盐溪流取样点、磷 129 处、杀虫剂 83 处	1992—2001 年	● 农田河流和地下水中的硝酸盐 ● 农田河流中的磷 ● 农田河流和地下水中的杀虫剂
		1 412 口井（平均深度 34 英尺）	1993—2003 年	
森林使用研究	51 个研究单元中的林地流域和高地平原区域性地下水研究	117 处溪流取样点	1992—2001 年	● 森林河流中的硝酸盐
		33 口井	1992—2003 年	● 农田河流和地下水中硝酸盐比较
城市用地研究	51 个主要流域中的城市和郊区河流	54 条城市溪流提供硝酸盐取样、53 条提供磷取样	1992—2001 年	● 城市和郊区河流中的硝酸盐 ● 城市和郊区河流中的磷
		861 口井（平均深度 30 英尺）	1992—2003 年	● 农田河流和地下水生态系统中硝酸盐比较
	全国 30 个城市和郊区河流	30 处溪流取样点	1992—2001 年	● 城市和郊区化学污染物

注：① 土地利用分类依据是 1992 年《国家土地覆盖数据库》（NLCD）的升级版本。
② 在每个河流取样点对综合而成的整鱼样本进行检测。

数据采集方法：

所有水域、沉积物和组织取样都是由 USGS 根据 NAWQA 整体设计进行收集和分析(Gilliom et al.，1995)。Shelton（1994）介绍了溪流的分析方法，Koterba et al.(1995)介绍了地下水分析方法，Fishman（1993）、Patton& Truitt（1992）介绍了养分的分析方法。通常溪流水样使用纵向横向结合的采集技术，使得流过采样点的水样更具代表性(Shelton，1994)。溪水和河流的基本取样频率是每月一次，在高强度取样年份和某种成分浓度较高时期将增加几次高流层取样（Mueller and Spahr，2006)。为计算加权平均值，在每个监测点采样 1 个样本，通过基于全部样本的回归分析建立样本浓度与同时间流量的关联来计算年平均负载，总负载除以总流量即得到流量加权平均浓度（Mueller and Spahr，2005)。杀虫剂可使用时间加权平均浓度。地下水样主要是从监测水井和小型家用水井中采集，家用水井的水来自含水土层（Lapham et al.，1995)。每个水井仅选取 1 个样本进行分析。每个地点选取一种合成样本进行河床沉积物分析(Crawford and Luoma，1993；Shelton and Capel，1994)，每个地点选取一种合成样本进行溪流中淡水鱼类分析（每个样本需包含同类的 5～8 条）。

数据分析

表 3 给出了溪水、河床沉积物和淡水鱼类组织、地下水中被分析的污染物，以及这些分析物的实测值与标准值的比较——具体分析物和标准列表参见附录 6、9、12 和 16（Wilson et al.，2006)。

表 3　NAWQA 分析物与标准比较

	分析物	标准
溪水	83 种杀虫剂混合物、硝酸盐[①]、氨、磷	水生生物：9 套共 63 个指标标准用于水生有机物和群落急性和慢性影响同 62 种杀虫剂混合物和氨比较（Tlilliom et al.，2006） 人类健康：两类[②]74 个单独或混合标准用于饮用水同 73 种杀虫剂混合物和硝酸盐比较
地下水	83 种杀虫剂混合物、87 种挥发性有机混合物[③]（VOCs)、硝酸盐[①]、22 种微量元素[④]、氡	人类健康：两套共[②]147 个指标标准用于饮用水同 73 种杀虫剂混合物、54 中 VOCs、硝酸盐、18 种微量元素和氡比较
河床沉积物	31 种杀虫剂混合物、总多氯联苯(PCBs)、63 种半挥发性有机混合物(SVOCs)、9 种微量元素（包括汞）	水生生物：3 套共 41 个单独或混合指标，标准用于对栖息在沉积物中有机物的毒性影响同 20 种杀虫剂混合物、总 PCBs、24 种 SVOCs、9 种微量元素比较(Nowell and Rosek，1994）
淡水鱼类组织	27 种杀虫剂混合物、总 PCBs	水生生物：四套共[⑤]15 个单独或混合指标标准用于对食鱼野生动物的毒性影响同 25 种杀虫剂混合物、总 PCBs 比较(Gilliom et al.，2006）

注：① 硝酸盐包括硝酸盐和亚硝酸盐；
② USEPA 最大污染物水平（EPA-822-R-06-013）和 USGS 健康筛选水平（Toccalino et al.，2006)；
③ 在整个取样对待应用 0.2 μg/L 的筛选水平以使检测极限保持一致；
④ 微量元素包括重金属和其他有潜在毒性影响的元素；
⑤ 将整鱼组织浓度同高低标准比较。少数抽样将超过高标准浓度值，同时也超过低标准浓度值。超过低标准值的抽样较多，因此追踪这种超标值较为严谨。

污染物检测：

每个取样点，将测得的高于分析检测极限的污染物汇总。以检测到的污染物种类数量作为指标，将该数字标记在样品储存器上并进行站点归类。检

数据描述：

以下 NLCD 土地覆盖类型在本指标中归为“自然”：(11) 水、(12) 终年不化的冰雪、(31) 荒地(岩石/沙子/黏土)、(41) 落叶林、(42) 常绿林、(43) 混交林、(52) 灌木丛、(71) 草地或草本植物、(90) 木本湿地、(95) 零星草本湿地。

数据处理：

全部分析工作由美国农业部林务局和美国国家环境保护局负责。首先将 ESRI 道路地图同 2001 年 NLCD 数据叠加，如果与道路有交叉，则将 NLCD 中像素块归为“开发用地”类型。将一个方形分析工具（观察窗口）置于地图上每个像素块中心，确定并记录窗口中像素块的组成情况。使用的分析窗口大小为 1 km，数据按其环境组成情况归为几类。将拥有 100%“自然”周围环境并在共同边界范围内的像素块聚合成地块（即使像素块边界不能交叉）。以州为评价单元报告该类型地块的面积，并在区域尺度汇总。该过程会使得跨越州边界的地块被切分为一个或多个更小的地块。

数据质量/说明：

荒地类型具有明显的“非自然”特征（例如，露天矿），即便该类型中的沙滩和基岩等具备“自然”特征，也将其归为“非自然”。

数据获取：

NLCD 数据获取可登录 http：//www.mrlc.gov。ESRI 数据连同地理信息系统(GIS)软件可登录 http：//esri.com，也可参见 ESRI（2005）。

氮素的迁移

指标

本指标报告从主要流域排入河流的氮元素量以及从主要河流带入美国沿海海洋的氮元素量（以硝酸盐的形式）。从主要流域进入河流的氮素量以每平方英里流域含氮的磅数计算。流入国家海岸水域的氮素量以每年带入海洋氮的吨数计算，包括美国境内规模最大的三个河流。数据充分时，指标还将描述通过湿沉降或干沉降从大气进入海岸水域的氮素量。

数据

描述由美国陆地进入海岸水域的氮的最佳途径是报告氮元素总排入量，但是由于缺乏密西西比河的历史数据，这里将以硝酸盐替代。另外，硝酸盐是氮元素总量的最大组成部分，最具代表性。三大主要河流代表了将近 48%的流入海岸水域的淡水。需要指出的是，由于上游存在一些验潮站，未获得关键流量数据——如新奥尔良和巴吞鲁日等一些城市，期望未来可以填补这一缺陷。为与其他研究保持一致（Goolsby et al.，1999），密西西比河流量仅包括流经已改道旧河的阿普法拉亚河。

数据描述

使用河川径流和水质数据对河岸总氮负荷进行评估，该数据是美国地质调查局（USGS）开展的国家溪流质量评估网络（NASQAN）、国家水质评估（NAWQA）项目、联邦和州合作项目的组成部分。少数河流流量测量由美国陆军工程兵团（U.S. Army Corps of Engineers）和国际边界和水域委员会（International Boundary and Water Commission）负责，而非 USGS 负责管理的河流主要位于密西西比河与格兰德河河口。

数据处理

溪流流量（河川径流）通过多次水深监测（水位）估算，通过水位—流量关系曲线转换成流量。报告每日平均值。典型的水质样本应可以代表采集时间范围内整个河流横断面（包括深度和宽度）的情况。

本报告所包含的各取样点样本采集时间为 1996—2005 年。估算每个取样点的负荷，需保证在 1996—2000 年和 2001—2005 年两个时间段内，至少包括分布于 3 个年份内各个季节的至少 20 份采样。大多数测点每年都有可用数据。每个时间段内各个观测点的平均观察次数为 51 次，波动范围为 20～319 次。

利用回归模型将总氮素量和流量建立关联，通过对终检值数据（低于分析检测极限浓度的负荷）的统计分析，对各测点年内的日变化（分析季节影响）和长时间序列变化进行分析，建立模型用于估算每日总氮负荷。1996—2000 年和 2001—2005 年两个时间段内的总氮负荷分别采用单独的模型进行估算。

对地图上各个流域，合计 5 年内的每日负荷以估算整个时间段的总负荷，除以 5 得到每个流域的年平均负荷。年平均负荷的标准误差一般不超过平均值的 10%，最高不超过 18%。负荷增量是流域的输出负荷和输入负荷之差。输出量包括下游测点的负荷。在西部干旱地区，假定溶质都随着灌溉水流而流失或转移到其他流域（通过流域边界的管道水流）。地图上所示的增量是用负荷增量除以流域面积得到。地图上的白色区域表示缺乏充足数据进行负荷估算。

针对时间序列图表，年负荷是由每日负荷加和得到。需要指出的是，负荷的逐年变化主要是由径流差异引起，丰水年负荷较高而枯水年则较低。

数据获取：

本指标所用数据引自 Wilson et al.（2008），可登录 http：//pubs.usgs.gov/of/2008/1110/获取。USGS 全部数据可登录 http：//waterdata.usgs.gov/nwis 获取。更多关于 NASQAN 和 NAWQA 项目的信息可登录 http：//water.usgs.gov/nasqan/和 http：//water.usgs.gov/nawqa 获取。NASQAN 网站包含美国陆军工程兵团采集的溪流流量数据。

2008 年报告数据更新：

重新修改了由 USGS 提供的 2005 年新版年氮元素负荷数据，哥伦比亚和萨斯奎哈纳河的排水增量得以体现。USGS2006 年调查报告（http：//pubs.usgs.gov/of/2006/1087/）记录了对 2005 年氮负荷数据的更新情况。

数据缺口

计划在本指标中报告美国已经实施无机氮湿沉降量程（年平均，单位为 kg/hm^2）监测的面积比例，但目前数据不足，无法进行全国性报告。需进一步对直接进入沿海水域的大气氮沉降（AD-N）相对强度进行评估，但由于缺乏监测或建模数据，无法评估直接进入沿海水域的大气氮沉降。

NOAA 工作人员利用来自国家大气沉降项目（NADP）和清洁空气状况与趋势的网络数据（CASTNet）对直接进入河口的大气氮沉降，其他途径流入的氮素进行对比，并估算相对强度的数量级。由于当前 NADP（湿沉降）和 CASTNet（干沉降）数据不完善，无法对直接进入海岸区域的大气氮沉降进行稳定估算。对选定河口的初步粗略计算表明直接大气氮沉降量几乎可忽略，最高占总氮负荷的 17%。

多尺度空气质量（CMAQ）模型是未来可用于评估直接进入海岸区域大气氮沉降。该模型包括 4 维同化气象数据、排放数据并对大气氮湿沉降及干沉降进行估算，但是目前没有考虑海盐误差和碎波带效应。此外，由于目前用于评估河口表面的数据分辨率过低（36 km^2），模拟网格中常出现水陆混合像元，因此计划提高数据分辨率（12 km^2）。

碳储量

指标

本指标报告碳密度（单位面积碳储存量）和主要生态系统类型中的总碳储量变化，以及最新全球二氧化碳和甲烷浓度（根据其与生态系统功能的相关性选择，如光合作用和分解等）偏离长期平均浓度的程度。目的是提供美国生态系统碳储存水平总体变化情况，并辨识由于管理活动、气候、碳储量波动类型转化带来的效应，如土地覆盖（生态系统类型分布变化）。图“碳浓度时间变化”中对纵轴的浓度间隔的规定参考了数据提供者的建议，他们建议使用最精确的浓度间隔[±0.04t/（a·英亩）]描述碳浓度的最小变化。

数据

数据描述：

森林相关数据来自于森林碳汇模型，该模型使用美国农业部林务局森林资源清查与分析（FIA）项目（参见项目描述或登录 http：//fia.fs.fed.us）数据作为输入量计算碳储存。本指标的野外监测范围原来并不包括国家公园、自然保护区或生长较慢的森林，但后期扩展到了这些区域。1990—2005 年的评估数据来自于美国国家环境保护局（EPA）1990—2005 年美国温室气体排放和吸收清查（*EPA's Inventory of U.S. Greenhouse Gas Emissions and Sinks：1990-2005*）

（2007c）项目中的美国森林碳存储清查准备数据。

农田及草地和灌木林地：有关农田、草地和灌木林地的数据来自于21世纪生态系统模型，该模型综合考虑了基本土壤碳监测和土壤属性变化因素，包括来自于USDA国家资源清查、环保技术信息中心以及USDA经济研究局的土地利用数据（耕作密度、土壤状况）和PRISM数据库的天气状况数据。美国本土的私有土地被划分为农田、草地和灌木林地，对土壤表层8英寸有机碳储量进行了变化评估，该湿度包括主要耕地层。这些评估覆盖了约90%的私有农田、草地和灌木林地。与USDA国家资源清查中关于土地利用和管理的详细数据一样，本报告重点关注1980—2000年的储量变化，更多信息参见《1990—2005年美国温室气体排放清查》（USEPA 2007c）。

二氧化碳和甲烷：有关二氧化碳和甲烷的数据来源于由政府间气候变化工作委员会第一工作组2007年气候变化：基础科学图表（Jansen et al.，2007）及Etheridge et al.（1996，1998）提供的附加数据（1996，1998）。

数据处理：

森林：森林碳汇模型（FORCARB 2）用于估算森林生态系统林分层面的碳储量，并基于FIA项目监测数据在区域尺度上对已采伐树木的碳储量进行了估算（Smith et al.，2006；Birdsey，1996）。对1995—2005年各年进行了估算（各州或子州分别插值），所用基础数据大多已公开发布，可查看Smith et al.（2007）。

农田、草地和灌木林地：利用世纪生态系统模型（Patton et al.，1987，1988，1994）在以上输入数据基础上对土壤有机碳储量变化进行了估算。通过100次蒙特卡罗分析迭代对每个国家资源清查（NRI）采样点进行了土壤有机碳动态模拟（Ogelet et al.，2007）。对每个储量变化估算结果都给出了不确定的分析，但本报告未列出（参见USEPA，2007c）。

二氧化碳和甲烷：近几十年大气中二氧化碳（1950—2006年为313～381 ml/m^3）和甲烷（1950—2005年为1.1～1.8 ml/m^3）年平均浓度除以公元1000—1750年工业化以前的平均浓度。用于对比的参考标准由政府间气候变化工作委员会规定的间冰期至前工业化时期浓度。各类数据的采集方案各异（冰芯样本、从雪和冰川冰的冰层中采集的样本）。最后将各种来源的所有数据叠加，在同一图或表中展示，如果不同数据源中同一年份数据值不同，则取平均浓度值。

数据质量/说明：

干旱和半干旱生态系统中的无机碳库性质稳定，因此未包括在本指标中。正在进一步对其碳储存特性进行研究（Emmerich，2003；Martens et al.，2005）。

森林：评估存在两个潜在误差来源：FIA地块数据采集和森林碳汇模型（FORCARB）模拟过程。森林清查与分析项目描述中提供了地块数据采样误差。通常碳储量及储量变化估算以地区平均值为基础，存在±2%取样误差。由于采用地块数据外推的方法估算所有森林土地的碳储量，这种插值也存在一定的不确定性（USEPA，2007）。

农田及草地和灌木林地：仅将美国本土的私有耕地土壤中的碳储量作为农田生态系统类型的碳储量进行报告，不包括每年一次耕种土地（与土壤有机碳相关性弱）、常年耕种系统及其他覆盖类型农田土地地上部分的碳含量。

世纪生态系统模型评估中的草地和灌木林地采用的国家资源清查（NRI）分类体系中定义的牧场和牧草地类型。因此，2008年报告中碳储存指标中所用的草地和灌木林地定义比其他指标更加宽泛，报告仅根据土地覆盖类型定义草地和灌木林地。NIR土地覆盖分类体系中牧场和牧草地对应96%的私有草地和灌木林地，共5.04亿英亩——约占美国本土48个州总草地和灌木面积的60%，本报告对其碳储量变化进行了报告（参见本章草地和灌木林地面积指标）。

需要注意的是，总英亩数是基于遥感数据估算，而世纪生态模型中所用NRI数据则是基于地块估算。

二氧化碳和甲烷：需要注意的是，汇总数据和合并时，并未考虑采样方法和采样地点的差异，详细情况请参考数据引用的原始文献。

数据获取：

森林：由美国农业部林务局（http：//www.fs.fed.us/ne/durham/4140/index.shtml）的 Linda Health 和 James Smith 进行估算。森林资源清查与分析（FIA，http：//www.fia.fs.fed.us/）收集了用于碳估算的基本监测数据。

农田，草地和灌木林地：由科罗拉多州立大学（http：//www.nrel.colostate.edu/）自然资源生态研究室的 Steven Ogle 和 Mark Easter 进行估算。通过国家资源清查（NRI，http：//www.nrcs.usda.gov/TECHNICAL/NRI/）收集了基本监测数据。世纪生态模型信息可登录 http：//www.nrel.colostate.edu/projects/century5/。

二氧化碳和甲烷：文献中未直接提供的数据集，可从下列网站中下载：国家气候数据中心（http：//www.ncdc.noaa.gov/）、二氧化碳信息分析中心（http：//cdiac.ornl.gov/）、NOAA 地球系统研究室、全球监测部门（http：//www.esrl. noaa.gov/gmd/）、斯克里普斯海洋研究所 CO_2 项目（http：//scrippsco2.ucsd.edu/）和国家冰雪数据中心（http：//nsidc.org/）。二氧化碳浓度数据基于以下文献整理：Etheridge et al.（1996）、Monnin et al.（2004）、MacFarling Meure et al.（2006）、Siegenthaler（2005）、Keeling 和 Whorf（2005）以及 Tans（2007）。

甲烷浓度数据来源：Blunier et al.（1993，1995）、Chappellaz et al.（1997）、Etheridge et al.（1998）、Ferretti et al.（2005）、Fluckiger（2002）以及 Dlugokencky（2007）。从 Chappellaz et al.（1997）和 Ferretti et al.（2005）文献分别直接由 Jerome Chappellaz 和 James W.C. White 提供（特此感谢）。

2008 年报告数据更新：

本指标为新增指标。

数据缺口

本指标报告了在 6 个主要生态系统类型中碳储量的变化情况。尽管生态系统中的数据总量仍存在不确定性，但是其变化（如本指标估算）少于存储总量的 1%（参见美国气候变化科学项目，2007）。

碳储量的变化估算分析对 6 个主要生态系统中的 3 个（海岸和海洋，淡水，城市和郊区）以及湿地和泥炭地生态系统并不适用，也不适用于草地和灌木林地的地上或地下生物量（包括公有和私有土地）。同样，也不适用于森林土壤、部分耕地土壤、公共草地和灌木林地土壤的估算。最后，本指标中所使用的数据集不包括阿拉斯加州和夏威夷地区，因此，目前还无法对美国生态系统中的碳储量进行完整报告，只能报告一部分数据。进一步完善关于森林、草地和灌木林地评估的计划已纳入日程（参见 USEPA，2007c）。

保护效果评估项目（CEAP，http：//www.nrcs.usda.gov/technical/NRI/ceap/index.html）重点对私有土地保护措施的环境效果（包括地球碳储量）进行评估和分析。CEAP 将评估保护措施的实施效果。项目包括三部分：全国耕地，湿地、野生动植物和牧场评估；国家湿地评估模型评价和相关改进研究以及关于当前耕地、鱼类、野生动植物、湿地和牧场的保护项目的文献综述。

大尺度碳收支模型未来可用于获取美国生态系统中的总碳含量数据。模型能够结合遥感、密集的地面监测和生态过程知识，在空间上估算碳含量。

化学污染物

指标

本指标报告溪流、河床沉积物、地下水井、河口沉积物、生物组织中污染物，以及大气中臭氧浓度和细颗粒物浓度的变化趋势。

数据

数据描述：

溪流，地下水，沉积物和生物组织：有关溪水、河床沉积物、淡水鱼和地下水的数据由 USGS 国家水质评估项目（参见 NAWQA 项目描述）收集。有关河口沉积物和咸水鱼的数据由 USEPA 国家海岸评估（参见 NCA 描述）项目收集。选择在生态系统中频繁出现且/或对人类或生态系统有较高潜在负面影响的污染物作为分析对象。本指标旨在报告各类型动植物组织内的污染物水平，但数据只限于淡水和咸水鱼。

前 5 个图表报告了出现下述两种情况的取样地点的河口面积或整鱼组织样本所占的百分比，包括①检测出污染物，②污染物浓度超过了规定的保护水生生物和人类健康的标准。第 5 个图报告了在整鱼组织中含量最容量超过标准的污染物。将检测出的污染物或含量超过标准的数据，以数字形式标示出污染物数量和超标的采样点数。硝酸盐，氨和微量元素在水和沉积物中属于天然存在，因此，在对这些载体进行检测分析时，不包括上述物质。NAWQA 和 NCA 监测的很多污染物无规定的标准值或一系列基准值。对于河口沉积物，淡水和咸水鱼组织，分别采用“较低”和“较高”标准值对其超标情况进行报告。

户外空气：第 6 个图采用 SUM06 指数，报告了臭氧趋势，计算在增长季的臭氧浓度累积值。SUM06 即统计一年中小时平均浓度超过 0.06 ml/m^3 的平均浓度之和。作为反映国家尺度受到高臭氧浓度影响水平的指标，SUM06 统计 3 个月增长期（6 月至 8 月）和一天 12 小时（早 8 点至晚 8 点）的数值。年度 SUM06 值计算的是 1994—2005 年（1994 年之前的监测网络范围，无法与之后的年份数据相比）在 EPA's AQS 和 CASTNet 监测网络中的每个臭氧监测仪器所得数值，这里包括 75%的每小时监测数据——对于那些少于相关数据 100%的监测器，年度 SUM06 计算更改为：（SUM06/实际采集的时间）=（校正后 SUM06/可能的采集时间总和）－校正后 SUM06=SUM06x（可能的采集时间/实际采集时间）。为了消除单一监测器的影响，使用距离平方加权反比法制作年度 SUM06 专题图，即采用 12 个最近邻近地点数据进行插值：一个像素的 SUM06 值= Σ（监测器与像素块距离平方×监测器 SUM06）/Σ（监测器与像素块距离平方）。（插值不考虑臭氧监测网络中的城市或低地可能出现的偏差。）由于城市地区夜间的臭氧水平低于乡村地区（氮氧化物在夜间持续产生，且一氧化氮能与臭氧反应消耗臭氧），因此考虑到氮氧化物滴定效应，去除乡村监测器 30 英里范围之内的 77 个城市核心区监测器后，分析了城市—乡村梯度。在核心城市地区的 77 个监测器，乡村监测器 30 英里范围之内停止使用，这可以解释氮氧化物的滴定效应并形成城市—乡村梯度（urban-rural gradients）。

第 7 个图报告了细颗粒物（$PM_{2.5}$）的环境浓度。2000—2005 年（2000 年之前的监测网络狭小且区域性分配特征不同，无法与之后的年份相比）每个监测器的年平均 $PM_{2.5}$ 值[μg/（m^3·a）]采用联邦参比方法（FRM）进行估算。选取超过所在年份总监测数量 75%的监测器数据。如要监测超过 15 μg/m^3（与 EPA 目前的年度国家环境空气质量标准相对应）的 $PM_{2.5}$ 年度平均值则至少需要 11 个样本。来自 EPA 的 FRM 数据集的数据主要代表本土 48 个州城市地区的环境浓度。

数据质量/说明：

溪流，地下水，沉积物和生物组织。

污染物数据经高度整合，可反映全国总体情况。由于不同的机构和项目负责监测淡水和沿海系统，因此数据集的监测点分布，污染物类型和数据收集与分析方法各不相同。然而，在同类环境介质（如沉积物，溪水）内部采用的方法一致，且取样点并不代表受污染可能性最高的地点。此处显示的数据也并不能对任何特定地点的人或生态系统面临的风险进行评估，因为其未考虑暴露情况也未包括全部受关注的污染物（如内分泌干扰化合物或溴化防火试剂）。出现污染物并不意味着一定会引发问题。同样，此处的数据只包括超过分析检测阈值的污染物浓度——例如狄氏剂（Dieldrin）的相关标准低于分析检测阈值，因此不包括在 NCA 取样中。随着技术革新，更低浓度的污染物也可以被监测到，从而影响数据集的一致性——例如，由于在 NAWQA 取样期间，地下水中 VOC 的分析检测限值发生变化，构建完整数据集时则应进行审查限制。上述标准是相关机构用来判断污染物影响的最有效途径，然而在使用时也应当慎重，在不同环境条件下的标准数值可能不同（如沿海沉积物和溪流沉积物中的水生生物标准不同），也未全面考虑潜在毒性引发的各种影响（如长期和短期接触致死；污染物混合；对生殖，神经和免疫系统的潜在影响）。

室外空气：使用 12 小时至 3 个月累计得到的 SUM06 指数来反映环境臭氧浓度，前提是假定全美大部分植物物种都参与气体交换，且不考虑敏感物种和夜间气体交换物种对臭氧的影响。目前还没有制定对植物和野生动植物有害的臭氧浓度的阈值或标准，这里使用的 0.06%只代表超过一般背景值或可能对植被造成负面影响[注意 US EPA 近期建议使用 W126 臭氧累积指数，因为该指数对所有臭氧浓度进行累加，但对浓度低于 0.04 mg/m^3 的臭氧值赋较低权重（US EPA，2007）]。SUM06 和 W126 指数构造相同且有较高的相关性。注意因为生物体对接触臭氧的敏感度不同，报告 SUM06 并未按风险级别规定范围阈值。

数据获取：

有关溪水、河床沉积物、地下水和淡水鱼的 NAWQA 汇总数据发布在 http：//pubs.usgs. gov/of/ 2008/1110/。有关河口沉积物和咸水鱼的 NCA 数据分布在 http：//www.epa.gov/emap/nca/html/ data/index. html。

臭氧数据可访问 EPA 空气质量系统（AQS）http：// www.epa.gov/ttn/airs/airsaqs/获取。臭氧数据由 EPA 提供，由美国农业部林务局分析。细颗粒物数据由 US EPA 直接提供。

2008 年报告数据更新：

溪流、地下水和淡水鱼：在 2002 年报告中报告了 1992—1998 年的监测数据，但无法与本报告中 1992—2001 年数据相比，原因在于监测项目地理范围有所扩展——主要研究单元从 36 个增加到 51 个，此外还对标准进行修改——2008 年报告中除了 USEPA 最高污染物标准（MCLs）外还使用了健康标准筛选浓度（HBSLs）。更多详情访问 http：//water.usgs. gov/nawqa/HBSL。

河口沉积物和咸水鱼：基于 NVA 数据，报告了 1998—2002 年（之前未报告过）的咸水鱼的污染物数量和超过标准数量。在 2002 年报告中报告了 1992—1998 年的沉积物污染数据，由于检测项目地理范围扩展，增加了北大西洋和太平洋海岸河口，夏威夷和阿拉斯加中南部，该数据无法与本报告 1998—2002 年的数据作比较。

室外空气：本报告新增了有关环境空气中的臭氧（高于背景值）和细颗粒物（$PM_{2.5}$）数据。

数据缺口

数据无法满足以下要求进行全国性报告：

- 除鱼以外的植物和动物组织中的污染物。尚未开展全国哺乳动物、两栖动物、鸟类或植物中污染物的监测项目。
- 淡水鱼中的水银和其他金属。尽管很多项目监测了淡水鱼中的水银和其他污染物，但是由于取样设计和分析方法不同，得出的数据无法综合反映全国污染物信息。未来，EPA 国家淡水鱼污染物调查将提供有持续性和生物累积性且有毒的鱼类组织污染物的国家尺度数据（http：//www.epa.gov/ waterscience/ fish/ study/overview.htm）。
- 城市和乡村细颗粒物浓度结合不足。EPA 的 FRM 数据集主要提供城市地区的 $PM_{2.5}$ 环境浓度。跨部门环境保护监测项目（IMPROVE）是在 1 类区域如大型国家公园和自然保护区中监测 $PM_{2.5}$（http：//vista.cira.colostate. edu/view/）。由于分析方法不同，目前无法整合成国家级报告。
- 水生生物标准不适用于咸水鱼，同样，人类健康标准也不适用于淡水鱼。

获取以下数据可改进化学污染物报告：

- 五大湖区的水生污染物。五大湖区的沉积物污染数据收集一般集中在有高污染程度地区——不包括对可能出现污染物沉积的地区的评估，且无法与本报告数据相比。
- 臭氧生物危害。美国农业部林务局针对对臭氧敏感的树种、木本灌木和草本物种，收集了臭氧生物损害数据，但目前不足以进行全国性报告。

河流流量的变化

指标

基于 20 年标准期（1941—1960 年）和 42 个 5 年滚动测试期（1961—1965 年开始，到 2002—2006 年结束），分析流量的变化特征。本指标以 1941—1960 年为标准期，目的是使采样点的数目最大化。标准期长度最合理为 20 年，可以在保证测试和参考数据相互独立的同时，使水文特征研究中包括尽可能多的年际数据。选择 5 年作为测试期是为了保证能够有足够数据进行趋势分析，并消除年度异常值。

本指标描述低流量和高流量的强度大小以及流量变化情况，分析河流格局随时间的变化情况。该分析中包括了 3 个度量因子：

- 年度 7 日低流量变化率（%） 评估河流低流量的变化程度，该参数对水生生物具有重要影响。
- 年度 3 日高流量变化率（%） 评估平均年度峰值流量的变化程度。
- 年度日流量波动率（%） 评估流量的总体波动情况。

分析对象包括全国的溪流和河流，选取一系列独立的未受水坝和改道影响，且在监测期间土地利用不变的溪流作为参照。因为这两组溪流地理分布相似，所以比较二者可以反映气候和管理活动的相对影响。

本指标为新增的国家核心指标，也是对 2002 年报告淡水指标中变更的河川径流的修改和替代。海因茨中心河川径流工作组重新设计了本指标的内容和计算方法。海因茨中心的工作人员负责数据处理。工作组会议总结可访问（http：//www. heinzectr.org/Programs/Reporting/Working%20Groups/Ecosystem%20Services/csf.shtml）。

数据

数据来源：

数据来自美国地质调查局（USGS）溪流监测网络（“非参照溪流”）和 USGS 水文气候数据网络（“参照溪流”）（Slack and Landwehr，1992）。19 世纪后期，USGS 就针对全美的溪流布设监测仪器，并记录最低流量数据。

数据收集方法：

溪流监测数据采集按照 USGS 标准导则完成（访问 http：//pubs.usgs.gov/fs/2005/3131/）。

数据处理：

USGS 为海因茨中心提供各个监测仪器的年度数据。纳入分析的采样点必须保证对基准期（1941—1960 年）和每个 5 年滚动测试期（1961—1965 年，1962—1966 年……2002—2006 年）可获取 80%以上数据，且基准期的流量中值不为零。

对于低流量和高流量的度量因子，计算每个地点基准期和每一个 5 年滚动测试期的年度低/高流量的中值。流量的变化率（以百分数形式）为 100×（测试中值－基准中值）/基准中值。

流量变化利用一个非参数化的度量因子计算。针对每一年（1941—2006 年）每一个采样，计算一天内流量的第 1 个百分位、第 50 个百分位和第 99 个百分位。一年中的流量变化为（第 99 个百分位－第 1 个百分位）/第 50 个百分位。计算每一个地点标准期和每一个 5 年滚动测试期的变化中值。同上，计算流量变化的改变（以百分数形式）：100×（测试期中值－基准期中值）/基准期中值）。

溪流类型：

选择水文气候数据网络相对未受干扰的地点作为“参照点”，USGS 溪流监测网络中的地点为“非参照点”。通过汇总符合上述标准的溪流，得出用于分析的各类溪流数量如下所述：高流量：721 个参照溪流，1 007 个非参照溪流；低流量：673 个参照溪流，936 个非参照溪流；流量变化：733 个参照溪流，1 021 个非参照溪流。

数据质量／说明：

尽管该分析中所涉及地理范围在美国分布广泛，但是 USGS 监测并非随机分布。一般针对大型常流河监测，在这些大型系统和小型溪流河川中所观测到的变化有所不同。另外，USGS 监测网络并没有覆盖美国所有的溪流流量监测项目。例如，USGS 美国陆军工程兵团（U.S. Army Corps of Emgineers）开展的工作和数据，因此后者在分析中也未被采用。

数据评估：

溪流监测数据可在 USGS 网站获取，网址为 http：//waterdata.usgs.gov/nwis/sw。

濒临灭绝的本地物种

指标

本指标报告本地动植物物种在其生存范围内（全球尺度）的保护状况，以及濒临灭绝物种的种群数量趋势。此处报告如哺乳动物、鸟类和鱼类的物种情况，选择那些保护状况、栖息地和分布位置（州级）信息数据充足且能够代表群体中所有成员的种群。评估每一个物种的保护状况是确定其相对面临灭绝风险级别的一种尝试。评估过程中，考虑了在物种生活范围内与其濒临灭绝风险程度相关的 12 个影响因素。稀有物种特别容易灭绝，因此在评估过程中定义了一些因子分析动物的稀有属性，包括种群大小、种群数量以及分布范围和面积。但是，种群数量的发展趋势、范围大小以及面临威胁的程度和即时性也都是评估物种总体脆弱性或濒危性的重要因素。更多相关信息可访问 http：//www.natureserve.org/explorer/ranking.htm 或参见 Master（1991）。

专家普遍认同物种的现状信息（此处给出动植物物种）和趋势信息（此处给出脊椎动物）对了解物种状况都非常关键。

数据

数据来源：

公益自然组织（http：//www.natureserve.org）及其自然遗产组织网络成员项目，建立并维护该报告所述各物种的信息。有关公益自然组织（NatureServe）项目的数据采集、方法理论、数据质量/说明、数据获取以及参考信息可参见前文项目描述。

数据处理：

所有的数据处理工作由公益自然组织完成。国家核心指标只报告那些整个种群数据信息完备的种群。国家级监测报告的种群为哺乳动物、鸟类、蛇和蜥蜴、鳄鱼、乌龟、两栖动物、淡水和溯河鱼类、淡水贝类、淡水蜗牛、小龙虾、仙女虾、蚌虾、蝌蚪虾、蝴蝶和挵蝶、天蚕、角触蛾、天蛾、翼底黄蛾、牛蒡、夜蛾、虎甲、草蜢、蜻蜓、豆娘、蕨类、松柏类以及开花植物，共包括超过 22 600 个物种。

2008 年报告数据更新：

指标中加入种群趋势作为度量因子。将 2002 年报告中的保护状况数据更新为 2006 年数据。

数据缺口

种群趋势数据没有包括濒临灭绝的本地无脊椎动物或植物，因为只能获取26%的无脊椎动物和12%的植物的趋势数据。

已定殖的非本地物种

指标

当数据充分时，本指标将报告：

- 新增定殖非本地物种的数量随时间变化情况，以 10 年为间隔步长。一个地区引进的物种可能会繁殖一段时间之后消失，这种情况则不被算做是已定殖的物种。
- 具有不同数量已定殖非本地物种的区域面积（需注意，任何时间段内，仅当一个物种在给定的时间段内存活且繁衍后才能被算做已定殖；之前定殖的但现在不再定殖的物种也不包括在内）。
- 具有不同已定殖非本地生物物种比例的区域面积，这里指已定殖非本地物种占总物种数的百分比。

需注意本指标的输入数据源自海因茨中心的非本地物种工作组和相关研讨会（可访问 http：//www.heinzctr.org/ecosystems）。

该指标中，非本地物种包括植物、脊柱动物、无脊椎动物以及动植物病菌，它们不属于所监测生态系统或地区的本土生物，但却能在不受人工干预的情况下，在该生态系统或地区生存并繁衍。已定殖的非本地物种是在所监测生态系统或地区确定存活并繁衍的非本地物种。

数据缺口

目前只有少量数据集能够持续用于报告全国尺

度美国历史上引入外来物种数量和非本地物种数量和分布现状。可提供数据的相关联邦监测项目数量极少，且都处于开始阶段。联邦的相关工作基本上集中在对外来害虫和杂草的研究，缺少其他类型非本地物种的监测数据。

除美国地质调查局（USGS）为非本地海洋物种数据库项目收集了外来淡水鱼、软体动物和甲壳动物的数据，以及野生动物健康中心的由自愿者提供的野生动物疾病事件的记录（参见第 6 章相关的淡水指标）之外，还没有发现其他联邦机构收集美国非本地物种数据。公益自然组织和北美生物区计划（BONAP），两个非政府组织对全国大量种群，采集并积累了物种分布数据。但是，考虑到评论者的评论，海因茨中心决定针对这些数据集是否能被包含在国家尺度的指标中进行深入研究。

显而易见，全国范围内已经并且正在收集更多物种的相关数据，但仍不能覆盖全国，且对这些零散数据的处理和汇总也超出海因茨中心的能力范围。但是，如果政府机构或是其他组织能将这些数据集成到现有数据库或是重新建立国家级数据库，则可对更多物种报告定殖非本地物种所占比例。

2008 年报告数据更新：

报告加入了新增指标。

本地物种组成

指标

本指标将一个地区实际观测到的本地物种数量，与假设该地区在未受破坏、管理或是物理改变影响情况下的预期数量作比较。该指标以比值形式报告数据（观察到的物种组成/预期物种组成，O/E），当比值接近 1 时，表明该群落几乎未退化，接近参比条件，当比值接近 0 时，表明群落处于高度退化状态，几乎没有预期本地物种。分别计算不同土地利用类型的 O/E 度量因子，并按照土地利用类型，在全国尺度进行数据汇总。

本指标将取代 2002 年报告中被列为需要发展的指标。为建立本指标，工作组集中讨论，推荐采用本地物种组成取代生物群落状况，由于很难同时获取并描述群落状况的众多因素（群落结构、功能、组成、多样性、年龄），还有许多未知的群落间相互作用和数据采集的困难。工作组建议将指标按地理（生物区和土地利用类型）和分类学划分，并在此基础上收集群落状况的附加信息。指标按一系列不同分类群报告物种组成，例如代表不同功能或结构群或年龄级的物种组成。其他备选指标（包括种群丰度指标和多重度量标准指标），经工作组讨论，都最终排除，最终确定本地物种组成指标。

在最终正式确定 O/E 度量因子前，应对多种生态系统类型进行测试。工作组推荐验证两种 O/E 计算方法：种—面积关系模型（SPARS）和预测模型。后者基于物种在给定的物理和化学预测变量条件下出现的概率，估算预期物种丰度。在陆地生态系统中更多使用 SPARS 法，该方法也被国家研究委员会（NRC，2000）推荐为国家本地物种多样性指标的研究方法。O/E 预测模型常用于评估溪流群落（White et al.，2000），基于该模型，英国和澳大利亚开展了国家尺度评估，最近也被用于评估美国可涉水通过的溪流的底栖群落状况（US EPA，2006b）。本报告所用方法能够估算海洋和陆地系统的 O/E 物种组成。

数据缺口

如果本地物种组成指标被正式采用，很可能只能获取部分数据。基于土地利用类型的物种组成数据的采集相对较少，这些数据一般由学院、州级项目，或是非营利机构采集（如伊利诺伊自然历史局，http：//www.inhs.uiuc.edu），现在还没有区域或国家级数据库对该数据进行分类汇总。并且很多物种组成数据在采集时并没有同时包括未受破坏、人为管理或物理改变影响的参照点的物种组成数据。若使用预测模型，还需要有种群丰度数据和不同土地利用类型地域的化学或物理参数。按土地利类型归类的国家物种组成数据，目前只有关于大型淡水无脊椎动物的数据（US EPA，2006c），见第 6 章淡水动物物种状况。美国农业部林务局在森林健康 FIA 计划第三阶段正在发展一个用于评估植被类型、丰度和空间格局的植被指标（http：//www.fia.fs.fed.us）（也可参见已定殖的非本地森林植被章节的技术说明）。

植物生长指数

指标

本指标报告与长期平均值相比，每年种植植物增加或减少的土地面积，该指数基于归一化植被指数（NDVI）计算。分别针对不同生态系统类型报告，同时在整个时间段汇总（1983—2003 年）所有生态系统类型的数据。

植物生长指数基于美国国家海洋和大气管理局（NOAA）发射的极地轨道卫星上搭载的先进甚高分辨率辐射仪（AVHRR）数据计算。归一化植被指数 NDVI 可用于监测叶绿素浓度，其计算公式为 NDVI=（NIR-VIS）/（NIR+VIS）其中，NIR 为植被反射的近红外光，VIS 为植被反射的可见光，均由 AVHRR 遥感监测数据得到。NDVI 值较低时（小于等于 0.1 时），所对应地区为岩石、沙子或冰雪等荒地覆盖类型。中等数值代表的是灌木和草地（0.2～0.3），高数值则表明是温带和热带雨林（0.6～0.8）。对于给定植被类型（如森林、灌木、草地、耕地），本指标可作为植被生理状态度量因子。长势好的植被（高数值）吸收部分可见光，并反射大部分近红外光。生长较差或稀疏植被（低数值）则反射了较多的可见光和较少的近红外光。

针对不同的覆盖类型，NDVI 和光合有效辐射的关系不同，分别对本土 48 个州的森林、农田、草地和灌木林地，计算了 1982—2003 年每年的生长季累积 NDVI。

指标设计的实质性变化：

为进行时间序列分析，增加了新数据，之前结果按县级为单元进行数据汇总；最新结果按 8 km 像素（64 km^2）为单元汇总。

数据

数据描述：

8 km 空间分辨率和 15 天时间分辨率的 NOAA-AVHRR 遥感数据，由美国航空航天局（NASA）的全球监测与模型研究（GIMMS）小组进行数据处理，即面向气候研究，完成空间和时间采样和归一化，消除定标误差、轨道错位及气溶胶大气污染所引起的影响（Tucker et al.，2005）。

数据处理：

GIMMS 数据由 NASA（陆地检测与预测系统（TOPS）/艾姆斯研究中心）负责分析。通过 Men-Kendall 测试，估算了 1982—2003 年美国本土 48 个州区域内年平均 NDVI 的变化趋势。本报告利用 AVHRR 1 km 土地覆盖图将其重新采样为 8 km（Hensen et al.，2000），在此基础上分析不同生态系统之间 NDVI 趋势的差异。

数据质量/说明：

为了建立长期气候记录，NASA 不断地改进 GIMMS 数据，正在致力于消除 NDVI 数据应用过程中由于大气校正带来的不确定因素。

数据获取：

GIMMS 数据可从全球土地覆盖数据集（Global Land Cover Facility）（http：//www.landcover.org）获取。

数据缺口

在公海水域进行过基于叶绿素浓度评估的类似分析（Gregg et al.，2005）。今后，本指标可将这些分析数据与陆地系统数据结合在一起。

食物和纤维的生产及水的供应

数据

林产品：

数据直接从美国农业部林务局处获取。全国尺度图表所用数据与木材采伐指标报告所用数据相同（第 5 章）。

海洋鱼类捕获量：

数据直接从美国海洋与大气管理局（NOAA）获取，并在经济鱼类和贝类的捕获量（第 3 章）中描述。

饮用淡水：

数据源自美国定期地理调查中的全国用水量估算，该数据自 1950 年以来每 5 年发布一次（注释：1960 年前后年份的数据不一致）。最新资料（1985—2000 年）可登录 http：//water.usgs.gov/water/下载（电子版参见引用水的技术说明）。对所有时间（地区）的饮用水使用量除以 1980 年值进行报告。

农产品：

数据可从美国农业部经济研究局（ERS）网站获取。州际间数据来自于《美国农业，1990—1996：指标总产量的多元比较》，1995 年技术公告，见 http://ers.usda.gov/Data/AgProductivity/）。国家尺度图表报告数据通过对各州级数据加和得到的。上述报告中所示为标准化数据，如阿拉巴马州1996年的产量等于1。这些标准化数值在国家和区域尺度上分别汇总，然后除以 1980 年的值求得所有其他年份的指数值。需注意，尽管新数据与 2002 年报告中的数据变化不大，但是仍然对数据序列进行了重新分析。

人口：

数据可从美国人口普查局的网站获取，登录 http://www.census.gov/popest/estimates.php 点击链接“国家”和“州”。在国家或区域尺度上，将分别汇总的数据除以 1980 年的值得出所有其他年份的指数值。需注意，2002 年报告中 1991—1999 年的数据是基于普查后数据估算的，本报告采用更准确的调查局人口普查数据对其进行了更新。

2008 年报告数据更新：

2008 年报告中对林产品（2006）、海洋鱼类产量（2005）以及人口（2005—2006 年）进行了数据更新和修改，需注意，报告对海洋鱼类产量数据集进行了整体修改。饮用水使用情况没有新数据。

户外休闲娱乐活动

数据

数据描述：

本指标所述 3 个时间点（1994—1995 年，1999—2001 年，2003—2005 年）的娱乐活动数据来源于国家自娱乐和环境调查（NSRE）。NSER 由美国农业部林务局南部研究站、美国国家海洋和大气管理局（NOAA）、佐治亚大学、田纳西大学和其他联邦、州或是私人赞助者联合开展。NSRE 收集人们参加户外休闲娱乐的数据（除组织者自己），主要采用对美国家庭开展电话调查的方式。

1994—1995 年调查数据是通过 1994 年 1 月—1995 年 5 月共 17 216 个访问得到；1999—2000 年 NSRE 共包括自 1999 年 7 月—2001 年 7 月采集的 57 868 个访问；2003—2005 年的 NSRE 包括大约 50 000 个访问（数据不完整）。1994—1995 年和 1999—2001 年的 NSRE 包括两组随机拨号（RDD）电话调查。平均访问时间为 20 min，采访对象为 16 岁及以上的美国人，提问内容包括休闲娱乐活动的参加以及娱乐互动的天数和开销；缺少 2003—2005 年 NSRE 调查数据。

数据处理：

NSRE 数据按照几类主要的活动组分别进行报告（如骑车、大型猎物狩猎、冲浪、溯河捕鱼）。本指标中，海因茨中心将这些活动组别进行合并，具体情况可通过比较 NSRE 报告和本报告所用类别看出（如散步、赛车、淡水捕鱼）。例如，本报告中归入滑雪的项目包括 NSRE 数据中所有种类的滑雪活动，也包括滑板滑雪和雪鞋滑雪。需注意，本报告类别划分能够兼容 3 个 NSRE 报告之间的差异。

数据质量/说明：

RDD 调查的抽样方法是基于对电话号码而非居民的所有电话机，由于某些选中家庭无法取得联系，且电话列表不完整，因此并未包括所有家庭，导致样本类型分配不同，缺少代表性。因此在数据分析时，基于人口普查数据，按年龄、种族和性别对样本过剩和不足导致的代表性差异进行了调整。

1999—2001 年和 2003—2005 年两个阶段参与调查的家庭数量大体相同，然而 1999—2001 年的 NSRE 调查比 1994—1995 年增加了 40 652 个家庭（17 216～57 868）。这种变化是否与本指标报告的娱乐活动项目的增加有关，其影响程度尚不明确。

在发展指标时也参考了其他室外休闲娱乐调查数据。美国鱼类及野生动物管理局（FWS）对可能进行野生相关的室外活动的潜在人群进行了电话和上门调查。2006 年 FWS 捕鱼、狩猎和野生动物相关娱乐调查报告表明，2001—2006 年参加捕鱼和狩猎活动的居民的数量有所减少，同期参加野生动物观赏的人数增多。FWS 的调查结果可登录 http://wsfrprograms.fws.gov/ Subpages/ NationalSurvey/ National_Survey.htm 下载。美国户外产业基金会（OIF）

也开展过娱乐活动调查（请访问 http：//outdoorfoundation.org）。作为娱乐圆桌会议准备工作，RoperASW 开展一项题为 2003 年美国室外娱乐：2004 年趋势挑战社会娱乐效益的调查，可登录 http：//www.funoutdoors.com/files/ROPER%20REPORT%202004_0.pdf 下载。OIF 和 Roper 的调查结论均表明美国娱乐活动减少；但是，这些调查的完整性和重复性都不及 NSRE，确定 NSRE 调查中发现的参与度增加是否能代表长期变化趋势仍需更多数据。

诸如 NSRE 等调查是评价娱乐活动参与情况随时间变化的一种方法。此外，有些针对美国娱乐活动的长期研究也采用公园或公共用地接待游客数量，或狩猎和捕鱼许可证的购买情况的数据，来监测室外娱乐的发展趋势。Bergam and Henry Schradieck（2008）结合调查和接待游客数据，追踪了户外娱乐活动随时间变化，发现单位公共用地接待人数大幅度减少，露营和捕鱼参与人数减少。NSRE 森林数据不能直接和全国接待游客数据比较，因为 NSER 追踪的是娱乐活动，而后者则基于人口数量变化进行校正。NSRE 的数据是通过调查获取，而非实地访问，因此不能准确表示娱乐参与度。访问数据仅限于有访问记录或是收费地点。访问数据不能追踪私有土地或是监测范围外的公共土地上的娱乐活动。

数据获取：

1994—1995 年 NSRE 的数据可在 NSRE 网站获取，网址为 http：//www.srs.fs.fed.us/trends/fsoutrec.html。1999—2001 年和 2003—2005 年的 NSRE 数据，由美国农业部林务局提供。1999—2001 年的 NSER 数据在线发布，可访问 http：//srs.fs.usda.gov/trend/nsre2.html）获取，该数据也发表于 Cordell（2004）。

2008 年报告的数据更新：

增加 2003—2005 年的 NSRE 数据。

数据缺口

如前文所述，可获取参与天数的娱乐活动项目列表并不详尽，一些项目还需要进一步细化（游泳、狩猎和观光），需区分是在海水中还是在淡水中进行，以便明确娱乐活动对应的生态类型。目前本指标设计并没有报告 16 岁以下居民的娱乐活动。而其他以年轻人为调查对象的娱乐活动参与程度调查报告表明，年轻人的娱乐活动参与度也在降低。NSRE 调查目前已增加针对 6～15 岁人群作为调查对象。数据充分时，本指标将扩展至包括年轻人的娱乐活动。

自然生态系统服务

本指标无技术说明。

海岸和海洋状况与利用指标

海岸生物生境

措标：

海岸生物生境指标报告海岸和海洋生态系统中“生物结构生境”的面积，即由生物体及其残留物构成的生境类型。海岸生物生境由一系列不同类型生境组成，动植物种类丰富。珊瑚礁和海草床为本地海域和深海中的很多鱼类和海洋生物幼体提供栖息地。其他类型，例如遗弃的贝类养殖场，在其早期动物离开后仍能继续为海洋生物提供栖息地。

本指标仅报告这些生物结构生境的分布，不包括其状况。因此，本指标不能充分描述生境类型的特征，如珊瑚礁的功能属于生境状况范畴，不包括在其分布信息中。

数据

数据描述：

海岸湿地数据源自美国鱼类及野生动物管理局（FWS）国家湿地调查（NWI；Dahl et al.，2006，第 46 页）。NWI 介绍参见项目描述。此处所述数据包括河口植被湿地，在 FWS 报告中，该类型湿地占海岸总湿地的 87%。河口非植被湿地和海洋潮间湿地，未被包括在内，未被归入“生物生境”类型。本指标不包括对实施主要开发活动以前海岸湿地的评估。Gosselin 和 Bauman（1980）估算出在 1923 年共有 1 000 万英亩的海岸湿地；与该数据相比，评估表明现有湿地面积减少了 50%。FWS 的报告“18 世纪 80 年代至 20 世纪 80 年代美国湿地的减少”（Dahl，1990）也给出了湿地分布范围的长期趋势。需注意，海岸湿地分布范围的数据包括在2005年美国飓风季中损失的湿地。

数据处理：

数据发表在Dahl et al.（2006）上，包括4个不同的时段分析，分别为：20世纪50—70年代、20世纪70—80年代、20世纪80—90年代以及1998—2004年。本报告中，以10年为步长进行评估。例如，20世纪80年代的数据，在图中标注为1985。需注意，NWI地图中包括更多详细数据和电子数据，但是其面积统计规则与国家或区域报告不符。

2008年报告数据更新：

基于新版NWI报告，增加了从亚特兰大到墨西哥海湾沿岸1998—2004年的植被湿地面积估算数据。同时还增加了对2005年的飓风季海岸湿地损失的评估。

数据获取：

"1998—2004年美国本土湿地状况和趋势"数据登录http：//wetlandsfws.er.usgs.gov/status_trends下载。有关2005年飓风季海岸湿地损失的评估，可访问http：//pubs.usgs.gov/of/2006/1273/。

数据缺口

植被湿地：

太平洋海岸河口湿地的分布分散，增加了该类湿地有效数据的采集难度。因此，与之前期研究保持一致，NWI没有在太平洋海岸河口湿地采样，如加利福尼亚州的旧金山湾、俄勒冈州的库斯湾、华盛顿州的普吉特湾。一些南加利福尼亚湿地的信息可在线获取，访问http：//www.ceres.ca.gov/wetlands/geo_info/so_cal.html。

一份关于阿拉斯加州湿地状况的1994年的FWS报告可在线下载（http：//www.fws.gov/nwi/Pubs_Reports/Status_of_Alaska_Wetlands.pdf），但缺少趋势数据，也没有对夏威夷州的沿海植被湿地进行评估。

珊瑚礁：

美国大部分水域特别是太平洋，缺少不同尺度的珊瑚礁精确制图用于解决新兴的珊瑚礁维护问题。2000年3月，联邦跨机构的美国珊瑚礁特别行动小组（USCRTF；http：//www.coralreef.gov）发布了一个行动计划，委托多个机构在五至七年内对美国及其管辖领土内所有的珊瑚礁进行完整绘图。美国国家海洋和大气管理局（NOAA）珊瑚礁保护项目发布的"美国及太平洋自由联合州的珊瑚礁状况：2005"（http：//ccma.nos.noaa.gov/ecosystem/coralreef/coral_report_2005）报告了14个计划领域中的6个，报告完成了珊瑚礁制图和生物状况评估。NOAA并没有计划进行重复标示或是长期监测。

贝类繁殖场：

自1966—1998年，每隔5年制定一次贝类生长水域分类的国家贝类登记，登录http：//oceanservice.noaa.gov/websites/retiredsites/supp_sotc_retired.html下载。该登记由国家贝类生产州、联邦机构，如美国食品和药物管理局和NOAA以及州际贝类卫生委员会（ISSC）合作完成。

水生植物：

尽管已有许多水生植物分布的监测项目（海草、海藻以及其他水下植物），但缺少国家级趋势评估工作。联合国环境规划署正在积极收集世界范围内的海草分布信息，可作为本指标的数据来源（http：//unep.org/dewa/assessment/ecosystems/water/vitalwater/marine.htm）。

海岸线类型

指标

美国总海岸线中各不同类型海岸线长度的百分比组成共包括5种类型：陡峭砂质、基岩质或者淤泥质海岸；海滨泥滩或沙坪；海滩；植物覆盖海岸以及军用海岸线。此外，该区域内不同类型海岸线的长度采用所占海岸线总长度的百分比例表示。本指标未报告不同海岸线类型分布的范围（面积）。且只对受潮汐影响的区域进行了分类，因此不包括沿海岸线分布的商业用地、地产开发用地或其他近海内陆结构。海岸生物生境和海岸区域格局（第3章）指标旨在描述沿海生境的格局和分布。

数据

数据描述：

数据由美国国家海洋和大气管理局（NOAA）响应和恢复办公室（Office of Response and Restoration）和国家海洋局危险品事故响应部提供。佛罗里达州海岸线的数据由佛罗里达海洋协会采集，由 NOAA 完成数据处理和解译。数据是从环境敏感指数（ESI）图集精选而得，该图集由 NOAA 响应与恢复办公室制作。ESI 法用于对沿海地貌、生物和人类利用要素进行标准化制图。获取更多信息请登录 http：//response.restoration.noaa.gov/esi/。本报告对从多个图集（1984—2006 年）获得的数据在区域上进行了集成。对于大多数区域，无法获取整个海岸线的电子版数据，而覆盖范围的连通性和完整性影响着海岸线制图的质量。考虑到上述问题，下文数据质量小节中给出了 9 个可获取数据区域的信息。获取各图集的完整元数据信息，包括采集方法和信息源，可访问 http：//response.restoratioin. noaa.gov/esi/。

数据处理：

本指标对不同区域内海岸线类型进行简要总结。概述区域内潮间带的总长度并分别给出了 5 类海岸线类型的长度。综合利用航拍信息、航空摄影、当地栖息地地图、国家湿地调查数据以及地面实况的综合信息，划分 ESI 海岸线类型。图集的详细信息可参见各图集元数据，具体参见 5.1-详细描述：ESI 和 2.5.1-数据源：ESI。

定义本指标的第一步是将源自不同图集的各区域海岸线信息集成在一起，并统一术语，与最新 ESI 海岸线类型保持一致。本报告基于基底和坡度，将 ESI 海岸线类型归并为 5 个更为综合的类别，该 5 大类别以及各个类别中的 ESI 类型具体如下：

- 陡峭或岩石海岸线。ESI 类别（无植被陡峭海岸、绝壁以及海塘）、1A（裸露的岩石海岸）、2A（基岩、泥土或黏土上裸露的浪蚀台）、2B（黏土中裸露的斜坡和陡坡）、3B（沙地中的斜坡和陡坡）和类别 8（隐蔽的岩石海岸以及基岩、泥土或黏土中隐蔽的斜坡）。
- 海滨泥滩或沙坪。ESI 类别 7（裸露的潮滩）和 9A（隐蔽的潮滩）。
- 海滩（沙子或碎石）。ESI 类别 3AF（细到中颗粒沙滩）、4（粗颗粒沙滩）、5（沙子碎石混合型海滩）和 6A（碎石海滩）。
- 植被湿地。包括草地、灌木林地/灌丛以及沼泽。ESI 类别 8D（覆盖植被的陡峭断崖）、9B（覆盖植被的低河岸）、10A（咸水和微咸水沼泽），10B（淡水沼泽），10C（沼泽）以及 10D（矮树湿地和红树林）。
- 军用海岸线。ESI 类别 1B（裸露且坚固的人造结构）、6B（乱石）、8B（隐蔽且坚固的人造结构）以及 8C（隐蔽的乱石）。

确定区域内各种海岸线类型特征后，将各海岸线的长度的以及它们所对应的 ESI 类型信息汇总并制成表格，进而通过一系列计算机程序计算海岸线的总长度和类型。ESI 海岸线数据非常复杂，一段海岸线可能包含多至 3 种 ESI 土地类型，例如在近水侧为潮滩，紧接着为沙滩，而近陆地侧为沼泽。如果一段海岸含 3 种不同海岸线类型，将被计算 3 次。但是，计算陆地/水域界面的总长度时，无论包含多少海岸线类型，每段海岸线只计算一次。因此，各海岸线类型的长度加和大于海岸线的实际总长度。

数据质量/说明：

ESI 海岸线覆盖面积中所用的海岸线定义比本章其他指标中所用海岸线定义的范围更广泛，它还包括水湾、海湾、沿海河和潮沟。例如，在西北太平洋区域包括哥伦比亚河河岸的大范围地区。该区域使用了一些 1984 年为中大西洋和西北大西洋编辑的旧版图集；此后，这些区域内的小部分海岸线形状或类型可能发生变化。

数据获取：

数据来自于针对本项目的专项分析；部分数据可访问 http：//response.restoration. noaa.gov/ esi/ 获取。

2008 年报告数据更新：

首次增加了北大西洋、中大西洋、墨西哥湾、阿拉斯加湾、白令海和夏威夷区域的数据。更新了西北太平洋、南大西洋和南加利福尼亚的最新年份数据。

海岸格局

本指标无技术说明。

缺氧区域

指标

本指标报告夏季较长时期水中的溶氧浓度过低（溶氧小于 2 mg/L），即缺氧的沿海和河口的水域面积。当有数据充分时，本指标也将报告溶氧度较低（在 2～4 mg/L）的沿海和河口水域。

数据

数据来源：

墨西哥湾的数据来自路易斯安那大学海洋联合会（LUMCON）南希拉伯雷（Nancy Rabalais）和路易斯安那州立大学（Luoisiana University）尤金特纳（Eugen Turner）发起的年度缺氧调查。切萨皮克湾的数据来自切萨皮克湾项目（http：//www.chesapeakebay.net/）。

数据处理：

墨西哥湾的数据来源于已建立监测站的年度仲夏沙洲宽度游艇监测。溶氧度低于 2 mg/L 的沿海水域的面积通过对多个固定监测站测得的溶氧进行插值计算而得。监测站点位置的元数据和地图信息，访问 http：//www.gulfypoxia.net 获取。切萨皮克湾的数据是在 7 月份期间溶氧度低于 2 mg/L 的海湾水域的平均面积，表示为占各个时间段内全部抽样海湾面积的百分比。

数据获取：

访问 http：//www.gulfhypoxia.net 获取墨西哥湾缺氧的信息和数据。切萨皮克湾项目建立了一个溶氧和水质在线数据集，更多数据获取可访问 http：//www.chesapekebay.net/wquality.htm。

2008 年报告数据更新：

增加了一部分切萨皮克湾和墨西哥湾数据。

数据缺口

在沿海海湾和河口的很多区域都开展了溶氧监测项目，但是目前只有墨西哥湾北部和切萨皮克湾有长期数据集，可以用来比较多年的缺氧范围。更多州级溶氧报告工作的信息来自 NOAA，可访问 http：//www.cop.noaa.gov/stressors/pollution/links. html。NOAA 设置了有关开展区域缺氧研究项目的链接，http：//www.cop.noaa.gov/#maplink。

更多区域溶氧相关工作信息在线可得，包括长岛海峡（http：//www.ct.gov/dep/cwp/view.asp？a=2719&q= 325534&depNav_GID=1654）、纽斯河口（http：//www.ncsu.edu/wq/NRPM/index.html）以及纳拉干赛特湾（http：//www. dem. ri. gov/bart/netdata.htm）。

海底沉积物的污染

指标

本指标报告了河口底层沉积物中污染物含量水平超标的面积。这些污染会危害鱼类和其他海洋生物，如果人类摄入了受污染的鱼类或贝类，会对健康产生危害。今后，也将报告沿海海域 25 英里范围内的沉积污染物的空间分布。

数据

数据来源：

1998—2002 年 USEPA 国家海岸评估共采集了 2 146 个地点的数据（详情请参见 NCA 项目描述和 http：//www.epa.gov/emap/nca/ index.html）。数据包括美国本土 48 个州中的 21 沿海州的完整信息，以及夏威夷、波多黎各和阿拉斯加中南部。NCA 项目对阿拉斯加其他河口区的河口沉积进行调查，计划在未来 5～10 年内完成。

共针对 20 种杀虫剂化合物、24 种多环芳香烃（PAHs）、21 种多氯联苯（PCB）同类物和 15 种微量元素（包括水银）进行了浓度监测。将 27 个保护海洋生物单一或复合标准与 6 种杀虫剂化合物、24 种 PAHs、21 种 PCB 同类物和 9 种微量元素进行比较（NCA 监测的河口沉积中的 21 种污染物还没有确定的标准）。每一个抽样点，汇总统计出浓度超过较低或较高标准的污染物的数量。指标基于超标污染物数量对河口区域进行了分组。

数据质量/说明：

NCA 监测的很多污染物都没有制定标准。河口沉积海洋生物标准是作为非正式的说明性工具而建立（参见 NAC 项目描述）。没有制定关于沉积污染物暴露对人体健康的潜在影响的相关标准。

2008 年报告数据更新：

在 2002 年报告中，报告了 1992—1998 年沉积污染物的数据，但是由于监测项目后来扩展了地理范围，该数据无法和本报告 1998—2002 年的数据进行对比——具体增加的区域包括北大西洋和太平洋海岸河口、夏威夷以及阿拉斯加中南部。

数据缺口

已开始对西部、东南和东北区域的海底沉积污染物进行数据采集（距离海岸 25 英里范围内），加上未来对其他区域的海洋调查将能提供了瞬时的“快照”式信息，但目前还缺少对海底沉积污染数据进行报告。

海岸侵蚀

指标

数据充分时，本指标将报告美国海岸线状况—包括人工或自然海岸线，无论是受侵蚀型、扩展型或是稳定型。海岸侵蚀能改变海岸栖息地的敏感度，改变沉积迁移和沉淀的模式，并影响水质，也威胁着海岸定居点。

数据缺口：

如指标文字介绍所述，必须规定划分“扩展型”和“侵蚀型”海岸线的标准。据悉，海岸线水平位移变化范围介于每年半英尺到几英尺之间。此外，海岸线管理机构需要就海岸线堤坝建造达成一致意见，它是为控制侵蚀而建造在海岸线上垂直型结构体。另外，可以通过人工护滩控制侵蚀，但是人工护滩也可能是为建造和维护海港、水湾而形成，如将海港或水湾的挖掘物堆放在邻近海滩上，此类人工护滩的附属物记录很难获得。

大多数海岸线侵蚀和人工护滩数据都是短期的，均来源于某具体项目，目前还没有进行长期或区域性研究。由于数据采集和分析方法差异，区域间结果无法比较，无法进行区域或全国尺度报告，并很难生成区域或国家尺度报告所需数据。Dolan et al.（1985）的研究搜集了 20 世纪 60 年代、70 年代和 80 年代的侵蚀数据，可作为今后分析的示范性研究。区域性的项目有如华盛顿州西南部海岸侵蚀研究（http：//www.ecy.wa.gov/programs/sea/ swces/inde.htm），佛罗里达州环境保护局的侵蚀报告（http：//www.dep.state.fl.us/beaches/publications/ tech-rpt.htm#Critical_Erosion_ Reports）是能够较好描述海岸侵蚀情况的典型报告。

检测海岸线遭受侵蚀、得以扩展或保持稳定的方法很多，包括海岸线剖面方法，美国国家海洋和大气管理局（NOAA）国家海洋服务处的地形监测表和航空摄影数据，可分别作为地理参考和被处理为正射影像。

此外，激光探测及测距系统（LIDAR）技术是监测侵蚀的一个有效方法，至少已在两个项目中得到应用。一是海岸带侵蚀的空载激光雷达评估（ALACE）项目与 NOAA 合作，二是美国国家航空航天局（NASA）和美国地质调查局（USGS）采用激光探测及测距系统（LIDAR）技术对 48 个州大多数沙滩进行绘图。在地形变化绘图项目中，NOAA 继续使用 LIDAR 分析特定海岸线，并对非美国海岸线进行大规模调查。ALACE 或地形变化绘图项目更多对信息，请访问 http：//www.csc.noaa.gov/crs/tem/。

海洋表面表温度

指标

本指标计算（A）近海水域（海岸线外 200 英里内）的年度季节性平均海面温度（SST），其中，年度季节性平均海表温度代表每个区域最热季节（名为“季节平均最高值”，往往出现在夏季或秋季）；以及（B）检测期间（1985—2006 年）的长期温度平均值（最热季节）。将季节性海洋表面温度与长期平均值相减，年份值（即与长期平均值的偏差）大于零时为正异常，而小于零值时为负异常。

因为海洋比热容大，海水温度日变化和季节性变化不像陆地和空气中的温度变化那么易受影响。海洋的缓冲能力意味着海水温度的变暖趋势落后于陆地表面。因此，随着时间的推移，海洋温度变化比陆地或空气温度变化更能体现气候的全球性变化。水温年度周期性变化，年际间到10年间趋势的变化，不仅影响一个区域内优势生物种类，也影响珊瑚礁退化（褪色），并导致水华和非本地物种入侵。经过更长时间之后（几十年甚至几百年），这些变化会导致营养供应从深海到海洋表面不断降低，同时引起从初级生产者减少到鱼类产量降低等一系列的连锁反应。

有大量证据表明海洋表面正在逐渐变暖（如Barry et al.，1995；Levitus et al.，2000）。2007年政府间气候变化专门委员会（IPCC）报告1961—2003年，全球海洋深海（0～700 m）（Solomon et al.，2007）温度升高了0.10℃。IPCC报告还发现深海变暖趋势与SSTH具有相关性，表明海洋表面变化趋势也可被认为是整个海洋温度预期转变的先兆（Solomon，2007）。

数据

数据来源

1985—2006年的数据由美国国家海洋和大气管理局（NOAA）国家海洋服务处分析并提供给海因茨中心。NOAA/美国国家航空航天局（NASA）SST数据基于NOAA系列极地轨道环境卫星的甚高分辨率辐射仪（AVHRR）提取得到。

数据处理

数据为正方形像素网格，网格边长10 km（大约6英里）。日间和夜间数据均经过云处理（采用“侵蚀过滤”方法），由日平均值得出月平均值，继而得出季度平均值。

数据质量/说明

该类分析中鲜有系统误差，监测海面3.3英尺以下的温度时，期望数据与实际的误差小于2℃。

数据获取

数据可从NASA的网站免费获取，网址为http://podaac.jpl.nasa.gov/DATA_CATALOG/sst.html/。

2008年报告数据更新：

在2006年基础上新增了NOAA数据。

濒临灭绝的本地海洋物种

本指标无技术说明。

主要河口区域定殖的非本地物种指标

本指标定义不明确。但是同本报告中诸多指标一样，建议对报告中含有不同非本地物种（包括植物、脊椎动物、无脊椎动物和影响本地物种的植物和动物病原体）的主要河口区域面积进行定量描述。该指标因子按不同类型分别报告，并在报告非本地物种数量的同时说明其占河口物种总数的比例。目前的指标设计尚不能完整地在空间上对河口区域，特别是受到非本地物种影响的大型河口进行描述。

显然，这种设计过于简单化，无法充分描述国家河口状况的信息。另外，本指标同样也遇到与陆生植物覆盖度指标（例如：森林中定殖外来植被覆盖度）类似的问题：由于二者均涉及多层系统，因此需要建立适用于复杂系统的计算方案。

非本地物种的定义请参见核心指标的技术说明。

数据缺口

需通过常规数据监测和评估项目建立美国主要河口中五类有机物物种清单。该清单将基于每个河口目标群落中现有的物种调查资料，不同地区河口开展的后续生物资源调查而制定。这些调查也能为评估河口非本地物种生态影响提供数据。

通过调查、整理国家生物资源、环境保护局提供的各种环境影响报告和学术研究项目，可获取上述的物种名录、生态影响数据和不同物种监测数据。但是，对于主要较发达河口，在全国范围整理的数据存在差异，缺乏适用性。有很多项目持续收集此类实用信息和数据——访问有害水生物种专案组织（The Aquatic Nuisance Species Task Force）网站（http://www.anstaskforce.gov/）和史密森尼环境研究中心网站（http://www.serc.si.edu/labs/marine_ invasions/）。

河口非本地物种生物量是反映非本地物种影响水生系统的另一项指标。随着指标扩展以及数据来源不断丰富，未来可尝试其他方法反映非本地物种对水生态系统产生的影响。

海洋生物异常死亡

指标

本指标以海洋生物异常死亡为重点对象，衰老死亡、捕食、游船事故和副渔获物不在报告范围内。受到1987—1988年大型海豚死亡事件的影响，美国国家海洋和大气管理局（NOAA）和国家海洋渔业服务部（NMFS）于1991年开始记录异常死亡事件（UME）。NMFS成立了海洋哺乳动物异常死亡事件工作组，制定判定海洋异常死亡事件发生的标准，并负责对此类事件做出直接回应（http：//www.nmfs.noaa.gov/pr/health/mmume/history.htm）。该小组认为，报告的死亡事件，可通过分析如下情况判定是否将其划分成UME，①死亡动物数量；②事件发生时间和地点；③物种、年龄或动物性别组成；④出现任何异常病理特征或野生群体异常行为；⑤遗留物种的状况：濒危、受到威胁、减少。根据上述五项标准，工作组可使用以往监测结果和历史数据判定死亡事件是属于异常还是由于正常状况发生显著变化而导致。

数据

数据描述

NMFS资源保护办公室、水生生物健康和搁浅事故响应项目提供自1991年至今的UMEs数据。

数据获取

可直接从NOAA获取UME数据，绝大多数数据可从网站www.nmfs.noaa.gov/pr/health/mmume下载。从NOAA还可获取多年的灰鲸死亡数据。从www.afsc.noaa.gov/网站可下载技术备忘录NMFS-AFS-150，点击www.afsc.noaa.gov/ pulications/ AFSC-TM/NOAA-TM AFSC-150.pdf可下载“1999—2000年东北太平洋灰鲸异常死亡事件”2003年海宁会议对2002UME发布数据进行了研讨。

2008年报告数据更新：

增加鲸、海豚、鼠海豚、海豹、海狮、海獭和海牛等最新数据和修订数据。

数据缺口

尽管建立了海龟搁浅和救助网站，但是却未设定与海龟、海鸟、鱼或海洋哺乳动物习性相同的贝类动物应急项目，且此类动物死亡数远远大于哺乳动物死亡数。因此，非常有必要建立该类动物UME的报告框架。

有害藻类事件

指标

通过分析可知，有害藻类具有以下特征：①可大量繁殖，该物种可产生对动物或人类有害的毒素；②水生贝类动物毒素等级增长可抑制藻类收获量或出售；③有害藻类导致海洋物种或五大湖区动物受损或大量死亡；④有害藻类会引发人类疾病。即使单一事件也会产生多种影响（例如：有害藻类事件增多会导致大量人口死亡以及加重对人类健康的威胁），但是单一事件只能在相对强度级别划分中记录一次。

世界上有5 000多种微藻类物种，其中100种可生产毒素，极少数对人类无毒害，但是人类通过剪去或堵塞鱼类和无脊椎动物的鳃可减轻其危害。有害藻类事件可形成藻类种群（鞭毛藻类、硅藻和蓝藻细菌）并使其具有不同的营养级（例如：自养、异常和混养）。事件发生频率、范围和持续时间由物种和所在区域共同决定，且同一区域内特定物种每年产生的毒素也存在明显差异。

事件可能引起严重或轻微的问题，有害藻类事件并不一定以藻类过程繁殖为指示特征。目前控制性项目，如控制贝类动物繁殖和毒素污染的州级项目，有效减少了此类有害藻类事件对人类健康造成的危害。以有害藻类物种为例，其产生危害的毒素或机制、相关因素和潜在后果请参见HARRNESS 2005（p.14），Hallegraeff et al.，2003（p.26），Moeller et al.，2007。

此外，还存在另一组有害藻类事件，但是本指标未对其进行说明。该组藻类包括大型藻类和微藻类，因为其生物量增加可耗尽供应的氧气，限制光线射入并改变海岸栖息地环境，从而影响周围的群落。这些问题将在其他指标中进行阐述。

数据缺口

绝大数有害藻类事件在事件发生以后或发生过程极易被发现，如鱼类死亡等。然而，仍缺少对以下指标系统的监测项目：①定量化指标有害藻类物种数量，②定量化指标生物毒素浓度或明确有害藻类物种和死亡事件因果关系，③定量化指标人类健康风险增加的程度。因此，无法获得计算全国指数所需的数据。尽管全国都在努力加强对此类事件的监测和报告力度，但是仍缺乏应对有害藻类的有效措施。主要阻力在于不同有害藻类物质性质各异（分类系统、营养物质产生毒素的环境条件、毒素类型、毒素影响），例如有些物种过量繁殖引发问题，而有些物种在低密度情况下也会引发问题。

虽然正在开展的州级、联邦和研究型项目已经收集已有数据，如佛罗里达海洋问题研究所数据库中数据，但是，所得数据类型和项目所需数据不一致。尽管我们一直努力创建诸如 HABSOS，即由全球海洋观测系统设计的墨西哥湾北部协同原型系统（http：//habsos.noaa.gov）等区域数据库，但是在很多国家，区域综合数据库非常匮乏。伍兹霍尔海洋研究所的美国国家有害藻类繁殖监管办公室，负责管理有害藻类事件数据库，可提供美国发生此类事件的次数、类型和位置等基本信息（访问 http：//www.whoi. edu/redtide/HABdistribution/HAB map.htmi 和 http：//www.iode.org/haedat）。数据基于系列现有项目组监测报告，各项目组都有各自的监测站和独立的采样方案。截至目前，提供的数据不足无法进行全国性报告。

2004 年 12 月，对有害藻类繁殖和缺氧研究控制法（1998 年）（2004 年有害藻类繁殖和缺氧修订法，PL108-456）进行了重新审批。重新审批过程中，重建了联邦跨机构赤潮和缺氧专责小组，呼吁社会各界对相关研究、教育和监测活动给予资金支持，以防止、减少和控制有害藻类的繁殖及由此造成的环境缺氧。同时还规定向国会提交五项报告或规划，包括有害藻类科学评估和有害藻类预测及应对措施报告，以减少有害藻类产生的影响（更多信息可访问 http：//www.cop.noaa.gov/stressors/extremeevents/hab/habhrca/Predict_Resp_IntRpt_0107/pdf）。

一项新的国家项目（HARRNESS，2005），同样成为学者研究的焦点，该计划（联邦机构、州、学术和私人机构）制定未来 10 年应对有害藻类的措施框架。HARRNESS 主要呼吁采取如下行动：①制定一系列长期措施，以减少有害藻类对生物、化学物质和自然环境的影响；②现场及时检测有害藻类和毒素；③HAB 毒素事故标准性报告；④建立有害藻类通用数据管理和交换结构。

底栖动物状况

指标

蠕虫、蛤蚌和甲壳动物一般生活在河口底部，统称为底栖无脊椎动物或底栖动物。本指标反映底栖动物生存的“自然”区域的环境状况（即未显著受到人类活动干扰，包括污染或撒网捕捞深层鱼类和贝类动物等）。

数据

数据来源

从 NCA 及其前期项目（河口环境监测和评估项目）（EMAP-E；http：//www.epa.gov/emap/nca/ index. html）获取数据。更多信息请参见 NCA 项目描述。

数据采集方法

NCA 检测从缅因州至得克萨斯州、从华盛顿州至加利福尼亚州以及波多黎各岛河口区域的采集的 2 150 份样本。采用概率统计对所有区域进行采样，用数据外推法对整个区域进行估测。然后使用最新费恩随机采样法（Van Vee grab）对每个地区进行重复随机采样，进一步明确物种种类和数量。采用 EMAP-E 建立的区域指数（Engle and Summers，1999；Engle et al.，1994；Van Dolah et al.，1999；Weisberg et al.，1997）监测点以及海底面积可确定美国境内大西洋和墨西哥湾河口。通过分析每个重复样本、每个底栖群落状况，这些指数还可反映底栖群落多样性、耐污染性和污染敏感物种的变化。底栖指数等级小则说明底栖群落比预期的更稳定，含有的耐污染物物种比较多，污染敏感物种较少。此外，针对太平洋和波多黎各等区域的指数尚处于研究阶段，采用方法为基于物种多样性的代替法（USEPA，2004）。

本报告中包含的数据同时也设置底栖群落评估

等级，分为："良好"（高指数值），"中"（中指数值）或"差"（低指数值）。也可使用"自然""中等"和"退化"等术语表示等级。这些术语能客观地代表指标信息。

数据质量/说明

上述 6 个地区采用的指数均为分别建立，相互之间不具备可比性。各指数准确性均已在其研究区得到检验，但是，由于研究过程采用的方法不同，仍不能确定能否将这些指数集成。

定义"自然"区和"退化"区会随地区压力等级和类型的变化而不同。因此，受到干扰较轻的地区像南加利福尼亚等，应设计适用监测较小干扰等级的指数，而像切萨皮克湾等缺氧和灭虫严重的地区，则应研究适用监测较高干扰等级的指数。

最后，某些指数是通过特殊采样方法确定，不利于整合结果。例如，墨西哥湾和大西洋海岸指数是以 0.5mm 筛子筛选出的海洋动物样本为基础，而南加利福尼亚所用指数是以 1.0mm 筛子筛选出的样本为基础。

需注意，2002 年报告中判定大西洋中部地区为"中等"等级的数据精度不高。对数据进行修订分析的结果表明，大西洋中部和北部地区分别属于"自然"或"退化"等级，而非"中等"等级。

数据获取

数据可直接从 EPA 获取。

2008 年报告数据更新：

地理范围扩展至波多黎各、北大西洋和太平洋海岸。

数据缺口

可获取国内绝大数地区底栖水生动物数据，但缺少在区域尺度评估阿拉斯加利福尼亚或夏威夷河口底栖状况的指数方法。EPA 发布全国指数研究指南（EPA 822-B-00-024），促进了其他地区指数的研究进展。下载指南文件可访问 http：//www.epa.gov/waterscience/biocreiteria/Satates/estuaries/esturariesl.html。沿海水域底栖群落数据则相对比较匮乏（25 英里以内）。

叶绿素浓度

指标

沿海海洋：

报告每年最高季度平均叶绿素 a（以下简称叶绿素）浓度（μg/kg），即"季度平均最大值，是指海岸线 25 英里以内沿海水域的数据。选用此边界线可提高指标对陆地输入的营养变化的敏感度，对深海输入影响不敏感。

河口：

建议对美国河口区域叶绿素浓度季节平均最大值按照 5 mg/L 以下、5～20 mg/L 和 20 mg/L 以上，报告处于各水平的比例组成。

数据

沿海海洋：

国家海洋和大气管理局（NOAA）国家海洋服务处基于"离水辐射率"数据（发射比或海平面光反射）针对 9 个海洋地区分析了美国国家航空航天局提供的海洋宽视场成像传感器（SeaWiFS）数据。SeaWiFS 相关信息可访问 http：//seawits.gstc.nasa.gov。

本次分析使用的数据为"3 级"。在所有调查案例中，采用 6 英里边长的正方形方框对一侧水域进行分析，确定沿海 25 英里水域范围内每个正方形内的季度最大值。分析结果表明虽然可获取早期海岸带彩色扫描数据（CZCS），但无法与海洋宽视场成像传感器数据（SeaWIFS）直接对比。

2008 年报告数据更新：

在 2006 年基础上增加新数据，并基于 2006—2008 年数据计算了新指数。

数据缺口

沿海海洋：

通过反演算法可将离水辐射率转换成叶绿素浓度，从而可对悬浮沉积物和有色可溶性有机物浓度较高的水域估算叶绿素浓度；例如，近海水域经常受到地面、地下水流量、海岸侵蚀和再悬浮沉积物等因素影响。目前，研究人员正加大研究力度，以提高沿海区域的运算效率。此处提供的数据分辨率较低（分辨率为 6 英里），很快将采用分辨率高 10

倍以上的数据。

为了使估算值更可靠，需要对卫星数据和实地数据（现场监测）进行对比分析，由于缺乏电子版，实测数据一般情况下不易存取。所以有必要研究协同使用两种类型数据的先进技术。尽管目前数据可以反映一个区域内叶绿素相对变化趋势，但是，各个区域的实际浓度均受多种因素影响，因此，除非区域间存在明显差异，否则区域间对比不具有任何意义。

河口：

正如本文所讨论，本指标缺少定期常规监测数据。NOAA 近期提供的数据（登录 http：//ccma. nos. noaa.gov/publications/eutroupdate/）表明，2004 年，所有监测河口中大约一半河口叶绿素浓度较高，其中大西洋中部河口水域叶绿素浓度最高（Bricker，2007）。

以上结论是科学家基于经验和先验知识，通过与熟悉河口区域比较得出，而非通过数据定量分析。目前，可获取一些河口监测数据，但是需进一步将其整合成为统一的全国性数据库，需要针对剩余河口设立监测新项目。此外，需要结合航空遥感、卫星遥感技术和实地监测，确定报告本指标需要研究的河口结构。

鱼类和贝类的商业捕获量

指标

本指标报告 1950—2005 年美国水域捕捞的经济鱼类和贝类的重量变化。数据支持对不同地区捕获量随时间的变化趋势进行比较。

数据

数据描述

数据来自美国商务部，国家海洋和大气管理局，国家海洋渔业局，科学技术办公室，渔业统计与经济委员会。此外，阿拉斯加州外资和合资企业上市量的数据引用至 Kinoshita et al.（1993，1997）和 2000 年 6 月的 NMFS“混合数据”（“混合数据”介绍参见 www.fakr.noaa. gov/npfmc/misc_pub/NorthernEconomics/NorthernEconomics.htm/.）。1976 年渔业资源保护区成立之前的，国外捕获量数据是基于 Wise（1991）及 NMFS 数据估算。

太平洋沿岸鱼类渔获量数据由 4 个州渔业局收集，NMFS 报告了美国海上从事鱼加工的数量（没有统计用于出口鱼加工的外国船只）。大西洋和墨西哥沿岸上市量数据通常由 19 个州的渔业局和 NMFS 共同收集。另有一些数据是由海洋渔业委员会收集。

大西洋和墨西哥商业性渔业数据来源于捕获量普查，主要为海产品经销商称重数据。太平洋沿岸数据主要来源运载记录报告和海上加工者观察报告。1994 年以来，基于联邦授权航海日志，收集到更多联邦管理物种的捕获量和其他相关数据。近期开始使用渔船监控系统并发展了电子数据收集和报告方法，但仅占美国渔业的一小部分。注意，从某种程度上说，这些数据包含所有软体动物的商业性上市量，没有提供分别描述野生软体动物和人工养殖软体动物的信息。就长须鲸而言（这里简单叫做“鱼”），未包括水产养殖的鱼类捕获量，例如阿拉斯加鲑鱼在两岁大小时（2～4 英寸长）被放走，数年后回来产卵时被捕获。

数据处理

必要时，所有长须鲸捕获量计算均将卸货重量（例如已开膛，切片）转化为整体总重（活重）的当量数。报告所有收集到软体动物捕获量数据时，对采用的计量单位（例如蒲式耳容量单位，轻型单位，统计单位，加仑容积单位，单位计数，“打数”）统一进行标准化处理，统一转化为平均肉重（不带壳）来报告捕获量。负责收集数据的州和联邦政府负责完成捕获量数据转化。

数据获取

1950—2000 年非保密商业性质渔业捕获量数据可从渔业统计与经济委员会网站（http：//www.st. nmfs.noaa.gov/st1/commercial/index.html）免费获得。该网站允许使用者根据年份、地区、州、种类、渔具、英镑、美元来搜索统计数据。关于鱼、贝类和其他鱼类的上市总量数据以及 2004 年和 2005 年美国国内上市量处理数据引自 NOAA 出版物“美国渔业—2005”，可通过网站 www.st.nmfs.noaa.gov/st1/fus/fus05/index.html 获取。

2008年报告数据更新：

基于网站www.st.nmfs.noaa.gov/st1/fus/fus05/index.html发布的数据，本报告新增了2005年数据，并对整个数据集进行了简单修正。

重要经济鱼群状况

指标

指标反映种群变化趋势明确的近海鱼群状况。鱼群是指作为一个单元管理的鱼的集合体。一个鱼群包括某一指定种类（例如大洋鳕鱼）的所有个体，分布于特定地理区域（缅因湾大西洋鳕鱼）内指定种类的所有个体，或者生活史和分布相似的不同种类的鱼，或集中管理的渔场（大型沿岸复方鲨鱼）中不同种类的鱼。指标描述1981—2005年，各地区鱼群生物量（重量）的变化趋势。特别地，该指标报告了各个地区生物量增加或降低25%的鱼群所占比例（针对状况已知鱼群）。

数据

数据描述

数据从国家海洋和大气管理局（NOAA）国家海洋渔业局（NMFS）获得。

数据处理

正如NMFS报告，联邦管辖范围内共有鱼群和混合鱼群530种。不包括州政府管辖范围内的近大部分海水域鱼群以及来自西北太平洋溯河产卵的鲑鱼。

其中对109种鱼类可获取1981—2005年至少10年的数据。我们的分析以变化趋势明确的109种鱼群为基础。采用产卵鱼生物量和可利用鱼的总生物量共同反映鱼群变化趋势。需要注意的是，规定采用产卵鱼生物量或可利用鱼的生物量记录的方式限制了可追踪鱼群的数量。本报告中未采用其他方法（例如每单元捕获量，相对丰富度，建立考虑多种鱼群的综合指数）。

生物量是指一个群体中鱼的重量，是关于个体总数和大小的函数。鱼群变化趋势（例如增加，减少，无变化趋势）通过线性回归决定。基于6个有重叠的10年周期（1981—1990年、1984—1993年、1987—1996年、1990—1999年、1993—2002年、1996—2005年）进行变化趋势分析，从而降低年际间正常波动的影响（类似于使用滚动均值）。

趋势显著的两个条件：回归线相关系数（R）的置信度必须大于等于95%，斜率不为零；基于10年周期变化的回归线必须有最少25%的变化（增加或减少）。

对以下109种鱼类的变化趋势进行了研究。各鱼群生物量以下列方式报告①B，可利用鱼生物量总和（与SB相似，因为它只包括某一年龄级范围）；②Total B（总生物量），特定种类中鱼的总重量；③Sum B（总生物量），鱼群中特定年龄鱼的总重量；④SSB（产卵鱼群的生物量），鱼群中受孕成熟个体总重量。

- 北大西洋/中大西洋。乔治沙洲大西洋鳕鱼（SSB），缅因湾大西洋鳕鱼（B），乔治沙洲黑线鳕（SSB），乔治沙洲美洲黄盖鲽（SSB），新英格兰南部/大西洋中部美洲黄盖鲽（SSB），科德角/缅因湾美洲黄盖鲽（SSB）、美首鲽（SSB），缅因湾/乔治沙洲美国鲽鱼（SSB），缅因湾美洲拟鲽（SSB），新英格兰南部/大西洋中部美洲拟鲽（SSB），乔治沙洲美洲拟鲽（Total B），缅因湾条纹平鲉（SSB）、犬齿牙鲆（SSB）、鲑（B）、海洋圆蛤（B），德玛瓦半岛大西洋浪蛤（B）、白斑角鲨（B）、条纹鲈（SSB），缅因湾北部虾（B）、长脚鱿鱼（B），大西洋鲭（SSB），大西洋鲱（SSB）、鲳（SSB）。
- 阿拉斯加州。东白令海白眼狭鳕（B），东白令海太平洋鳕鱼（B），白令海黄盖鲽（B），白令海格林兰岛比目鱼（B），东白令海美洲箭齿鲽（B），白令海岩鲽（B），白令海太平洋拟庸鲽（B），白令海阿拉斯加鲽鱼（B），白令海东部/阿留申群岛太平洋海鲈（B），东白令海/阿留申群岛多棘平鲉（B），白令海/阿留申群岛单鳍多线鱼（B），阿拉斯加裸盖鱼（B），阿拉斯加湾白眼狭鳕（B），阿拉斯加湾太平洋鳕鱼（B），阿拉斯加湾太平洋拟庸鲽（B），阿拉斯加湾美洲箭齿鲽（B），阿拉斯加湾太平洋海鲈（B），阿拉斯加湾多棘平鲉（B），阿拉斯加湾阿留申平鲉（B），阿拉斯加湾冰冻鲳鱼（B），阿拉斯加湾多佛鲽鱼（B），阿拉斯加湾睫平鲉（B），波哥斯拉夫白眼狭鳕（SSB），白令海/阿留申群岛短脊刺头鱼（B），白令海/阿留申群岛阿留申平鲉（B），白令海/阿留申群岛北方平鲉（B），东阿拉斯加湾锉头平鲉（B）。

- 东南地区。墨西哥湾灰热带鱼（SSB），墨西哥湾高体鰤（B），墨西哥湾朱砂笛鲷（SSB），墨西哥湾王鲭（B），南大西洋王鲭（B），墨西哥湾马加鱼（B），南大西洋马加鱼（B），大西洋雪石斑鱼（Total B），大西洋方头鱼（Total B），黑海鲈鱼（SSB），南大西洋红海鲷（SSB），南大西洋鲱鱼（SSB），墨西哥湾红海鲷（SSB），墨西哥湾小头鲔（B），墨西哥湾红鼓鱼（SSB），东墨西哥湾红鲷鱼（SSB），西墨西哥湾红鲷鱼（SSB）。
- 太平洋海岸。加利福尼亚菖鲉（Total B），南加利福尼亚海湾光滑平鲉（Total B，SSB），南加利福尼亚鲉（Total B），加利福尼亚大头鱼（Sum B），太平洋海岸龙利鲳鱼（Total B），太平洋海岸英国鲳鱼（Total B），太平洋海岸星突江鲽（Total B），南太平洋海岸黄尾平鲉（B），太平洋海岸寡妇石斑鱼（Sum B），南太平洋海岸太平洋海鲈（Sum B），太平洋海岸克氏平鲉（Total B），太平洋海岸克氏平鲉（Total B），太平洋海岸多佛比目鱼（Total B），太平洋海岸裸盖鱼（Total B），太平洋海岸长脊刺头鱼（Total B），太平洋海岸短脊刺头鱼（Total B），太平洋海岸南部（大部分加利福尼亚州）黑口平鲉（Sum B），南加利福尼亚肉色平鲉（Total B），俄勒冈州海藻六线鱼（Sum B），太平洋海岸蛇齿单线鱼（SSB），太平洋海岸翼平鲉（Total B），太平洋海岸锉头平鲉（Sum B），太平洋狗鳕（Sum B），俄勒冈/南加利福尼亚美洲平鲉（Sum B），加利福尼亚郭氏平鲉（Total B），东北太平洋鲐（B），北太平洋沙丁鱼（B）。
- 高度洄游。太平洋中西部黄鳍金枪鱼（B），太平洋中西部大眼金枪鱼（B），太平洋中西部鲣鱼（B），南太平洋青花鱼科海产鱼（B），南太平洋箭鱼（B），南太平洋大青鲨（B），太平洋蓝枪鱼（B），大西洋大眼金枪鱼（B），大西洋蓝鳍金枪鱼（SSB），南大西洋箭鱼（B），大西洋白皮旗鱼（B），大西洋黑皮旗鱼（B），大西洋黄鳍金枪鱼（SSB），大西洋青花鱼科海产鱼（SSB），东太平洋黄鳍金枪鱼（Total B），东太平洋大眼金枪鱼（B）。

各种鱼群分析评估报告的详细信息可访问以下网址：

- 阿拉斯加　http：//fakr.noaa.gov/npfmc/SAFE/SAFE.htlm。
- 太平洋海岸　http：//www.pcouncil.org/。
- 西太平洋　http：//www.wpcouncil.org/。
- 东北地区　http：//www.nefsc.noaa.gov/ groundfish/。
- 东南地区　http：//www.sefsc.noaa.gov/sedar/和 http：//www.icca.int/Assess.htm。

更多鱼群评估的信息可参考新罕布什尔州海洋基金最新出版物：《渔业资源量评估指南：从数据到建议》（*A Guide to Fisheries Stock Assessment：From Data to Recommendations*），可访问 www.seagrant.unh.edu/newsstock.html 获取。

数据质量/说明

对所有数据充分的鱼群进行了统计，有些 2002 年报告中出现的鱼群，2008 年报告中评估，原因在于这些旧的数据达不到数据“充足”的要求（缺少近年来的生物量信息），或不能形成生物量时间序列数据。

从 2002 年报告开始，人们致力于研究改进鱼类资源的生物划分依据，从而提高鱼类资源评估的准确性，更有效地提出指导管理决策的科学意见。随着对特定种类生物学特性认知的不断提高，在有些情况下，单个鱼群会被分成多个；另外一些情况中，一个或多个鱼群又会被合成一个。为了规范不同机构的命名规则，一些种类会被重新命名，使其能够互相匹配。另外，评估区域有时与管理地区并不一致（主要是因为缺少鱼群总体分布数据）。

从2002年报告开始，该指标的大部分鱼群数据已经得到更新或被重新修改，对很多鱼群增加了更优质和更全面的数据，对现有类型增加更长时间序列数据，采用更精确的模型进行变化趋势判断和评估。输入信息和评估模型的改进有助于提高鱼群现状和历史的生物量估算精度，有利于分析鱼群特征的时间变化趋势。

数据获取

鱼群生物量数据可通过NOAA NMFS研究中心获得。

2008年报告数据更新：

2008年报告对本指标进行了数据更新和修改。这些数据直接来自NOAA NMFS。

数据缺口

目前，可以评估大约21%美国水域具有重要商业价值的鱼类的变化趋势。另外，该指标只报告了1981年以来变化趋势明确的鱼类，因此不包括濒临灭绝的鱼群或20世纪80年代以前数量锐减的鱼群。

鱼类和贝类中的部分污染物

指标

本指标报告蚌和蚝中PCB、水银和DDT含量。对于蚌和蚝来说全身和可食用组织等同，但对于鱼来说，分析整鱼全身污染物含量会高估其对人类危害的级别，因为一些污染物聚集在人类不会食用的部分（整鱼全身污染物数据与食鱼野生动植物有关，正如第2章国家生态系统：核心指标“化学污染物”报告）。目前无法取得鱼群可食用部分污染物数据。

数据

数据描述

通过贝类监测项目，美国国家海洋和大气局（NOAA）国家状况和变化趋势项目（http://ccma.nos.noaa.gov/stressors/pollution/nsandt/）收集了1986年到现在蚌和蚝体内的污染物数据。蚝类的数据收集集中在从德拉华湾到得克萨斯湾南端区域；贝类数据是从其他所有采样地区收集。对所有组织样本进行了相同的分析（Kimbrough et al.，2008）。

贝类监测数据收集始于1986年，每年从145个地点采样，直到1993年，每个地点每两年采样一次，每年大约有一半的采样点被采样。目前，每年平均监测130个采样点，在两年采集一次的基础上，对大约260个独立的采样点进行采样。1987—1992年，对个别原本两年采样的地点采集了两次样本，以两次采样浓度值的平均数作为这两年中的浓度值。例如，如果一个地点在1987年和1988年都被采样，那么两个浓度值的平均值即1987—1988年该地点年度浓度值。浓度值范围“组”由每一个浓度数据集中排名第15位、第50位和第85位的百分比数值构成。这些报告组与特定的标准和健康影响无关。

标准限值

可食用鱼类和贝类组织中自然或人为污染物限值，是由美国食品及药物管理局和US EPA（见网站http：//www.cfsan.fda.gov/～comm/haccp4x5.htlm）基于湿重设定，监测所得贝类污染物数据则基于干重，需将后者乘以因子进行比较。

- PCBs（多氯联苯）：FDA对整鱼可食用部分中PCBs的湿重限值为2 000 μg/kg。干重限值大约是14 000 μg/kg，在贝类监测数据集中未发现浓度超过该水平的。
- 水银：FDA的甲基汞湿重限值为1.0 μg/kg，该限值只代表全部汞含量的一部分，不能与贝类监测的全部汞含量数据相比较。
- DDT（二氯二苯三氯乙烷）：FDA规定整鱼可食用部分中DDT（包括DDT和几种分解产物）的湿重限值为5 000 μg/kg。干重限值大约为35 000 μg/kg，在贝类监测数据集中未发现浓度超过这一水平的。

数据质量/说明

贝类监测数据反映了全国将近300个采样点的浓度分级特征，包括阿拉斯加州、夏威夷州和五大湖地区。1992年，监测项目增加了五大湖区淡水采样点。1994年，增加波多黎各岛南海岸采样。目前人们正在努力扩展在阿拉斯加州的贝类监测工作。

数据获取

NS&T 提供贝类监测数据，详细信息可访问 http：//www8.nos.noaa.gov/cit/nsandt/download/mw_monitoring.aspx。

2008 年报告数据更新：

2002 年报告中未包括该指标的数据。本报告新增蚌类和蚝类中污染物监测数据。

数据缺口

FDA、EPA 和国家政府开展了各类监测项目；但没有开展在全国范围监测可食用鱼类中污染物项目。国家生态系统：核心指标“化学污染物”（第 2 章）报告了 EPA 全国海岸评估收集的关于河口鱼群全身组织污染物的数据。今后，EPA 将开展专项研究将可食用部分从整鱼组织中分离出来。

由于采样方案和采样技术（例如取样大小、鱼的尺寸和混合样本）、分析方法和设备以及报告方式存在很大差异（例如湿重或干重），各州单独收集的鱼群污染物信息不能构成综合性的全国数据库。EPA 提供国家指导手册（http：//www.epa.gov/waterscience/fish/guidance.htlm），提出了关于鱼类消费和开展污染物监测项目的建议，但并未具体落实。EPA 掌握一份全国鱼类警报清单（http：//mapl.epa.gov/），清单上有州和其他机构自愿提供的房屋信息，但不包括实际污染物数据，各个州的警报级别各不相同。

当地捕获和销售商品鱼过程中，如果发现鱼中甲基汞含量超过 1.0 mg/kg FDA 会与州管理部门共同监测。

有关机构也在港口审查进口鱼类，如果甲基汞水平超过 FDA 标准（http：//www.cfsan.fda.gov/～lrd/sea-ovr.htlm），将被拒绝进口。但目前还没有基于该项检查的 FDA 报告项目。基于 2003 年膳食总量研究（http：//www.cfsan.fda.gov/～comm/tds-food. htlm），FDA 确定了 9 种海产品的污染物摄入水平；然而所用方法与追踪美国水域鱼类污染物浓度不一致。

休闲娱乐用水水质

指标

最常用的排泄物污染指标是大肠型细菌、粪大肠菌群、大肠杆菌和肠球菌（后两项均为细菌）。尽管细菌并不一定引起疾病，却大量存在于人类粪便中，另有一些致病生物（例如病毒和寄生虫）也可能存在于人类粪便。细菌指标监测最近已替代对致病生物的监测，因为细菌数量更大，与监测人们关注的病原体相比，它是一种更快速、省钱的方法。随着生物技术进步，有望实现通过基因测试来监测病原体。

本指标选择肠球菌而非其他细菌的原因在于它被证明与人类健康影响的关系最为密切。美国国家环境保护局（EPA）推荐采用肠球菌作为排泄物细菌指标制定 1986 年休闲娱乐水质量标准，但是它仍没有大肠菌监测应用广泛。指标报告按照每日（每毫升水 104 个细胞）和每月（每毫升 35 个细胞）的几何平均数临界值分类，该限值由 EPA 提出并作为国家海滩水质标准。需要说明的是，目前 EPA 指导选择肠球菌，但也有 EPA 和其他机构的人员建议改变本指标报告的有机体（多种有机体指标的讨论参见网站 http：//healthebay.org/brc/）。

因为有些活动时间很短但范围很大，有些活动范围很小（例如在当地小规模资源附近）但活动时间很长，指标采用超过阈值的海滩日英里数的数量来评价，而不是海滩超过阈值和关闭的数量。如果仅限于对活动次数或者在全年任何时间都超过阈值的海滩英里数进行监测，则不应对不同类型活动进行加权。

与 EPA 国家报告的 EMPACT 沙滩项目（http：//www.epa.gov/waterscience/ beaches/）一样，该指标也同样包括水下微生物学数据而不是海滨浴场关闭或开放的次数，鉴于各地方政府制定是否停止沙滩活动决策的程序各不相同，这里能够报告的信息量较少，另外，由于各州之间被监测的沙滩数量差异显著，只报告关闭数量将导致指标过度侧重于那些预警性高的州和沙滩区域。关于全国沙滩关闭和开放的趋势动态，更多信息见自然资源保护委员会（最新发布的）“水资源检验”报告（http：//www.nrdc.org/water/oceans/ ttw/titinx.asp）。

数据缺口

2000 年，国会通过了沙滩环境评估和沿海健康法案（Beaches Environmental Assessment and Coastal Health Act），授权 EPA 拨款给当地政府（州、部落和准州地区）在沿海沙滩建立并实施监测项目，包括北美五大湖周边沙滩。为了响应最新法案，加利福尼亚州准备使用海滩日英里数对沙滩关闭进行日常性报告。其他大部分州均没有汇总该类数据。

在国家层面报告该指标具有挑战性。首先，各州和自治市必须采用肠球菌细菌作为指标，以海滩日英里数作为报告单位。其次，国家级报告须从当地政府获得微生物学数据。另外，还需要评估沙滩监测范围，这需要另外 3 类信息：估算可进行水上休闲娱乐活动的公共开放海滩数量，每一项水质监测涉及的海滩空间范围（例如，到下一个监测地点或到因为该采样点而关闭的最远地点的距离）以及取样的时间差。该项工作由于漏水或市民抱怨而十分复杂，一些项目仅偶尔监测一次细菌，且无法确定一个样本能代表多少沙滩。大多数监测项目采样间隔大于等于选择 1 英里，然而海滨浴场关闭的决策则通常针对采样点周围更小区域范围。

另外，许多负责监测水资源质量的组织和机构没有储存电子版数据，即使有，其存储标准也不一致。各州之间监测的数量、频率、样本覆盖程度都有很大差异，甚至相同州的不同沙滩之间也有很大差异。加强全国范围内采样的一致性能够提高实施监测的价值。EPA 正在与沿海各州合作，编制一个全国海滨浴场关闭分布情况的年度报告来解决数据管理问题。以上工作只作为起点，EPA 的报告成果只针对海滨浴场关闭情况，而不涉及潜在水质问题。因为不同地区判定沙滩游泳是否安全的标准各不相同，这些信息无法统一反映全国水质情况。

农田状况与利用指标

总耕地

指标

指标报告美国耕地总面积。基于从美国农业部（USDA）的国家资源清查（NRI）和经济研究局（ERS）数据，同时提供耕地面积的长期历史数据和最新估算数据。其中包括耕种和非耕种农田、一些牧草种植地和牧场，以及纳入土地休耕计划（CRP）等长期搁置的土地。

农田景观

指标

指标针对以农田为优势类型的区域，分析区域内土地覆盖类型组成。

数据

本指标使用的数据有两种来源，主要是国家土地覆盖数据集（NLCD），更多详情请参见国家土地覆盖数据集项目描述。此外，土地覆盖图中增加了 ESRI 提供的道路数据，道路被归为已开发土地类型。

数据处理

美国国家环境保护局（EPA）和美国农业部林务局的分析人员利用经过彩色增强处理的土地覆盖图来评价每个像元周围的土地覆盖组成类型。分析过程：首先使用 3 km 边长的正方形窗口（更多详情请见国家土地覆盖数据集的项目描述）进行分析，如窗口中农田面积占 10%以上，其中心像元被加入到某一个农田景观多边形中。此类多边形数量众多，将面积至少为 9 km^2 的多边形作为农田景观。其次，报告每个多边形里的土地覆盖盖类型组成，每个多边形都是农田景观的组成部分。最后按照各州进行数据汇总，然后再按地区汇总（有关所列各州的列表和分布区域参见附录 D）。

数据质量/说明

分析方法与 2002 年报告所用方法有根本性区别，因此，结果不能与 2002 年报告结果进行比较。

本指标依赖于土地覆盖数据，该类数据目前只提供少量土地利用信息。

2008 年报告数据更新：

对“农田景观”的定义进行了改进和应用，增强了其与报告中其他景观格局指标的一致性——尤其是与国家生态系统：核心指标“自然”景观格局（第 2 章）。报告中采用 2001 年国家土地覆盖数据集的数据，不能与 1992 年国家土地覆盖数据集的数据进行比较。

数据获取

国家土地覆盖数据集数据可网上获取，网址是：http：//www.mrlc.gov. ESRI 数据符合地理信息系统（GIS）软件要求，更多详情可访问 http：//www.esri.com；也可参见 ESRI（2005）。

耕地与住宅的接近性

指标

指标报告农田像元与其最近住宅像元的距离。一般来说，该度量因子是评价农田所受胁迫的间接方法，不能直接反映农民和居民之间的相互影响。

美国农田景观格局特征不断发展，现在已不再是农民房屋被大片土地环绕（或者相邻）。这些住宅用地被非农业获益人群占据，他们乐于接受农业活动遭到某种程度的干扰和破坏。出于这个原因，将指标设计为计算农田像元和所有住宅的距离，不考虑土地所有权的差别（例如排除农民所有住宅）。基于多时相数据，该指标可识别新增住宅——新增住宅通常是与农业经营没有直接联系的居民所有的住宅。

指标设计实质性变化

2002 年报告之后，对本指标进行了彻底修改。由开发导致的农田景观破碎化指标原本应该严格以土地覆盖数据为准，在此基础上分析农田像元周围邻近像中，用于开发活动的像元所占比例（2002 年报告中没有该类数据）。海因茨中心的景观格局工作组按上述方法修改指标，并且加强体现个体房屋数据。

数据缺口

目前个体住宅位置数据非常有限。如果当地物业办公室能够提供数据，该类数据将得到补充，但也有可能导致全国各地的数据不一致。

农田景观中自然地块

指标

指标反映农田景观中“自然”植被地块的大小。由土地覆盖图生成的农田景观包括许多地块（参见第 4 章）。“自然”土地覆盖类型包括森林、草地、灌木、湿地和其他水体类型。本指标报告农田景观内由“自然”土地类型像元组成的地块大小。

小地块几乎没有“内部”生境——指生境周围有缓冲区域抵御外界影响。因为一些物种只有在内部生境才会快速繁殖—内部生境即一个相对广阔的森林、草原或者与其他“自然”土地覆盖区域接邻的区域（参见国家核心格局指标和森林、草原和灌木林地格局指标）。小区域可能或不能为这些物种提供栖息地。不仅是地块面积，“自然”地块形状也会影响其内部生境状况，从而影响生境质量。显而易见，大而狭窄的条状土地可能生境价值较低，因为它缺乏大片缓冲区；然而，这些条状土地却能够提供其他生态系统服务，例如控制土壤侵蚀和土壤沉积。

指标设计实质性的变化：

2008 年报告中景观格局工作组对该指标进行了改进。

数据

本指标数据有两个来源，主要是国家土地覆盖数据集（NLCD）。此外，土地覆盖图叠加了自美国环境系统研究所（ERSI）提供的道路数据（街道地图；网址是：http：//www.esri.com/data/streetmap/），在这里被定义为开发用地覆盖类型。

数据描述

详情请参见国家土地覆盖数据集介绍。

数据处理

环境保护局（EPA）和美国农业部林务局基于经过彩色增强处理的土地覆盖图，在农田景观范围内识别“自然”土地覆盖像元（森林、草原、灌木、荒地、水或湿地），并进行分析。勾画这些像元边缘形成“自然”像元组成的土地斑块，包括其边角在内。数据由各州提供，然后在地区和国家层次进行汇总。类似的方法被用于描述城市和郊区的“自然”土地地块（参见第 8 章）。

数据质量/说明

由于数据是按州汇总，某些“自然”地块同时被农田景观边界和州界分割，其对结果的影响仍需进一步研究。

数据获取

参见国家土地覆盖数据集项目描述中数据获

取。通过 ESRI 网站可以获得街道地图数据。这里分析汇总的数据，是由景观分析中心根据海因茨中心提供的数据需求提供给海因茨中心。其他数据获取可联系景观分析中心。

农田河流和地下水中的硝酸盐

指标

本指标反映可溶解的硝酸盐和亚硝酸盐年平均排放浓度，以及农田溪流中亚硝酸盐和农田地下水中亚硝酸盐浓度。每口井设置一个采样点。

数据

数据是以每百万分之一（mg/L）硝酸盐和亚硝酸盐为单位。数据被标注为“平均硝酸盐总含量”，而实际报告的是亚硝酸盐和硝酸盐。这种报告方式是合理的，因为除了严重受污染的水域，亚硝酸盐含量在总量中只有很少一部分，可以被忽略。

数据来源

数据由美国地质调查局（USGS）国家水质评价项目（NAWQA）负责采集和分析。参见前文可查看国家水质评价项目、取样设计、方法和数据获取的信息。饮用水氮标准的信息可以登录网址查看：http：//www.epa.gov/safewater/contaminants/index.html#primary。

生态系统横向比较中使用的森林、城市和郊区数据信息，请参见后文说明。

数据采集方法

溪流硝酸盐数据是从 130 个农业地区的溪流和河流出水口采集。对于地下水，硝酸盐数据来自农业地区的 1 412 个被监测的浅水井。这些井遍布于美国本土 48 个州，深度范围 7～637 英尺（平均深度为 74 英尺；中值为 34 英尺）。于 1992—2003 年对监测的水井进行取样。每口井设置 1 个采样点进行硝酸盐分析。所有用于监测农田地下水中硝酸盐的采样井都被纳入农业土地利用研究，这些研究针对以农业用地为主导的区域开展。一般来说，“农田”类型上游地区土地覆盖类型中农业用地（包括农田和草地）比例多于 50%，城市用地比例少于 5%。尽管阿拉斯加和夏威夷被纳入研究范围，但由于这两个州纳入国家水质评价研究单元的主要土地覆盖类型不是农业用地，因此没有在这些地区的溪流和水井进行取样。

数据获取

本指标中使用的数据来自 Wilson et al.（2008），访问 http：//pubs.usgs.gov/of/2008/1110/可获取相关信息。除了国家水质评价项目的水质数据，USGS 经济研究局（ERS）和美国农业部国家农业统计局（NASS），还对 12 个被列为国家水质评价区的农田区域进行了补充研究。

研究区域的选择主要考虑以下因素：在耕作农田中是否出现硝酸盐，农业应用的重要程度，硝酸盐是否渗入土壤，以及该区域对水质的要求。通过将经济研究局（EPS）和国家农业统计服务中心（NASS）关于化学用途和农场活动信息的研究结果与土壤、土地利用、水量和水质以及其他水文数据进行相关分析，进一步评估不同管理模式和土地利用活动对于水质的影响。调查完成后，这些研究结果可以通过国家农业图书馆获得（网址是 http：//www.nal.usda.gov/）。

有关用于评估夏季指数期间所有可涉水通过溪流中总氮浓度的生态标准（包括农田溪流），由美国国家环境保护局（EPA）可涉水通过的溪流评估项目提供（USEPA，2006c）。

2008 年报告数据更新：

本指标报告扩展了地理范围。2008 年指标涵盖了 50 个州的 51 个主要流域，取样时间范围为 1992—2001 年（溪流）或 1992—2003 年（地下水）。2002 年报告只包括 36 个流域，取样时间范围为 1992—1998 年。用 2008 年数据替代了 2002 年数据，但没有对两者进行比较。

农田河流中的磷

指标

本指标报告了溶解磷的加权平均年污水排放浓度。数据以毫克/升磷为报告单位。报告溪流中含磷量处于 4 种磷浓度区间的组成比例（少于 0.1 ng/L、0.1～0.3 ng/L、0.3～0.5 ng/L 以及大于 0.5 ng/L）。

数据

数据来源

数据由美国地质调查局（USGS）国家水质评价

（NAWQA）项目采集和分析。国家水质评价项目、取样设计、方法和数据获取信息可参见前文所述。关于1986年为防止藻类过量繁殖推荐的磷控制目标的信息可在美国国家环境保护局 440/5-86-001 查询（参见 ES EPA，1986）。区域养分（磷）标准方面的信息可以在网上查询，网址是：http：//www.epa. gov/waterscience/criteria/nutrient/ ecoregions/。生态系统横向比较中使用的城市数据请参见后文说明。

数据采集方法

溪流中磷数据是从 129 个农业区域内溪流和河流出水口采集。这些研究针对土地利用以农业用地为主导的地区开展。一般来说，“农田”类型采样点中上游土地覆盖类型中农业用地（农田加上牧场）多于 50%，城市用地少于 5%。

数据获取

本指标使用的数据在 Wilson et al.（2008）中汇总，可以通过上网查询，网址是：http：//pubs.usgs. gov/of/2008/1110/。除国家水质评价项目的水质数据，美国地质调查局经济研究局（ERS）和美国农业部国家农业统计服务中心（NASS）额外选择了 12 个纳入 NAWQA 研究区域的农田地区进行了调查。研究区域的选择基于以下因素：农业耕地面积比例、农业应用的重要程度、磷是否渗入土壤以及该区域对水质的要求。通过将经济研究局和国家农业统计服务中心关于化学品使用和农场活动信息的研究结果与土壤、土地利用、水量和水质以及水文数据进行相关性分析，可进一步评价不同管理方式和土地利用活动对于水质的影响。调查完成后，研究结果可以通过国家农业图书馆获取（http：//www.nal.usda.gov/）。

用来评估总磷浓度在夏季指数期间所有可涉水通过的溪流中生态标准（包括农田溪流），可参见美国国家环境保护局（EPA）可涉水通过的溪流评估（US EPA，2006）。

2008 年报告数据更新：

采用 2008 年报告数据代替 2002 年数据。增加了美国地质调查局提供的 1999—2001 年的新数据。本指标报告扩大了地理范围。2008 年的指标覆盖了 50 个州的 51 个主要流域，取样时间范围在 1992—2001 年（溪流）取样，或 1992—2003 年（地下水）取样。2002 年报告中只包括 36 个流域，取样时间范围为 1992—1998 年。

土壤有机质

指标

选择土壤表层土壤有机质含量（距离地表层 30 cm）为研究对象，是由于其受人类活动特别是管理活动影响最为显著，尽管有些土层（例如有机土和冻土）在 30 cm 以下的土壤有机碳（SOC）含量呈显著水平。2002 年报告的指标设计采用粗略的范围区间（小于 2%、2%～4%和大于 4%），采用这种方式报告很难辨别有机物质的变化趋势，有必要针对不同区域和地方使用不同的含量水平。当数据充分时，将对这种指标设计方法带来的潜在影响进行重新评价。2008 年报告中建立并应用了一个新的碳储量国家核心指标。为便于比较，我们对土壤有机质指标设计进行了修改，除了土壤有机物，增加对土壤有机碳进行监测。

数据缺口

美国农业部（USDA）土壤调查数据（包含国家土壤地理数据库［STATSGO］和土壤调查地理数据集［SSURGO］）提供了对县级土壤有机物含量的初步评估结果，但还缺少国家级别的监测和报告土壤有机物变化的项目。一项研究正在研发基于卫星数据评估表层土壤有机物的方法，另有其他研究通过建立农田土壤碳的模拟模型进行评估。

科罗拉多州立大学自然资源生态研究室（NREL）正在利用世纪生态系统模型开发，评估土壤有机碳和有机物的储量的方法，进而通过使用一种生态模式方法来评估当前土壤碳储存变化。目前，世纪生态模型以土地利用、管理、土壤属性（例如土壤质地）和气候数据为基础来评估土壤有机碳储存变化（有关世纪生态模型信息请参见前文“碳储存”）。

深层土壤信息数据的匮乏降低了评估土壤有机碳总量的精度。然而，目前正在研究通过加入土壤层体积密度值的方法来降低生态系统模型估算总储量相关参数的不确定性，以使得期望该模型对美国农田的模拟和评估结果可信，可以作为本指标的数据来源。

最近另一项工作来自于保护效果评估项目（CEAP，http：//www.nrcs.usda. gov/technical/NRI/ceap/），该项目实现了对环境政策综合气候（Environmental Policy Integrated Climate，EPIC）模型的应用，其前身是土壤侵蚀和生产力影响估算模型。EPIC 模型最近被更新，使用“世纪”模型土壤碳含量程序模拟土壤中碳含量。APEX 是 EPIC 的变形，在 CEPA 项目中被用于评估保护措施对私有土地的影响（包括碳储存）。该项成果有助于获取土地碳储量信息，并已发表在一些学术期刊（可参见 Poter et al.，2006）。

另一个可能具备预测管理活动对 SOM 影响能力的模拟工具是基于 NRI 数据计算土壤条件指数（Soil Conditioning Index，SCI）。其推广和应用特别是针对灌溉用地需要更加深入的研究，但实践表明该方法目前可以用于分析，且模型的敏感性较好（Abrahamson，2007）。可查看基于 SCI 工具得出的 1982—1997 年耕种农田的比较结果，通过结果图可以看出它在该类评估工作中的应用效果；更多信息可访问网站 http：//soils.usda.gov/sqi/concepts/ soil_organic_matter/som_sci.htlm。

农田河流和地下水中的杀虫剂

指标

本指标报告在农田生态系统中被监测的溪流和地下水井中，被检测出含有杀虫剂及其分解物，且其含量超过为保护水生生物和人类健康而建立的标准的溪流和地下水井所占百分比例。

数据

数据描述

本指标的数据来自美国地质调查局的“国家水质评价”（NAWQA）项目，包括从全国范围农业用地内的流域和含水层采集的水样本。溪流水样本是在 1992—2001 年从 83 条溪流中采集；地下水样本在 1993—2003 年从 1 423 口井中采集。在农业用地采样点中，一般情况下其上游土地覆盖中农业用地（农田、牧场）占比超过 50%，城市用地占比少于 5%。农业用地研究中的大部分采样均对浅层水井进行监测（平均深度 34 英尺），这些井不能用作饮用水井，但是在农业地区采样的井大约 29%是境内水井。针对溪流水样本，主要是分析其是否含有 83 种杀虫剂和杀虫剂降解产物，并将监测的杀虫剂浓度与保护人类健康的 73 个标准值和保护水生生物的 62 个标准值作比较。对地下水样本，分析其中是否含有 83 种杀虫剂或杀虫剂分解产物，并将监测的浓度跟 73 个保护人类健康的标准值作比较。更多详细信息请参见前文 NAWQA 项目描述。

对于各采样点，分别测量以下情况的杀虫剂种类数量。（a）超过分析检测限值，（b）浓度超过保护人类健康和水生生物的标准值。指标按照检测出或超过标准的污染物的种类数量，来划分地点组或群。NAWQA 检测的许多杀虫剂并没有建立标准限值或者是规定与杀虫剂类型、影响程度、受影响有机物和暴露时间有关的标准值范围区间。

数据质量/说明

指标在全国尺度进行了数据集成，能够描述全国的总体分布特征。选择能够代表特定土地利用类型的采样点（不是已知或怀疑存在污染物的地点）。针对河流或溪流，即便农业用地只占整个流域土地覆盖很小比例，也能对流域内溪流和河流产生很大影响，本报告所研究流域中农业用地所占比例介于 10%～99%。对所有的样本均采用统一的方法来收集、处理、保存和分析。

该指标报告的数据不能代表和反映对特定区域人类或生态系统面临风险的评估，因为没有考虑与动物最活跃时间有关的因素，例如检验的水是否确实被用作饮用水源以及污染物被发现的时间。污染物的存在并非一定会引发问题。尽管用于判断污染物影响的标准值是由相关部门制定的最佳方案，但也须谨慎使用，因为它们未必经过标准化，或尚未与风险级别建立联系，也没有全面考虑到毒性的各种潜在影响。

数据获取

本报告采用的所有数据由以下网站提供，http：//pubs.usgs.gov/of/2008/1110/。

2008 年报告数据更新：

在 2002 年报告中包括 1992—1998 年溪流和地下水监测数据，但是这些数据不能与本报告数据进行比较。因为本次报告扩展了地理范围，并采用了一套重新修订的标准值，2008 年报告中除了使用 USEPA 最大污染物浓度（MCLs），还采用健康标准浓度阈值(HBSLs)。详细信息可访问 http://water.usgs.gov/nawqa/HBSL。

潜在土壤侵蚀

指标

指标报告了 1982 年、1992 年、1997 年和 2003 年美国农田(除去牧场，但是包括土地休耕计划[CPR]的土地面积）中遭受剧烈侵蚀，中等侵蚀，轻度侵蚀的土地百分比组成，判断依据包括土壤固有性质和管理措施，侵蚀方式包括水蚀和风蚀，并且针对水蚀和风蚀最为剧烈的区域制作了图件。

本指标中侵蚀强度类型划分基于通用土壤流失方程（USCE）和风蚀方程（WEQ)。这些方程通过测量固有土壤的监测值、地块特征、经营管理和土地覆盖因子，预测长期平均侵蚀量。对于水侵蚀（USLE）来说，*R* 为降雨侵蚀力因子，描述土壤固有特性和地块特征；*K* 是土壤可蚀性因子；*L* 和 *S* 是和坡度和长度有关的地形因子。*C* 是植被覆盖和经营管理因子，*C* 实际上估算土壤表面是否有植被覆盖和植被残留量；*P* 为水土保持措施因子，*P* 估量了梯田等地貌是否存在。方程式表达为 *A*（区域每单位面积年土壤侵蚀量）$=C\times P\times R\times K\times L\times S$。对于风侵蚀来说，描述土壤固有特性和地块特征的因子是 *I*，描述土壤侵蚀性的为风蚀性气候因子为 *C*；植被覆盖和经营管理因子是 *K*，即地表粗糙度；*L* 是沿盛行风方向未受林带防护的距离；*V* 是等价植被覆盖量。在风侵蚀中，*E*（区域每单位面积年土壤侵蚀量）是关于 *I*、*K*、*C*、*L* 和 *V* 的函数（详细信息可参考相关文献）。

本报告针对固有土壤性质和管理措施相结合的农田，采用以上公式和原理来确定中遭受最强或最弱等不同侵蚀程度的农田面积。尽管土地固有性质变化很慢或根本不变，管理措施可以有效地减少流失量。因此，减少被侵蚀风险高的土地面积的主要方法是实施控制和减少侵蚀的管理措施，包括减少耕地面积，例如 CRP。

那些对风侵蚀和水侵蚀敏感度较低的地区（“最小倾向”)，每年每英亩的侵蚀量预测值通常低于 1 t。对于侵蚀敏感度最高的地区（“最大倾向”)，侵蚀量预测值通常是 3 t 或更高。那些对侵蚀敏感度中等的地区，每年每英亩的侵蚀量预测值在 1～3 t。

USLE 和 WEQ 标准应用都用公式来预测总侵蚀量，单位是 t/英亩。在本报告中，我们不执行最后一个步骤，否则会高估实际侵蚀量，原因是 USLE 并不考虑地表沉积物，只考虑引起土壤颗粒迁移的因素。有些土壤颗粒的迁移距离很短，当流失量以“t/英亩”为单位报告时，该类土壤则被算做流失的部分而计入，从而高估侵蚀量。WEQ 估算土地下风边缘每年每英亩土壤侵蚀量，单位为 t/（a·英亩）。

数据

数据来源

对 3 种侵蚀强度类别的土地面积评估工作使用 USDA 大自然保护协会提供的数据，这些数据来自国家资源清查（NRI)。详细信息见前文 NRI 监测项目描述。

2008 年报告数据更新：

指标报告增加了 2003 年最新数据。

土壤盐分

指标

指标报告全国农田不同含盐度水平的土地面积百分比组成，共分为 3 个盐度水平(小于 2 dS/m，2～4 dS/m，和大于 4 dS/m；这里 1 dS/m=0.7g/L=700mg/L（ppm)，下文将具体分析)。另外，在“主要土地资源地区”(Major Land Resource Area，MLRA)，将把高盐度农田（大于 4 dS/m）的面积百分比在图中进行标记，MLRA 是具有特定的土壤颗粒类型、气候、水资源和土地利用特征地理区域的集合体，通常延伸至几千英亩。相关讨论和地图可访问 http：//soils.usda.gov/survey/ geography/mlra/.

土壤中可溶性盐可通过计算糊状饱和提取液的导电率监测；导电率单位是 dS/m。当提取液导电率低于 2 dS/m，只有少数植物种类会受到影响，但一些敏感植物在数值处于 2～4 dS/m 时就会受到影响，大部分植物只有在数值高于 4 时才会受到影响，少数植物会在数值高于 16 dS/m 时依然存活。新生植物受盐分损害最大，尽管高浓度盐可以减缓或抑制种子发芽，但植物在发芽时期不一定受损害，大多数植物在成熟时期受土壤盐分影响最小。

盐化土壤普遍存在渗透性差的问题。土壤孔隙度会逐渐改变，甚至可以变得完全不透水，其作用机理是黏土膨胀和土壤分散，其中黏土膨胀使气孔缩小，土壤分散使集合体分散，从而更小的矿物质和有机颗粒将随水流迁移，并逐渐将更小的气孔空间填满。分散是破坏渗透性最普遍的原因。确定土壤是否受可溶性盐影响最精确的方法是测量其中含有可交换钠的百分比，它可以反映出所有可交换的钠离子比例。当可交换钠的百分比值等于或大于 15 时，说明该土地呈碱性。

数据缺口

土壤盐度监测内容包括优势土壤和作物格局，以及灌溉和非灌溉条件下的干旱半干旱地区水资源管理措施。盐度测量通常属于日常土壤监测，但目前没有统一按地域收集和分析土壤数据的相关工作，迫切需要开展反映土壤和管理活动随时间变化的监测项目。

土壤盐度监测结果应包括优势土壤数据、作物格局数据，以及最重要的例如灌溉和排水等水资源管理措施数据。目前该工作仍需要多方共同努力，通过整合已有但不完善的数据，收集新数据并对结果进行分析，在此基础上反映全国土壤盐度情况。虽有基于遥感技术的新方法，但只能探测可见的盐类沉积，可见的表面盐分在耕种过程中变成土壤组成部分，遥感方法目前主要作为土壤监测的辅助手段。

美国国家环境保护局针对美国西部地区（EMPA-West）编制了土壤盐度数据，该数据是基于美国国家自然资源保护局（Natural Resources Conservation Services，NRCS）国家土壤地理数据集（State Soil Geographic dataset，STATSGO；http：//www.epa.gov/esd/land-sci/emap_west_browser/pages/wemap_mm_sl_table.htm）完成；然而由于受到数据空间分辨率和分析模型限制，目前还不能与农田土地覆盖结合数据。NRCS 的土壤调查地理数据库（Soil Survey Geographic Database，SSURGO）提供分级（1：24K）的土壤盐度的数据；但该数据并没有进行定期更新，且数据不包括农田地区。

河流生境质量

本指标无技术说明。

农田地区动物物种状况

指标

报告农田地区动物种类的方法很多。其中一种方法是报告那些适应土地覆盖变为农田以前土地类型作为栖息地的动物种类的状况，例如大平原地区的草原鸟类，该物种原始栖息地区之后转变为农田。另一种方法就是针对那些能够适应于农田作为栖息地的物种，例如许多猎鸟和小型哺乳动物。这两种方法都能发挥作用，但是仍然不够充分。

这里推荐一种更恰当的方法，即针对那些可能栖息在农田的所有物种进行报告。紧跟上面的例子，这里包括草原鸟、猎鸟和小型哺乳动物。该方法基于国家不同地区不同种类的鸟出现的期望值，通过将期望值与该地区实际出现鸟的数量作对比，得到评价指数。目前可获取美国大部分农田的已发现鸟的数量数据（繁殖鸟类调查（Breeding Bird Survey），http：//www.mbr-pwrc. usgs.gov/bbs/bbs.html；更多关于确定鸟类“完整性”指数方法的信息可以在以下网址查询 http：//landscape.forest.wise.edu/ Landscape Ecology/Articles/v7i2pl37.pdf）。

本报告的几位评论者建议主要针对国内物种报告该指标，描述它们的数量、状况、多样性等相关信息。农田工作组则认为应在以上基础上针对野生物种的状况和动态进行补充监测（目的是描述生态系统状况）。描述国内动物的度量因子应被纳入“人类利用”指标集，目前仍未被包括。

数据缺口

全国范围物种数量状况和动态的数据来源有两类，包括公益自然组织自然遗产网络成员项目数据和美国地质调查局开展的繁殖鸟类调查

(http://www.mbr-pwrc.usgs.gov/bbs/bbs.html)数据，自然遗产项目提供了全球、全国以及州尺度大量物种（详见前文项目描述）的状况信息（http://www.natureserve.org），繁殖鸟类调查提供了大量栖息在北美洲的鸟类数量动态变化信息。

这两个项目提供的数据地理学尺度，通常比农田范围大并且不局限于农田。因此，需要在此基础上将农田数据进一步提取出来。

农田景观中已定殖的非本地植被

本指标无技术说明。

土壤生物状况

指标

线虫成熟度指数（NMI）是各类群的加权平均频率，权重值范围在 1～5，对忍受力越强的类别赋予较小权重，对敏感性强的类别赋予较大权重，该指数包括独立生存和寄生于植物的线虫而不包括对添加的营养物质反应很短暂的线虫类型。基于该指数可在调查区域中检测出各区域的差别，比只监测独立生存线虫的方法更为可靠(Neher and Campbell，1996)。

数据缺口

Neher et al.（2005）阐述了采用线虫群落指数进行大范围环境监测的两大阻碍：一是缺少通过在地区和生态系统中广泛应用实例对这些经验指数进行检验；二是缺少分类技术，而在计算指数前必须确认线虫种类。有关改进和检验这些指数、监控土壤线虫方案方面的研究仍在继续。继 Neher（1999）之后，2002 年报告建议在秋季对线虫群落进行取样。然而，更多最新研究报告提出不同取样的最佳条件，包括春天和仲夏（Neher et al.，2003；2005）。Neher et al.（2005）提出，针对不同线虫群落和种类应当设置不同的最佳取样时间。

继 Neher et al.（1998）之后，2002 年报告指出，没有必要采用在比美国农业部土地资源区域（USDA's Land Resource Regions）更高的分辨率报告线虫群落结构指数，不必要进行尺度转换。然而，Neher et al.（2005）指出对于一些线虫指数，北卡罗来纳州存在区域性差异，表明相同指数值在不同区域甚至地区（而不是在国家范围内）代表的含义不尽相同。

Neher et al.（2005）指出，分类的分辨率可能会影响线虫多样性指数计算。线虫科中不同种类的线虫对干扰的响应不同（Fiscus and Neher，2002），表明需要在基因层次上对生态系统功能进行评价（Neher et al.，2005）。

主要农作物产量

指标

本指标通过把各种作物产量转化为一个以 1975 年为基准的指数，来反映每英亩土地玉米、大豆、小麦、干草和棉花的产量随时间变化情况。

数据

数据描述

数据来自美国农业部国家农业统计服务中心（NASS）。国家办公室收集数据并估算作物产量，样本数据均来自农民及其商业合作伙伴（农业服务机构、轧棉机、营销商）的抽样调查。NASS 得到的产量估算结果均在全国尺度上进行了验证和分析。采用每五年进行一次的农业人口普查数据作为调查的辅助信息。

数据处理

产量主要以每英亩中玉米、大豆、小麦的蒲式耳量和每英亩中干草和棉花的吨重方式报告，并且分别除以其 1975 年产量值得到指数。因此，当指数数值超过 1.0，表示当年产量比高于 1975 年，相反，当数值低于 1.0，表示当年产量比低于 1975 年。

数据获取

数据可以从 NASS 网站（http://www.nass.usda.gov/index.asp）的“快速统计（Quick Stats）”链接下载。需注意的是，这里玉米只是谷物而不包括青贮。

2008 年报告数据更新：

NASS 数据补充了 2005 年和 2006 年缺失的数据。所有数据都可以在 NASS 网站的“数据获取”下的“快速统计（Quick Stats）”链接下载。

农业投入和产出

指标

本指标反映美国农业部（USDA）定量统计的农

业投入和产出，并报告已明确的投入和农业产量之间的比值。旨在反映单位产量所需要投入的数量随时间的变化情况。

数据

数据描述

数据来自于美国农业部（USDA）经济研究局（ERS）公布的美国“农业生产率”。

数据处理

产量数据包含了所有农业产量，包括动物产品（肉用家畜、乳制品、家禽和鸡蛋）和农作物（粮食、饲料作物、油料作物、糖类作物、棉花和棉花种子、蔬菜和瓜、水果和树上的坚果）。为 USDA 经济学家构建了包含多种作物产量或投入的综合指数，即将各作物调整后的单价乘以其产量，将各种类作物相加得到总量值。为了反映质量变化，ERS 将各类作物年投入量进行了一定程度调整。例如，如今使用少量的杀虫剂可以取得同样效果。因此，使用大量效力较弱杀虫剂与少量效力较强杀虫剂效果相同。对于其他投入也是如此，例如统计劳动力数量时也按时间进行了质量调整。

对每种投入方式，将年投入量除以当年农业总产量。ERS 数据都是相对参考年（1948 年）计算，而非实际量值。本报告重点关注 1950 年至今的情况，因此选择中间点（1975 年）作为参考年份计算指数，即通过当年数据（投入和产出）除以 1975 年数值得到。因此，报告中所列各类型投入数据值均被除以参考年的数值。

数据获取

数据发布在 http：//www.ers.usda.gov/publication/aib740/；更详细的数据可访问 http：//www.ers.usda.gov/data/agproductivity 查询。2008 年报告中的数据是从 ERS 网站 http：//www.ers.usda. gov/data/agproductivity 下载。

2008 年报告数据更新：

2000—2004 年数据直接从 ERS 网站的“数据获取”链接下载。采用各个单类别的杀虫剂和化肥分类数据集代替了“化学杀虫剂”数据。

农产品货币价值

指标

农产品货币价值即主要农作物和家畜每年产量的美元价值，以主要农产品和家畜的物质产出量乘以生产者出售价格（以 2005 年为基准）的乘积计算货币价值（扣除通胀因素）。

农产品销售的区域分布通过计算每平方英亩农产品和家畜生产者的销售总额来评估。数据不包括财政资助、日用品、保护项目的投入金额，不能代表生产者所获利润，也不包括食品加工和分发或非农服务或供货业务有关的经济活动。

数据

数据描述

农产品销售的美元价值数据来自美国农业部（USDA）经济研究局（ERS），这些数据报告农场收入和农场现金收据。每平方英亩农产品销售数据来自美国商务部经济分析局（BEA）区域经济信息系统部。

数据处理（农产品销售的美元价值）

美国农业部国家农业统计服务中心（NASS）进行国家调查，记录耕种和采伐土地的英亩数、产量、产品和市场价格，统计 150 种农产品和家禽商品通过市场经营活动而得到的现金收据。

ERS 采用 NASS 发布主要生产家畜和日用品的州历年现金收据数据。ERS 建立反映每月销售额变化方向和幅度的指数，将之乘以 NASS 发布的月度价格。其他州的数据由 NASS 各州办事处联合生产，使用了全部可用资源，包括州级调查项目、制造商协会、州级服务机构等提供的数据，加利福尼亚州数据来自于州级调查。

ERS 对 NASS 计算和汇总的主要生产州主要农产品产量数据进行了调整，包括家禽饲料生产总量和商业信贷公司销售量，同时考虑了收获后并未同步销售的农作物。因为整个经济研究局数据集有严格的保密机制，NASS 数据不公开发布。

通过采用国民生产总值物价折算指数（Gross Domestic Product Implicit Price Deflator，IPD）对通货膨胀的相关数据进行了折算，物价折算指数数据由 ERS 提供（数据为年度而非季度性报告，数值参见 NIPA 表 1.1.9 ，网址：http://www.bea.gov/national/nipaweb/.）。基于 2005 年的物价平均水平对全部数据进行了折算，具体采用以下公式将数字从当值美元转换成定值美元（获取相关信息可访问 http://www.bea.gov/bea/ an/nipaguid.pdf）。

Z 年定值美元值=（Z 年当值美元值×标准年物价折算指数）/Z 年物价折算指数

数据处理

（单位平方英里农业销售额）

美国商务部经济分析局（The U.S. Department of Commerce's BEA）采用多种数据源进行县级农业贸易收入评估。NASS 附属各州办事处准备在 16 个主要生产州开展农业现金收入县级评估。其他州的州级农业现金收入由 NASS 负责估算，由 BEA 按照农业普查数据中参考年份的相应比例分配给各县。县区级数据采用单位平方英里的现金收入进行评估，即将县区的现金收入总数除以该县区面积的平方英里数，其中的县区面积数据来源于美国环境系统研究所（ERSI）的标准数据集（http://www.esri.com）。

数据获取

1924—2005 年美国国家农业现金收入相关数据获取可访问 http://www.ers.usda.gov/data/farmincome/finfidmu.htm。

美国县区农业现金收入相关数据可通过 ERS 区域经济信息系统（REIS）（http://www.bea.gov/regional/reis/）获取。

2008 年报告数据更新：

2005 年度美国国家农业县区收入相关数据，在 ERSI 网站数据获取链接获取（Data Availability，自 2007 年 4 月 9 日可获取）；2005 年县区数据，可从区域经济信息系统（REIS）网站获取数据链接获取（自 2007 年 4 月 9 日可获取）。

农田休闲娱乐活动

本指标无技术说明。

森林状况与利用指标

森林面积及所有权

指标

本指标报告了美国森林分布以及森林的所有权属性（私有或公有）。结合反映森林状况的其他信息，生长与采伐、林地面积和所有权都是反映我国森林状况的重要指标。

数据

数据描述

参见前文森林资源清查与分析项目（FIA）成果。正如美国农业部林务局（U.S. Forest Service）定义，林地是指大于 1 英亩而且林木覆盖率大于 10%的土地。针对美国农业部林务局所发布的报告，要求森林与美国林学会（SAF）认证的森林类型保持一致，树种定义与小艾尔伯特美国树种筛选清查（Elbert Little's Checklist of U.S. Trees）引用的类型一致，且符合树的定义。数据包含曾经有树木覆盖且能够再度利用的土地。该定义不包含之前被视做森林，但未被美国林学会（SAF）认证的植被类型（例如灌丛）。当前“林地”定义与国际上的森林覆盖定义一致。林地及其所有权指标中，公共林地是指由联邦政府、州政府和地方政府以及其他公共部门（例如田纳西州流域管理局）所有的林地。私有土地是指由个人、公司、非政府组织以及部族所有的土地。

涉及 1953 年之前森林历史变化趋势的森林面积和所有权指标数据来源于 2002 年报告中由美国农业部林务局提供的数据。在 2002 年报告中，美国农业部林务局森林资源清查与分析项目（FIA）从多种原始资料中获取历史上著名的森林评估资料（例如通过 1870 年及其后 10 年的档案记录，有限的国家、地区调查以及专家意见来搜集森林相关数据）。对 1953 年之前数据没有进行误差估计。

数据质量

无法获取 2006 年密西西比州、俄克拉荷马州、新墨西哥州、怀俄明州、内阿拉斯加和夏威夷最新的森林面积和材积数据。同时要注意，阿拉斯加州从未开展覆盖全州的年度调查，对阿拉斯加州的森林面积、所有权、森林类型指标报告中，由于无法获取早期的相关数据，美国农业部林务局相关人员决定重复使用 1987 年的数据值代替 1977 年、1963 年、1953 年的数值。

数据获取

数据来源于美国农业部（USDA）林务局，可访问 http：//fia.fs.fed. us 网站获取。

2008 年报告数据更新：

此次更新中，添加了 2006 年数据，采用在线网站2003年最新发布的2002年度数据替换了原有2002年数据，进行了更新。对历史数据要进行了调整，使其与最新的森林定义保持一致。因为产业所有权类型格局发生了大转变，美国农业部林务局不再对森林产业和其他产业的私人所有权加以区分，本报告中将“私有”分为两大类别：团体（木材控股公司、林木产业公司）和个体（个人、家族、信托、部落）。

森林类型

指标

本指标报告以森林为主导的土地覆盖类型的土地面积及其随时间变化情况。森林类型、森林破碎化、非林地的掺杂干扰（参见森林景观格局，第 5 章）都是影响森林物种保护的重要因素。某一特定区域的树木类型会受到多种因素影响，诸如火灾扑救、农业耕种与砍伐、改造发展、过度放牧等人工干预等；此外自然演替性也会改变树木的类型与分布，森林类型增多可能会导致林木的二次、三次成熟；诸如火灾、虫害等生态系统过程可以改变森林物种构成；伐木和放牧也会使之发生改变。

数据

数据描述

参见前文森林资源清查与分析项目（FIA）项目描述。

数据质量/说明

有关数据质量详尽解释请参见前文森林资源清查与分析项目。本报告与前一版本报告中数据不同表现在以下方面：首先，因为历史数据为人工汇编，在国家数据库无备案，美国农业部林务局汇编的刊物中可能存在人工错误；其次，美国农业部林务局对“森林”概念进行了修改，规定灌丛覆盖类型不再属于森林类型，因此在“西部阔叶林”类型统计值中要去除该灌丛类型的值；再次，数据被分配到新增地理区域的过程中，舍入误差导致数据在汇总为总量时存在细微差异。最后，由于阿拉斯加州缺少可信度较高的调查数据，尤其缺少森林类型的物种记录，因此物种数据大多通过遥感数据估算。

本指标中对类别进行了合并，采用了高度集中的类别组合来报告，因此导致指标在某些地区（一定面积范围内）无法反映出特定类型树木数量的实际变化。

数据获取

数据来源于美国农业部（USDA）林务局，相关数据获取可登录 http：//fia.fs.fcd.us/。

2008 年报告数据更新：

新增了 2006 年数据，替换了 2002 年度数据数值。重新修改了一些森林类型的类别定义，之前东部的（北方和南方）橡胶柏和榆棉木类型被归入低地灌木一类，使得该类别更加细化；同样，“其他森林类型”类别被其中的优势物种——“松林”所取代。注意到大部分软木材数据为阿拉斯加针叶树数据，该地区缺少地面实地调查数据来识别特定物种。

2008 年报告也新增了按各区域分别进行报告的统计数据。

森林管理类型

指标

本指标反映了美国各森林类型的组成比例，类别按储备林地、用材林地、自然/半自然林地或者“其他”半自然林地来划分。对阿拉斯加内陆地区森林进行单独报告，因为其地处偏远所以与“储备土地”管理相似。美国大部分森林（包括用于木材生产）既不属于国家公园、荒野，也非种植林。

数据

数据描述

本指标数据来源于美国农业部林务局森林资源清查与分析项目。数据不包括合法用于采伐的私有土地数据，如美国大自然保护协会等私人团体所拥有的土地。此外还有许多“自然”和“半自然”土地，有时也会因政府或其他条例而保留用于采伐。

值得注意的是，内陆阿拉斯加包括了除东南沿海地区和科奈半岛之外的所有林地。因此，“内陆”所含区域也包括分布于阿拉斯加以外的内陆地区，但由于其地处偏远地区，也被纳入“内陆”范畴。这里所涉及内陆阿拉斯加地区面积（大约 1.07 亿英亩）中，不包括通加斯国家森林（大约 0.12 亿英亩）。

数据质量/说明

本指标数据说明可参见美国农业部林务局森林资源清查与分析项目的数据质量说明。此外，指标报告的 1953 年和 1963 年的“储备森林”类别数据没有单独对非生产性储备土地类别进行报告，这两年储备森林的数值只代表各类型数据的加和。因此，这两年的“其他森林”类别即代表全部森林中除去用材林和储备林的剩余部分。

数据获取

数据来源于美国农业部林务局，可在网站 http：//fia.fs.fed.us 获取。

2008 年报告数据更新：

增加了 2006 年数据，替换了 2002 年数据。还需注意的是，从前版报告开始，内陆阿拉斯加面积已经出现明显下降。然而，这一下降是由“其他自然/非自然林地”被重新归类为“储备林地”造成的，而非真正的森林减少。随着未来继续开展土地监测，先前对内陆阿拉斯加地区以遥感监测为基础的评估结果，将会进一步调整。

数据缺口

在后续报告中，希望报告更多土地所有权类型的受保护地区和储备地区分布情况。为实现该目标，目前正在依据美国地质调查缺口分析项目（http：//gapanalysis. nbii.gov）所用管理强度分类体系建立土地面积数据库。该数据库现由生物保护研究所和美国农业部（USDA）林务局共同组建，详情可访问 http：//www.conbio. org/cbi/projects/PAD/index.htm。

森林景观格局

指标

本指标报告森林和“核心森林”地块的大小。一般而言，“核心森林”没有明确的定义，我们用该术语表示一种宽阔的森林格局，即森林周围分布有森林或者其他自然土地覆盖类型作为缓冲区，从而使该部分森林与非自然土地覆盖（例如用于人类发展的林地——包括铺面道路、农田）类型隔开。识别出核心森林像元后，将其聚合为核心森林地块，并绘制图件分别在全国和区域尺度上进行报告。

指标设计实质性变化

为编制 2008 年报告，景观格局工作组对本指标进行了修订。该工作组的报告即将完成，届时将会在海因茨中心网站发布（http//www.heinzctr.org/ecosystems）。

数据

本指标数据来源包括两部分：一部分主要来源是 2001 年国家土地覆盖数据集（NLCD），它属于多精度土地特征联盟（Multi-Resolution Land Characterization，MRLC）的一项研究成果；另一部分即在土地覆盖图中叠加铺面道路相关数据，由环境系统研究所（ERSI）提供（道路地图数据：http：//www.esri.com/data/ streetmap/），铺面道路可被视为开发用地类型。

数据描述

详情参见国家土地覆盖数据库技术说明。

数据处理

美国农业部（USDA）林务局和美国环境保护局（EPA）的分析人员基于全国土地覆盖图进行分析，全国土地覆盖图由若干边长为 30 m（大约 100 英尺）的像元网格（大约 1/4 英亩）组成。核心森林像元识别是对每个森林像元，通过判断围绕在其周围区域的土地覆盖类型的混合情况来判别。具体来说，以土地覆盖图中每个森林像元为中心，采用边长为 1 km^2 的正方形窗口（3 250 英尺，240 英亩）进行分析，所谓核心森林像元，是指中心森林像元周围的土地覆盖类型中森林和自然土地覆盖类型（草地、灌木、湿地、近海水域，沿海水域）所占比例达到一定数量，核心森林即是由满足上述条件的核心森林像元组成。核心木森林像元的判别标准可根据不同的应用目标进行调整，以帮助更好地反映和理解森林景观格局的生态意义。完成核心森林像元识别之后，将其聚合在一起形成核心森林地块，并勾画出边角或者边线。最后，在全国尺度和区域尺度上对核心森林地块大小进行报告。

可从不同方面对指标进行改进和发展（例如规定不同的窗口大小和采用除90%以外的密度阈值）。

数据质量/说明

核心森林的地块大小以州为评价单元进行报告，某些州边界地区的地块会被州边界分离。因此，报告的地块面积大小应该代表的是最小值。

数据获取

土地覆盖图数据获取途径可参见国家土地覆盖数据库技术说明。访问ESRI网站可获取道路地图数据。经分析后得出的结论性数据由景观分析中心提交给海因茨中心，该数据准确，符合要求。

森林河流中的硝酸盐

指标

本指标反映森林溪流中可溶性硝酸盐和亚硝酸盐的年平均排放量。数据以每百万（1 mg/L）硝酸氮为单位作报告。部分流域森林含有无植被覆盖的土地，农业和家庭肥料，化粪系统排放物，污水净化厂管道废水都有可能增加森林溪流中硝酸盐含量。虽然分析方法中采用硝酸盐和亚硝酸盐报告，但所报告数据仍被标记为硝酸盐平均总量。采用这种报告惯例是合理的，因为除了高度污染的水源之外，亚硝酸盐实际上只占水源总量的一小部分，可以忽略不计。

数据

数据来源

该数据由美国地质调查局（USGS）国家水质评价项目（NAWQA）收集分析。参见前文国家水质评价项目、样本设计、方法以及数据获取等相关信息。饮用水标准相关信息可在下述网站查阅：http:// www.epa.gov/safewater/contaminants/index.html#inorganic 。用于生态系统之间横向比较的农田、城市和郊区相关数据信息参见后文相关技术说明。

数据采集方法

溪流硝酸盐数据是从流经美国本土的117个草木茂盛地区的溪流和河流点中采集样本。草木茂盛采样点的上游地区土地覆盖类型主要为未开发的土地（农业用地面积少于25%，城区面积少于5%），并且其森林面积远远大于草地和灌木面积。阿拉斯加和夏威夷虽然也在研究范围之内，却未在这两个州的溪流和水井中采集样本，原因是国家水质评估项目（NAWQA）针对这两个州研究单元中主要土地覆盖类型并非森林。

数据获取

本指标中所用数据引自Wilson et al.（2008），详情可访问http://pubs.usgs.gov/of/2008/1110/。夏季溪流中硝酸钠浓度的评估标准参见美国国家环境保护局的可涉水通过的溪流评估（USEPA，2006e）。

2008年报告数据更新：

本指标涉及的地域范围得以扩展。2008年指标包括50个州的51个主要流域，取样时间为1992—2001年的样本。在2002年报告中只包括36个河流域，取样时间为1992—1998年的样本。

碳储量

指标

本指标对储存于森林（包括树，土壤，地表植物）和碳库中的碳总量变化趋势，按区域分别进行报告，在美国，森林极易产生陆地碳汇效应，因此了解国内森林碳储量的变化趋势尤为重要。发生火灾，采伐等自然事件可使碳储量在短短几天之内急剧变化，所以精确统计森林中碳储量具有挑战性。尽管长期耕作导致的土壤碳流失可通过人工造林来修复，但是却未考虑到木制品的加工运输，废弃物燃烧，以及其他因素引起的森林地区碳流失。

数据

报告存储在活木，枯死树木，林下植被，倒地枯木以及森林地表等森林碳库中的碳的吨数。为与国际表述一致，这里用吨作为碳储量的单位。

数据描述

森林碳储量估算是基于美国农业部林务局森林资源清查与分析项目数据和方法（参见森林资源清查与分析项目描述），特别建立各类树木大小的实地调查与估算数据以及树干与其他组分之间碳储量关系的统计模型。不包含阿拉斯加和夏威夷的相关数据。

数据处理

这里所提到的所有数据处理，均由美国农业部林务局完成。一般来说，活树死树，木材碎屑，林下植被，枯枝落叶的碳含量均通过碳转换因子估算（Smith et al.，2006；Smith et al.，2007）。但是对1953—2005年活树碳储量的估算，是基于3种不同森林调查数据源（区域汇总表，RPA评估，GM E 调查数据年度评估），因此采用不同的碳转换因子。

数据质量/说明

评估碳储量是基于区域平均值，最大程度采用已用数据并在区域尺度上进行报告。总的来说，区域评估、国家评估比本地评估更加精确。不同区域之间内部的差异性可能会影响结果的不确定性（Smith et al.，2006）。有关森林调查分析样本更多信息请参见前文森林资源清查与分析项目描述。

数据获取

这里所使用的森林碳储量评估直接来源于美国农业部林务局。森林碳储量的其他相关信息可通过如下网址获取：http: //www.fs.fed.us/ne/global/ research/ carbon/ forcarb.html。

2008年报告数据更新：

2008年报告估算森林整体碳储量，2002年报告只包括林木覆盖区域。此外，存储于森林地表，倒地枯木，林下植被，枯死树木中的碳含量也被重新列入估算范围之内。值得注意的是，由于对碳转换系数的修订以及非林地被纳入估算范围，对历史数据的估算可能会略微不同于前版报告。在设计本指标时，针对去除木制品中碳储量估算进行了调整。将来，在城市和郊区生态系统中，木制品可能会被列为城市和郊区碳储量国家核心指标的组成部分（第2章），或者是作为城市和郊区章节中相关指标报告的新增内容。

数据缺口

本报告对存储于活木，包括粗根、林地、倒地林木、林下植被，以及枯死树木中的碳含量进行估算，但不包括存储于森林土壤中碳含量，因为，据推测后者不适用于国家报告。随着森林调查与分析项目年度计划逐步推进，土壤碳含量监测工作将会更加集中，此项工作由自然资源保护局（NRCS）规划。需要结合美国农业部（USDA）自然资源保护局，国内STATSGO空间数据库的资料，以及美国农业部林务局森林资源清查与分析项目中用于建立当前土壤碳价值的调查数据，估算土壤碳含量。（更多信息参见Smith et al.，2006；Amichev and Galbraith，2004）。

濒临灭绝的本地森林物种

指标

本指标全方位（如全球尺度）反映本地森林物种保护现状和濒临灭绝的物种数量的变化趋势。这里的物种都是大家熟知的群居类动物，如哺乳动物、鸟类、两栖动物。种群内所有组成种类的保护现状、生活习性、地理位置（州）数据均能保证一定的可信度。

对各物种的保护现状进行评估，旨在明确其濒临灭绝的相对危险程度。评估过程考虑到多达12种因素，这些因素都与物种的危险程度和灭绝风险密切相关。稀有物种更加易于灭绝，因此在评估过程中采用种群大小、种群数量、分布区域范围以及生存地区描述稀有物种状况。然而，评估某物种的总体脆弱性和灭绝风险时，种群数量和分布范围大小的变化趋势、受威胁的直接程度和强度也需要重点考虑。更多关于此次排名过程的信息可参考自然保护项目的技术说明，或参见网站http://www. naturereserve.org/ explorer/ ranking.htm以及著作Master（1991）。

专家对以下两种信息基本上达成共识：物种现状（如本报告所提及的动物物种）和物种变化信息（如本报告中所提及的脊椎动物，对于了解物种状况至关重要）。

数据

有关公益自然组织（NatureServe）项目数据采集、方法、数据质量/说明，数据获取和参考方面的信息请参见前文。

数据来源

公益自然组织（网址是：http: //www.natureserve.org）及其自然遗产网络成员项目建立和维护报告中物种信息。

数据处理

公益自然组织数据介绍和方法说明见前文。全部数据处理工作由公益自然组织负责完成。为了计算本指标，公益自然组织规定了“森林物种”判别特征，即该物种至少在生命周期的一段时间内生活在森林且依靠森林物质生存。这种规定较为保守——只有那些与森林生境类型关系特别密切的物种才被列入其中。报告的森林种群包括哺乳动物、鸟类、爬行动物（蛇和蜥蜴）、鳄鱼、短吻鳄、乌龟、两栖动物、蝴蝶、蛾蝶和蚱蜢，总计超过 1 700 种森林物种。

2008 年报告数据更新：

增加群体趋势度量因子。2002 年报告中保护现状数据被更新为 2006 年数据。

数据缺口

数据中没有明确所有森林植物的生境类型。已经针对极危和濒危植物（G1 和 G2）制定生境类型。公益自然组织正在制定易危植物（G3）生境类型。但是处于较安全状态的植物的生境类型仍不明确。群体趋势数据不包括濒临灭绝的无脊椎动物，因为目前仅有 15%的森林无脊椎动物种群变化趋势已知。

森林中已定殖的非本地植被

指标

本指标报告非本地物种覆盖总面积。某些情况下，单一物种覆盖总面积可能比较小，但是所有非本地物种覆盖总面积会很大。非本地物种定义请参见非本地物种核心指标技术说明。

非本地物种的相关信息可通过技术评估办公室出版物《美国的有害非本地物种》（1993 年）查询，网址是：http：//eric.ed.gov/ERICWebPortal/custom/portlets/ recordDetails/detailnmini.jsp？_nfpb=true&_&EricExt Search_SearchValue_0=ED368561& ERICExt Search_SearchType_0=no&acco= ED368561。近期关于非本地物种问题的政策决策点在国会研究服务部查询（1999；网址是：http：//cnie.org/NLE/ CRSreports/ Biodiversity/biodv-26.cfm）。关于非本地物种种类及其影响和控制的两项州政府调查可以在网上查询，网址是：http：//www.ct.nrcs.usda. gov/plants.html（美国康涅狄格州）和 http：//www. mdflora.org/ publications/invasives.htm（马里兰）。

一些常见的非本地植物物种包括：野葛、白千层属灌木、臭椿、美杜莎、柽柳、挪威枫、野蔷薇和沙枣。

数据缺口

伊利诺伊州自然历史调查变化趋势评估项目的监测数据可访问（INHS-CTAP，http：//ctap.inhs. uiuc.edu/），提供了一个州级的非本地植被覆盖率趋势监测案例。目前缺少能在全国尺度进行比较的数据。

作为森林调查与分析（FIA）项目组成部分，美国农业部（USDA）林务局正在其森林健康监测草案中建立一种植被指标，用于评估植被的类型、多样性和空间排列。每个森林健康监测方案包括 4 个样块（24.0ft 或半径为 7.32m），基于各子地块布设 3 个 1.0 m^2 植被样方，在此基础上针对每个现有植物类型估算其物种覆盖度。同时，记录植被覆盖最茂密的垂直分布和结构（Schulz，2003）。每 96 000 英亩森林实施 1 个森林健康监测方案；大多数州每年至少监测州内全部样地的 1/5，保证每个样地一年一次的取样周期。

林龄

指标

本指标数据表示林分范围内树木的平均年龄。需要特别注意的是树的年龄不能完全体现其大小。生长迅速物种与其他树龄较大的树种、其他地区的相同树种相比，可能尺寸差别明显。此外，森林火灾和飓风等过程会限制区域内的树龄（例如飓风在美国东部干扰显著）。

数据

数据描述

指标数据由美国农业部（USDA）林务局森林资源清查与分析项目（FIA）采集（参见前文森林资源清查与分析项目描述）。一排树的树龄指具有显性或共显性树冠位置特征树木的平均年龄，它可以作为一种分类方法。显性/共显性树冠是指那些在树冠覆盖面顶层占据或分享空间的树冠。树龄通常是通过计算树芯年轮获取。在森林资源清查与分析项目第二阶段野外指南上可查看林龄计算的更多信息（网址：http：//fia.fs.fed.us/library/field- guides-methods- proc/）。

这项数据代表美国所有森林的子集，即美国农业部林务局定义为“用材林地”森林。用材林地是指未被法律禁止采伐并且每年每英亩平均生长量至少20立方英尺的森林区域。需要注意的是，分类体系中“异龄”类别正逐步被取消，该类别在以往调查中被用来代表多年龄组成的类型。

在过去10年里，我们使用“显性”或“共显性”树木类型代替“异龄”来表征林龄，从而与遥感数据更好的结合。因此，该类别将逐渐被弃用。

数据获取

数据从美国农业部（USDA）林务局获取，访问 http：//fia.fs.fed.us.可获取数据。

2008 年报告数据更新：

增加2006年数据并替换原有的2002年数据。首次获取了1987年数据。数据表征形式由条形图改为面积图。

数据缺口

数据不包括国家公园、自然荒野和其他自然或半自然森林，由于不属于用材林地，因此在以往调查中没有被列入调查范围。数据内容涵盖东部森林绝大部分和西部森林的 40%。正在采集生长缓慢森林和公园以及自然荒野区的森林数据，但目前仍未被采用。

森林干扰：火灾，虫害和病害

指标

本指标明确了森林干扰类型包括火灾（野火和人为火灾都包括在内）、虫害和病害，报告每年受各种干扰因素影响的面积。2001 年虫害高峰主要遭受3种虫害影响造成脱叶：东部天幕毛虫（天幕毛虫）、森林天幕毛虫（苹天幕毛虫）和蝗潜叶虫（蝗虫潜叶虫）。

指标设计的实质性变化

2002 年报告之后，为提高整个生态系统中非本地物种指标的一致性和关联性，特别组建了工作小组就此问题进行了分析。委员会提议改变森林干扰指标的表征方式中描述由外来昆虫、虫害和病菌造成的森林破坏比例。然而该数据不足，因而不能充分明确病原体。本指标框架被提前修改，将来数据充足时可以采用。

数据

数据描述

报告的由昆虫造成的森林破坏数据覆盖美国本土48个州和阿拉斯加部分区域。该数据源自美国农业部林务局森林健康监测（FHM）项目（网址是：http：//fhm.fs.fed.us/）。数据库由林业部森林健康科技企业团队管理（FHTET，网址：http：//www.fs.fed.us/foresthealth/technology/）。登录 http：//www.fs.fed.us/foresthealth//technology/gis.shtml 和 http：//www.fs.fed.us/foresthealth/publications/id/standards_1099.pdf./可以查看项目航空监测和地面调查说明。从这项指标可知，物种脱叶或持续死亡是由虫害造成的。本报告中，虫害分为物种脱叶和持续死亡（尽管其他破坏类型也可能显著影响某些种群数量）。持续死亡率是指分布均衡的死亡事件，它不代表在特定区域的所有树木均枯死。因为树木可以从脱叶状态恢复，对所有脱叶数据和死亡数据分开进行报告。

荒野火灾信息（不仅包括面积还包括其他火灾属性）由联邦、国家、地方和部落机构采集，由国家火灾应急中心报告。

数据处理

由于多因素损害事件都可以归属于多个多边形中，“足迹”总数计算对面积重叠部分只计一次。不管是脱叶还是持续死亡率，某一年的损害基于多边形计算（同一害虫重复出现只计算一次面积），但多种害虫间破坏会被重复计算，“足迹”总数不包括多种害虫重复计算的部分。

数据质量/说明

主要害虫数据（1979—2006年）分为三类，分别采用相互独立的数据收集和报告方法：森林病虫害信息管理系统（FPIS）的主要害虫数据、FPIS的其他害虫数据以及空中昆虫和疾病调查（ADS）。由于采用不同方法进行调查，数据的“强度级别划分”存在差异。1979—1996年有五种主要昆虫被列入调查：舞毒蛾、云杉色卷蛾、南部松树甲虫、山松甲虫和西部云杉色卷蛾。1997—2006 年，超过160种昆虫种类被列入调查(其中包括最初的5种)。

任何类别中只要包含显著比例的虫害（即使夹杂着其他破坏体），即被列为“昆虫”损害。这项报告中数据包括阿拉斯加部分区域（调查区域按需求情况多年间轮流进行）。因此，松树死亡率没有被记录下来，尤其是对死亡率较低或不持续的情况。森林火灾数据未限定于国家森林，且该数据没有按照土地覆盖类型（森林、草地和灌木）分类报告。需要注意的是2004年燃烧面积数据不包括北卡罗来纳州土地。此外，鉴于国家跨机构消防中心持续从各种来源中整理和报告准确数据（数据来源包括：郡、州、地区和国家），因此与上次报告数据相比，1960—2006年数值可能已经发生微小变化。

数据获取

从森林健康监测（FHM）可以获取虫害数据（网址是：http：//fhm.fs.fed.us/）。受火灾影响的面积数据可从美国农业部（USDA）林务局国家森林系统[1916—1959年数据，详见CAO（1999）The Heinz Center（1999）]以及国家跨机构消防中心（National Interagency Fire Center）（1960—2006年数据，可在线获取，网址是：htto：//www.nifc.gov）获取。

2008年报告数据更新：

2002年文档报告和2003年网上发布数据中包括了一部分虫害类型，2008年报告在此基础上，增加了自1999年开始的其他类型虫害数据。数据表征方式采用叠加面积图代替线状图；分别单独说明火灾数据与昆虫数据，因为火灾数据不仅代表了森林数据也包括草地和灌木地数据，而昆虫数据没有包括后者。删除2002年和2003年的病害数据，因为这些数据仅基于当地虫害和病灾管理需求而采集。

数据缺口

指标考虑不同的破坏类型非常关键，因为集中针对单一类型将会使该指标过度体现少数物种引起的影响。通过规定损害程度的分级标准（例如，低、中和高），来汇总和统一不同来源的数据和不同病原体和昆虫的数据。该标准必须考虑虫害的背景水平影响区域内大部分树木的昆虫。随着卫星遥感技术不断成熟，可能会出现新的数据源用于描述森林干扰的年度格局特征。未来的工作需要区分森林火灾和草原火灾，并报告火灾强度。今后有可能通过火烧严重度变化趋势监测（MTBS）获取火灾强度数据，网址是：http：//svinctfc4.fs.fed.us/mtbs/）。森林和草地/灌木火灾面积数据通过国家跨机构消防中心获取；这些数据将在今后的评估报告中被采用。

火灾频率

注意：该部分内容也可作为草地和灌木林地火灾频率指标技术说明。

指标

本指标通过比较当前和历史火灾频率情况，反映森林（或草地和灌木林地）燃烧是否像过去那样频繁，主要针对人为原因造成的。虽然火灾危险评估为重要的土地管理手段，但本指标不包括火灾危险评估。

火灾作为健康的森林、草地和灌木生态系统的重要部分，其发生的频率、时间以及在指定区域燃烧程度会因地理位置和植被类型而差异，因此建立的指数应该在可以捕捉和体现这些变化的尺度上进行评估。历史火情很难评估，现场痕迹数据（树的年轮、木炭、火灾造成的疤痕和花粉）可用来分析历史火灾频率和火灾程度格局，但是这些数据并非常规的全国监测项目可以采集。对于某些区域的草木和灌木林地，通常不存在现场痕迹。当今的火灾会受到多种因素影响，例如土地管理、温度和降水变化以及植被类型变化（包括外来物种）。一些科学家提倡把预测未来的植被类型作为一种更加有效的措施；另外一些科学家强调将火情特征与火灾管理制度结合。

数据缺口

2002年报告中，本指标技术说明探讨面向燃料管理的火情研究和火灾应用项目（Fuelman）。这个项目设计以专业知识和模拟作为基础，因为缺乏对火灾频率（例如年轮伤疤和类似的现场监测）相对直接的监测方法。后来，火情类别（FRCC）监测替代了Fuelman，它综合了不同来源的数据、文献综述、实地考察的现场数据以及区域专家的意见。全国性的火情类别制图为国家火灾规划提供了技术支持（网址是：http：//www.forestsandrangelands.gov/ NFP/index.shtml），后者由荒野火灾领导委员会（WFLC）

组织实施。经各方努力，荒野火灾领导委员会赞助了景观防火和资源管理规划方法项目（LANDFIRE），开展植被、火灾和燃料特征监测，研究中包括但不局限于火情类别制图，详情可访问 http：//www.landfire.gov/。

荒野火灾领导委员会（WFLC）同时资助另一个跨机构的工作来评估火灾影响。火烧严重度趋势监测（MTBS）反演 1984—2010 年燃烧程度和火灾程度，将多家机构的数据进行汇总，并通过数据归一化集成为一个数据库。该数据有可能成为历史火灾情况分析的起点。详情可访问 http：//svinetfc4.fs.fed.us/mtbs/。

面积显著减少的森林群落类型

指标

本指标确定相对于欧洲人定居时期的广泛分布（接近 1600—1800 年），面积减少了 70%或以上的森林群落类型。需要注意本指标中描述的“森林群落类型”要比森林类型指标中描述的类群更加确切（参见第 5 章）。后者报告的“森林类型”代表更广义的类别，每个类型包括多种“森林群落类型”。因为“森林群落类型”没有统一定义或明确的鉴别特征，建立一个全国性分类标准对于本指标来说十分必要。本指标将报告面积显著减少的森林群落类型数量以及这些群落类型的面积分布，并以固定的调查周期持续报告这些群落类型的面积变化。帮助读者了解这些已经减少的类型面积是否正在继续减少、稳定或增加。

采用前欧洲人定居时期作为基准期并非因为该时期的森林群落类型是“原始的”或者完全没有受人类活动影响，也不是将其作为采取措施或者实施政策的目标。而是把它作为一个相对久远的参考点，通过与其他数据比较更好地反映当前状况。

森林群落类型将按公益自然组织（NatureServe，2007a）提出的“陆表生态系统”中相关概念。针对美国和拉丁美洲已经明确了分类体系和定义，并已经被用作美国国家测绘研究工作基础，例如跨机构景观火灾相关工作和 USGS 数据缺口分析项目。使用基于美国国家植被分类系统分层结构植被的概念描述陆表生态系统的一个方面，（US-NVC；FGDC，1997；Grossman et al.，1998；NatureServe，2007b），并提供植被类型的图例。

森林生态系统由在相似环境条件下同时出现，且受自然动态过程影响相似的植被类型组成，这些植被类型均源自美国—国家植被分类（US-NVC）。分类类别基本上与美国林学会定义的“覆盖类型”相符。

外部因素影响引起的土地覆盖类型直接改变或者渐变可能导致生态系统面积减少，如火灾扑救使森林组成和结构发生变化。对于本指标，只要区域具备某种森林群落类型的特征，就被归为该类型的一部分。如果森林植被由于火灾扑救发生显著变化，可归为其他类型。

数据缺口

跨机构景观防火和资源管理规划方法项目（LANDFIRE），网址是：http：//www.landfire. gov/products-national.php，发布的产品对森林面积锐减超过 70%的森林生态系统进行了汇总。目前可提供部分地区的产品，但是完整的全国数据直到 2009 年才能完成。

公益自然组织（NatureServe）和美国农业部（USDA）林务局森林资源清查和分析项目（FIA）正在利用已有的 FIA 数据，建立基于 US-NVC 分类体系的面积估算方法。该项目也提出了近期植被群落类型面积变化的观点，未来可追踪这些群落类型的面积变化。

木材采伐

指标

本指标报告每年采伐木材体积，产品共分 6 种类型：锯材原木，纸浆和复合材料，用木残料其他移除物质，薪材，单板原木以及其他产品。经济和社会变化都会影响森林采伐的区域格局，同时还会影响特定时间内产品类型需求。

数据

由于本指标数量不能与生长和采伐指标数据直接比较，后者反映的是“立木蓄积”量，不包括特殊树木（粗糙树木，腐烂树木和枯树）和部分在尺寸、质量和可销性方面不符合标准的树木（例如，树枝并没有被列入“立木蓄积”，但是它可以被应用到其他产品中如薪材（参见第 5 章）。本指标不仅包括立木蓄积也包括其他被采伐材料。

数据描述

森林产品及产品来源数据由美国农业部林务局森林资源清查和分析项目（FIA）以及森林产品实验室采集。该实验室也通过美国商务部公布的报告和工业贸易协会数据源来补充数据。森林资源清查和分析项目（FIA）采集大尺度的木材生长样品数据，该数据在森林调查与分析项目中有说明。森林资源清查与分析项目，用来核实来自美国农业部林务局木材设施定期调查、薪材具体调查、主动采伐作业研究方面的数据以及被采伐树木的清查。有两项研究被用于评估木材采伐——第一产业木材使用（例如纸浆厂和锯木厂），以及非工业使用（家庭和伐木工的住宅薪柴）。这些研究由森林调查与分析项目与每个国家的林业部门合作开展。采伐数据的时间表根据研究目标类型（纸浆厂、锯木厂和柴火等）和地理位置不同，采用的步骤也有所不同，地理位置详细内容参见 May（1998）和 Smith（1991）。

数据处理

木材加工厂调查数据被用于确定森林采伐的初级产品。森林资源清查与分析项目的实地调查数据用于产品数据验证——基于用于生产产品的树木数量评估采伐分布。美国农业部林务局也在研究人工采伐作业，进而评估木材产品的使用情况和森林剩余残枝。结合这些数据和木材公司总原木收据数据（从木材加工厂到产品），估计用于将这些圆木运到木材公司运输中而砍伐的木材和其他材料。利用商务部的木材使用辅助数据和工业协会数据，验证每年用于生产初级木制产品而被采伐的树木数据，初级木制产品包括锯材原木、木质纸浆、单板原木、薪材和其他木制产品。1992 年之前，各州每项研究独立进行——详细内容参见 May（1998）。

数据质量/说明

非薪材产品总量通常有±10%的误差。数据来自 FIA 木材加工厂调查，该调查为全面的工业细查，采样误差可以忽略。住宅定期消耗薪材研究误差通常在±15%。需要注意，锯材原木和单板原木数据不包括海外出口产品，只包括在美国或加拿大由工厂接收和加工的原木。美国农业部林务局正在开展量化海外出口产品的工作。

数据获取

除了要求特殊加工或运费的产品，所有数据都可以免费获取。1987 年以前未建立全国尺度的电子数据库，1977 年以前大部分区域性数据不能通过电子渠道获取。森林统计数据、在线数据库和美国森林分布图都可在网上查询，网址：http：//fia.fs.fed.us. 森林产品实验室合成数据，商务部和工业贸易协会数据可以通过网站查询，网址：http：//www.fpl.fs.fed.us/。

2008 年报告数据更新：

采用 2005 年数据替换 2001 年数据，并录入更新数据库，更新了 1952 年锯材原木和单板原木数据。

木材生长和采伐指标

本指标报告每年木材生长量与被采伐量比率。本指标使用“生长”“采伐”和“林地”等术语，与美国农业部（USDA）林务局使用的保持一致。比较木材生长和采伐是评估森林生物容量的常用方法，基本原理是如果生长木材比采伐木材多，则森林生物容量增大。

数据

本指标数据不能与木材采伐指标数据直接比较。因为这里提供的数据只代表“立木蓄积”，不包含粗糙、腐朽、枯死的树木和没有达到规定尺寸、质量和适销性标准的树木。（下文定义的数据在生长和采伐中均可使用）。木材采伐（第 5 章）中的采伐数据包含多种木材制品，其中包括“立木蓄积”和其他采伐木材。

数据描述

指标数据是在美国农业部林务局森林资源清查和分析（FIA）项目中收集而来。林木生长数据通过定期监测系统获取（参见 FIA 项目描述）。森林采伐数据通过产品调查（参见木材采伐技术说明）获取。

数据质量/说明

生长：FIA 调查提供的森林体积数据置信区间为±5%～8%/10 亿立方英尺，置信度为 67%。采伐：无薪材产品总量误差低于 10%。数据来自 FIA 木材加工厂调查，该项调查较为系统，采样误差很小。

指标数据仅限于“立木蓄积”树木。立木蓄积是美国森林调查的一个类别，指达到指定质量或树势标准的商业品种的活立木。计算蓄积量时，仅包括胸高参数为 5.0 或更大型的树木（“胸高”是一种常用的树木尺寸监测参数）以及不存在明显无法用于工业用途特征的树木（如腐朽的，形状不规则的）。此外，蓄积量测算包括从离地 1 尺到顶部树皮外围直径最小值为 4 吋（in，1in=25.4mm）或到主干分叉的部分。指标没有提供已监测树木的树种、树龄、树质或其他属性数据。这些地区生长和采伐的总体趋势不能反映出小范围内正发生的一些重要变化趋势。

该指标不包含在公园或野外生长的林地和生长速率缓慢的森林，这些林木占西部森林 60%，指标无法反映出该区域林木生长的显著变化。

数据获取

除了需要特殊加工或有运输费用的产品，所有数据都可以免费使用。1987 年以前的数据没有国家级的电子数据库，1987 年以前的大多数区域性数据也无法提供电子版。森林统计数据、在线数据库和美国森林分布地图可在网站 http: //fia.fs.us. 获取。林产品实验室合成数据，商务部和行业贸易协会数据可在网站 http：//www.fpl.fs.fed.us. 获取。关于木制品的新增数据可在网站 http：//www.fpl. fed.fs.us./获取。

2008 年报告数据更新：

增加 2005—2006 年的数据，替换 2001—2002 年数据值。

森林休闲娱乐活动

指标

本指标报告美国居民参与的森林生态系统中休闲娱乐活动调查的调查结果。

数据

数据描述

指标数据直接从美国农业部林务局获取，包含全国娱乐及环境调查（NSRE）开展的全国电话调查。更多关于 NSRE 项目调查方法参见全国户外休闲娱乐活动指标技术说明。该调查旨在追踪超过 16 岁的无固定收入美国居民休闲娱乐活动参与情况。将基于调查对象的人数特征与基于人口普查的全国平均值相比作为相应权重，得到全国的娱乐活动参与总人数。

数据处理

森林户外休闲娱乐数据来自于 NSRE 两份最新调查，因此不包括 1994—1995 年 NSRE 数据。将 1999 —2001 年和 2003—2005 年 NSRE 调查数据分成以下几种类型：

- 散步；
- 观赏活动　观光，赏鸟，野生动物观赏；
- 野炊　野餐，家族聚会；
- 赛车运动　越野赛车，机动雪橇滑雪；
- 滑雪　滑翔滑雪，越野滑雪，单板滑雪，穿雪鞋滑雪；
- 徒步旅行，爬山等　日间徒步旅行，洞穴探险，爬山，定向越野，攀岩，自助旅游，骑马；
- 野营　原始地区野营，发达地区野营；
- 打猎　大型打猎，小狩猎游戏，候鸟狩猎；
- 淡水区垂钓　溯河产卵区垂钓，冷水区垂钓，暖水区垂钓；
- 游泳　湖泊游泳，池塘游泳（非水池游泳）等山地自行车运动；
- 航海，漂流，划船等　皮艇漂流，漂流/划木筏，划船，航海，帆船运动/帆板运动。

数据质量/说明

全国户外休闲娱乐数据收集旨在全面掌握休闲娱乐活动参与人数，森林休闲娱乐活动调查只是全国休闲娱乐调查的一部分。因此森林休闲娱乐总量依赖于调查对象如何理解一项特定活动是否发生在森林环境。虽已经对调查对象简要说明如何定义，但无法确定调查对象的理解程度是否一致。针对每一项休闲娱乐活动（散步，野餐等），首先要求调查对象估计出每年参与该项活动的总次数。其次，要求调查对象估算出他们在森林环境中参加该项活动的次数，以此估计森林环境中指定活动的参与率。

这里报告的户外休闲娱乐参与值包括发生在森林环境中活动的参与率和总的参与数。数据用来表示娱乐活动参与总数。数据不因人口随时间的变化而变化。

数据获取

此处报告的数据从美国农业部（USDA）林务局直接获取。

2008 年报告数据更新：

增加了 2003—2005 年时段关于户外休闲娱乐的新数据，并对 1999—2001 年的数据进行修改。

数据缺口

NSRE 数据仅报告 16 岁以上成年人的娱乐参与。下一轮 NSRE 将把 6～15 岁的青年列入调查范围。

淡水状况与利用指标

淡水生态系统分布

指标

本指标反映淡水湿地、湖泊、池塘、河流、溪流的分布。湿地、湖泊、池塘的范围用其覆盖面积分析，因为池塘比湖泊小，且经常被改造，因此单独对其进行分析。河流和溪流的分布范围用小、中、大型河流和溪流的长度（用溪流的英里数）表示。此外，河岸通过邻近溪流或河流的土地覆盖来表征。

数据

湿地、湖泊、水库和池塘。

湿地数据引自 Dahl（2006），湖泊、水库、池塘数据引自 Dahl（2006），Frayer et al.（1983），以及美国鱼类及野生动物管理局未发表的数据。

数据

数据来源于美国渔业及野生动物管理局（国家湿地调查数据（NWI），项目定期提供湿地变化报告。关于本指标，NWI 10 年评估以该 10 年间中点表示。例如，“19 世纪 80 年代”表述为“1985 年”。

本次调查选取的湿地类型是被 NWI 推荐为与生态相关性最强和长期数据可获取性最强的类型（Dahl，2006）。湿地包括森林湿地、灌木湿地和自然湿地。池塘包括开放水域池塘和无植物生长的沼泽湿地（例如稀疏沼泽地海岸：泥滩和池塘海岸线）。池塘一般浅于 6 英尺，小于 20 英亩。但是也包括深于 6 英尺或由波浪形成的或基岩海岸线周边较小水域，湖泊和水库一般大于 20 英亩，深于 6 英尺。

数据质量/说明

不包括耕种过程中出现的暂时性湿地和用于有效排水的沼泽湿地，它们不属于湿地类型。干旱年间用于耕种但在正常情况下用来供养水生植被的湿地被划分为自然淡水湿地。

美国地质调查局（USGS）国家水文数据集（NHD）包含有关湖泊、水库和池塘面积（至少 6 英亩）的信息，提供数据总面积达 2680 万英亩。采用 NWI 数据是因为其可提供时间序列数据；产生数据误差的原因不明。

数据获取

1998—2004 年美国本土湿地状况和趋势可登录网站 http：//wetlandsfws.er.usgs，gov/status-trends/index.html 获取。

淡水生态系统分布

数据来源

数据以国家土地覆盖数据（NLCD）和国家水文数据集（NHD）为标准。NHD 是一个完整的电子空间数据集，记录自然水体和人工水体的信息（可访问 http：//nhd.usgs.gov/）。溪流和水流河岸 100 英尺范围内的植被覆盖数据由美国国家环境保护局（EPA）与美国农业部（USDA）林务局分析得出。

数据生产

NHD 数据与 NLCD 土地覆盖数据相结合，得出溪流与河流沿岸的主要土地覆盖类型。NHD 中包括了河段两岸 100 英尺范围内的土地覆盖类型数据。土地覆盖类型分为 4 种：森林、农业用地、城市用地和其他天然植被（牧草、灌木、木本植物、自然湿地）。需要注意的是，这些土地覆盖类型中有些可能不是该地区固有的自然植被，有些可能已经以其他方式被转换。本指标重点关注与发生大幅变更的土地覆盖（城市和农业用地）的比较。

数据质量/说明

基于基础数据，将河流边缘大约 100 英尺距离范围定义为河岸。注意到没有适合于所有情形的宽度。NLCD 和 NHD 分别是关于土地覆盖和淡水资源最全面最有效的数据集，然而利用它们进行指标计算时都包含一些不确定性因素。不是所有水文特征都很明显，较小溪流在 NHD 中无法充分识别。

2008 年报告数据更新：

增加 2001 年 NLCD 新数据（参见上文）。分析过程中，由于 2002 年报告已经使用 1992 年 NLCD，且 2001 年 NLCD 数据无法与 1992 年 NLCD 数据进行比较，因此本报告仅使用了 2001 年 NLCD 数据。

数据缺口

缺少小型、中型和大型溪流与河流数量的信息。应尽快开发基于 NHD-Plus 数据集评价河流级别的工具。流速参数很难确定。此外，NHD 还可能会低估小型溪流的分布范围，由于小型溪流变化和改道的几率高于大型溪流，因此，尽可能保证覆盖大多数小型溪流显得格外重要。有关人类活动对于小型溪流的影响讨论，参见 Meyer& Wallace（2001）。

变更的淡水生态系统

指标

本指标报告发生变更的淡水生态系统（河流和溪流，河岸，湿地和湖泊，池塘和水库）所占的百分比。以下各种变化定义各不相同：

如果河流与溪流（所有流动的地表水）被用于筑堤、通道、水库蓄水，则认为其发生变更。溪流其他的主要变更类型包括沉积和温度变化以及河流交叉。河流生境质量指标（第 6 章）和河流流量变化指标（第 2 章）为描述河流状况提供了重要的补充信息。

沿河流和溪流的河岸地区指从中心线延伸大致 100 英尺区域内的土地，如果这些区域以城市或农业用地为主，则认为发生了变更。

如果湖泊和池塘紧靠岸线地带的土地覆盖以城市和农业用地为主，则认为发生了变更。数据主要针对非水坝（水库）后方蓄水形成的自然水体。本指标仅限于自然水体。

当湿地用于农耕、蓄水等用途，则被认为发生变更，分类体系采用美国鱼类及野生动物管理局开展的国家湿地调查（U.S. Fish and Wildlife Service's National Wetlands Inventory）；相关定义发表于 Cowardin et al.（1979）。湿地破碎化（通过填埋，修建道路和其他原因变成更分散的小块地）也很重要，但是监测这种变更需要详尽的区域信息。

数据

有关河岸变更数据的生成方法已在前文技术说明中介绍。同样方法也适用于池塘和湖泊的海岸线分类，但 NHD 没有区分自然湖泊/水库与蓄水的湖泊/水库。

2008 年报告数据更新：

本指标增加了 2001 年 NLCD 新数据。

数据缺口

目前仍未建立有关蓄水河流或筑堤河流英里数的全国性综合数据库。缺少对每个水坝样点的详细调查，以及水坝下游影响范围的计算方法。

缺乏可以区分蓄水水体与自然水体或明确哪些自然湖泊在出口处筑坝的全国数据库。如果将现有水坝位置数据（如美国陆军工程兵部队保存的数据）与其他数据集（如国家水文数据集）集成，则有可能获取这方面的信息。

通过美国鱼类及野生动物管理局的国家湿地调查（可访问 http：//www.nwi.fws.gov/）可获取变更的湿地数据。但是目前还没有全国范围的电子数据。美国鱼类及野生动物管理局正在整合这些数据。然而，由于这些数据来自不同州，观测时期不同，因此尚未进行定期更新。此外，也没有在全国和区域上对比更新数据与历史数据。

河流连通性

指标

本指标报告流向最近的下游水坝或分水渠的自然溪流和河流子流域的长度。该指标数据按照分区域的方式报告，将畅通无阻到达自然终点（如湖泊或海洋）的子流域分离出来。由于连通性改变会对不同种类和进程产生不同影响，所以分区域进行数据分析。例如短期内完成生命周期的无脊椎动物受到的影响和长期迁移性鱼类相比有所不同。同样，所有水坝和分水渠对沉积物流动的阻碍强度也不相同。

河流系统连通性较高可保证生物群体迁移方式的多样性，对于鱼类和蚌类，可以更好地保护单个物种生存，维持物种多样性；对其他物种也可能有同样益处。此外，较高连通性意味着更多支流相互连接，可增加传播、重新移植和种群融合等动态过程发生的几率，拓展物种的分布范围，从而提高物种可持续性和多样性。

可采用更为复杂的度量因子评估指定水坝或分水渠上下游连通的河网长度。如果数据充分（参见下文），则可作为对现有指标的简单补充。另一种观点是用一个度量因子评估子流域范围内的连通性程度，再用另一个因子来描述该子流域到下游河网的连通性。

数据缺口

由于全国范围内的河网数字地图质量和报告细节各不相同，水坝数据不准确（有关近期景观格局工作组报告可访问 http：//www.heinzctr. org/）。正在着手创建的国家水文数据集（NHD； http：//nhd.usgs.gov）和国家水文和排水数据集（NHD-plus）（http：//www.horizon-systems.com/nhplus/），将为未来几年的指标提供有效数据。需注意的是，分水渠虽然表面上与指标中的水坝等价，但是，仍需要定义分水渠的最小特征（例如，分水渠在一年某段时间会引发零流量事件）。由于几乎用不到分水渠数据，所以在此不进行分析。

湖泊、水库和大型河流中的磷

指标

选择总磷（TP）进行报告，是因为它是具有实际意义的、能够代表各种化学形态磷的综合性指标，大部分形态的磷能够直接或间接促进植物生长。总磷包括品中以各种形态存在的磷——溶解磷，微粒磷，无机磷，有机磷；黏附在悬浮的黏土和含水的氧化物上的磷；浮游生物和有机残渣中附着的磷，溶解在天然有机物中的磷。但是不包括大型植物、鱼、底部沉积物中含有的磷。

总磷可以衡量湖泊、水库和大型河流的营养状态（Carlson，1977）和基本水质情况（大型河流通常被看做湖泊；绵延的大型河流中水流稳定促使浮游生物的大幅生长），磷浓度对流动水体富营养化的影响尚不明确，但是预估的临界水平高于湖泊。因此，分别对湖泊和河流中的总磷进行报告（热带地区磷富营养化对湖泊和河流的影响强于温带；这里仅涉及温带）。

监测总磷很容易，即湖泊生长季节（例如 4～9 月）里多个取样点总磷（TP）的平均值，针对季节影响最小地区如佛罗里达（Florida），对采样频率（Knowlton，1984）和采样间隔进行了研究（rown et al.，1998）。

河流中的总磷（TP）指标值计算仅限于水流超过 1 000 ft^3/s（cfs）的大型河流。已确定 1996—2000 年和 2001—2005 年的时间加权平均浓度。为确保每条河流平均值能反映真实情况，只对在 5 年内至少有 4 年，一年四季至少采样 4 次的采样点进行分析。由于年内采样数据很少，Crawford（2004）指出对于在大型河流中一年 4 次的季节性取样中，检出的杀虫剂残留可以提供一个合理准确的时间加权的年生物浓度。分析结果也适用于大型河流中的总磷浓度，因为总磷和杀虫剂残留都具有显著的季节性特征。

有关 1986 年防止海藻过量滋长的建议总磷目标量信息参见 EPA44/5-86-001（见 USEPA 1986）。区域总磷标准信息可访问 http：//www. epa.gov/waterscience/criteria/nutrient/ ecoregions.。

数据

数据来源美国地质调查局（USGS）通过地面监测获取的河流总磷数据，大部分数据来自国家水质评价（NAWQA）或者国家河流质量统计网络系统（NASQAN）。共可获取 86 个采样点数据。1996—2000 年 86 个采样点中取样的中值数为 49，2001—2005 年为 56（范围 16～100）。

NAWQA 前文已有介绍，提到针对土地覆盖类型相对均一区域（通常排放量相对较小）的溪流收集数据，而本指标报告排放量较大且流域内土地覆盖类型多样的大型河流数据。因此采样样本代表不同土地利用类型的综合影响。

目前，NASQAN 描述了四大主要河流流域的河流流量：密西西比河、格兰德河、科罗拉多河、哥伦比亚河。国家河流质量统计网络系统站点分布于四大河流流域的主要支流，沿着水流大幅增加的河流主干和大型水库的上游和下游设置。此项目一般情况下同时监测流水量及主要化学组分。

采用了严格的质量保证/质量控制流程，对各组分规定了足够低的限值（μg/L，约十亿分之几），以确保准确性和可靠性。更多详情可访问 http：//www.usgs.gov/nasqan/progdocs/index.html。

由于本指标（见下文）在使用 STORET 数据时，考虑到采样点可能会受到污水净化厂排水口影响，因此在采集 NAWQA/NASQAN 数据时也对采样点进行了检测。这些项目在整条河流具有代表性的横截面取样，所以即使溪流在集水点没有很好的汇合，取样仍然代表了整条河流的水量。此外，这里采用时间加权年平均浓度，避免了部分河流中由于污水大量排入而使样点的夏季低流量被高估。

数据获取

可直接从 USGS 获取数据。

2008 年报告数据更新：

与只包含 1991—1996 年一个时段的 2002 年报告相比，本报告包含 1991—1996 年和 2001—2005 年两个时段。为了在分析中包含更多的采样点，本报告未采用更早期数据。只有一年四季中至少进行了 4 次采样，每个监测周期至少为 4～5 年（参见以上讨论），则该采样点才纳入分析；2002 年报告中包括 30 年里至少有 30 个样本的采样点。

数据缺口

评价大型湖泊和河流中磷监测数据时，除本报告所述数据集（NAWQA/NASQAN），还综合了另外两个大型数据集。这些数据来源于 STORET，STORET 数据库由美国国家环境保护局（EPA）管理（http：//www.epa.gov/storet/），STORET 数据来自国家水信息系统（NWIS），该系统由美国地质调查局（USGS）管理（http：//water.usgs.gov/nwis/）。更多有关本分析的信息参见 2002 年报告，报告指出 STORET 数据不具有代表性。因此，我们认为如果无法证明该数据可信度，将不参考。

美国 EPA 正在开展美国湖泊调查，能提供包括养分在内的一系列参数，将在区域和全国尺度整理监测数据，还将整理有关湖泊质量（良好、中等、恶劣）比例的信息。预计 2009 年将发布一份最终报告（http：//www.epa.gov/owow/lakes/lakessurvey/）。

淡水酸度

指标

本指标反映美国酸沉降数量及其对淡水生态系统的潜在影响。大气氮硫沉降与土壤水体酸化、重金属流动以及湖泊溪流生态破坏有关，如现有物种数量和类型的改变以及淡水食物网的变化。酸输入的数量和影响程度与地区沉降模式、氮化物种类和硫化物的酸化作用以及土壤属性等因素有关（Lehmann et al.，2005—2006）。高价碱性阳离子（如钙和镁）可在土壤 pH 降低或酸性水流入溪流和湖泊前中和酸性物质。酸中和容量（ANC）用于监测酸中和离子的丰富程度，由地球物理条件和酸性输入物质决定，通常在 pH 变化最小情况下，溪流和湖泊吸收的酸量较多。当 ANC 值低于 0μEq/L（微当量每升）时，说明溪流为酸性，对生物群落具有直接或间接毒性。如果降雨时期 ANC 值降至 0～25μEq/L，则说明溪流对瞬时酸化较为敏感。

数据

数据描述

大气沉降：国家大气沉降项目通过国家监测系统收集年无机氮大气湿沉降和硫酸盐大气沉降数据（1985—2005 年报告中有 192～260 个监测点）。通过对雨水样本进行化学分析，获取无机氮（硝酸盐和铵盐）和硫酸盐湿沉降量。每年进行的分析不包括以下监测数据：有效样本少于 75%、少于可用降雨数据少于 90%、总监测降雨少于 75%以及采集比率少于 75%（总样本桶深除以总监测雨量）。从 1985—2005 年，数据剔除率在 13%～33%。基于报告期间的数据分布情况，对其范围进行分组（报告范围与沉降标准和阈值不一致）。

酸中和容量（ANC）：ANC 数据是通过可涉水通过的溪流评估（WSA）采集——更多信息参见 WSA 项目描述。本指标中，溪流英里数根据 ANC 值域分类：大于 25 μEq/L（不敏感）、0～25 μEq/L

（敏感）、低于 0 μEq/L（酸性）。

数据质量/说明

大气沉降：为充分说明氮素和硝酸盐大气沉降特征，将使用湿沉降和干沉降指标。由于地理位置和气候不同，干沉降比例占总沉降的 20%～80%（USEPA，2007b），但 NADP 网络目前仅监测湿沉降。有机氮约占总氮沉降的 1/3（Neff，2002），但并未包含在 NADP 监测内。而且由于样点分布问题，NADP 网络并不能准确反映高海拔地区大气沉降特征。

酸中和容量（ANC）：全国 WSA 指定溪流中有 4.1%未进行 ANC 评估，9.5%的东部高地溪流（主要是一级溪流）也未进行评估，但是东部高地却显著受到酸化的影响。ANC 值根据无机盐阳离子（Ca^{2+}、Mg^{2+}、Na^{+}、K^{+}）数量和无机酸阴离子（SO_4^{2-}、NO_3^{-}、Cl^{-}）数量计算，但不计算自然状态下有机酸（Lawrence et al.，2007）。需要注意的是，WSA 项目未采集 ANC 的季节变化值，只在夏季采样。通常，春季高流量与较低 ANC 值相关，而夏季或深秋基流数据与 ANC 值相关（即长期而非瞬时酸化）。监测夏季基流能够保证年际间的一致性（弱酸比强酸更加有效）。也包括 EPA 短期生态系统综合监测（TIME）和长期监测（LTM）数据集，但是该项目仅在受酸化影响较重的东北地区实施了该项目（即取样主要集中在酸化影响最为严重的水域，不能包括所有对酸敏感的湖泊和溪流）。

在东南部、西部和中东部缺乏采样点的地区，由于数据缺失，这些数据集不符合国家报告要求。另外，已采样地区样点内也存在一些性质变异。

数据获取

大气沉降：从国家大气沉降项目（NADP）可获取数据。表格数据和绘图数据可登录 http：//nadp.sws.uiuc.edu/。

酸中和容量（ANC）：取样数据在美国国家环境保护局（EPA）国家 STORET 数据库获得（http：//www.epa.gov/storet/）。数据库链接及 WSA 数据指南可登录 http：//www.epa/gov/owow/streamsurvey/web_data.html 获取。

2008 年报告数据更新：

新指标。

数据缺口

大气沉降：目前，由于技术限制，无法直接监测干沉降氮素和硫酸盐。空气清洁状况和趋势网络（CASTNet）在粒子、气体和气象监测以及地表特征基础上，评估干沉降量（http：//www.epa.gov/castnet/）。干沉降数据不足，无法进行全国性报告。

酸中和容量（ANC）：尚未获取湖泊和池塘酸中和容量数据，但会整合在后续 EPA 评估中。

淡水水体透明度

指标

透明度指标能有效评价湖泊和水库营养状况。富含养分的湖泊（富营养化）由于繁殖大量海藻，水体透明度较低。养分浓度较低的湖泊（营养不足）通常透明度和透明度较高。半自养湖泊透明度介于低营养和富营养化湖泊之间。低透明度与海藻过量生长有关。海藻过量生长会造成夜间低氧，对鱼类和其他动物不利。湖泊透明度还与其他生态功能相关，如影响深海水生植物充足光照，鱼类和其他动物摄食活动等。水体透明度影响湖泊和水库的休闲娱乐功能，包括游泳、划船等，还影响饮用水的水质。

水体透明度主要受海藻丰富度、有机物浓度（腐殖质）、土壤（黏土和砂粒颗粒大小）的影响。土地利用变化，尤其是将森林或湿地转变为农业用地或城市开发用地，将影响土壤环境、加快土壤侵蚀、降低水体透明度。海藻丰度与淡水中养分浓度密切相关。溪流和河流通过地表径流将养分带入湖泊和水库（参见不同养分指标：湖泊、水库和大河中的磷，第 6 章；农田河流和地下水中的硝酸盐，第 4 章）。Baker et al.（2008）提出在明尼苏达湖，径流中的磷不能单独作为湖水透明度的有效预测因子，影响水体透明度的主要因素还包括径流中养分、海岸线开发以及流域土地利用。

本技术说明假定使用赛式盘方法监测湖泊和水库的水体透明度。卫星遥感监测可进行大尺度水体透明度监测。赛式盘方法监测水体透明度结果按深度划为 3 个级别：低（<3 英尺）、中（3～10 英尺）、高（>10 英尺）。

有两种方式表示湖泊和水库的水体透明度值：低、中、高级别的湖泊面积；以及淡水生态区平均值（生态区是指气候、地形和生态状况相似的地域（Ricketts et al.，1997）。每年需在藻类生长高峰“指数”期进行监测，该时期一般与娱乐活动高峰期一致。例如，上游中西部的湖泊指数期一般为 7 月中旬至 9 月中旬，此时透明度相对稳定且为一年中的最小值。对于国内其他地区指数期的适合区间，7 月中旬至 9 月中旬适合于温带气候带的所有湖泊，在此期间进行一次监测就能确定生态区生长季节的最小值，但不能得出单个湖泊最小透明度，有色腐殖湖泊和黏土质浑浊湖泊水体透明没有显著的季节性变化，因此可在夏季中后期采样。评估藻类生长对透明度最大影响的方法也适用于这些湖泊和水库。

池塘的水体特征与湖泊差异明显，本指标不包括池塘。池塘一般较浅（通常低于 2 m 或 6.5 英尺），遇强风极易变浑浊，使沉积物悬浮在水体中降低澄清度。通常湖泊（和水库）水体的表面有温层（湖面温水层）不易与深层冷水层（深水层）混合。完全由风引起的湖泊浑浊通常发生在各水层温度一致的春秋季节。

数据缺口

赛式盘深度和卫星评估是监测水体透明度的主要方法。美国国家环境保护局（EPA）持续资助着一个大型项目，该项目集合了一批志愿者，7 月份在美国和加拿大地区进行赛式盘监测（北美赛式盘浸入项目，登录 http：//dipin.kent.edu 查询）。水体透明度受藻华影响较大，因此透明度监测需在每个生态区的生长高峰期（7 月中旬至 9 月中旬）进行，这与北美 DiP-In 项目的 7 月观测可能会重叠或者不同。此外，科学家们正在研究使用卫星数据进行透明度监测的方法，将大大提升我们对水体透明度时空变化的评估能力。

一些州政府（特别是明尼苏达州和威斯康星州）已经加大对自主监测项目的支持力度，某些州政府也已经扩大数据的采集范围。

采用卫星图像基本上可获得澄清湖水的总体覆盖范围。卫星图像的解释方法目前正由明尼苏达大学、威斯康星大学和密歇根大学组成的团队进行测试和验证，该团队由 NASA 赞助，正在申请使用 20 世纪 90 年代和 1999 年拍摄的、横跨三个州的所有超过 50 英亩与湖泊相关的地球资源卫星图像（详情可访问 http：//resac.gis.um.edu/water/regional_water_clarity/regional_water_clarrity.htm 和 Kloiber，2000）。有关基于遥感的明尼苏达州区域湖水体透明度的最新分析结果请参见 Brezoniket al. 2007。

河流生境质量

本技术说明同时可作为农业用地章节中河流生境质量的技术说明。

指标

本指标对美国本土 48 个州的河流沉积物处于“自然”“中等”和“退化”状况所占比例以及溪流中鱼类生境处于“自然”“中等”和“退化”所占比例进行报告。如果数据充分，本指标也适用于报告浅滩和池塘生境。

生境质量是一个相对值，它与一个地区本土植物群和动物群需要的栖息地息息相关。因此，指标计算时选取参考区域进行校定，所有溪流生境质量度量因子均与同区域未受干扰或“自然”区域的数值相比。

数据

数据描述

部分数据由美国国家环境保护局（EPA）水域办公室提供，部分数据摘自 EPA 可涉水通过溪流评估报告（2006；htpp：//www.epa.gov/owow/ streamsurvey）。更多详情请参见 EPA 可涉水通过溪流评估项目介绍。

数据处理

沉积物和溪流鱼类生境数据，是由 EPA、州政府、地方机构和其他联邦机构历经 5 年时间获取，包括美国本土 48 个州共 1 392 个可涉水通过的河流河的采样点。采样方案覆盖 3 个主要气候、地貌区和 9 个生态区的可涉水通过溪流，在夏季指数期间采样（基流条件）。

采用河床相对稳定性指数评价河床沉积物。该指数利用给定规模大小、水文条件和河道信息的参考河流的河床沉积物，将河床沉积物粒度进行归一化，通过确定卵石数量计算河床粒径，除以运动物体的直径或“临界”粒度，得出河床颗粒平均直径。“临界”粒度可根据洪水位溪流量和指定特殊河道条件下沉积物的移动距离计算（Dingman，1984；Kauffmann，1999）。本指标针对稳定性相对较低的河床，将区域内的河床沉积物与“受干扰最小”参考河流（US EPA，2006）沉积物相比，监测和评价其颗粒细微和不稳定的程度。如地区指数值比参考河流小 75%～95%，则该地区属于“中等退化”区，如地区指数值比参照溪流小 95%，则该地区属于“退化”区。

使用生境复杂性方法（XFC_NAT）对溪流鱼类的生境特征进行监测，包括凹蚀岸、砾石、大木块、灌木林地的数量和水深 1 m 内植物的覆盖面积。（Kauffman et al.，1999）。由于不同地区生境组分不同，因此在对溪流进行监测时，采用“低干扰”地区作为参照对象（美国 EPA，2006）。如果地区生境复杂性指数值比参照溪流小 75%～95%，则该地区属于“中等退化”，如果比参照溪流的值小 95%，则该地区属于“退化”。

数据质量/说明

由于数据以一次采样（夏季期间，基流条件）的单一样本为基础，采样时间间隔为 4 年，因此无法代表季节变化。

数据获取

在美国国家环境保护局（EPA）国家 STORET 数据库中可获取（http://www.epa.gov/owow/streamsurvey/web_data.html）。

2008 年报告数据更新：

本指标在本报告中首次报告了部分数据，2002 年报告无相关数据。

数据缺口

迄今为止，还没有全国浅滩和池塘数据。如果具备此类数据，即可在此基础上精确计算国家溪流质量指数并整合溪流河川沉积物、溪流生境特征、浅滩以及池塘方面的数据。2002 年报告曾提及该指数。

濒临灭绝的本地淡水物种

指标

本指标报告（全球范围）本地淡水物种保护情况和本地濒临灭绝的物种种群变化趋势。此处报告常见种群物种（如哺乳动物、鸟类和鱼类），对种群中所有物种的保护情况评估、栖息地和分布位置（州）数据有一定的可信度。

通过每个物种的保护状况评估判断其濒于灭绝的相对敏感性。评估流程考虑了整个分布区内一个物种危险程度和灭绝风险相关的 12 个因素。稀有物种更容易灭绝，因此评估流程中从几个方面描述物种的稀有情况，如种群大小、种群数量、分布范围等。然而，种群趋势，范围大小以及濒临灭绝的程度和即时性等对于评估物种总体脆弱性和灭绝危险都非常重要。

有关评估过程更多信息请参见公益自然组织中项目说明或访问 http://www.natureserve.org/explorer/ranking.htm 和参阅 Master（1991）。

专家一致认为，状况信息（这里给出动物物种的）和趋势信息（这里给出脊椎动物的）对于了解物种状况至关重要。

数据

关于公益自然组织数据收集、方法、数据质量/说明、数据获取信息请参见前文。

数据来源

公益自然组织（http://www.natureserve.org/）及其自然遗产组织网络成员项目，建立并维护了这里所报告的每一个物种信息。

数据处理

公益自然组织的数据信息可在前文找到。所有数据处理由公益自然组织完成。淡水指标中物种起初定义为“淡水物种”。在此过程中，如果物种在生命周期曾经生活在淡水中并且依赖淡水生存，即归类为淡水物种。编制清单时，只包括与淡水紧密联系的物种，不包括某些普遍使用的保守方法，即也不包括淡水指标报告的某些依赖淡水栖息地生存的典型种群。淡水指标报告种群包括淡水鱼和溯水产卵鱼，哺乳动物，鸟类，爬行动物（蛇和蜥蜴），鳄鱼和短吻鳄，龟，两栖动物，河蚌，淡水螺，小龙虾，仙女虾、贝类虾、蝌蚪虾，蝴蝶和肉蛆，蜻蜓和豆娘。总体超过 4 100 种淡水物种。

2008 年报告数据更新：

指标增加了种群趋势度量因子。2002 年报告中保护状况数据更新为 2006 年数据。

数据缺口

未报告原生淡水植物数据，因为所有植物物种生境类型还没有确定。极危和濒危植物（G1 和 G2）已经确定了生境类型。另外公益自然组织正在为易危植物（G3）指定生境类型，但是处于较安全状态的植物生境类型仍不明确。群体趋势数据不包含濒临灭绝中的无脊椎动物，因为在淡水中仅有 32%的无脊椎动物物种趋势明确。

已定殖的非本地淡水物种

指标

数据描述包含已定殖的非本地物种的水文单元占（通常被当作流域同义词的专业术语；见下文）所有水文单元的百分比。“非本地”定义参见非本地物种核心指标技术说明。理想情况下，即由专家确定出存在问题或潜在问题的物种组合，针对上述物种进行报告。然而现在还不能确定有潜在问题的物种，因此，只能选择反映所有已定殖的非本地物种。由水文单元代码（hydrologic unit codes，HUCs）表示的水文单元可以粗略地认为是重要流域，仍需足够精准的分辨率才能保证准确。因此，在指标地图中显示的 HUCs，可能包含多个整片流域或部分流域，或者实际代表一块单独流域。

数据

数据描述

本部分数据源自非本地水生物数据库（Nonindigenous Aquatic Species Database），生物资源库（Biological Resources Division，BRD）美国地质调查局（USGS）。大约 82%数据来自文献。尽管有公众提供的一些目击案例，但大部分数据由联邦和州级的生物学家收集。

数据处理

引进的物种数据保存在水文单元代码为 6 位数的数据库单元中（本土 48 个州中有 356 个 6 位数字水文单元代码）。USGS 工作人员开展了大量工作，将已定殖的物种从所有的非本地鱼种中区分开来。（数据质量/说明见下节）

数据质量/说明

2002 年报告中，本指标中数据被错误地标记为“已定殖非本地物种”。NAS 数据库没有将所有引进的物种与已定殖的非本地物种及已成功繁衍后代的引进物种进行区分。在 2008 年报告中，USGS 准备了全国范围内目前已定殖的引进鱼类的种群数量数据，对原数据进行修正报告。引进新物种，输入新数据，或将某地区状况不明的物种确认为已定殖物种，将可能增加这些地区未来的种群数量。尽管 BRD 数据库已被整个专业团体内广泛认可，但仍然存在某些情况，新发现的物种并没有被联邦和州级的生物学家识别出来。必须注意的是，根据文献很难确定特定地区的某个物种的群体状况，文献通常作为物种存在的参考，物种数量统计也采用图表征，缺少文字说明。

因为养殖种群和已定殖种群作用相同（在同一区域使用资源），前者数量也包含在已定殖物种数量。很多鱼种（鲑鱼和其他鱼类）会每年被投养在养殖场并繁殖，以保证优质的垂钓，而即使不是每年不放养，那些鱼也可以存活很多年。

数据获取

相关数据在 BRD 的非本地水生生物物种（Nonindigenous Aquatic Species，NAS）网站（http://wwwww.nas.er.usgs.gov/）获取，本报告采用数据由 USGS 准备和提供。

2008 年报告数据更新：

在 2002 年报告中，本指标中的数据被错误地标记为“已定殖的非本地物种”，在 2008 年报告中，USGS 基于已有资料进行数据修订，仅描述已定殖鱼群。更多信息请参见上文的数据质量/说明。

数据缺口

NAS包含了一系列脊椎动物，无脊椎动物、藻类和植物的信息。然而，数据库管理者认为，这些数据还未不足以代表全国情况。

动物死亡和畸形

指标

指标同时报告了鱼、淡水水生哺乳动物（如水獭、海狸）、水禽（如鸭、鹅、天鹅）中的异常死亡率和两栖动物的变异发生率。对一次异常死亡事件的定义采用了多个标准：包括涉及的个体数量、时间段、地点、物种状况（极危、濒危），死亡原因和报告的可信度。大多数的死亡事件涉及众多个体（从3个到超过1 000个），然而在本指标中，如果环境符合异常死亡条件，那么单个个体的死亡也被包含在内（例如某只鸟属于在已知的被污染环境中喂养的鸟群）。

指标报告的死亡事件是根据每次报告的事件中涉及的个体数量。针对不同种群，有必要划分等级（严重、严峻、灾难性），而不是按个体的数量划分。这样将有利于对比不同物种间死亡事件。

数据缺口

水禽和野生生物死亡率：

动物死亡率数据由内政部，美国地质调查局，生物资源部和国家野生动物健康中心（National Wildlife Health Center，NWHC）收集。NWHC是一个研究和诊断实验室，主要开展自由放养的野生动物的疾病的预防、检测和控制。NWHC管理一个涉及多种动物的异常死亡和野生动物疾病暴发的数据库。数据库包括美国50个州、波罗黎各、美国维尔京群岛，并且覆盖了过去25年来野生动物的疾病和死亡事件。数据库包含鸟类、哺乳类、两栖类的死亡事件。数据库中的信息获取渠道多样，例如联邦和州人事部门，诊断实验室，野生动物保护区和公开发表的报告。

NWHC数据库是记录随时间变化的野生动物疾病的最完整最全面的资源库。但是数据还不适用于全国性的报告，因为NWHC报告的数据可能没有准确地反映出所有的死亡原因和所有的死亡案例，并且数据在很大程度上受到报道结果的影响。NWHC并不确切知晓每一次死亡事件，尤其是针对那些影响较小的事件，可能仅由地方处理却没有报告给NWHC。是否将某次事件放到这个数据库由NWHC的专家决定。此外，该数据库并非作为报告全国趋势的工具而被建立。NWHC最初仅将其作为追踪流行病时间变化的工具。信息一般不是来自固定的监测或监控系统，而是由目击者或事件报道提供。此外，20世纪90年代中期机构间调整和管理机制的变化很有可能影响报告死亡事件的工作安排。20世纪90年代中期之前，野生动物保护区的管理者依据法律规定报告野生动物死亡率，当NWHC归属USGS后，管理者不再被强制要求向NWHC报告，使得报告的可见性和合规性降低。由于指标中的数据易受事件报道工作的影响，它们不能反映死亡事件中涉及个体数量的长期趋势，也不能反映死亡事件的时间变化。

鱼类：

没有开展获取淡水鱼类死亡信息的相关项目。

两栖动物死亡和畸形

最近的一篇关于全国两栖动物群体的状况和趋势的报告发现两栖类的递减率比鸟类或哺乳类都要快，大部分的死亡是由栖息地消失、过度开采（采伐）和真菌疾病造成（Stuart et al. ，2004）。国际性的工作包括最近启动的两栖动物方舟工程，旨在唤起对两栖动物锐减的危机意识，并加强对其研究的资助。

两栖动物变异的补充监测是由北美畸形两栖动物报告中心（North American Reporting Center for Amphibian Malformations，NARCAM；见 http://frogweb.nbii.gov/narcam/）开展，它是美国地质调查局的北美草原野生动物研究中心（Northern Prairie Wildlife Research Center）的一个项目。NARCAM虽不是监测系统成员，但是它与多个监测系统合作得到信息，包括NAAMP北美两栖类监测项目（Amphibian Research and Monitoring Project），美国蛙类观察组织（Frogwatch USA），两栖类研究和主

动监测，Amphibian Research and Monitoring Initiative，ARMI，见 http：//armi.usgs.gov/）和“青蛙的 1 000 个朋友”（ATFF）。野生动物保护区工作人员、州际鱼与游戏机构员工、大学生和研究人员，以及其他参与两栖类实地调查的人员直接在网上提交了报告。2001 年 7 月，来自 47 个州和 4 个加拿大语省份的 2 000 余份认证报告被纳入北美两栖动物畸形报告中心的数据库。（参见 http：//www.nbii.gov/portal/community/Communities/Plants_Animals_&_Other_Organisms/Amphibians/Amphibian_Malformations）然而，报告在各州的分配不均衡，明尼苏达州的首次报告大量畸形的两栖动物，占所有报告的 22%，威斯康星州占 12%，佛蒙特州占 12%，其他 9 个州占总认证报告的 26%。据北美两栖动物畸形报告中心（NARCAM）称，为两栖动物调查项目找到训练有素的志愿者（和资金）非常困难。

2008 年报告数据更新：

更新了来源于美国地质调查局、国家野生动物健康中心发表的 2002 年度报告中有关水鸟死亡事件的数据。因为数据受报告结果和机构变化的影响，本报告将不再报告水鸟死亡的相关数据。

淡水动物种群状况

该技术说明同样适用于城区和郊区溪流的动物种群指标。

指标

本指标评估了可涉水通过的溪流中鱼类和大型无脊椎动物的状况。大型无脊椎动物属于异相群居类动物，栖息于水生环境中的沉积物或其他基底。大型无脊椎动物被定义为不能通过 30 号滤网（0.6 mm 或 0.023 英尺）的生物。淡水无脊椎动物按以下类群分别报告：昆虫、环节动物（蠕虫）、软体动物、甲壳纲动物。

数据

数据描述

数据由美国国家环境保护局水务局提供，属于美国国家环境保护局可涉水通过溪流评估的一部分（USEPA 2006，http：//www.epa. gov/owow/streamsurvey），更多信息参见可涉水通过溪流评估中的项目描述。

数据采集方法

大型无脊椎动物相关数据由美国国家环境保护局、州、部落和其他联邦政府机构在本土 48 个州超过 1 392 条常年可涉水溪流中历时 5 年采集得到。数据样本的采样设计覆盖夏季指数时期 3 个主要气候带、地形带和 9 个生态区的具有代表性的可涉水通过溪流（基流条件）。

本指标使用大型无脊椎动物的生物状况指数来报告水底生物（USEPA，2006e）。指数以多种度量因子为依据，具体会随生态区的不同而有细微不同，影响因素包括：分类类群的丰富性、分类类群中物种的均衡性、不同分类类群之间联系的多样性、分类类群的供养策略、分类类群的栖息喜好以及分类类群的抗压能力。基于 9 个生境和水质相关变量来选择受干扰最小的参照监测点。为了进一步统一全国范围内的阈值，对 5 个区域的大型无脊椎动物参照分布进行了调整，考虑了参照采样点受到轻微干扰的情况。对于每个生态区，基于参考地点中大型无脊椎动物数据集的分布，分别制定自然/适度和适度/退化的阈值范围。指数值低于参照采样点数据 75%～95%的地点属于适度；指数低于参考数据采样点 95%以上的属于退化。以 0～100 作为衡量尺度，自然/适度的指数值阈值区间为 48～63，其大小取决于地区；适度/退化的指数值阈值区间为 34～49，其大小取决于地区。

数据质量/说明

数据样本采样频率为 4 年 1 次（夏季指数期），不能反映出各个采样点随时间变化情况。

数据获取

样本数据可以在美国国家环境保护局的国家 STORET 数据库中获取（参见 http：//iaspub.epa.gov/storpubl/DW_home）。数据库链接和可涉水通过溪流评估数据指南可网上获取（http：//www.epa.gov/owow/streamsurvey/ web_data. htlm）。本指标的数据直接从 2006 年美国国家环境保护局可涉水通过溪流评估报告中获取。

2008 年报告数据更新：

部分数据为首次报告，2002 年报告中进行全国性报告的数据不足。

数据缺口

已经建立鱼类的生物完整指数（IBIs）（http：//www.epa.gov/bioindicators/html/ibi-hist.html），但无法覆盖全国。没有建立全国尺度的针对主要河流 ISI 的计算分析方法。美国国家环境保护局已经建立了河湖水库的评估标准（USEPA，1998），而且目前正在全国和区域尺度监测底河湖中栖生物群体的生物完整性。数据有望在 2009 年公布（http：//www.epa.gov/ owow/lakes/lakessurvey）。

为了建立全国一致的监测数据集，必须保证不同州和地区的主体监测内容和流程具有一致性。IBI 分级必须以日常参考状况为依据，不同地区采用一致的评分法则，且保证样本设计与采集密度无显著变化（样本数量越多越能真实反映区域的综合状况）。可涉水通过溪流评估中所用到的基于概率的样本设计方法通过采用大小（例如河流等级）及空间分布相关因子来描述景观特征，从而能够在选择样本地点时更好地消除区域间的潜在偏差。

濒临灭绝的淡水植物群落

指标

本指标介绍了美国境内全球濒临灭绝的淡水植物群落的比例。提供了每个州濒临灭绝的淡水植物种群的比例和有关灭绝风险级别的数据。

风险评估要以剩余数目、种群出现情况、剩余覆盖面积、种群面临威胁类型的严重程度为依据。针对本报告，按优势植被（包括所有根类水生物种）和国家湿地调查中的水文特征来定义湿地（国家湿地调查项目的相关信息可访问 http：//www.epa.gov/emap/；湿地分类系统相关信息可访问 http：//www.fws.gov/nwi/Pubs_Reports/Class_Manual/ class_titlepg.htm）。河岸地区是指溪流河流边缘地区。河岸地区包含一系列植物群落，既包含山地植被群落（通常生长于空气湿度较大的近河地区），也包含泛洪平原的湿地植物群落。

从全国来看，植物群落按照植物种群的组合定义，即形成于同种环境条件并具有相同地貌特征的植物区系中的植物种群类型，这些种群属于美国国家植被分类系统（National Vegetation Classification System，NVCS），联邦地理数据委员会（Federal Geographic Data Committee）于 1997 年把该系统定为植被信息的国家标准。分类体系中包括山地和湿地，但没有特别逐一区分所有河岸群落。

本指标采用公益自然组织(NatureServe)的陆地生态分类系统（Comer et al.，2003；http：//www.natureserve.org/explorer/）。该分类系统规定了不同生物群落的植物种群类型组成（美国国家植被分类标准群组，US-NVCS associations），这些群落拥有相似的演化过程（例如耐火状况、进化、气候、水文状况）、生物动态（例如继承）和其他环境特征，并生长在相同景观环境中。美国本土 48 个州范围内，属于湿地或河岸的生态系统类型共有 243 种，该分类有助于我们确定 US-NVCS 分类体系中具有湿地和河岸环境特征的群落类型。

对群落类型的保护状况评估被称为全球分级，级别判别依据是该群落在其所有分布范围内的稀有程度、濒临灭绝程度。

数据

数据来源：公益自然组织及其自然遗产网络成员项目建立并维护每个生态系统的信息，包括各生态系统中美国国家植被分类种群类型组成等相关信息。

数据采集方法

公益自然组织的生态学家从自然遗产网络成员项目数据库、已发表或未发表的文献、各州生态专家的意见中获取数据，并一起审查汇总了植被类型和景观特征的相关信息，在此基础上采用遗产评估标准对保护状况进行评估。（参见 http：//www.natureserve. org/explorer /ranking.htm）遗产评估标准分为 5 级，一级代表极危，二级代表濒危，三级代表脆弱，四级代表看似安全，五级代表安全。

数据处理

全球评级按照“舍入评级”方式分级。例如，某个群落的实际评级具有不确定因素，处于“极危”

或者“濒危”之间的水平。在这种情况下，级别定义倾向于更加严重的级别。

数据质量/说明

保护状况级别由自然遗产项目的生物学家进行修订。此外，随着植物群落进化分类系统的逐步建立，更多群落将会按“待分类”地域来进行界定，修订可能会影响濒临灭绝种群的比例。公益自然组织期望在2012年绘制完成阿拉斯加和夏威夷的陆地生态系统地图，并对其进行分级。将来，濒临灭色植物群落变化趋势相关报告会重点描述生态系统的变化程度和状况。

数据获取

湿地、河岸生态系统和植物群落构成类型的相关详细信息定期更新，相关内容发布在网站 http：//www.natureserve. org/explorer。

2008 年报告数据更新：

为了报告湿地和河岸群落，2008 年报告采用公益自然组织的陆地生态系统分类体系中的群落类型来界定湿地和河岸地的植被类型组成，这是本指标的核心部分。美国国家植被分类体系有助于界定本指标中的所有湿地和河岸群落类型。

淡水利用

指标

报告了5种相互独立的水资源利用方式:“市政”供应是指由国有或个体水供应商提取水源，然后输送到住宅区和商业区以满足饮水、商业、工业需求。“农村”用水为自给自足，主要是生活用水、畜牧用水。“灌溉”用水包括农田、草地、休闲场所（例如公园、高尔夫球场）用水。“热电”用水是指水用于冷却发电。“产业”用水包括自给型用水（即水不经市政提供），用于制造、加工、冷却和洗涤，产业用水包括商业用水和矿业用水。

数据

数据描述

基于从各州收集的原始数据，美国地质调查局（USGS）对各类型水利用方式进行评估并以各州、波多黎各、美国维尔京群岛、21 个水资源区为评价单元进行了汇总。从 1950 年开始，数据每 5 年都会公布在美国地质调查公告系列丛书《美国水资源利用评估》。更多电子资源参见 http：//water.usgs.gov/watuse/。一些州和联邦政府机构也发布了州级或针对不同利用方式的报告。

数据处理

针对不同的州和水资源利用方式，信息源和数据的准确性不尽相同（更多信息可访问 http：//pubs.er.usgs.gov/usgspubs/tm/tm4A4/）。公共供水提取和输送的水量大多使用水表计量。在一些州，大型灌溉和工业用水使用水表计量水的提取量。对于其他类用途来说，例如自给型家庭用水（农村）和小规模工业用水（自给商用），则根据人口和产出量估算。热电能用水一般基于从能源部获取的能源产出数据估算。土地灌溉的相关信息从农业部的农业调查和农田农场灌溉调查获取。公共供水相关信息从国家环保局、州机构、个体水供应商获取。

原始数据转换成最终数据的步骤取决于用途类型和获取原数据的详细程度。最新制定评估指南参见 http：//water.usgs.gov/watuse/。另外，美国地质调查局每 5 年公布一次的公告中有针对信息源和数据准确性的相关论述。

数据质量/说明

数据源和信息详细程度因州而异，因此在全国尺度评估中很难进行误差分析。作为全部汇编工作的一部分，如果结果与先前水利用汇编有 10%以上误差，那么美国地质调查局（USGS）的编辑人员需要提供证明。数据在进行州级汇编时，需要先后由美国地质调查局地区水资源利用专家和国家水资源利用专家进行同行评阅。

另外，各州不能收集和报告本指标所包括的各类水提取量；这种汇编对数据的影响尚不清楚。开展县级淡水、地下水、地表水提取评估必须包含以下几个方面：公共供水、自给型生活用水、工业用水、灌溉和热电用水。“选择性”水利用类型包括：商业用水、水力发电、废水处理、“灌溉输送流失”——水流经管道、运河、沟渠时由于泄漏和蒸发导致水流失。更加严格的水质标准（1972 年和 1977 年的联邦污染控制法案中的修正案）的实施能够提高水资源利用的有效性，减少用水量（《2000年美国水利用评估》（*Estimated use of Water in the United States*，参见技术说明）。

数据获取

所用数据来源于美国地质调查局《美国水利用评估系列公告》（历史数据）和以下网站 http：//water.usgs.gov/watuse/（更多最新信息）。

2008年报告数据更新

2008年报告没有新数据，新数据是2005年在网站上更新，2000年水资源利用的相关数据从美国地质调查局获取（Hutson et al.，2004）。这一次，美国地质调查局终止了对“自给商用型”用水的监测——该利用类型在2000年美国水资源利用评估中与工业、矿业提取同属于本指标中的“产业”用水类型。在理想情况下，所有年份的“商业”用水量均应该从“产业”用水类中划分出来。然而，由于1960—1980年的“商业”用水量包含在“产业”用水类别中无法获取，因此“商业”用水数据仍然包含在整体数据集中。同时也要注意，在2000年数据中有29个州没有报告 “畜牧业”水资源利用量。

地下水水位

指标

通过与前期数据对比，报告整个地区含水层水位的下降、增加，或保持不变的面积比例，这一指标可以反映区域主要蓄水层地下水位的变化，每5年报告一次。一系列描述美国中部8个州主要高原蓄水层变化情况的专题图给出了该指标数据的示例，诸如此类的主要含水层数据也是建立全国性指标的基础（McGuire et al.，1999）。

数据缺口

这一指标需要广泛而密集主要区域蓄水层地下水位的的数据（见下文）。同时还需要建立对蓄水层水位变化进行分类的方案，例如“显著增加”、“显著降低”或者“没有显著变化”。地下水位的变化在不同蓄水层的显著程度各不相同；根据对盐水侵蚀的敏感性，浅海岸蓄水层水位几英尺的变化可能已经很显著，然而对于大型蓄水层来说，10英尺的变化仍不显著。从逻辑上讲，定义为“稳定”的数值对于不同蓄水层也不相同（例如，高地平原蓄水层规定-5/+5英尺意味着“没有显著变化”）。此外，地下水位的“显著”变化跟生态系统影响和为人类供应的水量有关。因此，显著的增加或减少（和无显著变化）的定义应该基于蓄水层分别规定，虽各州都能获取完整或部分数据，但是这些数据无法在全国尺度集成，因为大多数蓄水层监测系统的覆盖范围有限，而且大多数监测数据缺少电子版。高地平原蓄水层是少数拥有系统调整水位监测的跨州蓄水层之一。拥有较完善水位监测项目的州或地区包括部分佛罗里达州、长岛（纽约）、宾夕法尼亚州和犹他州。为确保覆盖全国范围，须注意下列几点：

- 数据采集必须在能代表该区域主要蓄水层中地质、水文、气候和土地利用环境的典型地区进行。
- 必须采用标准方法从监测井或其他没有被当地泵影响的井中收集。水井选择和数据收集的流程参考在USGA的《1980年国家水资源数据获取方法手册》的第2章（1980，National Hand book of Recommended Methods for Wooter-Data Acquisition）。
- 统一在全国进行水位时序监测，从而可以以快照方式展示某一地区或全国的主要含水层的状况。
- 制订方案以确保水井监测网络及数据采集项目长期可行性。这包括采用长期水井监测和周期性天气监测合并的数据采集方案。

统一电子数据储存、存取及传输方法。统一其他数据源数据处理方法。对负责组织编制和出版数据的机构进行认证。

人类水传播疾病的暴发

指标

指标将描述由于饮用水、游泳，或是其他与湖泊、溪流或河流接触湖的娱乐活动而暴发的疾病数量。

由未经处理或质量不达标的饮用水引发的疾病暴发计入饮用水总量，而由娱乐性淡水地表水引发的疾病暴发计入娱乐用水总量。未报道由海水（参见海岸及海洋状况与利用指标，第3章）、温泉、旋涡、热浴盆等引发的疾病暴发数量。指标不包括由在单点使用水源和污染物不明的水或冰引发的疾病（如被污染的水龙头）。

数据缺口

先前，指标描述疾病控制与预防中心（Center for Disease Control，CDC）的关于水源性疾病在饮用和娱乐水源暴发的数据（http：//www.cdc.gov/mmwr/ sursumpv.html），但因为这些数据过度受到报道影响，将不再报告。造成过度报道的原因可能是没有强制要求主要负责检测和调查水源性疾病的州、地方政府和地方公共卫生部门向疾病控制和预防中心（CDC）通报相关情况。因此，如果某县调查较为主动，登记并将疾病暴发事件通报给CDC，即使这些疾病实际暴发的范围更广，该县也可能会被认定为特定时间段内暴发的大部分疾病的责任源。

另外，多种因素可影响水源性疾病的发生率，包括公众的意识，病人咨询医疗服务提供者的可能性，实验室测试的可行性和范围，地方对通报具体病例的要求，以及州和地方卫生与环境机构的监测和调查活动。对通过水传播的人类疾病暴发的关注程度取决于其暴发特征：大规模州际疾病暴发及涉及严重疾病的暴发更易引起卫生部门的关注；而仅涉及少数人，与服务于一小部分居民或农场的专用水系统有关的疾病暴发通常更易被忽略。

饮用或娱乐性水源性疾病案例只有在满足以下两个标准后才被CDC归类并报告为疾病暴发：①至少2人在接触了饮用水或娱乐水后出现了相似的疾病（仅有一个病例但仍为“暴发”的特例：经实验室认证的原发性阿米巴脑膜脑炎和化学中毒的病例）；②应有流行病学证据证实疾病由饮用水或娱乐用水引发。

CDC要求由州和地方流行病学工作者或指定的WEDB检测协调员进行年度报告。美国国家环境保护局（EPA）和州议会及地方流行病学家协助收集和报告通过水传播的人类疾病的暴发，收集自各州饮用水机构的关于水质和治理所需要的附加信息。

CDC和EPA目前正研究如何改善报告制度。而EPA的国家饮水咨询委员会最近就如何高效报告水源性疾病，举办了研讨会（http：//www.epa.gov/OGWDW/ndwac/sum_wdw1.html）。

淡水休闲娱乐活动

本指标无技术说明。户外休闲娱乐国家核心指标、森林休闲娱乐活动技术说明请参见前文。

草地和灌木林地状况与利用指标

草地和灌木林地面积

指标

指标利用基于卫星监测的土地覆盖数据，报告草地和灌木林地（包括草场和苔原）的面积。影响草地和灌木林地分布随时间发生改变的原因可能源于计算如气候等自然驱动，或者如土地利用方式改变或治理活动等人为驱动。草地和灌木林地的分布情况同样重要，这是因为它可以影响反映草地和灌木林地状况的其他指标。

数据

数据来源：美国本土48个州的数据摘自国家土地覆盖数据集（NLCD；参见项目描述），阿拉斯加的数据摘自Flemming（1996）所绘制的植被图，基于分辨率近似为1 km的先进甚高分辨率辐射计（Advanced Very High Resolution Radiometer，AVHRR）遥感影像生成。采用的分类体系如下所述（可访问http：//agdc.usgs.gov/data/projects/ fhm/#G [Statewide Vegetation/Land Cover]和NLCD项目描述）。下列是Flemming（1996）分类体系中，草地和菜地所包含的类型：高寒苔原&裸地（#3）；矮灌木苔原（#4）；草丛莎草/矮灌木苔原（#5）；湿润草本植物/灌木苔原（#6）；湿润莎草苔原（#7）；低灌木/地衣苔原（#8）；低矮灌木（#9）；高大灌木（#10）；高矮混交灌木（#23）。

用于定殖前草地、灌木林地土地覆盖估算的数据源自橡树岭国家实验室（Oak Ridge National Laboratory）（个人交流）的Richard J.Olson，这些数据首次发表在Klopatek et al.（1979），该数据库提供了Kuchler植被类型的潜在分布面积数据。植被、生态系统建模与分析项目（Vegetation/Ecosystem Modeling and Analysis Project，VEMAP）（http：

//www.cgd.ucar.edu/ vemap/lists/kuchlerTypes.html）提供的一组 Kuchler 植被类型被来从 Klopatek et al.（1979）中选取一组草地和灌木植被类型。对尚未被开发用作农业的高原大草原的百分比的估算摘自 Sampson& Knopf（1994）。

“非联邦草地和灌木林地”的近年变化数据摘自美国农业自然资源保护局全国资源清查（National Resources Inventory，NRI）项目。NRI 使用术语“草地”，该词与我们对草地和灌木林地的定义一致，但这里使用的 NIR 数据未被列入美国土地休耕计划（CRP）的牧场或土地。1982 年、1992 年和 2003 年的数据汇总源自 NIR（2007 年 2 月完成修改），详见 http：//www.nrcs.usda.gov/technical/NRI/2003/ nri03 land-mrb.html。

数据质量/说明

估算草地和灌木林地面积时，牧场和干草草场被计算在内，因为本章的引言部分中包含对草地和灌木林地的描述，也因为无法确定卫星数据能否将其与管理较少的草地准确的区分。牧场和干草草场也包含在农田分布指标和全国分布指标（农田）。（注意，NLCD 分类体系中“牧场/干草”被定义为用做家畜放牧、庄稼播种或干草生产的草地，豆科植物，草一豆科植物混合耕种的土地面积。）

美国农业部经济研究局（ERS）通过 “主要土地利用”序列系统描述过去 50 年各类土地利用的变化情况（可访问 http：//www.ers. usda.gov/data/majorlanduses/）；然而 ERS 数据并不适用于此指标，因为该土地利用类型基于放牧活动而非土地覆盖判定，所以 ERS 关于“草地，牧场和大牧场”的分类与本报告中的定义并不一致。

关于欧洲人定居后草地和灌木林地损失的估算可能会高估或低估历史上草地和灌木林地的实际损失。例如：关于牧场面积的数据并未注明土地是否被过度管理（耕作和播种，明显的放牧活动）。被转化成牧场的草地可反映草地和灌木林地分布的净损失。另外，一些分布在东部现在被归类为牧场的土地，原来可能是森林。因此，认为自欧洲移民定居时起的草地和灌木林地面积减少了 40 M～140 M 英亩的这一说法低估了实际减少的面积，即有一部分实际减少的面积被森林转换为东部牧场后增加的面积抵消。

在完成分析时，2001 年的 NLCD 不能与 2002 年报告中采用的 1992 年的 NLCD 数据相比， 因此只包括 2001 年的数据。

数据访问

美国本土 48 个州的相关数据请参见 NLCD 项目描述，关于阿拉斯加的数据参见 http：//agdc.usgs.gov/for 。

2008 年报告数据更新：

包括 2001 年 NLCD 美国本土 48 个州的数据，阿拉斯加的数据自从 2002 年报告仍未更新。

草地和灌木林地的土地利用

指标

充分完善后，指标将描述不同土地利用方式的面积，包括：家畜饲养、油气、矿业、乡村住宅、“受保护区域”、高密度娱乐场所的面积。目前，仅能在全国尺度报告被列入主要搁置计划—土地休耕计划（CRP）的草地和灌木林地面积。

数据

数据描述

CRP 的土地数据摘自美国农业服务局（Farm Service Agency，FSA），负责管理 CRP 登记和合同事宜。本报告的 CRP 面积的数据由 FSA 提供，基于 http：//www.fsa.usda.gov/FSA/webapp？area=home&subject=copr&topic-crp-st 发布的数据。

数据处理

这里报告的土地类型包括：引进的草（CP1）、本土草（CP2）、野生动物栖息地（CP4）、草源河道（CP8）、人工草地（CP10）、野生动物食物区（CP12）、植被过滤带（CP13）等高线草地（CP15）、雪栅（CP17）、耐盐碱植被（CP18）、交替性多年生植物（CP20）、过滤带（CP21）、侧风带（CP24）、退化栖息带（CP25）、北部美洲鹑栖息地（CP33）。针对上述各土地类型，通过汇总所有有效期内合同（未失效合同）得到面积。

数据质量/说明

FSA提供的信息涵盖了自CRP建立（1987年），每个CRP合同实施初年的土地覆盖情况。FSA并未核实每个合同的执行，而是假定在合同有效期内其土地覆盖是按照合同签署时确认的类型得以执行（若无延长，为10年）。FSA提供的数据针对始于特定年份或更早年份但仍未失效的合同，汇总了列入上述规定的14个覆盖类型的面积。另外，FSA采用多种数据源以估算纳入CRP的面积，导致不同起始年合同的面积存在年际波动。

数据获取

关于CRP登记的数据直接从FSA中获得。

2008年报告数据更新：

增加2005—2006年CRP登记数据。2006年数据首次包含新土地覆盖类型，即北部美洲鹁栖息地（CP33）。

数据缺口

如果数据充分，则本指标表示5种土地利用类型——家畜养殖、油气开采、乡村住宅、“保护区”以及娱乐用地。有必要对这些土地类型进行定义，建立合适的方法计算每种土地类型面积及其时间变化情况。

草地和灌木林地景观格局

指标

本指标分别描述“核心草地”或“核心灌木林地”的地块大小。“核心草地”或“核心灌木林地”是用来描述有自然土地覆盖类型包围作为缓冲区隔离非自然土地覆盖类型（例如开发用地包括修筑的道路和农田）的土地覆盖格局。

指标设计的实质性变化

2002年报告中定义了该指标，但并未提供相关数据。景观格局工作小组对此版本中的指标进行了修订，相关报告公布于海因茨中心网站（http：//www.heinzctr.org/ecosysytems）。

数据

此项指标包括两个数据源：一是2001年国家土地覆盖数据库（NLCD），为多精度土地覆盖特征联盟（MRLC）的产品；二是根据ESRI提供的道路数据对NLCD的土地覆盖地图进行了补充（道路地图数据：http：//www.esri.com/ data/streetmap），这里的道路属于开发用地类型。

数据说明

详情请参见NLCD的项目描述。

数据处理

详情请参见森林格局指标技术说明关于 “核心”土地的地块大小的分析方法。

指标数据显示，在美国本土48个州中，总计66%面积的草地和 87%面积的灌木林地分别满足“核心草地”或“核心灌木林地”定义。因为篇幅限制，并未逐一提供这些数据，但是上述比例数据是通过汇总归类于“核心草地”（或“核心灌木林地”）的像素面积而得。

将来，我们期望在报告网站上提供多种分析组合（例如不同大小的分析窗口和采用 90%以外的自然覆盖密度阈值）。

数据质量说明：这些“核心草地”和“核心灌木林地”地块大小是按州统计所得。数据处理过程中，一些地块会被州界分隔，因此，所报告的地块大小代表地块面积最小值。

数据获取

有关数据获取，请参见NLCD项目描述获取土地覆盖数据，及上述ESRI网站上获取道路地图数据。该项分析中的数据汇总是由美国农业部林务局及美国环保局根据海因茨中心提交需求完成并提供给海因茨中心。

2008年报告数据更新：

包括自2001年的NLCD数据。

草地和灌木林地地下水中的硝酸盐

指标

如果数据充分，本指标报告地下水硝态氮中的浓度含量。同时进行不同生态系统比较，将草地—灌木林地下水中硝酸盐的浓度与农田、森林及城市和郊区地下水中的硝酸盐浓度进行对比。Smith et al.（1997）将硝酸盐的适度性及敏感性作为生态状况的一个评价指标。

数据缺口

对于地下水中硝酸盐的浓度数据的收集和报告，需要在广泛的且具有代表性的草地和灌木林地区域连续采样。从 100 多年前开始至今，硝酸盐的监测一直简单、明确、变化较少。因为公共土地和私有土地上有可用的水井数量巨大，所以取样及分析花销成为相关工作开展的阻碍因素。

此外，认真收集联邦政府，各州、郡、市和私人的记录，以获得珍贵的历史档案，可作为与现状对比的标准值。USGS NAWQA 项目包含总土地覆盖面积比例中草地或灌木林地超过 50%的，农田低于 25%以及城区低于 5%中 78 口水井的硝酸盐资料（2001 年国家土地覆盖数据库）。但仍需进一步确定这些水井是否可代表全国范围内的草地和灌木林地水井。

该报告草案和 Wilson et al.（2008）总结的数据，是基于 1992 年土地覆盖数据认定的草地和灌木水井的硝酸盐数据。海因兹中心采用 2001 年 NLCD 土地覆盖数据对指标进行更新后，认定的草地和灌木林地水井变得更少。因此，海因茨中心和 NAWQA 一致同意将本指标作为数据缺口。

计划指标说明中所述的森林、农田、城市和郊区景观中硝酸盐浓度，揭示了美国地质调查局国家水质评价计划的相关信息，该项目未来可作为该指标的潜在数据源。

碳储量

指标

指标将描述草地和灌木林地碳存储量的长期变化。本指标报告碳的总储量，与在国家“碳存储”指标中报告碳储量变化形成对照（第 2 章）。

White et al.（2000）估计全球草地生态系统储存的碳量大约是世界森林生态系统储存碳量的一半，与农田生态系统储存的碳量大致相等。最近，《第一次碳循环状况报告》（USCCSP 2007）指出，草地和灌木林地土壤（包括草地、牧场、灌木、干旱土地）存储 33 亿 t 碳（+/-7.2 亿 t 碳）；农业土壤存储一半的含量（14 亿 t 碳+/-3.2 亿 t 碳），而森林的总碳含量（包括草木和土壤）为草地和灌木林地土壤中碳储量的两倍（67 亿 t 碳+/-33.5 亿 t 碳）。

数据缺口

目前还无法提供土壤和植被中碳储量的系统的监测数据和报告。当然，有许多的研究网站在收集这些信息。虽然深层土壤中也有含有碳，但常规等深度的土壤取样非常少见。此外，单点估计方法能否代表大面积区域也存在争议。因此制订选取代表性站点的方案和流程迫在眉睫。

目前有几个正在进行的项目有望提供更多有关草地和灌木生态系统的碳储量信息。自然资源生态实验室（Natural Resources Ecology Laboratory，NREL）一直研究使用世纪生态模型估计草地和灌木林地土壤碳总储量的方法（更多信息请参见土壤有机物技术说明）。希望模型模拟估算的结果能具有足够的稳定性，并作为本指标的主要数据来源。

保护效果评估项目（Conservation Effects Assessment Project--CEAP，http：//wwww.nrcs.usda.gov./technical/NRl/ceap/）对资源保护条例对私人用地的保护效果（包括碳存储）进行了评估（更多信息请参见土壤有机物的技术说明）。该项工作还可提供有关牧场碳存储方面的重要信息。

草地和灌木林地中溪流和河流枯水期的数量及持续时间

指标

指标有两个度量因子：①出现零流量期的溪流百分比（至少有一天零流量），②针对 1941—2006 年至少出现一天零流量溪流，每年和每 5 年滚动周期平均的零流量事件最大持续时间分别与 1941—1960 年平均最大持续时间相比的比值。这两个度量因子有助于描述零流量发生的频率和持续时间。

本指标提供溪流相关信息（来自水文气候数据网络（Hydro-Climatic Data Network），一组溪流不受大坝引流和支流的影响，且都处于土地利用长期稳定的分水岭地区（Slack，1992），另一组可明显反映出一定程度管理活动影响（未受过度管理影响），两组采样相互独立。由于两组溪流的地理分布非常相似，将两者进行比较，便于读者确定气候和管理活动的相对影响。本指标对两组溪流的数据进行综合分析。

本指标中采用1941—1960年为基准期（以及国家生态系统：核心指标，河流流量变化，第2章），从而使能够参与分析的采样点数量最多。选择20年为标准期较为合理，便于反映出多年的水文规律，并保证测试和参考数据的独立性。

指标设计的实质性变化

自2002年报告以来，本指标发生了实质性变化，其中，一部分保持与国家新核心有关河流流量变化的指标一致（参见第2章）。目前的持续时间因子是基于平均5年的年内枯水期最大持续时间，而非10年的年内零流量总天数，本指标采用连续零流量的次数而非零流量的总天数作为评价因子，使其对反映干旱如何影响生物的情况更为敏感。指标持续时间变化显著情况是采用实际增多或减少的天数（±14）来衡量，而不再采用增多或减少的比例（增加＞100%；减少＞50%）。对比中使用的标准也已经从50年平均值变为1941—1960年均值（参见以上讨论）。此外，基于改进的监测网络设计方案，本指标同时对参照溪流和非参照溪流干旱期数量和持续天数进行报告，以便确定气候变化趋势和背景。上述指标设计改变均由项目河川径流工作组提出。

数据

数据来源：此处报告的数据摘自美国地质调查局（USGS）溪流监测网络和USGS水文气候数据网络。USGS自19世纪末开始对美国所有溪流进行了监测并保存了流量记录。

数据采集方法

溪流监测数据是根据USGS标准协议收集得来的。

数据说明

数据初始化处理旨在确定布设在草地或灌木覆盖面积在50%以上土地上的溪流监测点的分水岭位置。使用数字高程模型确定每个监测点所在小流域的地表情况，即包括从水位标尺到其上游的区域。采用EPA河段文件1（River-reach File 1）（RF1）溪流网络以及1 km分辨率数字分辨率模型可勾画出大面积的流域。使用USGS国家应用高程衍生产品（Elevation Derivatives for National Application，EDNA）以及30米分辨率的数字高程模型可确定较小面积的流域。使用2001年国家土地覆盖数据库（NLCD）（访问http：//www.epa.gov.mrlc/nlcd至2001.htm）中定义的土地覆盖类型52（灌从/灌木林地）和土地覆盖类型71（草地/草本植物）（访问http：//www.epa.gov. mrlc/defintion.html#2011以及参见NLCD项目描述）。各个流域都与生态区相对应（有关详情请参见以下使用生态区描述）。此次分析过程仅针对草地/灌木覆盖率在50%以上采样地点，并且保证每个5年滚动周期内以及基准期内至少80%数据可获取。

此外，还计算出了1961—2006年每个水文年（10月1日—9月30日为指定水文年）年内至少出现一天零流量的溪流数量。同时计算每个水文年出现零流量的站点数量所占百分比值，即100×（地点数/总地点数）。然后平均5年滚动周期中的每个水文年的百分比值（例如：1961—1965年、1962—1966年……2002—2006年）。依次针对全国每个生态地区的监测点使用本程序计算（n=280）。

分析零流量最大持续时间时，需要考虑1941—2006年至少出现一天零流量的监测点。为了计算出该度量因子，分别计算每个溪流点每5年测试期和基准期（1941—1960年）零流量年度最大持续平均时间，然后再计算出每个地点每个5年测试期与参照期持续时间的差值（时间测试期持续—时间标准期持续），如果测试期内枯水期持续天数比1941—1960年标准期内的持续天数多14天，则此溪流点持续零流量出现“显著增长”；如果测试期内枯水期持续天数比1941—1960年标准期内的持续天数少14天，则此溪流点持续零流量出现“显著减少”。

生态区：使用美国农业部（USDA）林务局研究提出的生态区域方法对本指标进行报告（Bailey，1995）。我们将Bailey区域分类归为3组：

- 荒漠灌木生态区，包括的Bailey区域如下：320（热带/亚热带荒漠区域）、M320（热带/亚热带荒漠区域—高山省区）、340（温带荒漠区域）和340M（温带荒漠区域—高山区）。

此次分析中的 70 条溪流均属于该生态区。

- 草地/干草原生态区，包括的 Baliey 区域如下：250（大草原区域）、330（温带干草原区域）、M330（温带干草原区域—高山省区）和 310（热带/亚热带干草原区域）。此次分析中的 172 条溪流均属于该生态区。
- 加利福尼亚/地中海，包括的 Bailey 区域如下：260 地中海区域，M260（地中海区域，高山省区）全部定义和单个区域地图可访问 http：//www.fs.fed.us/colorimagemap/ecoregl_divisions.html。此次分析中的 38 条溪流均属于该生态区。

溪流类型：改进的监测网络上将水文气候数据网络（Hydro-Climate Data Network）几乎未受干扰的地点定为“参照点”，将 USGS 溪流监测网络点列为“非参照点”。对零流量期溪流百分比进行报告采用了 90 个参照点和 190 个非参照点。对零流量期持续时间变化进行报告采用了 54 个参照溪流和 109 个参照溪流。本指标同时结合了 “参照点”和“非参照点”数据进行分析。

数据获取

本次研究使用的数据记录可访问报告溪流每日流量值的网站，即 24 小时内每秒平均水流量（http：//waterdata.usgs.gov/nwis/sw）。

2008 年报告数据更新：

完善指标的计算方法，明确出国家核心指标、河川径流指标设计的变化。

浅层地下水埋深

指标

浅层含水层或无浅层含水层的深层区域含水层通常是维护河岸生态系统和湿地生态系统的主要水源（Dawson and Ehleringer，1991；Flanagan et al.，1992）。由于农业、城市扩张和采矿等原因，浅层地下水正在日渐减少。由于修坝或其他活动导致维持浅层冲积含水层河床径流的减少，同样也降低了重要水源的数量和可用性（Shafroth et al.，2000）。此外，深根性植物，如矮松和西部圆柏等，通过蒸散大量的水也使浅层含水层的水量减少。草地和灌木林地河川径流指标将针对地下水、地表水和土地利用的相互作用进行讨论。

数据缺口

尽管我们在监测以及打井过程中对国家的深层地下水或区域含水层深度进行常规监测，且相关机构可提供可靠的数据并对数据进行了维护，但是这些数据却并未包括草地和灌木林地区域或全国区域数据（参见地下水水位指标，第 6 章和美国地质调查局（USGS）1997 年开展的地质勘探）。

浅层含水层方面的数据相当匮乏。浅层含水层深度（例如，河岸地区地下水）和深层区域含水层通常单独对待。尽管 USGS 和许多学者以及河流和邻近河漫滩相关机构研究项目提供的浅层含水层数据非常少，但是这些数据仍可作为区域浅层地下水数据来源。

草地和灌木林地中濒临灭绝的本地物种

指标

本指标对本地草地和灌木林地物种在其全部分布范围内（全球范围）的保护现状以及濒临灭绝的本地物种种群趋势进行报告。本次报告的物种按组划分（例如，哺乳类、鸟类和两栖类），对每组所有成员保护现状、栖息地和位置（按州划分）赋予不同的置信度。我们正在努力对每个物种的保护现状进行了评估，以确定各个物种灭绝的相对风险性。评估过程将以物种的危险程度或濒临灭绝程度相关的 12 种因素为基础。由于稀有物种容易灭绝，所以评估过程将采用的种群大小、种群数量、分布范围和分布面积等来描述稀有物种特征。但是，种群趋势、分布范围大小以及受威胁等级和即时性同样也是评估物种整体脆弱性或灭绝风险的重要考虑因素。有关分级过程详情请参见公益自然组织项目描述或访问 http：//www.natureserve.org/explorer/ ranking.htm。

目前专家已经达成普遍共识，认为现状（如所述动物物种信息）和趋势信息（如所述的脊椎动物信息）对于了解物种状况来说至关重要。

数据

有关公益自然组织项目数据收集、收集方法、数据质量/说明和数据获取信息请参见前文。

数据来源

公益自然组织（http：//www.natureserve.org/）和自然遗产组织网络成员项目建立并维护本次报告的各个物种信息。

数据处理

公益自然组织对所有数据进行了处理。为了计算这个指标，公益自然组织将那些在生命周期内曾在草地或灌木生存、依靠食取草地或灌木地中物质生存的物种定义为"草地—灌木地物种"。这是普遍采取的一种方法—但是仅指的是那些与草地—灌木林地生境类型密切相关的物种。报告的草地和灌木林地种群包括哺乳动物、鸟类、爬行动物（蛇和蜥蜴）、海龟、两栖动物、蝴蝶和竹刀鱼和草蜢。总体来说，这些种群包括1 900多种草地—灌木林地物种。

2008年报告数据更新：

指标增加了群体趋势度量因子。将2002年报告提供保护现状数据更新为2006年数据。

数据缺口

未对本地草地—灌木植物数据进行报告，尚未明确所有植物物种的生境类型。极危和濒危植物（G1和G2）已明确生境类型，目前公益自然组织正在为易危植物（G3）指定生境类型，但是比较安全植物的生境类型仍不明确。此外，没有对濒临灭绝无脊椎动物的群体趋势数据进行报告，因为目前仅知道11%的草地和灌木无脊椎动物群体趋势。

草地和灌木林地中已定殖的非本地植被

本指标无技术说明。

入侵性和非入侵性鸟类的种群趋势

指标

本指标假设以单一趋势突出强调了入侵性物种对本地物种的系统性帮助为基础着眼于增加对全群体，对草地和灌木鸟类种群变化进行了报告。鸟类分为两种：入侵性鸟类，包括有利环境变化入侵性传播的鸟类（无论是否为美国本土固有的）；本地非入侵性草地/灌木鸟类，仅指美国本土固有的，并依赖相对完整的优质本地草地和灌木林地为生活环境的鸟类。

自2002年起，海因茨中心已经对本报告中的非本地物种的总体描述进行了修改。有关本报告书中使用的"非本地"定义请参见非本地物种核心指标技术说明。根据人们的认识，一些"入侵性"鸟类物种随时间推移会适应当地气候，因此不会再像其他非本地物种一样产生影响，从而使得本指标变得更加复杂。诸多机构中，尤其是国家奥杜邦协会和英国皇家鸟类保护协会对过渡时期美国和外国的鸟群评估作出了重要贡献。尽管本指标最初设计的目的重点关注种群增加，但这种设计思路在未来的指标修改过程中被不断改进，近期该领域的相关工作也将不断被评论。

数据

数据描述

本指标对15种入侵性草地鸟类物种和35种非入侵性草地鸟类物种种群趋势进行了估计。本次估计工作由帕图克森特野生动物研究中心（PWRC）、美国地质调查局（USGS）和美国内政部根据从北美繁殖鸟类调查（BBS）采集的数据完成。趋势估计工作自1966年开始，历经8个5年周期至2005年结束，估计的草地和灌木地区包括BBS地理地层6～8、32～35和80～91（区域）。

本指标中包括的非入侵性物种如下：美洲乌鸦、美洲知更鸟、喜鹊、铜色牛鹂、棕头牛鹂、牛背鹭、普通拟八哥、欧洲椋鸟、灰色鹧鸪、大尾拟椋鸟、朱雀、麻雀、哀鸠、环颈雉和原鸽（家鸽）。这些物种出于栖息地迁移或破碎化等原因，被统称为古代本地非入侵性物种。

入侵性物种和非入侵性物种仅指那些以相对完整的优质本地草地和灌木林地为生活环境的本地物种，包括：贝氏草鹀、黑喉漠鹀、食米鸟、布鲁尔麻雀、穴鸮、卡氏雀鹀、栗领铁爪鹀、美洲夜鹰、美洲斯皮札雀、东美草地鹨、铁质鹰、金雕、蚱蜢、草原松鸡、亨斯氏雀、鹨鹀、百灵鸟、金帝沙鹀、伯劳鸟、长嘴麻鹬、麦康氏铁爪鸟、山珩科鸟、白尾鹞、草原隼、艾草鸡、艾草漠鹀、高山矢嘲鸫、稀树草鹀、尖尾榛鸡、斯普氏鹨、斯温氏鵟、高地矶鹬、黄昏雀鹀、西美草地鹨。

BBS得到了PWRC和加拿大环境部野生动物保护局的大力支持。BBS使用的方法汇总参见（Peterjohn and Saucer，1993；Sauer et al.，2005），项目综述参见（O'Connor et al.，2000）。

数据处理

使用“模拟方程模型（estimating equations estimator）”（Link and Sauer，1994）对时间区间内的地理地层的各个物种的综合趋势（种群大小变化，单位为%/a）进行了估算。对于每个时间区间内的物种的各个族群来说（入侵和非入侵物种），使用层次模型可计算出种群增长的物种所占的百分比，该层次模型对于不同的物种估算精确度不同（Saue and Link，2002）。汇总指标中描述平均估计数量变化为正值（增长）的物种所占比例。对非入侵鸟类和入侵性鸟类置信区间（置信限度）进行了对比。一些兴趣爱好者还将入侵性种类细分成本地和非本地物种，但是这种分类将降低了统计结果的可信度。因此，入侵种类中同时包括本地和非本地物种。John Sauer对本指标进行了统计分析；Jill Lau对结果进行了总结。

数据质量/说明

鸟类物种在习性、栖息地、数量和范围方面各不相同，因此，对各物种趋势估算的影响互不相同（参见Droege，1990，可访问http：//www.mbr-pwec.usgs. gov/bbs/introbbs.html）。我们已经对BBS方法和数据进行同行评议，评议结果可访问http：www.pwrc. usgs.gov/bbs/bbsreview/获取。趋势分析项目（Sauer et al.，2005）和层次建模方法（Sauer and Link，2002）均采用了同行评议方法。

数据获取

趋势估计已公开发布项目得出的结果（http：//www.mbr-pwrc.usgs.gov/bbs/trend/tf05.html），有关该项目分析汇总信息可访问BBS网站（Sauer et al.，2005），其源数据可访问（http：//www.mbr-pwrc.usgs.gov/bbs/BBS_Result_and_Analysis_2005.html）。

2008年报告数据更新：

使用的已定殖物种增长百分比新方法除了应用于新增数据的时间区间外，也应用在了所有年份的数据中。2002年报告书中使用了贝叶斯方法合计出了区域内的物种趋势。进行的区域分析除了对所有地层中含有特定物种总数进行估算外，更突出强调了不同地质地层的种群趋势。因此，在新数据分析方法中，使用了层次模型对估算增长物种所占的比例，从而着重强调了整个区域内的物种趋势。新方法适用于所有年份所有数据。

火灾频率

本指标的技术说明见前文（森林：火灾频率）。

河岸状况

指标

本指标将对河岸生态系统的生态整体性，包括物理和生物因素进行评估。

数据缺口

尽管一些监测方法正在全国推广使用，但是采用“简单”指数评价的方法却未受到研究团体的普遍认可。因此仍然需要对“河岸整体性指数（Index of Riparian Integrity）”进行深入研究。一些联邦政府机构使用定性的度量因子，即，河岸正常运转状况（Proper Functioning Condition，PFC）对河岸系统进行了评估（参见Bureau of Land Managment，1993）。但是，PFC最初主要用于水文地貌分析，缺少对生物状况（如物种成分、年龄分类、下层植被状况、树冠状况和演替过程）的描述。过去几十年又研究出另外一种水文地貌方法（HMG；Brinson，1996；Smith et al.，1995），该方法使用了复杂的水文、地貌、土地利用和生物标记法，创建了简单的河岸指数系统。该方法尽管复杂，但是我们可以研究出针对大范围广泛应用的简化版本。另外，另有一种基于卫星数据的简单方法（Iverson et al.，2001）。

区域河岸状况监测和建立综合指数需考虑如下方面：水文（例如，与自然流量模式的关系）、地貌（例如，河床沉积物流移）和生物状况（例如，植被覆盖状况；潜在增补或连续监测；植被多样性，边滩覆盖率）。其中，一些因素正在实施监测，一些将作为国家河岸评估系统的一部分开展监测。指数一旦建立，将基于代表区域整体情况的采样方案，对各样点进行估算。基于该方法，可估计“河岸状况指数”为“高”“中”或“低”的溪流数量，对每个级别规定指标数值区间。

放牧牛群

指标

本指标将对美国7月1日的牛和幼牛清查（U.S. cattle and calf inventory）进行报告；报告的牛不包括饲养的牛（饲养场）。本指标是以所有牛是在草地和灌木林地（包括牧场）上自由放养为前提条件，因为无法确定在林地或森林中的牛数量。

数据

数据描述

此处所述的数据是由美国农业部国家农业统计局提供。NASS每年1月份和7月份对家畜畜群大小进行年度调查。选用7月作为报告日期，是因为大多数牛群放养（饲养除外）时间集中在7月份而非1月份。

数据处理

由于无法直接估计出草地、灌木和牧场上放养的牛数量，因此，本指标通过用每年7月1日估计牛的总数量减去估计的圈养的牛的数量，近似得出放养的牛的数量。

所指的牛的总量（所有牛）包括放养和圈养的牛：产犊的牛、公牛、小母牛、阉牛和幼牛。（注意大多数幼牛截至7月份还未断奶；但是，通过泌乳奶牛增加的饲料消耗抵消了这一明显的过高估计）。我们通过加和以下各种牛的数量来估计圈养牛的数量：饲养牛（饲养牛）、奶牛（产犊的奶牛）和用于生产奶粉的小母牛（小母牛500+1bs，用牛奶代替）。饲养牛包括阉牛、小母牛、幼牛和某些公牛，一般都圈养在饲养场中，以谷物、青贮饲料、干草和/或蛋白质补充料为饲料，用于生产高质肉。奶牛和代替乳牛的小母牛数量估计一般包括公牛和小母牛（500英磅以上），但是不仅仅用于生产牛奶。需要注意的是，我们估计的圈养牛的数量包括一些饲养牛、奶牛和在草地、灌木林地和牧场上放养的用于生产牛奶的小母牛；但是不包括用于生产牛肉的幼牛，因为该数量无法估计。

冬季时则会在耕地喂养牛，以植物果实和洒落的种子为饲料。更重要的是，冬季草地和灌木林地植物的数量和质量（消化性和蛋白质量）明显下降，因此无法提供充足的饲料。所以，全国许多地区的牧场主在冬季不得不用干草来饲养牛。

数据质量/说明

夏季在林地和森林中喂养牛的时间可能会影响对上述草地和灌木林地和牧场地的估计。本指标除了对牛的重量外还对牛的数量进行详细报告。由于牛的单位体重会随时间推移不断发生变化，相同数量大小的畜群其家畜重量可能会不同。如果家畜重量变化，则本指标在某种程度可以代表家畜的生产力。

数据获取：有关数据可访问http：//www.nass.usda.gov/index.asp.U.S.，有关7月1日牛总数量（所有牛），肉牛（饲养牛）、奶牛（产犊的奶牛）和用于生产牛奶的小母牛（小母牛500+1bs—牛奶）数据请参见网页“快速统计”。

本报告所述“88%在草地和灌木林地饲养的肉牛”数字摘自NASS农业年度统计报告，相应网址为http：//www.usda.gov/nass/pubs/agstats.htm.。10年周期内牛的数据摘自http：//ag.agrizona.edu/arec/wemc/cattlemarket/CatlCycl.pdf和http：//usda. mannlib.cornell.edu/reports/nassr/livestock/pct-bb/specat01.pdf。而有关20世纪70年代牛产量记录峰值数据则是摘自落基山脉研究站（Rocky Mountain Research Station）的网络出版物（Mitchell，2000）中的《美国草地资源趋势》（*Rangeland resource trends in the United States*）。美国牛存量值数据摘自于NASS2000年农业统计报告（http：//www.usda.gov/nass/pubs/agr00/00_ch7.pdf ）。

本指标数据摘自7月1日而非1月1日存量数据（该数据可访问NASS网站获取），因为1月1日的牛存量常低于估计放养牛数量（即，非饲养牛）。冬季月份，由于相应的放养草地变得稀缺，所以需要定量饲养牛。而在夏季，可用的放养地几乎对定量喂养牛的数量无任何影响，因此7月份牛存量可利于准确估计每年的放牧量。

2008 年报告数据更新：

增加了 2005 年和 2006 年摘自 NASS 的数据。

草地和灌木林地休闲娱乐活动

本指标无技术说明。有关休闲娱乐活动报告请参见户外休闲娱乐国家核心指标和森林休闲娱乐指标技术说明。

城市和郊区景观及利用状况指标

城市和郊区景观的面积及组成

指标

本指标在区域和全国尺度报告高度发达的城市和郊区景观（定义如下）面积。此外，还报告城市和郊区土地中植被构成。

数据

本指标数据有两种来源。主要来自由多精度土地特征联盟（MRLC）创建的全国土地覆盖数据（详情请参见 NLCD 项目描述）。此外，还使用 ESRI 提供的道路数据与土地覆盖图相叠合。

数据处理

美国国家环境保护局和地质调查局林务局分析人员使用叠合的土地覆盖图（参见如上所述），利用两个分析窗口（0.3 km×0.3 km，1 km×1 km）对每块土地周围的构成进行了分析评估。两个分析窗口中至少有 60%为开发用地，则将其中心像素添加到某个城市和郊区景观多边形。多边形地区最小面积为 270 英亩（1.5 平方英里）。

本指标同时还对城市和郊区景观中的各个地块的内部土地覆盖构成进行报告，并按州和地区依次进行数据汇总（区域请参见 NLCD 项目描述）。需要注意的是，本程序使用过程中一些地块会被城市和郊区景观边界和州边界隔断。

数据质量/说明

上面所述的用于绘制城市和郊区景观的方法（以前称为“城市和郊区地区”）与 2002 年报告中使用的方法存在很大差别。尽管初步分析表明数量差别微乎其微，但是这些结果仍无法与 2002 年报告中的结果相比较。

数据获取

有关 NLCD 请参见项目描述。

指标设计的实质性变化

修改了“城市和郊区景观”的，使其与本报告中的其他景观类型指标更一致——特别是国家生态系统：核心指标（第 2 章）和农田景观指标（第 4 章）。

2008 年报告数据更新：

增加了 2001 年的 NLCD 数据并采用新的分析方法（参见上文）。因为缺乏可比性，未包括前版报告中 1992 年 NLCD 数据。本报告中加入了新的度量因子，报告未开发的土地面积，并将此作为城市和郊区景观的组成部分。

不透水下垫面总面积

指标

流域内的不透水表面（例如，街道，停车场，车道，人行道和天台）所占的面积百分比，是评价城市化程度及其负面生态影响的一个良好指标（如上升的溪流温度，河川径流的变化，河道变更，增加的污染物数量）。在数据适用性方面，利用不透水表面覆盖的流域面积比例，对流域城市化进行定量描述。

研究显示，当流域内区域总不透水面（TIA）达到 10%时，溪流生态系统就会开始有退化的迹象。当 TIA 达到 30%时，生态影响就会变得严峻（Arnold and Gibbons，1996；Booth and Jackson，1997；Schueler，1994；Schueler and Holland，2000）。

数据

本指标中的数据来源有两处。主要来源是由多精度土地特征联盟（MRLC）创建的国家土地覆盖数据库（NLCD）（参见本项目的技术说明）。此外，土地覆盖图也通过叠加 ESRI 道路数据进行了扩展（道路地图 StreetMap）数据访问 http：//www.esri.com/data/streetmap），该道路被归为开发用地。

数据描述

参见对 NLCD 的项目描述。NLCD 图包括一个不透水表面数据层，其中有对不透水覆盖像元所占百分比例进行了估算。

数据处理

EPA 和 USDA 林务局的分析人员使用一个改进了的土地覆盖图（如上文所述），报告了每个城市和郊区景观地块内不透水表面的平均值。统计各州不透水表面面积比例范围（如 10%～20%）的城市和郊区的总面积，然后按州汇总数据，进而再按区域汇总（参见附录 D 区域描述）。

数据质量/说明

地表不透水性分析也是生产 NLCD 产品时（通过卫星影像）用来判别城市和郊区土地覆盖类型的特征判别之一。因此，城市和郊区景观拥有大量不透水性表面也不足为奇。

数据获取

参见 NLCD 项目描述的链接。

2008 年报告数据更新：

不透水表面的报告数据来自于 2001 年 NLCD。2002 年报告使用 1992 年 NLCD 数据，不包括对不透水表面覆盖情况的评估。

河岸植被

本指标无技术说明。

低密度郊区和乡村地区的住房密度变化

指标

本指标报告了在全国各类不同发展水平的土地上新增的单位住宅，并以居住密度作为度量因子进行监测。在国家和区域尺度上报告监测数据。

数据

本指标中使用的数据来自于位于科罗拉多州柯林斯堡的科罗拉多州立大学的自然资源生态实验室人文部资源（Department of Human Dimensions of Natural Resources and Natural Resource Ecology Lab，Colorado State University，Fort Collins，CO.）的 David M. Theobald 创建的 SERGoM 数据集。根据与海因茨中心签订的合同，由 David M. Theobald 进一步负责下文所述的具体数据处理过程。

数据描述

对历史和当前居住密度进行评估（及预测模型）所采用的 SERGoM 方法详细描述参见 Theobald（2001，2005）。简单来说就是基于普查数据，对每个街区的历史上的单位住宅数量采用 10 年来建造的单位住宅数量描述。此外，还将普查数据与保护生物研究所的保护面积空间数据库 v4 中的土地所有权数据（http：//www.consbio.org/ cbi/projects/PAD/index.htm）相结合，后者是对 USGS 管理工作地图缺口的补充。已计算出主要道路（州际公路、国道、县道）密度，目的是对街区内的单位住宅进行更准确的定位。

数据处理

针对 1990 年和 2000 年两个时间段，基于美国本土 48 个州每个网格单元（100 m×100 m）的数据进行估算。在这两个普查时间点之间添加的房屋数量是以 1990 年网格单元的居住密度作为基础进行报告。然后将数据在区域和国家尺度进行汇总。

数据质量/说明

正如指标页的数字图例中所示，报告数据时剔除了前期（1990 年）每英亩房屋数量未超过 1 的土地上所建造的房屋住宅（约占 25%）。利用 SERGoM 模型对所有被保留的网格单元计算居住密度（例如，去除大片水域覆盖的或有保护政策被禁止建造房屋的地区）。因此，所有参与计算的网格单元内的居住密度最终都不为零。然而，对于前期居住密度非常低的网格单元的计算结果仍需要进一步的确认其准确性。SERGoM 模型对于 1990 年的数据计算具有高度精确性（城市=93.0%，远郊=91.2%，乡村=99.0%），同时对于 2000 年的数据具有合理的高度精确性（城市=84.2%，远郊=79.4%，乡村=99.1%）——更多详情请参见 Theobald（2005）。

数据获取

根据协议，数据应由 D. Theobald 提供。请联系海因茨中心或 Theobald 获取数据集。

2008 年报告数据更新：

新设计的指标，所报告数据首次被使用。

城市和郊区景观中的“自然”土地

指标

本指标描述了城市和郊区景观中的“自然”地块的大小。城市和郊区景观包括很多通过土地覆盖图中定义的多边形区域，“自然”土地覆盖像素块包括森林、草地和灌木林地，湿地和其他水生地块类型。指标报告了城市和郊区景观中的相连成多边形的“自然”地块的大小。

指标设计的实质性变化

本指标是由景观格局专项工作小组修改（下文进行阐述）。

数据

本指标中的数据来源有两类。主要来源是由多精度土地特征联盟（MRLC）创建的国家土地覆盖数据库（NLCD）。此外，土地覆盖图也叠合了 ESRI 的道路数据（道路数据访问 http：//www.esri.com/data/streetmap）。

数据描述

更多详情请参见对 NLCD 的项目描述。

数据处理

EPA 和 USDA 林务局的分析人员使用改进的土地覆盖图（参见上文），将城市和郊区景观中的“自然”土地覆盖（森林、草地、灌木林地、荒地、水或湿地）像素识别出来，并将这些像素聚合并将边界勾画出来形成地块。注意在描述农田景观中的“自然”地块时使用了类似的方法（参见第 4 章）。将数据先后按州、区域进行汇总（参见附录 D 区域描述）。

数据质量/说明

由于数据按各州汇总，所以会有一些“自然”地块被农田景观边界和州边界线分割成两部分。这种效应对报告结果产生的影响尚不明确。

数据获取

土地覆盖数据请参见 NLCD 的项目描述，道路地图数据请访问 ESRI 网站。报告的分析汇总数据可通过向海因茨中心提交申请获取。

2008 年报告数据更新：

本版的报告中包括 2001 年 NLCD 数据。2002 年报告中包括 1992 年 NLCD 数据；但是，采用了不同的分析方法（参见上文）。

城市和郊区河流的硝酸盐

指标

本指标报告了在城市和郊区河流中的溶解硝酸盐加上亚硝酸盐氮的年平均流量加权浓度。报告的数据以氮的百万分率（mg/L）为单位。尽管分析方法实际报告的是硝酸盐和亚硝酸盐，但数据标注的都是“平均总硝酸盐”。这报告惯例是合理的，因为除非在高污染的水域，亚硝酸盐的含量水平含量很少，可以忽略不计。

数据

数据来源

数据由美国地质调查局（USGS）国家水质评估（NAWQA）项目负责收集和分析。关于 NAWQA 项目、取样设计、方法、数据获取的信息请参见前文项目描述。关于氮的饮用水标准的信息可访问 http：//www.epa.gov/safewater/contaminants/index.html#primary。关于生态系统之间横向比较中使用的农田和森林数据的信息请参见前文相关技术说明。

数据收集方法

河流硝酸盐数据是从流经美国本土 48 个州，阿拉斯加和夏威夷的 54 个城市/郊区地区流出水的溪流和河流点样品中收集到的。“城市和郊区”类型采样点的上游地区土地覆盖组成一般城市用地比例超过 25%，农业用地比例少于 25%。注意本项分析中标注“城市”的采样点应与本报告定义的“城市和郊区”土地重叠，但是由于在两次工作中使用了不同的定义，所以并非全部重叠。

数据获取

本报告中使用的数据引自 Wilson et al.（2008），可访问 http：//pubs.usgs.gov/of/2008/1110/获取。了解在夏季指数期内评估用于评估所有可涉水通过的溪流（包括城市和郊区溪流）氮浓度的生态标准可参见 USEPA 的可涉水通过的溪流评估（USEPA 2006e）。

2008 年报告数据更新：

指标的地理范围得以扩展。2008 年的指标覆盖了美国本土 50 个州的 51 个主要流域的河流，抽样时间跨度为 1992—2001 年。而 2002 年报告中只有 36 个流域，抽样时间跨度为 1992—1998 年。

城市和郊区河流的磷

指标

本指标报告了城市和郊区河流中溶解磷的年平

均流量加权浓度。总磷含量数据以百万分率为单位报告（mg/L）。

数据

数据来源

数据由美国地质调查（USGS）国家水质评估（NAWQA）项目采集分析。NAWQA 项目、抽样设计、方法、数据获取和参考的信息参见前文项目描述。1986 年制定的防止海藻过度生长的磷含量标准，可参见 EPA 440/5-86-001（USEPA 1986）。用于生态系统间横向比较的农田数据信息可参见前文。

数据采集方法

河流磷含量数据是从流经美国本土 48 个州，阿拉斯加和夏威夷的 53 个城市/郊区地区流出水的溪流和河流点样品中收集得到。“城市和郊区”类型采样点的上游地区中的土地覆盖组成一般城市用地比例超过 25%，农业用地比例少于 25%。需注意，此分析中被标为“城市”的地点，应该与“城市和郊区” 土地相重叠，但是因为两项工作中使用的定义不同，两者并非完全重合。

数据获取

本指标使用的数据引自 Wilson et al.（2008），更多数据访问 http: //pubs.usgs.gov/of/2008/1110/。评估所有可涉水通过溪流在夏季指数期总磷浓度的生态标准，可参见 USPA 可涉水通过溪流评估（USEPA，2006e）。

2008 年报告数据更新：

指标的地理范围得以扩展。2008 年指标覆盖了美国 50 个州的 51 个主要流域的河流，抽样时间跨度为 1992—2001 年。而 2002 年的报告中只有 36 个流域，抽样时间跨度为 1992—1998 年。

城市和郊区空气质量

指标

本指标报告了臭氧监测站监测的 8 小时平均臭氧浓度最高值大于 0.08 mg/m^3 的频率（每年的天数）。当数据充分时，本指标也可以报告检测到的环境有毒空气污染物浓度高于背景值并超过了为保护人体健康而设定的标准值的城市和郊区所占面积百分比。

《清洁空气法》确定的 6 个“标准”空气污染物中，近地表（或对流层）臭氧是导致空气质量不达标的主要原因。在有阳光照射情况下，氧气分子（O_2）、化石燃料燃烧时产生的氮氧化化物（NO_x）、油漆、溶剂和未燃烧汽油的挥发性有机物（VOCs），以及工业能源产生臭氧（O_3）并排入大气中。需注意的是平流层的臭氧（臭氧层）由于吸收了高频的紫外线而具有保护作用。有毒空气污染物的范围很广，包括人造和自然产生的化学品，例如 188 种官方指定的有害空气污染物。有毒空气污染物的来源包括汽车、干洗设备、工厂、精炼厂、电厂、建筑材料和基岩。接触有毒空气污染物，最普遍的途径是吸入，会引起一系列的与人类健康问题有关的疾病，如癌症、呼吸系统不适、神经系统问题和出生缺陷。

数据

数据描述

*臭氧：*根据《清洁空气法》，各州都针对包括臭氧在内的污染物，布设了空气监测网络。1990—2005 年，各州单独向 EPA 提供了来自 1 922 个臭氧监测站的年度结果。数据经筛选，剔除了以下监测站数据：①连续 2 年以上缺少年度数据的；②1990—2005 年，年度数据少于整个 16 年时间序列 75%的；③年度数据小于臭氧季内的最高日浓度 50%的。海因茨中心从 624 个符合筛选标准的监测站，选出了分布于城市和郊区地区的 317 个监测站。因为缺少夏威夷和阿拉斯加的卫星数据，采用城市人口普查局街区群（Census Bureau Block Groups）数据来识别城市和郊区，规定街区群人口密度超过每平方英里 1 000 人的归为该类。夏威夷地区共有 2 个满足条件的监测站，但是其中一个因为数据不足而被去除。唯一一个阿拉斯加监测站因为不满足街区群人口密度大于每平方英里 1 000 人的条件，而被排除。

当一个监测站每年中 8 小时平均臭氧浓度最高值超过 0.08 mg/m^3 的天数在 4 天或以上，这个地区很可能不符合臭氧的国家环境空气质量标准（实际计算中是对每年中每日 8 小时平均浓度的第 4 高值进行了 3 年平均）。因此，2005 年监测浓度超过 8 小时臭氧阈值 0.08 mg/m^3 的“少于 4 天”和“大于等于4天”监测站地图，使用了291个监测站的数据。

数据质量/说明

臭氧：天气状况和其他因素的变化可以导致环境臭氧含量的年际变化（访问 http：//www.epa.gov/airtrends/ozone.html）。EPA国家监测网络中的臭氧监测站符合选址、设备、质量保证和监测季节的相关标准。

因为很多地区在一年之中较冷时期臭氧含量显著减少，所以州与州之间比较时指定须在“臭氧季”监测。如果一个监测站一年之中能够报告监测值的时间在半年以上，则被认为是处于运行状态（每年潜在监测时间总计8 760个小时）。EPA提供的1990—2005年数据不断地被修订，与之前发布的数据相比差别不大。去除了被标为不稳定的数据（州级数据需与相关地区EPA办公室判定意见一致）。

数据获取

臭氧：EPA在空气监测信息检索系统中储存臭氧数据，访问 http：//www.epa.gov/airs/获得更多数据。EPA为本指标提供了定制数据；但可在EPA空气数据网站（http：//www.epa.gov/air/data/index.html）获得年度监测数据概要。

数据缺口

有毒空气污染物：有毒空气污染物的时间和空间分布与所处地点、排放量以及天气条件等因素有着很大关系。化学污染出现的频率以及污染物超过标准的程度对于理解空气质量来说都很重要；但是评估实际暴露情况或影响健康的程度，还需要考虑诸多因素。为了解有毒污染物在环境空气中检测到的次数或者超过人体健康标准的次数，需要建立更健全的监测和评估环境浓度的方法。有必要开展更多有毒空气污染物的“自然”背景值研究工作。美国EPA组织建立了一个有毒空气污染物监测网络，利用模型评估环境有毒空气污染物的浓度，但是，这些数据的地理覆盖范围和精确度都无法满足进行全国性报告的要求。

美国国家环境空气有毒物质趋势站（NATTS）网络中有23个独立站点监测指定的有害空气污染物，监测的地理覆盖范围和化学物组合差异较大（参见 http：//www.epa.gov/ttn/amtic/natts. html）。数据为单点监测，并不能代表城市和郊区区域内浓度的实际变化。除了可以在局部地区使用外，NATTS数据主要还用于评估和改进模型，现有NATTS网络也面临环境空气有毒物质监测的方法论的难题。例如，很多污染物的监测精度难以达到环境浓度水平（有一些浓度标准要低于所能检测极限），需要明确当地本来的空间差异，以及通过密集抽样来明确时间差异特征。

EPA国家空气有毒物质评估（NATA）利用ASPEN（全国接触人群评估系统-Assessment System for Population Exposure Nationwide）模型评估了1996—1999年的环境空气有毒物质浓度，该方法融合了预期废气排放和大气传输信息（参见 http：//www.epa.gov/ttn/ atw/natamain/）。通过将化学物质结果和一定数量站点数据逐点进行比较，证明环境浓度被低估。虽然ASPEN发起的浓度评估给出了较广地理覆盖范围内的大量有毒空气污染物，但是他们并未考虑大气中的有毒化学物的反应和其他关键因素。EPA多尺度空气质量（Community Multiscale Air Quality，CMAQ）模型基于大气传输和化学变化理论建立，为本指标准确评估环境空气有毒物质浓度提供了可能性。2001年环境空气毒物浓度评估共对36个化学种类进行了评估，并计划进行深入分析（参见 http：//www.epa.gov/ asmdnerl/CMAQ/index.html）。

化学污染物

指标

本指标报告了城市和郊区生态系统中监测的溪流中检测到污染物（杀虫剂及其分解物、硝酸盐、氨）且含量超出了明确规定的水生生物和人类健康保护标准的溪流所占的百分比。当有数据充分时，本指标也将报告城市和郊区土壤中的污染物。

数据

数据描述

本指标的数据来自USGS国家水质评估（NAWQA）项目，基于1992—2001年从全国范围内主要流经城市和郊区的30个溪流中进行采样。城市/郊区采样点中的上游土地覆盖，一般城市用地占25%

以上，农业用地占 25%以下。对采样溪水进行了 83 种杀虫剂/杀虫剂降解产品、氨和硝酸盐的分析。将检测到的浓度与 73 项保护人体健康标准（72 种杀虫剂、硝酸盐）和 63 项保护水生生物标准（62 种杀虫剂、氨）进行比较。更多信息参见 NAWQA 项目描述。

每一个采样地点，分别报告满足以下两种条件的污染物数量的总和（a）浓度超过分析检测极限值以及（b）浓度高于水生生物和人类健康保护标准。将采样点按照检测到或超过标准的污染物数量归类为“组”或群。硝酸盐和氨可以天然存在于环境中，因此不能包括在检测分析之中。NAWQA 监测的很多污染物尚没有确定的标准，考虑不同类型、不同影响程度、影响生物以及持续暴露时间等差异的标准值范围。

数据质量/说明

数据将在国家尺度上集成，该指标主要反映全国总体情况。采样地点选择应保证其能够代表特定土地利用类型（而不是选择已知或是怀疑受污染的位置）。

即便城市和郊区只占了流域中土地覆盖的小部分，如果这些土地利用接近河流或溪流，即在研究流域内城市和郊区土地覆盖占 6%～100%，也会对溪流或河流产生主导性的影响，对所有采样点使用统一的采集、处理、保存和分析方法。

本指标并没有包括对各个地点人类或生态系统所面临的风险进行评估，因为没有考虑如下因素，如参与测试的水是否在作为饮用水源、污染物在一年中的发现时间，以及动物最活跃的时间。污染物出现并不绝对意味着他们的含量水平高到足以引起问题。判断污染物问题严重性的标准虽然已经由各个相关机构使用，但是使用过程仍需谨慎，因为这些标准并没有标准化或与相关的危险等级相关联，也没有完全考虑有毒物质可能产生的所有潜在影响。

数据获取

本报告使用的所有数据汇总在 http：//pubs.usgs.gov/of/2008/1110/。

2008 年报告数据更新：

在 2002 年的报告中报告了 1992—1998 年的溪流监测数据，但是该数据无法与本报告中 1992—2001 年的数据进行比较，因为监测项目扩展了地理范围，并对一系列的标准进行了修订—2008 年报告在使用之 USEPA 最大污染物水平（MCLs）外，还增加了标准筛选浓度（HBSLs），更多细节参见 http：//water.usgs.gov/ nawqa/HBSI。

数据缺口

现有数据不足以报告城市和郊区土壤中的化学污染物。

城市热岛

指标

“城市热岛”表明了城市和附近乡村的空气温度的差异，与城市土地覆盖和人类使用能源直接相关。对于大多数的城市，这种差异在日间常不容易被觉察，而是在日落后会迅速增大。最大差异出现在日落两个小时之后，可能会高达 18℉。一般而言，随着一个城市人口密度的增大，城市核心地区和乡村的最小温度差异呈非线性增长。城市的热岛效应一般通过比较该城市核心地区监测站和附近乡村监测站的温度读数而得，这个差异可以以城市和乡村的平均月差异的形式报告。本指标在全国尺度，分别报告城市和乡村之间不同程度温度差异的城市的数量：0～6℉，6～13℉，或 13℉及以上。

自然植被被建筑表面取代以后，区域吸热和储热的能力增加；树木和其他植被产生的自然冷却效应减弱。城市热岛反映了环境温度的日间变化模式。因为许多生物过程都与温度相关，温度状况的变化对物种和生态过程有着深远影响。

数据缺口

国家气象局有美国很多地点的温度数据，可以用于分析城市热岛效应和该温度差异随时间变化情况。数据获取面临的挑战包括获得城市和邻接乡村的长期数据记录，考虑监测位置或设备变化、人口密度变化以及监测站点周围的人类活动。

用卫星遥感数据可以监测城市和乡村的温度

差，利用遥感方法获得的表面温度的监测记录足以用来预测环境温度。

城市热岛和城市地区监测方法指南的更多信息，参见国际城市气候协会（International Association for Urban Climate）网站，http：//www.urban-climate. org/。

物种状况

指标

本指标报告了大都市地区“原始”脊椎动物和维管植物中有被取代危险或是已经被取代的物种所占比例（即本报告定义的城市和郊区景观中的主要城市及其郊区；排除小型、孤立的城市或郊区，因为很难将其纳入有必要开展的监测项目）。“原始”定义为在欧洲人定居前就存在于某地区，而该地区现在变为了大都市。一定意义上来讲，使用欧洲人定居前作为参考点是一个武断的选择，这种方式并不一定能像预期的那样包含所有城市/郊区的原始物种。本指标只包括脊椎动物（不包括昆虫、蠕虫之类）和维管植物（不包括苔藓、真菌、藻类等）。

数据缺口

本指标报告针对较大的大都市地区，这些区域的专业知识和信息比较完备和容易获得。对于每一个地区，都应编制一份定居前的植物和动物名录。这些名录可以通过历史文献调研、博物馆记录、自然遗产组织的数据以及相关机构文件列表编制。物种现状信息必须通过实地调查获得，而且需定期重复调查。如果科学家能够建立标准化的观测和报告方案，很多数据就可以让通过培训志愿者来收集。

很多机构都采集了当前物种分布和状况的数据，但是很少有能提供小至一个都市区范围内的物种状况或种群趋势的信息（例如自然遗产项目；参见 http：//www.natureserve.org/about_nhnoverview.htm）。

目前有关城市、县、区域的生物多样化信息的收集工作不断增多，而这些工作构成了报告本指标的基础。两个项目可以佐证这种趋势，即伊利诺伊斯生态观察网络（Illinois EcoWatch Network）（参见 http：//ecowatch.inhs.uiuc.edu/ecoWatch/以及 http：//fm2.fieldmuseum.org/urbanwatch/）和芝加哥荒野（Chicago Wilderness）（参见 http：//www.chiwild.org）。

此外 Robinson et al.（1994）关于纽约斯塔顿岛的一项研究指出在 1879—1991 年，40%以上的本地植物种群消失了，新增了 33%以上的非本地植物群。De Landido（2001）在纽约布朗克斯也发现了类似结果。

破坏性物种

本指标无技术说明。

城市和郊区河流中的动物群落状况

本指标无技术说明。

人均可利用公共开放空间

指标

本指标报告了美国主要城市和郊区每个居民可获得的公共开放空间。自然地包括按照其自然属性和价值进行管理的区域，以及虽然管理强度较高但有植被覆盖的区域，如运动场和公园。较少铺砌的地面或其他无植被覆盖的地面也可称为自然地。

定义

“开放空间”是指无建筑物覆盖或表面为原始自然覆盖的水域，多草的公园和高尔夫球场也算作开放空间，已铺砌的操场则不属于。由于卫星影像将提供 5 m 分辨率的图像，是否需要对开放空间设置最小尺寸界限，即认为开放空间或公园在地块小于阈值时损失娱乐和审美功能，这个问题至今尚未解决。

“公众可进入”是指普通公众有权进入的免费或收费的公共和私有开放空间。仅对特定团体或组织成员开放的区域不属于“公众可进入”范畴。例如，一个公共或私有高尔夫球场不仅限会员进入，则可视为公众可进入。

数据缺口

为了计算开放空间的公众可进入程度，本指标使用了各市、县、州各自公布的在其管辖的都市区范围内的公共公园和开放空间面积数据。针对同一城市，在其不同司法辖区内对公园和开放空间的标准不同，因此，方法的精确度受到一定程度的限制；另外，在汇总各市的历史数据时可能受到边界变化的影响。但是直接利用卫星影像识别拥有原始自然表面的无建筑物区域。通过税收记录可以用来在已识别出的开放空间内进一步定位免税地块，通过税收记录中可以确定各免税地块的界限，据此可推测那些地块是否为公共可进入的。采用税收记录方法的适用性仍需更多研究。

艾兰德出版社（Island Press）简介

艾兰德出版社为非营利机构，自 1984 年创建以来，不断激发、构思和交流有助于解决世界环境问题的观点。作为美国环境领域领先的出版社，已出版了 800 余种著作，每年发行约 40 种新书。我们善于发现新思想，敏锐捕捉环境领域的新趋势，我们同世界知名的专家、学者合作，探索解决环境难题跨学科的解决方案。

艾兰德出版社负责设计并完成本书出版协调事宜，通过出版印刷形式，人与人之间相互交流，抑或采用最新的网络技术、程序以及媒体，旨在传播关键信息，我们的目标是：能够影响到愿意并有能力去保护全世界丰富的动植物，保护我们赖以生存的生态系统，保护我们的饮用水和空气的读者群，包括科学家、政策制定者、环保提倡者、媒体以及关注环境的普通百姓。

艾兰德出版社在此感谢 Agua 基金股份有限公司（Agua Fund，Inc.）、安能伯格基金会（Annenberg Fundation）、克里斯坦森基金会（The Christensen Fund）、内森卡明斯基金会（The Nathan Cummings Fundation）、杰拉尔丁 R. 道奇基金会（The Geraldinc R. Dodge Foundation）、桃瑞丝杜克慈善基金会（Doris Duke Charitable Fundation）、美国教育基金会（The Educational Foundation of America）、贝琪与杰西芬克基金会（Betsy and Jesse Fink Foundation）、威廉与弗洛拉休利特基金会（The William and Flora Hewlett Foundation）、肯德达基金会（The Kendeda Fund）、佛里斯特与弗朗西斯莱特纳基金会（The Forrest and Frances Lattner Foundation）、安德鲁 · W. 梅隆基金会（The Andrew W. Mellon Foundation）、柯蒂斯与伊迪丝蒙森基金会（The Curtis and Edith Munson Foundation）、橡树基金会（Oak Foundation）、欧文布鲁克基金会（The Overbrook Foundation）、大卫与露赛尔帕卡德基金会（the David and Lucile Packard Foundation）、华盛顿峰基金（The Summit Fund of Washington）、建筑地役权信托（Trust for Architectural Easements）、华莱士全球基金会（Wallace Global Fund）、温斯洛基金会（The Winslow Foundation）的工作支持，以及其他慷慨的资助者。

本书观点只是参与作者们的个人观点，不能代表资助者意见。